高等院校土建类专业“互联网+”创新规划教材

土力学与基础工程

主　编　刘　娜　何文安

副主编　尹海云　刘兰兰

参　编　闫　欢　李国刚　李晓乐

北京大学出版社
PEKING UNIVERSITY PRESS

内 容 简 介

本书供土木工程及相关专业开设“土力学与基础工程”或“土力学”“基础工程”等课程使用，可分为两部分：“土力学”部分主要讲述土的性质及工程分类、土的渗透性、土中应力计算、土的压缩性及地基沉降量计算、土的抗剪强度及地基承载力、土压力及土坡稳定等；“基础工程”部分主要讲述浅基础、桩基础、地基处理等。

本书内容精练、概念清晰、层次分明，注重理论联系实际，并借助“互联网+”的思路以二维码的形式配备了大量工程图片、视频及相关的知识点，且为每章提供了思考题与习题，可供土木工程等专业教学使用及供相关工程技术人员阅读参考。

图书在版编目(CIP)数据

土力学与基础工程/刘娜，何文安主编. —北京：北京大学出版社，2020.5

高等院校土建类专业“互联网+”创新规划教材

ISBN 978-7-301-31010-6

Ⅰ. ①土… Ⅱ. ①刘…②何… Ⅲ. ①土力学—高等学校—教材②基础（工程）—高等学校—教材 Ⅳ. ①TU4

中国版本图书馆 CIP 数据核字(2019)第 294849 号

书　　名	土力学与基础工程 TULIXUE YU JICHU GONGCHENG
著作责任者	刘　娜　何文安　主编
责任编辑	伍大维
数字编辑	蒙俞材
标准书号	ISBN 978-7-301-31010-6
出版发行	北京大学出版社
地　　址	北京市海淀区成府路 205 号　100871
网　　址	http://www.pup.cn　新浪微博：@北京大学出版社
电子邮箱	编辑部 pup6@pup.cn　总编室 zpup@pup.cn
电　　话	邮购部 010-62752015　发行部 010-62750672　编辑部 010-62750667
印 刷 者	天津中印联印务有限公司
经 销 者	新华书店
	787 毫米×1092 毫米　16 开本　22.5 印张　526 千字
	2020 年 5 月第 1 版　2024 年 8 月第 4 次印刷
定　　价	54.00 元

“土力学与基础工程”是高等院校土建类专业的一门重要的专业基础课。本书内容涵盖了土木工程专业中的“土力学”与“基础工程”这两门重要的专业基础课程。

随着我国经济社会的快速发展，大量建筑物如雨后春笋般拔地而起，但各类工程事故也屡屡发生。据统计，在各类建筑工程事故中，以地基基础引起的事故所占的比例为首。因此，学好本课程，其重要性不言而喻，这是土建类专业的大学生和工程技术人员必须掌握的核心知识。本书可供建筑工程、岩土工程等大土木及相近专业本科教学使用，而对于从事土建工程实际工作的勘察、设计、施工和参加国家注册相关执业资格考试的人员，也不失为一本比较实用的参考书。本书具有以下特点。

（1）本书是以《高等学校土木工程本科指导性专业规范》中有关土力学和基础工程的相关知识点为依据，结合最新颁布的国家和行业规范而编写的。

（2）本书尽量体现内容的系统性和实用性，既反映古典成熟的基本理论，又介绍最新的工程实践。在编写过程中，编者充分考虑教学要求，注重概念清晰、准确，语言精练，力求深入浅出。

（3）本书顺应当前科技的发展，配备了基本的数字教学资源，主要包括：①相关知识点的拓展内容；②相关知识点的彩色图片；③工程实例视频、课程试验视频及模拟动画等。

本书由长春工程学院刘娜和吉林省电力勘测设计院何文安担任主编，由吉林建筑科技学院尹海云和刘兰兰担任副主编，长春工程学院闫欢、长春建筑学院李国刚和李晓乐参编。本书共分 9 章，具体编写分工如下：刘娜编写第 1 章、第 3 章和第 4 章，何文安编写第 2 章，刘兰兰编写第 5 章，闫欢编写第 6 章，李国刚编写第 7 章，李晓乐编写第 8 章，尹海云编写第 9 章。全书由刘娜负责统稿。在本书的编写过程中得到了长春工程学院宿晓萍老师的大力支持，同时本书得到吉林省教育科学“十三五”一般规划课题“基于微课的翻转课堂模式在‘应用土力学’教学中的应用”（项目编号：GH170413）和吉林省高等教育学会 2017 年度高教科研课题“基于微课的翻转课堂在‘应用土力学’教学中的探索和实践”（项目编号：JGJX2017C60）的资助，在此深表感谢！

资源索引

限于时间和作者水平，书中疏漏和不当之处在所难免，敬请广大读者批评指正！

编　者

2020 年 1 月

目 录

绪　　论

0.1 基本概念

土是地壳表层母岩经受强烈风化(包括物理、化学和生物的风化作用)的产物，是各种矿物颗粒的集合体。颗粒间的联结强度远比颗粒本身强度小，甚至完全没有联结；在一般情况下，土颗粒间有大量孔隙，而孔隙中通常有水和空气存在。因此，土与其他连续固体介质最主要的区别，就是它的多孔性和散体性。

土力学是利用力学知识和土工试验技术来研究土的强度和变形规律的一门学科，一般认为它是力学的一个分支，但由于它的研究对象是土，土是以矿物颗粒组成骨架的松散颗粒集合体，其力学性质与一般刚性或弹性固体、流体等都有所不同，因此，根据一般连续体力学的规律，在土力学中应结合土的特殊情况来具体应用。此外，土力学还要用专门的土工试验技术来研究土的物理、化学特性，以及土的强度、变形和渗透等特殊的力学性质。

【工程中的土力学原理】

任何建筑物都建造在一定的地层上，通常把支承基础的土体或岩体称为地基。一般把未经人工处理就可以满足设计要求的地基称为天然地基。若天然地基不能满足设计要求，则需对地基进行加固处理，这种经过人工处理的地基称为人工地基。

基础是将结构承受的各种作用传递到地基上的结构组成部分，一般应埋入地下一定深度，进入较好的地层中。根据埋置深度不同，基础可分为浅基础和深基础。通常把埋置深度不大(3～5m)，只需经过挖槽、排水等普通施工方法即可建造的基础称为浅基础，如砖基础、毛石基础、素混凝土基础、钢筋混凝土扩展基础等；反之，若浅层土质不良，则须把基础埋置于深处的良好地层，将荷载传递到深处土层中，这样建造的基础即称为深基础，如桩基础、墩基、沉井和地下连续墙等。相对于深基础而言，浅基础具有施工方法简单、造价较低等优点，因此在满足地基承载力、变形和稳定性的前提下，宜优先考虑采用浅基础。

地基基础设计包括地基设计和基础设计两部分。地基设计包括地基承载力计算、地基沉降验算和地基整体稳定性验算，通过地基承载力计算来确定基础的埋置深度和基础底面尺寸，通过地基沉降验算来控制建筑物的沉降量不超过规范规定的允许值，通过地基整体稳定性验算来保证建筑物不会发生倾覆而丧失其整体稳定性；基础设计则包括基础的选型、构造设计、内力计算和钢筋混凝土的配筋。由于地基和基础相互作用，基础与上部结构又构成一个整体，因此在地基基础设计时，不仅要考虑工程地质和水文地质条件，还要考虑上部结构的特点、建筑物的使用要求及施工条件等。

地基和基础是建筑物的根本，统称为基础工程，其勘察、设计和施工质量的好坏将直接影响建筑物的安危、经济性和正常使用。由于基础工程是在地下或水下进行作业，施工难度大，因此在一般高层建筑中，其造价约占总造价的25%，工期占总工期的25%～30%。

当需采用深基础时，其造价和工期所占比重更大。此外，基础工程为建筑物的隐蔽工程，一旦出现质量事故，不仅损失巨大，而且补救十分困难，因此基础工程在土木工程中具有非常重要的意义。

随着我国经济的发展，大型、重型、高层建筑和有特殊要求的建筑物日益增多，我国在基础工程设计与施工方面积累了不少成功的经验，然而也有很多失败的教训。如上海展览中心也称上海展览馆，位于上海市静安区延安中路北侧，展览馆中央大厅为框架结构，采用箱形基础，展览馆两翼采用条形基础，箱形基础为两层，埋置深度 7.27m，箱形基础顶面至中央大厅顶部塔尖总高 96.63m，地基为高压缩性淤泥质软土。该馆于 1954 年 5 月开工，当年年底实测地基平均沉降量为 60cm；1957 年 6 月，中央大厅四周的沉降量最大达 146.55cm，最小为 122.8cm；从 1957 年至 1979 年 22 年间的沉降量仅 20cm 左右，不及 1954 年下半年沉降量的一半，说明沉降已趋于稳定。但该建筑地基严重下沉，不仅使散水倒坡，而且使建筑物内外连接的水、暖、电管道发生断裂，修补工作付出了很大的代价。

国外基础工程失败的例子也不少，如 1913 年建造的加拿大特朗斯康谷仓，由 65 个圆柱形筒仓组成，高 31m，宽 23.5m，其下为筏形基础，由于事前不了解基础下埋藏有厚达 16m 的软黏土层，建成后初次储存谷物时，基础底面压力超过了地基极限承载力，致使谷仓西侧突然陷入土中 8.8m，东侧则抬高了 1.5m，仓身整体倾斜 26°53′，这是地基发生整体滑动、建筑物丧失稳定性的典型范例。但由于该谷仓整体性很好，筒仓完好无损，事后在筒仓下增设了 70 多个支承于基岩上的混凝土墩，用 388 个 50t 的千斤顶才将筒仓倾斜纠正过来，但其标高比原来降低了 4m。

世界著名的意大利比萨斜塔，1173 年动工，高约 55m，建成后因地基压缩层厚度不均、排水缓慢，致使塔的北侧下沉近 1m，南侧下沉近 3m。1932 年曾灌注 1000t 水泥来处理，也未奏效，每年仍下沉约 1mm。目前仍在处理之中。

【与土有关的工程问题】

大量的工程事故表明，基础工程必须慎重对待。只有深入了解地基情况，掌握勘察资料，经过精心设计与施工，才能使基础工程做到既经济合理，又保证质量。

0.2 本课程的主要内容和学习方法

“土力学与基础工程”是土木工程专业必修的主干课，属于专业基础课，有些高校以“土力学”和“基础工程”两门课程来开设，它在土木工程专业的教学中起着承上启下的作用。根据高等学校土木工程专业指导委员会编制的“土力学”与“基础工程”课程教学大纲和应用型土木工程专业人才培养要求，本书的内容共分为 9 章：其中第 1 章讲述本课程的基本知识；第 2 章介绍土的渗透性和渗流现象；第 3 章至第 5 章是土力学的基本理论部分，也是本课程的重点内容，主要介绍各种情况下土中的应力分布、土的压缩性、地基沉降量计算、土的抗剪强度及极限平衡概念等，并简要介绍土工试验的有关知识；第 6 章介绍土压力及土坡稳定性分析；第 7 章至第 9 章属于基础工程部分，是运用土力学理论解决工程设计中的地基与基础问题，主要包括浅基础、桩基础和地基处理等内容。

在本课程的学习中，必须自始至终抓住土的变形、强度和稳定性这一重要线索，并特别注意认识土的多样性和易变性等特点。此外，还必须掌握有关的土工试验技术及地基勘察知识，对建筑场地的工程地质条件做出正确的评价，才能运用土力学的基本知识去正确解决基础工程中的疑难问题。

0.3 土力学、地基及基础研究的发展历程与未来发展趋势

土力学是一门既古老又新兴的学科。由于生产的发展和生活的需要，人类很早就广泛利用土进行工程建设。如我国公元前 3 世纪开始修建的万里长城和公元 7 世纪开通的贯通南北的大运河，以及外国古代所修建的不少具有历史价值的巨型建筑物，都证实了人类在工程实践中积累了丰富的土力学知识，但由于受当时生产实践规模和知识水平的限制，直到 18 世纪中叶，人们对土在工程建设方面的特性尚停留在感性认识阶段。

18 世纪产业革命以后，水利、道路、城市建设工程中大型建筑物的兴建，提出了大量与土力学有关的问题，特别是一些工程事故的发生，促使人们去寻求理论的解释，并要求用经过实践检验的理论来指导以后的工程，因而促进了现代土力学理论的产生和发展。1773 年，法国的库仑根据试验推出了著名的砂土抗剪强度公式，提出了计算挡土墙土压力的滑楔理论；1857 年，英国的朗肯又从另一个途径提出了挡土墙理论，这对后来土体强度理论的发展起了很大的促进作用；此外，法国的布辛奈斯克求得了在弹性半空间表面作用竖向集中力的应力和变形的理论解答。这些古典的理论和方法，至今仍不失其理论和实用价值。

20 世纪初期以来，随着生产建设深度和广度的不断增加，实际工程中所遇到的工程地质条件也更为复杂，迫切需要人们全面系统地对土的力学性质进行研究。地基勘探和土工试验技术的发展、现场观测资料的不断丰富及其他科学技术的新成就都对土力学的发展提供了非常有利的条件。到 20 世纪 20 年代，著名的土力学家太沙基的土力学专著问世，土力学开始成为一门独立的较系统的学科。自 1936 年以来，已召开了 14 届国际土力学和基础工程学术会议，许多国家都定期出版多种土工刊物。近年来，由于尖端科学和生产发展的需要，土力学的研究领域又有了明显扩大，如土动力学、冻土力学、海洋土力学、月球土力学等都是新兴的土力学分支，岩石力学也与土力学分离而单独成为一门学科。

中华人民共和国的成立，为生产力和科学技术的发展开辟了一条广阔的道路，也使土力学与基础工程学科得到了迅速的发展。中华人民共和国成立后，我国成功处理了许多大

型和复杂的基础工程难题，自 1962 年以来，先后召开了 13 届全国土力学及岩土工程大会，并建立了许多地基基础研究机构、施工队伍和土工实验室，培养了大批地基基础专业人才。不少学者对土力学与基础工程的理论和实践做出了重大贡献，如陈宗基教授对土的流变性和黏土结构的研究，黄文熙院士对土液化的探讨及考虑土侧向变形的地基沉降计算方法的提出，钱家欢教授等主编的《土工原理与计算》一书，都体现了我国土力学研究的发展与进步，在国内有较大的影响；沈珠江院士在土体本构模型、土体静动力数值分析、非饱和土理论等方面取得了令人瞩目的成就，受到了国际岩土界的重视。

近年来，我国在工程地质勘察、室内及现场土工试验、地基处理、新设备、新材料、新工艺的研究和应用方面也取得了很大的进展。随着电子技术和各种数值计算方法的普及，土力学与基础工程的各个领域都发生了深刻的变化，许多复杂的工程问题得到了解决，试验技术也日益提高。在大量理论研究与实践经验积累的基础上，有关基础工程的各种设计与施工规范或规程等也相继问世并日臻完善，为我国的基础工程设计与施工做到技术先进、经济合理、安全适用、确保质量等提供了充分的理论和实践依据。相信随着社会主义建设的发展及对基础工程要求的日益提高，我国的土力学与基础工程学科也必将得到更大的发展。

第1章 土的性质及工程分类

内容提要

土的性质及工程分类是土力学与基础工程的基础，学习土的性质，首先必须清楚土体的基本物理性质。本章主要介绍土的成因，土的三相(固相、液相、气相)体系，土体的结构和构造，三相指标的定义、试验方法及换算，同时讲述无黏性土、黏性土的物理特性及土的工程分类。

能力要求

掌握土的成因、土的三相组成、土的三相物理性质指标的定义及换算、无黏性土和黏性土的物理特性；熟悉土的结构和构造；了解土的工程分类。

1.1 概　　述

土是连续、坚固的岩石在风化作用下形成的大小悬殊的颗粒，经过不同的搬运方式，在各种自然环境中生成的沉积物。地壳表层母岩经过风化、搬运后的固体颗粒，有时还有有机质堆积在一起，中间贯穿着孔隙，孔隙中存在着水和空气，如图 1.1 所示。在天然状态下，土体一般由固相、液相和气相三部分组成，简称三相体系。

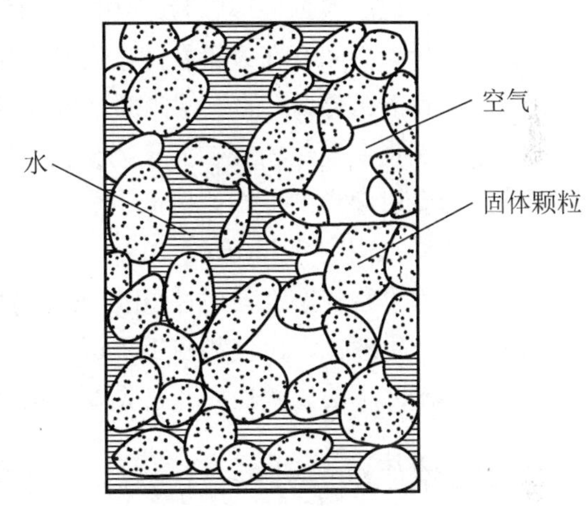

图 1.1　土的三相组成

岩石和土在其存在、搬运和沉积的各个过程中都在不断进行风化，不同的风化作用会形成不同性质的土。风化作用可分为物理风化、化学风化和生物风化三种。

(1) 物理风化。

物理风化是指由于风、霜、雨、雪的侵蚀，温度的变化，地震等作用引起的岩石发生不均匀膨胀与收缩，产生裂隙、崩解的过程。这种风化作用只改变颗粒的大小和形状，不改变原来的矿物成分，即经过风化后仍为原生矿物。物理风化生成的多为粗粒土，如块石、碎石、砾石和砂土等。

(2) 化学风化。

化学风化是指岩体或岩石与空气、水和二氧化碳等物质相接触时发生相互作用的过程。这种风化作用使岩石矿物成分发生改变，产生一些新的成分，即形成次生矿物。经化学风化生成的土多为细粒土，具有黏聚力，如黏土和粉质黏土。

(3) 生物风化。

生物风化是指动物、植物和人类活动对岩体的破坏过程。如长在岩石缝隙中的树，因树根伸展而使岩石缝隙扩展开裂；又如人们开采矿山、石材，打通隧道修铁路，劈山修公路等活动。这样形成的土，其矿物成分没有发生变化。

由于风化作用不同，土中固体颗粒的矿物成分各异，其土粒间的联结能力比较微弱，土粒还可能与周围的水发生一系列复杂的物理、化学作用。在外力作用下，土体并不显示出一般固体的特性，土粒间的联结也不像胶体那样易于产生相对位移，也不表现出一般液体的特性。因此，在研究土的工程性质时，既有别于固体力学，也有别于流体力学，首先应掌握土的物理特性、物理状态及土的三相比例关系。

有鉴于此，本章首先介绍土的三相组成及土的结构，然后介绍土的三相物理性质指标、无黏性土的密实度、黏性土的物理特性、土的击实性及地基土的工程分类。

1.2 土的三相组成及土的结构

土的三相组成包括固体颗粒(固相)、水(液相)和空气(气相)三部分。土中固体颗粒构成土的骨架，骨架之间存在大量孔隙，而孔隙中充填着水和空气。

同一地点的土体，它的三相比例是否固定不变？回答是否定的。因为随着环境的变化，土的三相比例也会发生相应的变化，如天气的晴雨、季节的变化、温度的高低及地下水的升降等，都会引起土的三相比例产生变化。土的三相比例不同，土的状态和工程性质也随之各异，例如：固相+气相(液相=0)为干土，此时黏土呈坚硬状态；固相+液相+气相为湿土，此时黏土多为可塑状态；固相+液相(气相=0)为饱和土，此时松散的粉细砂或粉土遇到强烈地震时可能产生液化，而使相应工程遭受破坏。

因此，研究土的工程性质，首先要从最基本的土的三相组成开始研究。

1.2.1 土中的固体颗粒

1. 土粒粒组

土中的固体颗粒(也称土粒)是土的三相组成中的主体，是决定土的工程性质的主要成分。

天然土粒大小相差很大，大的当量直径有几十厘米，小的当量直径只有千分之几毫米；土粒的形状也不一样，有块状、粒状、片状等。这与土的矿物成分有关，也与土粒所经历的风化、搬运过程有关。土粒的大小称为粒度，为了统一衡量土粒的大小，定义土粒的当量直径为粒径。在工程中，土的粒度不同、矿物成分不同，土的工程性质也就不同。如粒径大的卵石、砾石和砂，大多数为浑圆和棱角状的石英颗粒，具有较大的透水性而无黏性；粒径小的黏粒，属针状或片状的黏土矿物，具有黏性而透水性低。因此，工程上常把粒径大小、工程性质相近的土粒合并为一组，简称粒组。在自然界中，土通常由多种粒组组成。

【砾石】

在工程上，常常把土在性质上表现出明显差异的分界粒径作为划分粒组的依据，相应的分界尺寸称为界限粒径。但对于粒组的划分方法，目前并不统一。表 1-1 所列为一种常用的土粒粒组的划分方法，按照界限粒径的大小，将土粒划分为六大粒组：漂石或块石、卵石或碎石、圆砾或角砾、砂粒、粉粒和黏粒。

表 1-1 常用的土粒粒组的划分方法

粒组名称	粒径范围/mm	特 征
漂石或块石	>200	透水性大，无黏性，无毛细水
卵石或碎石	20～200	透水性大，无黏性，无毛细水
圆砾或角砾	2～20	透水性大，无黏性，毛细水上升高度不超过粒径大小
砂粒	0.075～2	易透水，当混入云母等杂物时透水性减小，而压缩性增大；无黏性，遇水不膨胀，干燥时松散；毛细水上升高度不大，随粒径变小而增大
粉粒	0.005～0.075	透水性小；湿时稍有黏性，遇水膨胀小，干时稍有收缩；毛细水上升高度较大，极易出现冻胀现象
黏粒	<0.005	透水性很小；湿时有黏性、可塑性，遇水膨胀大，干时收缩显著；毛细水上升高度大，且速度较慢

各国对分组粒径的划分不尽相同，但每一粒组均具有相近的特性。

2. 土的颗粒级配

自然界里的天然土，往往由多个粒组混合而成，土的颗粒有粗有细。那么这类天然土如何表示它的组成，又怎样定名呢？

工程中常用土中各粒组的相对含量占总质量的百分数来表示天然土的组成，称为土的颗粒级配。为了确定各粒组的相对含量，必须用试验方法将各粒组区分开来。在工程实践中，最常用的颗粒分析方法有筛分法和比重计法两种。

(1) 筛分法：适用于土粒直径大于 0.075mm 的土。筛分法的主要设备为一套标准分析筛，筛子孔径分别为 20mm、10mm、5mm、2mm、1mm、0.5mm、0.25mm、0.075mm。将干土样倒入标准筛中，盖严上盖，置于筛析机上振筛 10～15min；按由上而下的顺序称各级筛上及底盘内试样的质量，然后标出这些土粒质量占总土粒质量的百分数。

【颗粒大小分析试验（筛分法）】

(2) 比重计法：适用于土粒粒径小于 0.075mm 的土。比重计法的主要仪器为土壤比重计和容积为 1000mL 的量筒。土粒粒径大小不同，在水中沉降的速度也不同，大粒下沉快而小粒下沉慢，因此利用比重计测定不同时间土粒和水混合悬液的密度，就可以计算出某一粒径土粒的质量相对总土粒质量的百分数。

如土中同时含有粒径大于和小于 0.075mm 的土粒，则须联合使用上述两种方法。

根据颗粒分析结果，可绘制土的颗粒级配曲线。为了直观起见，通常以图 1.2 所示的土的颗粒级配曲线表示，其中纵坐标表示小于(或大于)某粒径的土粒质量百分数，横坐标则是用对数值表示的土粒粒径。这样就可以把粒径相差上千倍的大小颗粒含量都表示出来，尤其能把占总质量比例小但对土的性质可能有重要影响的微小土粒部分清楚地表达出来。从该曲线可以直接了解土粒的大小、粒径分布的均匀程度及颗粒级配的优劣。如图 1.2 所示，曲线 A 和 B 所代表的两种土的粒径分布都是连续的，但与曲线 A 比较，曲线 B 形状平缓，表示土粒大小分布范围广，土粒粒径不均匀，土粒级配良好；而曲线 A 形状较陡，表示土粒大小相差不大，土粒粒径较均匀，土粒级配不良。曲线 C 中间出现水平段，说明所代表的土缺少某些粒径范围的土粒，这样的级配称为不连续级配。为了定量说明土粒的级配，工程中常用不均匀系数 C_u 和曲率系数 C_c 分别描述颗粒级配曲线的坡度和形状，相应的计算公式如下。

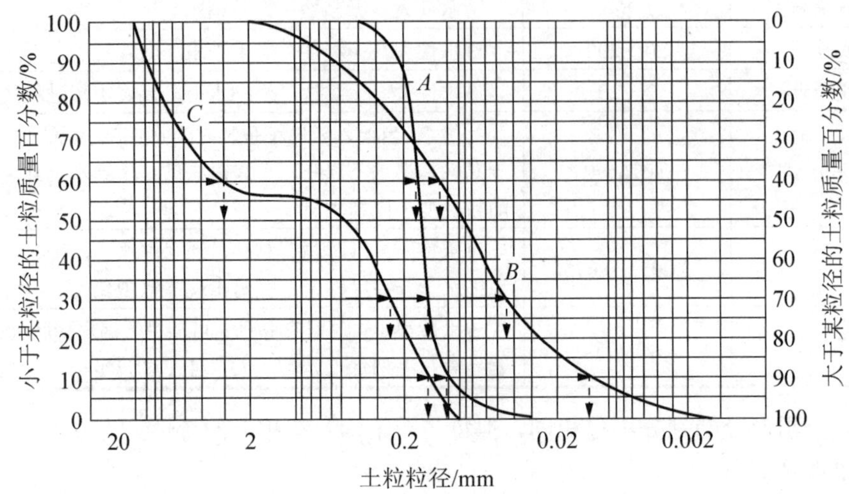

图 1.2　土的颗粒级配曲线

$$C_u = \frac{d_{60}}{d_{10}} \tag{1-1}$$

$$C_c = \frac{d_{30}^2}{d_{10}d_{60}} \tag{1-2}$$

式中　d_{60}——小于某粒径的土粒质量占土总质量 60%时相应的粒径，称为限定粒径；

d_{10}——小于某粒径的土粒质量占土总质量 10%时相应的粒径，称为有效粒径；

d_{30}——小于某粒径的土粒质量占土总质量 30%时相应的粒径，称为中值粒径。

不均匀系数 C_u 反映颗粒级配曲线的坡度，表明土粒大小的不均匀程度，C_u 值越大，表明颗粒级配曲线的坡度越缓，土粒分布范围越广，说明土粒大小越不均匀，因而级配良好；反之，C_u 值越小，表明颗粒级配曲线的坡度越陡，土粒分布范围越窄，说明土粒大小越均匀，因而级配不良。曲率系数 C_c 则反映颗粒级配曲线的形状是否连续。工程上对土的级配是否良好可按如下规定判断。

① 级配良好的土，大多数颗粒级配曲线主段呈光滑凹面向上的形式，坡度较缓，土粒大小连续，曲线平顺，且粒径之间有一定的变化规律，能同时满足 $C_u > 5$ 及 $C_c = 1 \sim 3$ 的条件，如图 1.2 中曲线 *B* 线所示。

② 级配不良的土，土粒大小比较均匀，其颗粒级配曲线的坡度较陡；或者土粒大小虽然较不均匀，但也不连续，其颗粒级配曲线呈阶梯状(有缺粒径段)。它们不能同时满足 $C_u >$ 5 及 $C_c = 1 \sim 3$ 两个条件，如图 1.2 中曲线 *A* 和 *C* 所示。

工程中用级配良好的土作为填土用料时，比较容易获得较大的密实度。

3. 土的矿物成分

土的矿物成分主要取决于母岩的成分及其所经受的风化作用。不同的矿物成分对土的性质有着不同的影响，通常，粗大土粒的矿物成分往往是母岩未风化的原生矿物，而细小土粒的矿物成分则主要是次生矿物等无机物质及土生成过程中混入的有机质，因此细粒土的矿物成分更为重要。矿物颗粒的成分主要有两大类：原生矿物和次生矿物。

(1) 原生矿物。岩石由于温度变化、裂隙水的冻结及盐类结晶膨胀而逐渐破碎崩解为碎块的过程称为物理风化。物理风化所形成的碎屑物，其物理、化学性质较稳定，成分与母岩相同，这种矿物称为原生矿物。常见的原生矿物有石英、长石和云母等，由它们构成的粗颗粒土如漂石、卵石、圆砾等，都是岩石的碎屑，其矿物成分与母岩相同。由于其颗粒大，比表面积(单位体积内颗粒的总表面积)小，与水的作用能力弱，工程性质较稳定，若级配良好，则土的密度大、强度高、压缩性低。

(2) 次生矿物。岩石在水溶液、大气及有机物的化学作用或生物化学作用下引起的破坏过程称为化学风化。化学风化不仅破坏了岩石的结构，而且使其化学成分发生改变，形成了新的矿物，这种矿物称为次生矿物。次生矿物颗粒细小，呈片状，是黏性土固相的主要成分。由于其粒径非常小，具有很大的比表面积，因此与水的作用能力很强，能发生一系列复杂的物理、化学变化。

黏土矿物是次生矿物中最主要的一种，它对土的性质，尤其是对黏性土的性质具有很大的影响。黏土矿物之所以得名，是因为它们的粒径都在黏粒范围内，甚至远小于 0.002mm，常以纳米为计量单位。黏土矿物代表一个大类，其中的小类型还很多，按微观结晶情况，可分为非晶质和晶质两大类。非晶质黏土矿物性状很复杂，常以水铝英石为代表，是主要由氧化硅、氧化铝和水组成的一种细粒状非晶质物质，常作为一种蚀变产物，在细粒土特别是火山灰形成的土壤中普遍存在。黏土矿物颗粒微小，在电子显微镜下观察，呈鳞片状或片状，颗粒比表面积很大，与水的作用能力很强，即亲水性强，能发生一系列复杂的物理、化学变化。图 1.3 所示为两种基本黏土矿物的晶片，一种是硅氧晶片，其基本单元是硅氧四面体；另一种是铝氢氧晶片，基本单元是铝氢氧八面体。由于晶片结合情况不同，便形成了具有不同性质的各种黏土矿物，其中主要有蒙脱石、伊利石和高岭石三种，如图 1.4 所示。下面以这三种主要黏土矿物为例，介绍其结构特征和基本的工程特性。

【高岭石、蒙脱石、伊利石】

硅氧四面体

∘氧离子 •硅离子

Si Si

(a) 硅氧晶片

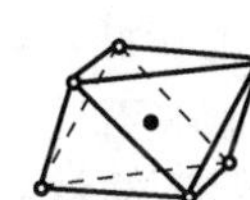

铝氢氧八面体

∘氢氧根离子 •铝离子

Al Al

(b) 铝氢氧晶片

图 1.3　黏土矿物的晶片示意图

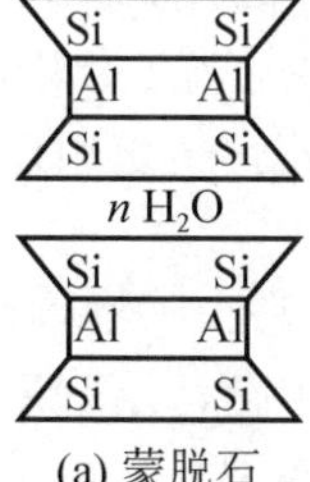

(a) 蒙脱石

Si Si
Al Al
Si Si
K K
Si Si
Al Al
Si Si

(b) 伊利石

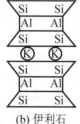

Al Al
Si Si
Al Al
Si Si

(c) 高岭石

图 1.4　黏土矿物的构造单元

蒙脱石是化学风化的初期产物，其结构单元(晶胞)是两层硅氧晶片之间夹一层铝氢氧晶片所组成的，如图 1.4(a)所示。由于晶胞的两个面都是氧原子，其间没有氢键，因此联结

很弱，水分子可以进入晶胞之间，从而改变晶胞之间的距离，甚至达到完全分散到单晶胞为止。蒙脱石的主要特征是颗粒细小，具有较大的吸水膨胀和脱水收缩的特性。

伊利石的结构单元类似于蒙脱石，如图1.4(b)所示。不同的是硅氧四面体中的Si^{4+}可以被Al^{3+}替代，因而在相邻晶胞间将出现若干一价正离子(K^+)，所以伊利石的结晶构造没有蒙脱石那样活跃，其吸水能力低于蒙脱石。

高岭石的结构单元如图1.4(c)所示，是由一层铝氢氧晶片和一层硅氧晶片组成的晶胞。高岭石的矿物是由若干重叠的晶胞构成的，这种晶胞一面露出氢氧基，另一面则露出氧原子，晶胞之间的联结依靠氧原子与氢氧基之间的氢键，具有较强的联结力，因此晶胞之间的距离不易改变，水分子不能进入。高岭石的主要特征是颗粒较粗，其亲水性不及伊利石强。

可见土的矿物结晶构架的差异，从本质上决定了土的工程性质的不同。

黏土矿物对黏性土的工程性质有很大的影响，其中主要有以下三点。

① 黏土矿物颗粒极细，比表面积极大。颗粒比表面积的定义是颗粒的总表面积与其体积之比，单位为cm^{-1}。如边长为1cm的立方体，比表面积为$6cm^{-1}$；若将其均匀切割成边长为1mm的立方体，则比表面积为$60cm^{-1}$；如果再均匀切割成边长为0.1mm的立方体，则比表面积为$600cm^{-1}$；如均匀切割成边长为0.001mm的立方体，则比表面积为$60000cm^{-1}$。由以上计算可知，若总体积相同，则颗粒边长缩小的倍数等于比表面积扩大的倍数。如果将颗粒都化成等当量的小球体，粒径为d，则相应比表面积为$6/d$。这说明土粒越细，比表面积越大。土粒变化时，尺寸有变化，矿物化学成分也会变化，土粒的表面能及有关的表面特性如物理、化学特性也将不同，因此可用比表面积来衡量土粒联结的牢固程度。上述特性直接影响着土的物理、力学性能。黏土矿物中蒙脱石的比表面积最大，因而其表面能最强、最活跃，伊利石次之，高岭石相对差些。

② 黏土矿物颗粒吸附能力极强。当颗粒小到胶粒尺度时，就具有表面能。颗粒的比表面积越大，表面能越强，就越能够和周围的离子、原子、分子及微粒产生相互作用，形成微观力场。吸附作用是其中最普遍的相互作用方式，既能吸附水分子，也能吸附溶液中的离子及一些杂质。黏土矿物表面都有很强的离子吸附及交换能力，蒙脱石的这种能力最强，伊利石、高岭石相对差些。离子的吸附和交换能力改变了颗粒的表面能状态，从而影响土的工程性质。黏土矿物表面吸附水的特性对土的工程性质影响很大，因为水是极性分子，很容易被吸附在黏土颗粒表面。蒙脱石除了将水吸附在黏土颗粒表面之外，还能将水吸附在黏土矿物的晶胞之间，蒙脱石的这种能力极强，钠蒙脱石充分吸水后可比自身质量大5倍，同时体积可膨胀14倍。利用蒙脱石的强吸水、高膨胀特性，可制成膨润土或找到天然的膨润土矿，这是一种极重要的非金属矿，可用来制成土木工程中桩孔、石油钻井、地下连续墙开挖槽中必须使用的护壁泥浆，也可用作大坝中的防渗材料及岩土工程中的堵漏、灌浆、封闭裂隙的材料等。

③ 黏土矿物颗粒具有带电性。黏土矿物颗粒呈微小片状，在片状的表面带有负电荷，而在颗粒的边棱或断口处局部带正电荷，这些表面电荷主要是离子电荷，其次还有由于电子运动的不平衡性而产生的变动偶极现象。由于表面的带电性，黏土矿物颗粒之间产生了分子结合力和静电引力，这是其原始内聚力的主要来源，并在不同的沉积环境中形成不同的结构、构造状态，从而影响土的物理、力学性质。在土粒周围形成的电场及复杂的离子吸附与交换活动，会导致土的工程性质发生变化，从而在土质改良与加固，以及人为影响土体强度与稳定性、透水性等方面产生应用价值。

1.2.2 土中的水

按照水与土粒的相互关系，土中的水可分为结晶水、结合水和自由水三类。

1. 结晶水

结晶水是指存在于土粒矿物晶体内部或参与矿物结构组成的水。根据其对土的工程性质的影响，可把土粒矿物内部结晶水当作土粒的一部分，这种水只有在比较高的温度或温度不高但长期加热的条件下才能失去。这一部分水不包括在土的含水率测试和计算中，因而不影响土的含水率测试和计算。

2. 结合水

结合水是指附着于土粒表面呈薄膜状的水，其受土粒表面引力的作用而不服从静水力学的规律。按照水与土粒相互作用的强弱，可将结合水分为强结合水和弱结合水两大类。

(1) 强结合水：是受电分子吸引力作用吸附于土粒表面呈薄膜状的水，这种电分子吸引力可使水分子和土粒表面牢固地黏结在一起。如图 1.5 所示，强结合水紧靠土粒表面，仅有两三个水分子厚，处于固定层中，其性质接近于固体，密度为 1.2～2.4g/cm^3，冰点为−78℃，在 105℃以上时才能蒸发，在重力作用下不会流动，不传递静水压力，无溶解盐类的能力，具有极大的黏滞阻力、弹性和抗剪强度。黏土只含强结合水时，呈固体状态，磨碎后呈粉末状态；砂土的强结合水很少，仅含强结合水时呈散粒状。强结合水包括在土的含水率中，但在通常情况下，强结合水属于固体的一部分，是含水固定层，不是液体，不能随便移动，其变形时具有明显的黏弹性性质。强结合水作为土中含水率的一部分，在砂类土中能达到 1%左右，在粉土中能达到 5%～7%，在黏性土中能达到 10%～20%，会对土的工程性质产生一定的影响。

【结合水的形成】

【土中水的形成】

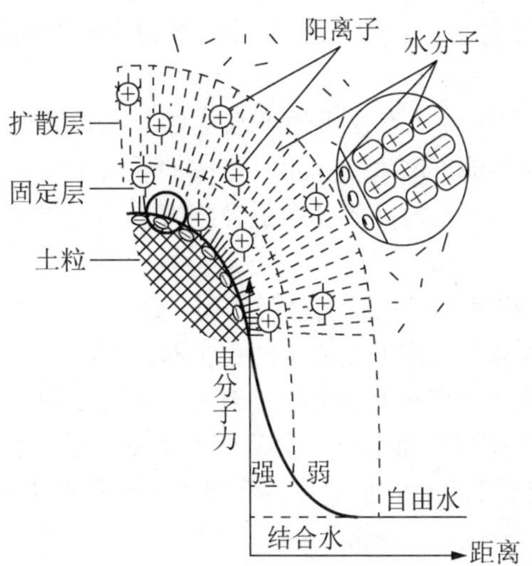

图 1.5 土粒与水分子的相互作用

(2) 弱结合水：是处在土粒表面的吸附能力范围之内又在强结合水膜外圈的水膜，其仍然具有较强的吸附作用力。弱结合水处于扩散层中，此时离子既受到一定的吸附作用，也受到热运动产生的扩散作用影响。弱结合水的活动能力远大于强结合水，这种水也没有溶解能力，仍然没有传递静水压力的功能，其密度随距离土粒表面的远近而不同，通常为 1.10～1.74g/cm^3，冰点低于 0℃，也具有一定的抗剪强度。在做土的含水率试验中，加热到 105～110℃时，弱结合水比较容易脱离土粒而排出去。在一定压力作用下，弱结合水可以随土粒一起移动，在土粒间的润滑作用明显，使土具有较好的塑性，利用这一特性比较容易使土体压实，也有利于土体造型。弱结合水也可以因电场引力从一个土粒的周围转移到另一个土粒的周围，也就是说可以发生变形，但并不会因重力作用而流动。弱结合水的存在是黏性土在某一含水率范围内表现出可塑性的原因，此部分水对黏性土的影响最大。弱结合水在较大的压力差作用下或在振动荷载作用下会脱离土粒而移动，影响黏性土的触变特性。随着土质的不同，弱结合水膜的厚度变化很大。砂粒由于比表面积小，吸附能力小，通常只含强结合水而不含弱结合水；黏性土比表面积大，吸附能力强，弱结合水膜较厚，但由于诸多因素的影响，该水膜厚度也在一个相当的范围内变化。在弱结合水膜的外圈或更远，由于距土粒表面较远，相应的水就脱离了土粒的吸附而成为自由水。

3. 自由水

自由水是指存在于土粒电场影响范围之外，不受电场引力作用的土中水，其性质与普通水相同，即能够传递静水压力，具有溶解盐类的能力，冰点为 0℃。

自由水按其所受作用力的不同，可分为重力水和毛细水。

(1) 重力水：是在土孔隙中受重力作用能自由流动的水，一般存在于地下水位以下的透水层中。其对土粒有浮力作用，当存在水头差时可流动，产生动水压力，可将土中细小的颗粒带走。工程实践中的流砂、管涌、冻胀、渗透固结、渗流时的边坡稳定等问题，都与土中重力水的运动有关。建筑施工时，重力水对基坑开挖、排水等均会产生较大影响。

(2) 毛细水：是在一定条件下存在于地下水位以上土粒间的孔隙中的水。地表水向下渗或夏天湿度高的气体进入地下产生凝结水时形成的毛细水，称为下降毛细水或悬挂毛细水；地下水自水位面向上沿着土粒间的孔隙上升到一定高度时形成的毛细水，称为上升毛细水。

毛细水是自由水，是指其不受土粒的吸附作用，但并非绝对的“自由”，它仍受到表面张力和重力的作用，这两种力决定了毛细水的存在和高度。毛细水在土粒的孔隙中只局部存在，当毛细水充分发展时，可使土体饱和，但毛细水对土粒不会产生浮力。当土粒间孔隙尺寸大于 2.0mm 时，因孔隙大而不能产生毛细水现象；极细小的孔隙中，因土粒间的孔隙中充满着结合水，毛细水现象也不能存在。毛细水主要存在于直径为 0.002～0.5mm 大小的孔隙中。

对于砂类土，只有为湿砂时才有毛细水上升，干砂和饱和砂不存在毛细水现象。湿砂中因毛细水现象产生的暂时凝聚力也称毛细凝聚力，其有较大的工程意义。由于毛细凝聚力的存在，在基坑开挖时，陡直边坡就可以开挖到一定高度而不坍塌，能维护工程安全。在海滨沙滩上进行造型，操作沙雕艺术，也是利用了湿砂的毛细凝聚力。对于粉土，由于土粒间孔隙尺寸使毛细水现象很发育，毛细水上升高度很大，因此用粉土作为填土地基是不适宜的。对于黏土，由于在土粒周围存在微电场作用和其他微观力作用，也由于黏土中的粒间孔隙尺寸太小，因此毛细水在黏土中的上升高度比在粉土中的上升高度小。

土的毛细现象在以下方面对工程有不利影响：①在严寒、寒冷地区，毛细水的上升是引起路基冻害的因素之一；②毛细水的上升会使土湿润、强度降低、变形量增大，对于房屋建筑，毛细水的上升会引起地下室过分潮湿；③在干旱地区，若毛细水上升至地表，地下水中的可溶盐会随着毛细水上升不断蒸发，盐分便积聚于靠近地表处而使地表土盐渍化。

1.2.3 土中的空气

土中的空气存在于未被水占据的土颗粒的孔隙中，对土的影响相对居于次要地位。土中的空气以两种形式存在，即流通空气和封闭空气。流通空气是指与大气连通的空气，一般不影响土的性质；封闭空气是指与大气隔绝的以气泡形式存在的空气，它不易逸出，在受到外力作用时，随着压力的增大，这种气泡可压缩或溶解于水中，而当压力减小时，气泡会恢复原状或重新游离出来，使土在外力作用下的弹性形变增加，透水性降低。在淤泥质土和泥炭土中，由于微生物分解有机物，在土层中产生了一些可燃性气体(如硫化氢、甲烷等)，使土层在自重作用下不易压密，而成为高压缩性土层。可见封闭气体对土的工程性质影响较大。

含有空气的土称为非饱和土，对非饱和土的工程性质研究，已成为土力学的一个新分支。

1.2.4 土的结构

【土的结构】

土的结构是指土粒的相互排列方式和颗粒间的联结特征，是在土的形成过程中逐渐形成的，并与土的矿物成分、颗粒形状和沉积条件有关。通常土的结构可归纳为三种基本类型，即单粒结构、蜂窝结构和絮状结构。

(1) 单粒结构：主要是粗粒土的代表性结构(粒径大于 0.075mm)，对应了碎石土、砂土的结构特征，是由较粗的土粒在其自重作用下沉积而成的，每个土粒都被已经下沉稳定的土粒所支承，各土粒互相依靠重叠，如图 1.6(a)所示。土粒的紧密程度随形成条件的不同而不同，可分为密实和疏松两种状态。呈密实状态的单粒结构的土，由于其土粒排列紧密，比较稳定，力学性能较好，在动、静荷载作用下都不会产生较大的沉降，因此强度较大、压缩性较小，是较为良好的天然地基；而呈疏松状态的单粒结构的土，其骨架不稳定，当受到振动或其他外力作用时，土粒易发生移动，土中孔隙剧烈减少，从而引起土体较大的变形，因此这种土层如未经处理，一般不宜作为建筑物的地基。

(2) 蜂窝结构：主要是粉土的代表性结构(粒径为 0.005～0.075mm)。据研究，粒径为 0.005～0.075mm 的土粒在水中沉积时，基本上是以单个土粒下沉，当碰上已沉积的土粒时，由于它们之间的引力大于其重力，土粒会停留在最初的接触点上而不再下沉，并逐渐形成链环状单元，很多这样的链环联结起来，便形成孔隙较大的蜂窝结构，如图 1.6(b)所示。

具有蜂窝结构的土有很大的孔隙，由于链环作用和颗粒间的化学胶结力，其可承担一般的水平静荷载，但当其承受较大的水平荷载或动力荷载时，其结构将遭到破坏，导致地基产生较大的沉降。

粉土土粒之间的联结强度还和其中的盐类和黏土矿物的胶结作用有关。在浸水条件下，盐类溶解，胶结削弱，黏土矿物颗粒周围的微电场作用和离子交换作用也显著削弱，一旦失去胶结，链环被打破，则原来封闭的链环整体刚度将大为削弱，土体就可能产生迅速的崩解或很大的沉陷。以粉粒为主的黄土浸水后表现出崩解和湿陷的特征，其内在原因就在于此。当然，如果黄土的微观结构原来的联结作用较强，虽然浸水造成联结作用削弱，但还不足以被破坏，因此有的黄土浸水后并无湿陷，崩解过程也很慢。

(3) 絮状结构：主要是黏性土的代表性结构(粒径小于 0.005mm)。土的黏粒大都呈针状或片状，粒径极小而质量极轻，多在水中悬浮，下沉极为缓慢，有些小于 0.002 mm 的土粒具有胶粒特性，一般悬浮于水中做分子热运动，难以相互碰撞结成团粒而下沉。当悬浮液发生变化时，如加入电解质或运动着的黏粒互相聚合等，黏粒将凝聚成絮状物下沉，形成具有很大孔隙的絮状结构，如图 1.6(c)所示。絮状结构是黏性土的结构特征。

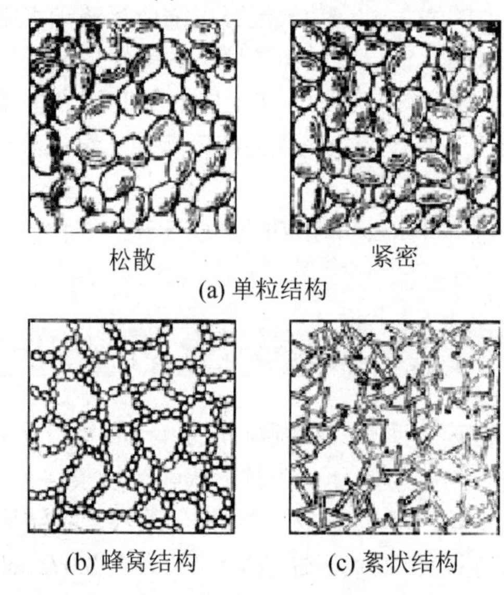

(a) 单粒结构

(b) 蜂窝结构　　(c) 絮状结构

图 1.6　土的结构

絮状结构又可分为片堆结构和片架结构两种。在淡水沉积环境中，当水分蒸发，黏粒、胶粒浓度变大时，相互碰撞的机会就会增多，由此产生凝聚、聚沉现象，即颗粒聚在一起，使其自重增大，最终呈絮状物下沉。由于黏粒、胶粒的微观形态呈薄片状，表面带负电荷，因此在颗粒叠合时，相互间的斥力能充分发挥，这样就形成了片状颗粒之间的面-面接触，接近于平行堆积，密实度较大，颗粒排列的定向性很好，故称片堆结构，其具有很大的分散性和各向异性。如果黏粒、胶粒是在海水、咸水或盐水湖环境中沉积，就等于在淡水环境中加入电解质，则正离子浓度显著增加，极利于形成聚沉核心，就像在含泥沙量大的水中投入明矾或像卤水点豆腐一样，能够很快地形成凝聚的絮状物而逐渐下沉，使原来的溶液逐渐澄清；由于电解质正离子增加，使溶液或悬浮液中的电场紊乱，带负电的薄片微粒之间的斥力减弱，在颗粒叠合时易形成片状微粒之间的边-面接触或角点-面接触，这样就形成了杂乱的堆积结构，故称片架结构，其孔隙比较大、灵敏度较高，具有典型的各向异性。其黏粒的联结强度较大，在压密和胶结过程中还会得到加强，这就是黏土内聚力的主要来源。

天然条件下，任何一种土类的结构并不像上述基本类型那样简单，而常呈现出以某种结构为主，其他结构为辅的复合形式。当土的结构受到破坏或扰动时，不仅改变了土粒的排列情况，也不同程度地破坏了土粒间的联结，从而影响土的工程性能，所以研究土的结构类型及其变化情况，对理解和进一步研究土的工程特性很有必要。土粒之间的联结强度(结构强度)，往往会由于长期的压密作用和胶结作用而得到加强。

1.3 土的三相物理性质指标

土是由固相、液相和气相组成的三相体系，如前所述，三相组成部分的性质、数量及它们之间的相互作用，决定了土的物理性质。土力学中使用三相之间在体积上和质量上的比例关系，作为反映土的物理性质的指标，并统称为土的物理性质指标。

1.3.1 指标的定义

为了研究三相比例指标和方便说明问题，可把土中本来交错分布的固体颗粒、水和空气三相分别集中起来，构成理想的土的三相关系图，如图 1.7 所示。固相集中于下部，液相居于中部，气相集中于上部，图 1.7 左边标出各相的质量，右边标出各相的体积，图中各符号意义如下。

V 为土的总体积；

V_s 为土中土粒的体积；

V_v 为土中孔隙的体积；

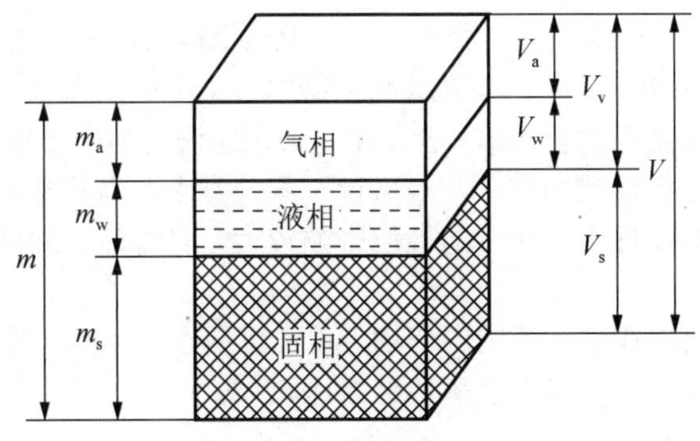

图 1.7 土的三相关系图

V_a 为土中空气的体积；

V_w 为土中水的体积；

m 为土的总质量；

m_w 为土中水的质量；

m_s 为土中土粒的质量；

m_a 为土中空气的质量，其相对很小，可以忽略不计。

1. 土的三个基本指标

基本指标的意义有两个方面，一是基本指标必须通过试验测得，二是其他指标都可以用基本指标来表示。土的基本指标有如下三个。

(1) 土的天然密度 ρ (天然重度 γ)。

在天然状态下，土单位体积的质量称为土的天然密度，以 ρ 表示，单位为 g/cm³ 或 t/m³，其计算公式为

$$\rho = \frac{m}{V} \tag{1-3}$$

在天然状态下，单位体积土体所受的重力称为土的天然重度，以 γ 表示，常用单位为 kN/m³ (以下各重度常用单位同此)，其计算公式为

$$\gamma = \frac{G}{V} = \frac{m}{V}g = \rho g \tag{1-4}$$

式中　g——重力加速度。

天然状态下土的密度变化范围很大，一般黏性土为 1.8～2.2g/cm³，砂土为 1.6～2.0g/cm³，腐殖土为 1.5～1.7g/cm³。土的密度一般采用“环刀法”测定，即用一个圆环刀(刀刃向下)放置于削平的原状土样面上，垂直边压边削至土样伸出环刀口为止，削去两端余土，使之与环刀口面齐平，称出环刀内土样的质量，求得土样质量与环刀容积的比值，即为土的天然密度。

(2) 土的含水率 w。

土中水的质量与土粒的质量之比，称为土的含水率，以 w 表示，用百分数计，其计算公式为

$$w = \frac{m_w}{m_s} \times 100\% \tag{1-5}$$

土的含水率一般采用“烘干法”测定，即将天然土样的质量称出，然后置于电烘箱内，在 100～105℃下烘至恒重，称得干土质量 m_s，湿土与干土质量之差即为土中水的质量 m_w，其与干土质量的比值就是土的含水率。含水率是表示土湿度的一个重要指标，含水率越小，土越干，反之则代表土很湿或饱和。一般来说，同一类土，当其含水率增大时，其强度就会降低。土的含水率对黏性土、粉土的性质影响较大，对粉砂、细砂稍有影响，而对碎石土基本上没有影响。

不同土的含水率可以在很大范围内变动，砂土可从 0 到 40%，黏土可从 3%到 100%以上。国内曾发现一种泥炭土，其含水率甚至高达 600%。

(3) 土粒相对密度 d_s。

土中土粒的质量与同体积 4℃时纯水的质量之比，称为土粒相对密度，以 d_s 表示，其

计算公式为

$$d_s = \frac{m_s}{V_s \rho_w} = \frac{\rho_s}{\rho_w} \tag{1-6}$$

式中 ρ_s——土粒密度(g/cm^3)；

ρ_w——4℃时纯水的密度(单位体积的质量)，等于 1g/cm^3 或 1t/m^3。

【比重试验演示】

土粒相对密度在数值上等于土粒密度。土粒相对密度可在实验室采用“比重瓶法”测定，即将比重瓶加满蒸馏水，称出蒸馏水和瓶的总质量 m_1，然后把烘干碾碎的土样 m_s 装入空比重瓶，再加满蒸馏水，称出总质量 m_2，按下面的公式即可求得土粒相对密度。

$$d_s = \frac{m_s}{m_1 + m_s - m_2} \tag{1-7}$$

土粒相对密度变化幅度不大，一般可参考表 1-2 取值。

表 1-2 土粒相对密度参考值

土的名称	砂土	粉土	黏性土	
			粉质黏土	黏土
土粒相对密度	2.65～2.69	2.70～2.71	2.72～2.73	2.74～2.76

有机质土的相对密度一般为 2.4～2.5，泥炭土的相对密度一般为 1.5～1.8。

2. 六种换算指标

(1) 土的孔隙比 e。

土中孔隙的体积与土粒的体积之比称为土的孔隙比，其计算公式为

$$e = \frac{V_v}{V_s} \tag{1-8}$$

(2) 土的孔隙率 n。

土中孔隙的体积与土的总体积之比(用百分数表示)称为土的孔隙率，其计算公式为

$$n = \frac{V_v}{V} \times 100\% \tag{1-9}$$

土的孔隙比和孔隙率都是反映土体密实程度的重要物理性质指标。在一般情况下，e 和 n 越大，土越疏松；反之，土越密实。一般来说，$e<0.6$ 的土是密实的，土的压缩性低；而 $e>1.0$ 的土是疏松的，土的压缩性高。

(3) 土的饱和度 S_r。

土中水的体积与孔隙的体积之比称为土的饱和度，以百分数计，其计算公式为

$$S_r = \frac{V_w}{V_v} \times 100\% \tag{1-10}$$

土的饱和度能反映土中孔隙被水充满的程度。S_r=100%，表明土孔隙中充满了水，土是完全饱和的；S_r=0，则表明土是完全干燥的。通常可根据饱和度的大小将细砂、粉砂等土划分为稍湿、很湿和饱和三种状态，见表 1-3。

表 1-3 砂土湿度的划分

湿度	稍湿	很湿	饱和
饱和度 S_r	$S_r \leqslant 50\%$	$50\% < S_r \leqslant 80\%$	$S_r > 80\%$

(4) 土的干密度 ρ_d 和干重度 γ_d。

单位体积土中土粒的质量，称为土的干密度，以 ρ_d 表示，其计算公式为

$$\rho_d = \frac{m_s}{V} \tag{1-11}$$

土的干密度一般为 1.3～1.8g/cm^3。工程上常用土的干密度来评价土的密实程度，以控制填土、高等级公路路基和坝基的施工质量。

单位体积土中土粒所受的重力，称为土的干重度，以 γ_d 表示，常用单位为 kN/m^3，其计算公式为

$$\gamma_d = \frac{G_s}{V} = \frac{m_s}{V} g = \rho_d g \tag{1-12}$$

(5) 土的饱和密度 ρ_{sat} 和饱和重度 γ_{sat}。

土孔隙中充满水时的单位体积质量，称为土的饱和密度，以 ρ_{sat} 表示，其计算公式为

$$\rho_{sat} = \frac{m_s + V_v \rho_w}{V} \tag{1-13}$$

土的饱和密度一般为 1.8～2.3g/cm^3。

土孔隙中充满水时的单位体积重力，称为土的饱和重度，以 γ_{sat} 表示，其计算公式为

$$\gamma_{sat} = \rho_{sat} g \tag{1-14}$$

(6) 土的浮密度 ρ' 和浮重度 γ'。

对于地下水位以下的土体，由于受到水的浮力作用，将单位体积土中土粒的质量扣除同体积水的质量，称为土的浮密度(又称有效密度)，以 ρ' 表示，其计算公式为

$$\rho' = \frac{m_s - V_s \rho_w}{V} \tag{1-15}$$

单位体积土中土粒重力扣除浮力后的有效重力，称为土的浮重度(又称有效重度)，以 γ' 表示，其计算公式为

$$\gamma' = \rho' g \tag{1-16}$$

由浮密度和浮重度的定义可知

$$\rho' = \rho_{sat} - \rho_w \tag{1-17}$$

$$\gamma' = \gamma_{sat} - \gamma_w \tag{1-18}$$

式中 γ_w ——水的重度。

1.3.2 指标的换算

从上述土的物理性质指标的定义可以看出，有关三相指标均为相对的比例关系指标，并不是量的绝对值。因此，只要设三相中任一量等于某一数值，根据所测得的三个基本物理性质指标，即可推算出其他指标的换算公式。在推导换算指标时，常采用图 1.8 所示的

土的三相物理指标换算图，即设土体内土粒体积 $V_s=1$，则孔隙体积 $V_v=e$，土体体积 $V=1+e$。由此可得

$$m_s = d_s V_s \rho_w = d_s \rho_w \tag{1-19}$$

$$m_w = w m_s = w d_s \rho_w \tag{1-20}$$

$$m = m_s + m_w = d_s \rho_w (1+w) \tag{1-21}$$

$$\rho = \frac{m}{V} = \frac{d_s \rho_w (1+w)}{1+e},\quad \gamma = \frac{d_s \gamma_w (1+w)}{1+e} \tag{1-22}$$

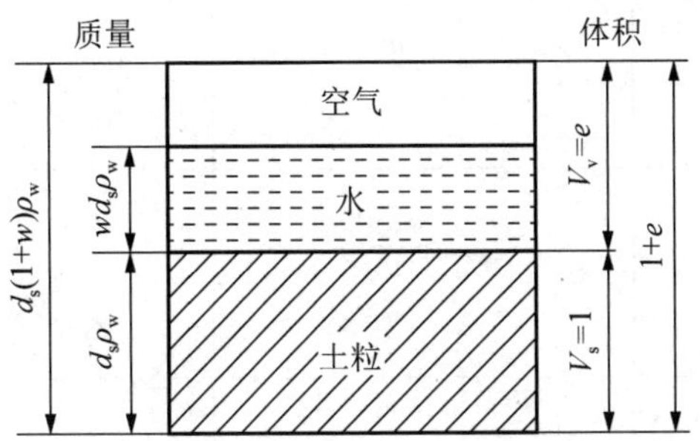

图 1.8 土的三相物理指标换算图

据此可推得

$$e = \frac{d_s \rho_w (1+w)}{\rho} - 1 = \frac{d_s \gamma_w (1+w)}{\gamma} - 1 \tag{1-23}$$

又因

$$\rho_d = \frac{m_s}{V} = \frac{d_s \rho_w}{1+e},\quad \gamma_d = \frac{d_s \gamma_w}{1+e} \tag{1-24}$$

从而可推得

$$e = \frac{d_s \rho_w}{\rho_d} - 1 = \frac{d_s \gamma_w}{\gamma_d} - 1 \tag{1-25}$$

$$\gamma_{sat} = \frac{m_s + \rho_w V_v}{V} g = \frac{\gamma_w (d_s + e)}{1+e} \tag{1-26}$$

$$n = \frac{V_v}{V} \times 100\% = \frac{e}{1+e} \times 100\% \tag{1-27}$$

$$S_r = \frac{V_w}{V_v} = \frac{w d_s}{e} \tag{1-28}$$

土的三相比例指标换算公式见表 1-4。

表 1-4 土的三相组成比例指标换算公式

指标	符号	表达式	常用换算公式	常用单位
相对密度	d_s	$d_s = \frac{m_s}{V_s \rho_w}$	$d_s = \frac{S_r e}{w}$	
密度	ρ	$\rho = \frac{m}{V}$	$\rho = \frac{\rho_w d_s (1+w)}{1+e}$	t/m^3，g/cm^3

续表

指标	符号	表达式	常用换算公式	常用单位
重度	γ	$\gamma=\dfrac{mg}{V}$ $\gamma=\rho g$	$\gamma=\gamma_d(1+w)$ $\gamma=\dfrac{\gamma_w(d_s+S_r e)}{1+e}$	kN/m^3
含水率	w	$w=\dfrac{m_w}{m_s}\times100\%$	$w=\dfrac{\gamma}{\gamma_d}-1$	
干密度	ρ_d	$\rho_d=\dfrac{m_s}{V}$	$\rho_d=\dfrac{\rho_w d_s}{1+e}$ $\rho_d=\dfrac{\rho}{1+w}$	t/m^3， g/cm^3
干重度	γ_d	$\gamma_d=\dfrac{m_s g}{V}$ $\gamma_d=\rho_d g$	$\gamma_d=\dfrac{\gamma}{1+w}$ $\gamma_d=\dfrac{\gamma_w d_s}{1+e}$	kN/m^3
饱和重度	γ_{sat}	$\gamma_{sat}=\dfrac{(m_s+V_v\rho_w)g}{V}$	$\gamma_{sat}=\dfrac{\gamma_w(d_s+e)}{1+e}$	kN/m^3
浮重度 (有效重度)	γ'	$\gamma'=\dfrac{(m_s-V_s\rho_w)g}{V}$	$\gamma'=\dfrac{\gamma_w(d_s-1)}{1+e}$ $\gamma'=\gamma_{sat}-\gamma_w$	kN/m^3
孔隙比	e	$e=\dfrac{V_v}{V_s}$	$e=\dfrac{\gamma_w d_s(1+w)}{\gamma}-1$ $e=\dfrac{\gamma_w d_s}{\gamma_d}-1$	
孔隙率	n	$n=\dfrac{V_v}{V}\times100\%$	$n=\dfrac{e}{1+e}\times100\%$	
饱和度	S_r	$S_r=\dfrac{V_w}{V_v}\times100\%$	$S_r=\dfrac{wd_s}{e}\times100\%$	

注：在各换算公式中，含水率 w 可用小数代入计算；γ_w 可取 $10kN/m^3$；重力加速度 $g=9.81m/s^2\approx10m/s^2$。

【例 1-1】 某原状土样，经试验测得 $\rho=1.85g/cm^3$，$w=25\%$，$\rho_s=2.70g/cm^3$，试求 ρ_d、e、n、S_r。

【解】 按有关公式可得

$$\rho_d=\frac{\rho}{1+w}=\frac{1.85}{1+0.25}=1.48(g/cm^3)$$

$$e=\frac{\gamma_w d_s(1+w)}{\gamma}-1=\frac{\rho_s(1+w)}{\rho}-1=\frac{\rho_s}{\rho_d}-1=\frac{2.70}{1.48}-1\approx0.824$$

$$n=\frac{e}{1+e}\times100\%=\frac{0.824}{1+0.824}\times100\%\approx45.2\%$$

$$S_r=\frac{w\rho_s}{e\rho_w}\times100\%=\frac{0.25\times2.70}{0.824\times1.0}\times100\%\approx81.9\%$$

【例 1-2】 某建筑地基土样，用体积为 $100cm^3$ 的环刀取样试验，用天平称湿土的质量为 241.0g，环刀质量为 55.0g，烘干后土样质量为 162.0g，土粒相对密度为 2.7。试计算该土样的物理性质指标 w、S_r、e、n、ρ、ρ_{sat} 和 ρ'。

【解】首先绘制土的三相物理指标换算图，如图 1.8 所示。由题可知 $m = 241.0 - 55.0 = 186.0(\text{g})$。

因为 $m_s = 162.0\text{g}$，所以 $m_w = m - m_s = 24.0\text{g}$，可知 $V_w = 24\text{cm}^3$。又知 $d_s = \dfrac{m_s}{V_s\rho_w} = 2.7$，故可得

$$V_s = \frac{162.0}{2.7} = 60(\text{cm}^3)$$

由此解得孔隙体积 $V_v = V - V_s = 100 - 60 = 40(\text{cm}^3)$；

空气体积 $V_a = V_v - V_w = 40 - 24 = 16(\text{cm}^3)$；

含水率 $w = \dfrac{m_w}{m_s} = \dfrac{24.0}{162.0} \approx 14.8\%$；

饱和度 $S_r = \dfrac{V_w}{V_v} \times 100\% = \dfrac{24}{40} \times 100\% = 60\%$；

孔隙比 $e = \dfrac{V_v}{V_s} = \dfrac{40}{60} \times 100\% \approx 67\%$；

孔隙率 $n = \dfrac{V_v}{V} \times 100\% = \dfrac{40}{100} \times 100\% = 40\%$；

天然密度 $\rho = \dfrac{m}{V} = \dfrac{186.0}{100} = 1.86(\text{g/cm}^3)$；

饱和密度 $\rho_{sat} = \dfrac{m_w + m_s + \rho_w V_a}{V} = \dfrac{24.0 + 162.0 + 16.0}{100} = 2.02(\text{g/cm}^3)$；

浮密度 $\rho' = \rho_{sat} - \rho_w = 2.02 - 1 = 1.02(\text{g/cm}^3)$。

1.4 无黏性土的密实度

天然条件下无黏性土可处于从密实到疏松的不同状态，这与土粒的大小、形状、沉积条件和存在历史有关。大小相同的砂土颗粒在密实与疏松状态下的排列如图 1.9 所示，可算出其孔隙比 e 变化于 0.35(密实)与 0.91(疏松)之间。但实际上无黏性土的颗粒大小混杂，形状也非标准球形，故孔隙比的变化也有所不同(天然砂土的孔隙比为 0.33～1.00)。试验表明，一般粗砂多处于密实状态，而细砂特别是含片状云母颗粒多的砂则相对疏松。从沉积环境来讲，一般在静水中沉积的砂土要比流水中的疏松，新近沉积的砂土要比沉积年代较久的疏松。

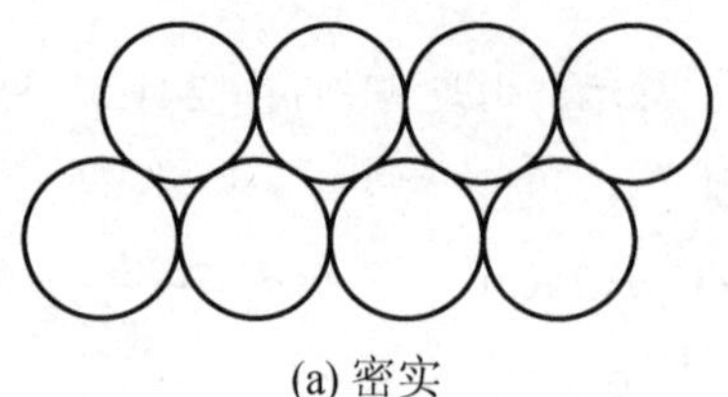
(a) 密实

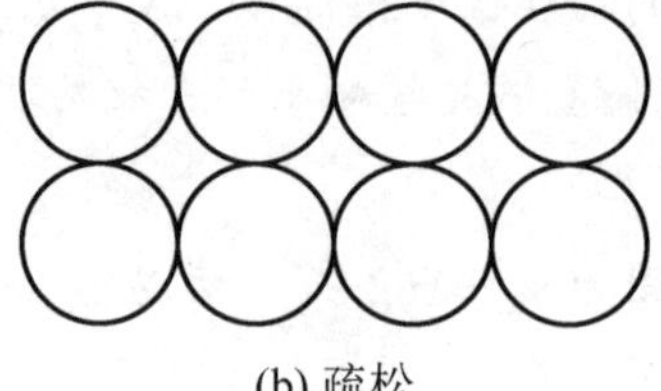
(b) 疏松

图 1.9　砂土的颗粒排列结构

影响无黏性土工程性质的主要因素是密实度。若颗粒排列紧密，其结构就稳定，压缩变形就小，强度就大，可作为良好的天然地基；反之，则密实度小，结构疏松、不稳定，压缩变形大。因此，工程中常用土的密实度来判断无黏性土的工程性质。

无黏性土如砂、卵石均为单粒结构，其最主要的物理状态指标即为密实度。工程中主要采用以下标准或试验来划分无黏性土的密实度。

(1) 以孔隙比 e 为标准。

我国 1974 年颁布的《工业与民用建筑地基基础设计规范》中，曾规定以孔隙比 e 作为砂土密实度的划分标准。孔隙比 e 越大，表示土中孔隙越大，土质越疏松；反之，则土质越密实。砂土用孔隙比 e 划分的密实性见表 1-5。

表 1-5　砂土用孔隙比 e 划分的密实性

土的名称	密实度			
	密实	中密	稍密	松散
砾砂、粗砂、中砂	$e<0.60$	$0.60\leqslant e\leqslant 0.75$	$0.75<e\leqslant 0.85$	$e>0.85$
细砂、粉砂	$e<0.70$	$0.70\leqslant e\leqslant 0.85$	$0.85<e\leqslant 0.95$	$e>0.95$

此方法的优点是用一个指标 e 即可判别砂土的密实度，应用方便简捷；缺点是仅用一个孔隙比 e 无法反映土的粒径级配的因素。如两种级配不同的砂，一种是颗粒均匀的密砂，其孔隙比为 e_1'，另一种是级配良好的松砂，其孔隙比为 e_2'，结果将有 $e_1'>e_2'$，即密砂的孔隙比反而大于松砂的孔隙比。

(2) 以相对密实度 D_r 为标准。

为克服上述用一个指标 e 对级配不同的砂土难以准确判别的缺陷，可采用天然孔隙比 e 与同一种砂的最大孔隙比 e_{max} 和最小孔隙比 e_{min} 进行对比，看 e 是靠近 e_{max} 还是靠近 e_{min}，以此来判断它的密实度，即相对密实度 D_r，其计算公式为

$$D_r=\frac{e_{max}-e}{e_{max}-e_{min}} \tag{1-29}$$

式中　e——砂土的天然孔隙比；

e_{max}——砂土的最大孔隙比，可由它的最小干密度换算而得，一般采用“松砂器法”测定；

e_{min}——砂土的最小孔隙比，可由它的最大干密度换算而得，一般采用“振击法”测定。

判别标准如下。

$1 \geqslant D_r > 0.67$　　密实

$0.67 \geqslant D_r > 0.33$　　中密

$0.33 \geqslant D_r > 0$　　松散

此方法的优点是把土的级配因素考虑在内，理论上较为完善；缺点是 e、e_{max}、e_{min} 都难以准确测定。目前 D_r 主要应用于填方土体质量的控制，对于天然土体尚难以应用。

(3) 标准贯入试验。

标准贯入试验是一种原位测试方法，其试验方法是：将质量为 63.5kg 的锤头提升到 76cm 的高度，让锤头自由下落，打击标准贯入器，记录标准贯入器入土深度为 30cm 所需的锤击数，记为 $N_{63.5}$，$N_{63.5}$ 的大小即综合反映了土贯入阻力的大小，亦即密实度的大小。这是一种简便的测试方法。我国 GB 50021—2001《岩土工程勘察规范》(2009 年版)规定砂土的密实度按表 1-6 进行划分。

【标准贯入试验】

表 1-6　砂土按锤击数划分的密实度

标准贯入试验锤击数 $N_{63.5}$	$N_{63.5} \leqslant 10$	$10 < N_{63.5} \leqslant 15$	$15 < N_{63.5} \leqslant 30$	$N_{63.5} > 30$
密实度	松散	稍密	中密	密实

(4) 碎石土野外鉴别方法。

碎石土密实度可以根据野外鉴别方法划分为密实、中密、稍密三种状态，具体划分标准见表 1-7。

表 1-7　碎石土密实度野外鉴别方法

密实度	骨架颗粒含量和排列	可挖性	可钻性
密实	骨架颗粒含量大于总重的 70%，呈交错排列，连续接触	锹、镐挖掘困难，用撬棍方能松动；井壁一般较稳定	钻进极困难；冲击钻探时，钻杆、吊锤跳动剧烈；孔壁较稳定
中密	骨架颗粒含量等于总重的 60%～70%，呈交错排列，大部分接触	锹、镐可挖掘；井壁有掉块现象，从井壁取出大颗粒处，能保持颗粒凹面形状	钻进较困难；冲击钻探时，钻杆、吊锤跳动不剧烈；孔壁有坍塌现象
稍密	骨架颗粒含量小于总重的 60%，排列混乱，大部分不接触	锹可以挖掘；井壁易坍塌；从井壁取出大颗粒后，填充物砂土立即坍落	钻进较容易；冲击钻探时，钻杆稍有跳动；孔壁易坍塌

注：1. 骨架颗粒系指与表 1-7 中碎石土分类名称相对应粒径的颗粒。

2. 碎石土密实度的划分，应按表列各项要求综合确定。

1.5 黏性土的物理特性

所谓黏性土，就是指具有可塑状态性质的土。它们在外力作用下，可塑成任何形状而不产生裂缝，当外力去掉后，仍可保持形状不变，土的这种性质即称为可塑性。含水率对黏性土的工程性质有着极大的影响。随着黏性土含水率的增大，土逐渐变成泥浆，呈黏滞流动状态，当施加剪力时，泥浆将连续变形，这时土的抗剪强度极低；当含水率逐渐降低到某一值时，土会显示出一定的抗剪强度，并具有可塑性；当含水率继续降低时，土能承受较大的剪切应力，在外力作用下具有脆性的固体特征。

黏性土的黏性来源主要有以下两种。

(1) 原始内聚力。原始内聚力是指物质分子之间及微粒之间的微观力，包括各种化学键和氢键的作用、复杂的微观电场作用力，以及黏土矿物和胶体颗粒的物理、化学作用。上述各种作用构成了一定的土粒结构形态，提供了分子及微粒之间的凝聚力即原始内聚力。

(2) 固化内聚力。固化内聚力是土体内所含有的一些矿物质和化学物质在颗粒之间产生的胶结作用，还有土体在长期的压密作用下产生的微粒之间的联结力、毛细内聚力等。这些作用力都可使土体产生固化作用，即使结构联结的整体作用加强，故统称固化内聚力。这部分力在荷载作用、振动作用及水作用下均容易发生变化，直至破坏和消失。一旦这部分内聚力削弱、破坏和消失，对土的工程性质影响极大。

1.5.1 黏性土的界限含水率

1. 界限含水率的概念

随着含水率的变化，黏性土可呈现不同的状态。含水率很大时，土表现为浆液状；随着含水率减小，土浆变稠，逐渐变成可塑的土块；含水率再减小，土就成为半固体(半固态)，随后成为固体(固态)。这些状态的变化，反映了土粒与水相互作用的结果。当土中含水率很大时，土粒被自由水隔开，土就处于流动状态；当含水率减小到多数土粒被弱结合水隔开时，土粒在外力作用下相互错动而颗粒间的联结并不丧失，土即处于可塑状态，此时土被认为具有可塑性；当含水率再减小时，弱结合水膜变薄，黏滞性增大，土即向半固态转化；当土中主要含强结合水时，土即处于固态。

黏性土的颗粒很细，黏粒粒径小于 0.005mm，细土粒周围形成电场，吸引水分子定向排列，形成结合水膜。土粒与土中水相互作用很显著，关系极为密切。如同一种黏性土，当它的含水率小时，土中只有强结合水，呈固体或半固体的坚硬状态；当含水率适当增加时，土粒间距离加大，土中不仅含有强结合水，还有大量的弱结合水，土呈现可塑状态；当含水率再增加，土中出现较多的自由水时，黏性土即变成流动状态。如图 1.10 所示，黏性土随着含水率的不断增加，其状态分别为固态、半固态、可塑状态、流动状态，相应的承载力也逐渐降低。

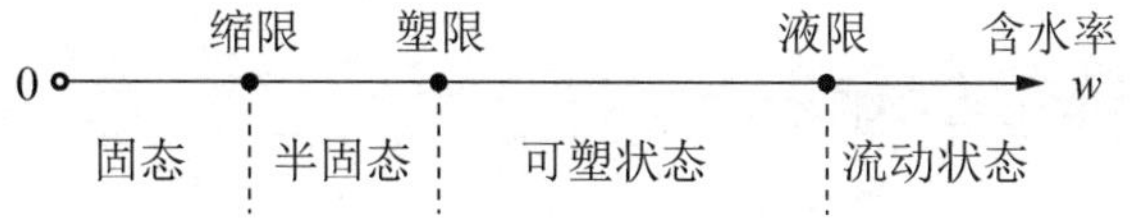

图 1.10　黏性土的界限含水率与状态划分

黏性土从一种状态转变为另一种状态的分界含水率称为界限含水率。其中，黏性土从流动状态转变为可塑状态的分界含水率称为液限，用 w_L 表示；黏性土从可塑状态转变为半固态的分界含水率称为塑限，用 w_P 表示；黏性土从半固态转变为固态的分界含水率称为缩限，用 w_S 表示。

工程中常用的是液限和塑限，它们都是标志土的物理状态变化的界限含水率。液限、塑限的概念最早由瑞典农学家阿太堡于 1911 年提出，太沙基在 1925 年将其引入土力学，1932 年美国学者研制了碟式液限仪，1949 年苏联学者在其著作中正式提出了锥式液限仪法，大大推进了液限测试技术的进步。

2. 界限含水率的测定

(1) 液限 w_L 的测定：测定黏性土液限的常用方法为锥式液限仪法。图 1.11 所示为锥式液限仪。将黏性土土样调成均匀的浓糊状，装入金属杯中，刮平表面，放在底座上，用质量为 76g 的锥式液限仪来测定 w_L。手持锥式液限仪顶部的手柄，将锥尖接触土样表面的中心，松手让其在自重作用下下沉，若经 5s 锥式液限仪锥尖沉入土样中的深度恰好是 10mm，这时杯内土样的含水率即为液限 w_L；如锥式液限仪沉入土样中锥体的刻度高于或低于土面，即表示土样的含水率低于或高于液限。为了避免放锥时人为晃动的影响，可采用电磁放锥的方法。

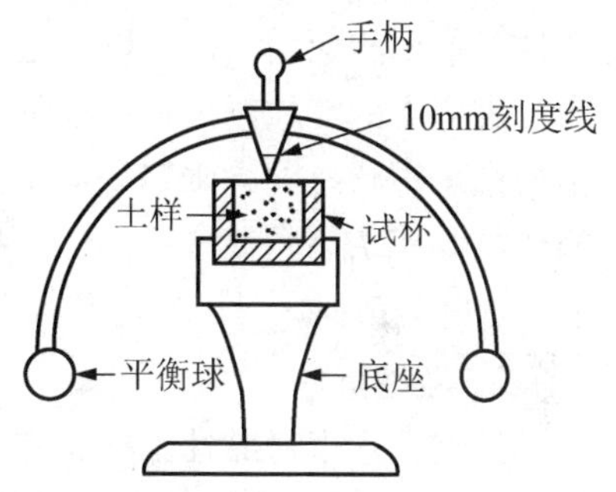

图 1.11　锥式液限仪

【界限含水量试验】

欧美等国家大都采用碟式液限仪来测定黏性土的液限。它是将浓糊状土样装入碟内，刮平表面，用切槽器在土中划一条槽，槽底宽 2mm，然后将碟子抬高 10mm，自由下落撞击在硬橡皮垫板上。连续下落 25 次后，如土槽合拢长度刚好为 13mm，则该试样的含水率就是液限。

(2) 塑限 w_P 的测定：测定黏性土塑限的方法为滚搓法。用手将天然湿度的土样搓成小圆球(球径小于 10 mm)，放置在毛玻璃板上，再用手掌滚搓成细条。当土条搓到直径为 3mm 时，恰好产生裂缝并开始断裂，则此时土条的含水率即为塑限；如果试验中达不到上述要求，则须重新试验，直至合格。

(3) 液塑限联合测定法：由上述试验过程可知，有关测试方法是经验性的，影响因素很多，操作过程烦琐，试验结果不稳定。为了改进测试方法，可以采用液塑限联合测定法。该方法是采用锥式液限仪(无平衡球)以电磁放锥，利用光电方式测读锥尖入土深度；试验时，一般对三个不同含水率的试样进行测试，在双对数坐标纸上作出各锥尖入土深度及相

应含水率的关系曲线，则对应于锥尖入土深度为10mm及2mm线的土样含水率即分别为该土的液限和塑限。

1.5.2 黏性土的两个物理状态指标

1. 塑性指数

将黏性土的液限与塑限的差乘以100值定义为塑性指数 I_P，即

$$I_P = (w_L - w_P) \times 100 \tag{1-30}$$

应当注意：w_L 与 w_P 都是界限含水率，以百分数表示；而 I_P 只取其数值，去掉百分数符号。例如，某土样 $w_L = 30\%$，$w_P = 15\%$，则 $I_P = 15$ 而非15%。

从式(1-30)可见，I_P 是可塑状态的上限和下限含水率的差值乘以100。我国积累的资料表明，土的塑性指数与黏粒含量之间成近似线性关系；当土含有多种黏土矿物成分时，随着蒙脱石含量的增加，塑性指数急剧增大。这些都说明黏性土的可塑性与黏粒的表面吸引力有关。黏粒含量越多，土的比表面积越大，塑性指数就越大；亲水性大的矿物含量增加，塑性指数也相应增大。所以，塑性指数能综合反映土的矿物成分和颗粒大小的影响。I_P 越大，表明土的颗粒越细，比表面积越大，土的黏粒含量越高，吸引弱结合水的能力越强，土处在可塑状态的含水率变化范围越大。因此，塑性指数常作为工程上对黏性土进行分类的依据，当 $I_P > 17$ 时为黏土，当 $10 < I_P \leqslant 17$ 时为粉质黏土，当 $3 < I_P \leqslant 10$ 时为粉土，当 $I_P \leqslant 3$ 时为砂土。

2. 液性指数

虽然含水率对黏性土的状态有很大影响，但对于不同的土，即使具有相同的含水率，如果它们的塑限、液限不同，则它们所处的状态也不同。因此，还需要一个表征土的含水率与分界含水率之间相对关系的物理指标，即液性指数。黏性土的液性指数定义为含水率与塑限的差值和液限与塑限的差值之比，即

$$I_L = \frac{w - w_P}{w_L - w_P} \tag{1-31}$$

由式(1-31)可见，当土的含水率 $w < w_P$ 时，$I_L<0$，土体处于坚硬状态；当 $w > w_L$ 时，$I_L>1$，土体处于流动状态；当 w 在 w_P 和 w_L 之间时，土体处于可塑状态。因此，可以利用 I_L 来表征黏性土所处的软硬状态。

GB 50007—2011《建筑地基基础设计规范》规定：黏性土根据液性指数可划分为坚硬、硬塑、可塑、软塑及流塑五种软硬状态，见表1-8。

表1-8 黏性土的软硬状态

液性指数	$I_L \leqslant 0$	$0 < I_L \leqslant 0.25$	$0.25 < I_L \leqslant 0.75$	$0.75 < I_L \leqslant 1$	$I_L > 1$
软硬状态	坚硬	硬塑	可塑	软塑	流塑

需要注意的是，w_L 和 w_P 都是由扰动土样确定的指标，土的天然结构已被破坏，所以用 I_L 来判断黏性土的软硬程度，没有考虑土原有结构的影响。在含水率相同时，原状土要

比扰动土坚硬。因此，用上述标准判断扰动土的软硬状态是合适的，但对原状土则偏于保守。通常，当原状土的含水率等于液限时，原状土并不处于流塑状态，但天然结构一经扰动，土即呈现出流动状态。

【例 1-3】从甲、乙两地黏性土中各取出土样进行试验，经测量土样的液限、塑限都相同，$w_L = 40\%$，$w_P = 25\%$；但甲地土样的含水率 $w = 45\%$，而乙地土样的含水率 $w = 20\%$。试问：

(1) 两地土样的液性指数各为多少？各处于何种状态？

(2) 按 I_P 分类时，该土的定名是什么？

(3) 哪一地区土体的工程性质更好一些？

【解】(1) 甲地土样 $I_L = \dfrac{w - w_P}{w_L - w_P} = \dfrac{45\% - 25\%}{40\% - 25\%} \approx 1.3$，处于流动状态；

乙地土样 $I_L = \dfrac{w - w_P}{w_L - w_P} = \dfrac{20\% - 25\%}{40\% - 25\%} \approx -0.3$，处于坚硬状态。

(2) $I_P = w_L - w_P = 40\% - 25\% = 15\%$，故该土定名为粉质黏土。

(3) 对于粉质黏土，影响其工程性质的主要因素是含水率，因为乙地土样的含水率较小，其处于坚硬状态，所以乙地的工程性质较好。

1.5.3 黏性土的灵敏度和触变性

天然状态下的黏性土，由于地质历史作用常具有一定的结构性。当土体受到外力扰动作用，其结构遭受破坏时，土的强度会降低，压缩性会增大。工程上常用灵敏度 S_t 来衡量黏性土结构性对强度的影响。其计算式如下。

$$S_t = \frac{q_u}{q_u'} \tag{1-32}$$

式中 q_u、q_u'——分别为原状土和重塑土试样的无侧限抗压强度。

根据灵敏度，可将饱和黏性土分为低灵敏度土($1 < S_t \leqslant 2$)、中灵敏度土($2 < S_t \leqslant 4$)和高灵敏度土($S_t > 4$)三类。土的灵敏度越高，其结构性越强，受扰动后土的强度降低就越多。所以在基础施工中应注意保护基槽，尽量减少对土体结构的扰动。

饱和黏性土受到扰动后，结构会产生破坏，土的强度会降低。但当扰动停止后，土的强度随时间又会逐渐增长，这是土体中土颗粒、离子和水分子体系随时间而逐渐趋于新的平衡状态的缘故，也可以说土的结构逐步恢复而导致了强度的恢复。黏性土结构遭到破坏，强度降低，但随时间发展土体强度恢复的胶体化学性质称为土的触变性。例如，打桩时会使周围土体的结构扰动，使黏性土的强度降低，而打桩停止后，土的强度又会部分恢复，所以打桩要“一气呵成”，才能进展顺利、提高工效，这就是受土的触变性影响的结果。

1.6 土的击实性

1.6.1 土的击实原理

人们很早就用土作为建筑材料，而且知道要把松土击实。如秦朝修建行车大道，就有用“铁椎筑土，道茬坚实”的记载，说明那时候人们已经认识到土的密实度和土的工程特性有关。

用土填筑起来的堤、坝等都要经过击实处理。疏松软弱的基土可用击实加以改善，某些建筑物周围的回填土也要经过击实。所以有必要研究一下土的击实性。所谓土的击实性，就是指土在击实功的作用下土的密度变化的特性。

土在外力作用下的击实原理，可以用结合水膜润滑理论及电化学性质来解释。一般认为，在黏性土中含水率较低、土较干时，由于土粒表面的结合水膜较薄，水处于强结合水状态，土粒间距较小，粒间作用力以引力占优势，土粒之间的摩擦力、黏结力都很大，因此土粒有相对位移时阻力较大，尽管有击实功的作用，也较难克服这种阻力，因而击实效果差。随着土中含水率的增加，结合水膜增厚，土粒间距也逐渐增大，这时斥力增加而使土块变软，引力相对减小，击实功就比较容易克服粒间引力而使土粒相互位移，趋于密实，因而击实效果较好；这表现为干密度增大，至最优含水率时，干密度达到最大值。但当土中含水率继续增大时，虽然也能使粒间引力减小，但因土中出现了自由水，而且水占据的体积越大，颗粒能够占据的相对体积就越小，击实时孔隙中过多的水分不易排出，同时空气也不易排出，而以封闭气泡的形式存在于土内，阻止了土粒的移动，击实仅导致土粒更高程度地定向排列，而土体却几乎不发生体积变化，所以这时干密度逐渐减小，击实效果反而下降。

由此可见，含水率的变化改变了土粒间的作用力，并改变了土的结构和状态，从而在一定击实功的作用下，改变着击实效果。

砂和砂砾等粗粒土的压实性也与含水率有关，不过一般不对此进行室内击实试验，也不存在着一个最优含水率的问题。一般其在完全干燥或者充分洒水饱和的情况下，容易压实到较大的干密度。在潮湿状态下，由于毛细压力增加了粒间阻力，压实干密度会显著减小。粗砂在含水率为4%～5%、中砂在含水率为7%左右时，压实干密度最小。所以，在压实砂砾时，要充分洒水使土粒饱和。

1.6.2 击实试验及影响因素

1．击实试验和击实曲线

在实验室进行土的击实试验，是研究土体击实性的基本方法。试验分轻型和重型两种。

轻型击实试验适用于粒径小于 5mm 的黏性土，而重型击实试验适用于粒径不大于 20mm 的土。击实试验所用的主要设备是击实仪，包括击实筒、击实锤及导筒等。击实筒用来盛装制备土样，击实锤用来对土样施以夯实功。试验时，将含水率 w 为一定值的扰动土样分层装入击实筒中，每铺一层后均用击实锤按规定的落距和击数锤击土样，把被击实的土样充满击实筒；然后由击实筒的体积和筒体被压实土的总重计算出湿密度 ρ，同时测出含水率，即可由换算公式计算出干密度 ρ_d。通常由几个不同含水率的同一种土样分别按上述方法进行试验，得出几组 w-ρ_d 的试验数据，从而绘制一条曲线，即称为击实曲线，如图 1.12 所示。详细的试验方法和试验仪器见 GB/T 50123—2019《土工试验方法标准》。

击实曲线具有如下特点。

(1) 存在峰值。土的干密度随含水率的变化而变化，并在击实曲线上出现一个干密度峰值(即最大干密度)，只有当土的含水率达到最优含水率时，才能得到这个峰值 $\rho_{d,max}$。

(2) 击实曲线位于饱和曲线左边(图 1.12)。因为饱和曲线假定土中空气全部被排出，孔隙完全被水占据，而实际上这是不可能做到的。当含水率接近或大于最优含水率时，土体中还是会有封闭空气存在，击实作用已不能将其排出土体之外。

(3) 击实曲线有特定形态。击实曲线在最优含水率两侧左陡右缓，且大致与饱和曲线平行，这表明土在最优含水率偏干状态时，含水率对土的密实度影响更为显著。

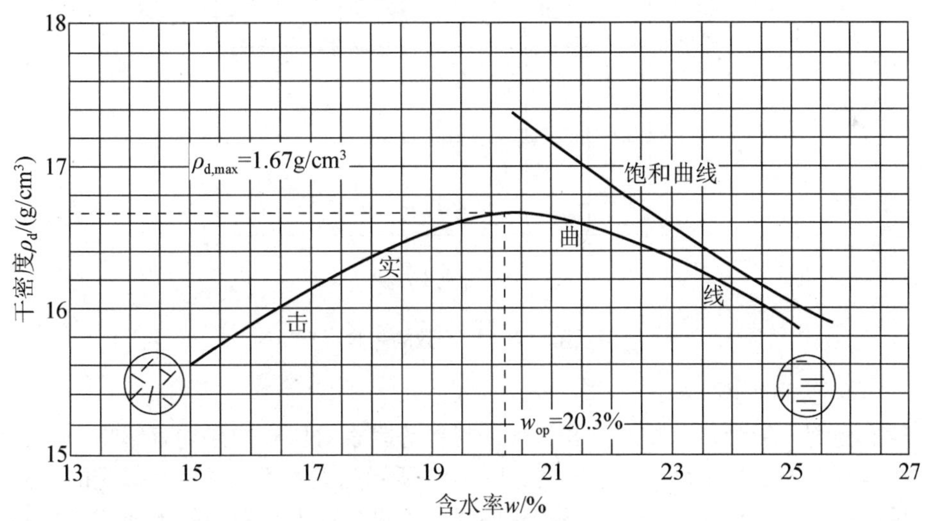

图 1.12　击实曲线

2. 影响击实效果的因素

影响击实效果的因素很多，但最为重要的是含水率、击实功、土类及级配。

(1) 含水率的影响。

前已述及，对较干的土进行夯实或碾压，不能使土充分压实；对较湿的土进行夯实或碾压，同样也不能使土得到充分压实，此时土体还出现软弹现象，俗称“橡皮土”；只有当含水率控制为某一适宜值即最优含水率时，土才能得到充分压实，得到土的最大干密度。

实践表明，当压实土达到最大干密度时，其强度并非是最大的。研究表明：在含水率小于最优含水率时，土的抗剪强度和模量均比最优含水率时高；但将其浸水饱和后，则强度损失很大。只有在最优含水率时，浸水饱和后的强度损失最小，压实土的稳定性最好。

可见含水率的影响是很大的。

试验统计还证明：最优含水率 w_{op} 与土的塑限 w_P 有关，大致关系为 $w_{op}=w_P+2\%$ 。土中黏土矿物含量越大，则最优含水率越大。

(2) 击实功的影响。

夯击的击实功与夯锤的质量、落距、锤击数及被夯击土的厚度等有关，碾压的压实功则与碾压机具的质量、接触面积、碾压遍数及土层的厚度等有关。

对于同一种土，加大击实功，能克服较大的粒间阻力，使土的最大干密度增加，而最优含水率减小，如图 1.13 所示。且当含水率较低时，锤击数的影响更为显著。当含水率较大时，含水率与干密度的关系曲线趋近于饱和曲线，也就是说，这时靠加大击实功来提高土的密实度是无效的。

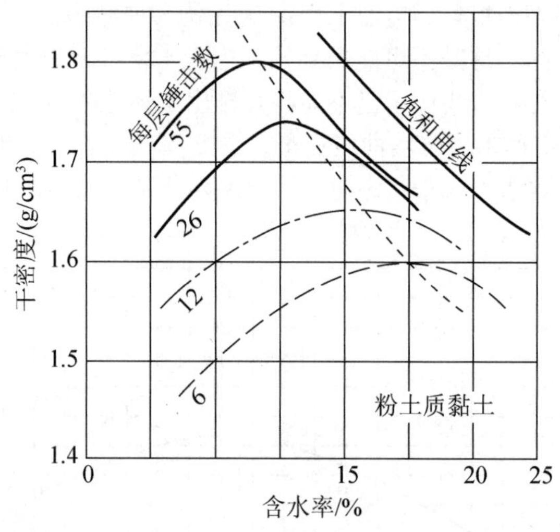

图 1.13　锤击数的影响

(3) 土类及级配的影响。

土粒的粗细、级配、矿物成分和添加的材料等因素对压实效果均有影响。土粒越粗，就越能在含水率较小时获得最大干密度。图 1.14 所示为五种不同粒径、级配的土样，它们在同一标准的击实试验中得到的五条击实曲线。可见含粗土粒越多的土样，其最大干密度越大，而最优含水率越小，即随着粗土粒增多，曲线形态不变，但朝左上方移动。

土的级配对压实性的影响也很大。级配良好的土，压实时细土粒能填充到粗土粒形成的孔隙中去，因而可以获得较大的干密度；反之，级配差的土，土粒越均匀，压实效果越差。对于黏性土，压实效果与其中的黏土矿物成分含量有关，添加木质素和铁基材料可改善土的压实效果。

砂性土也可以用类似黏性土的方法进行试验。干砂在压力和振动作用下，容易密实；稍湿的砂土，因有毛细压力作用而使砂土相互靠紧，阻止土粒移动，击实效果不好；饱和砂土因毛细压力消失，击实效果良好。

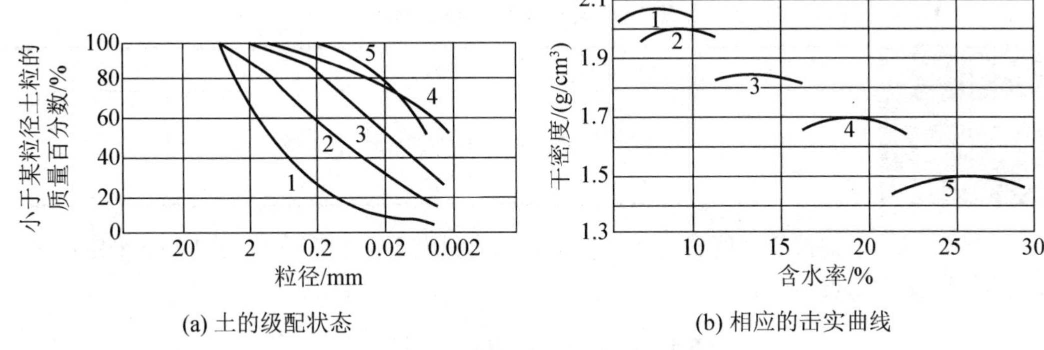

(a) 土的级配状态　　(b) 相应的击实曲线

图 1.14　五种土样的不同击实曲线

在工程实践中，常用土的压实度或压实系数来直接控制填方工程质量。压实系数用λ表示，它定义为工地压实时要求达到的干密度ρ_d与室内击实试验所得到的最大干密度$\rho_{d,max}$之比，λ值越接近 1，表示对压实质量的要求越高，这常应用于受力层或重要工程中。在高速公路的路基工程中，要求$\lambda > 0.95$，但对于路基的下层或次要工程，λ值可取得小一些。

1.7　地基土的工程分类

从上面关于土的物理性质阐述中，可知土的粒径不同，则它们的工程性质也很不同，例如砂土和黏性土。自然界的土往往是不同粒组的混合物，在建筑工程的勘察、设计与施工中，需要对组成地基土的混合物进行分析、计算与评价。因此，对地基土进行科学的分类与定名是十分必要的。

世界各国、各地区和各部门往往根据自己的地区、行业特点，制定各自的分类标准。

中华人民共和国成立后，我国对土的分类开始重视，但却都以各个行业系统为标准。如对塑性指数$I_P = 12$的黏性土，原水利电力部定名为莨土，原建设部定名为亚黏土，还有定名为粉质黏土的。2002 年颁布的国家标准《建筑地基基础设计规范》，将此土统一定名为黏性土。全国各省、直辖市、自治区、各部门统一分类定名，有利于总结与交流技术经验。

1.《建筑地基基础设计规范》的分类方法

根据 GB 50007—2011《建筑地基基础设计规范》中地基土的工程分类，岩土分为岩石、碎石土、砂土、粉土、黏性土和人工填土。

(1) 岩石：指颗粒间牢固联结，呈整体性或具有节理、裂隙的岩体。岩石根据其成因条件，可分为岩浆岩、沉积岩及变质岩。作为建筑场地和建筑地基，除应确定岩石的地质名称外，还应划分其坚硬程度、完整程度和风化程度。

岩石根据其坚硬程度，划分为坚硬岩、较硬岩、较软岩、软岩、极软岩 5 类，见表 1-9。

表 1-9　岩石坚硬程度的划分

坚硬程度类别	坚硬岩	较硬岩	较软岩	软岩	极软岩
饱和单轴抗压强度标准值 f_{tk} /MPa	$f_{tk}>60$	$60\geqslant f_{tk}>30$	$30\geqslant f_{tk}>15$	$15\geqslant f_{tk}>5$	$f_{tk}\leqslant 5$

当缺乏饱和单轴抗压强度资料或不能进行该项试验时，可在现场通过观察来定性划分岩石坚硬程度，见表 1-10。

表 1-10　岩石坚硬程度的定性划分

名称		定性鉴定	代表性岩石
硬质岩	坚硬岩	锤击声清脆，有回弹，振手，难击碎；基本无吸水反应	未风化至微风化的花岗岩、闪长岩、辉绿岩、玄武岩、安山岩、片麻岩、石英岩、硅质砾岩、石英砂岩、硅质石灰岩等
	较硬岩	锤击声较清脆，有轻微回弹，稍振手，较难击碎；有轻微吸水反应	(1) 微风化的坚硬岩； (2) 未风化至微风化的大理岩、板岩、石灰岩、钙质砂岩等
软质岩	较软岩	锤击声不清脆，无回弹，较易击碎；指甲可刻出印痕	(1) 中风化的坚硬岩和较硬岩； (2) 未风化至微风化的凝灰岩、千枚岩、砂质泥岩、泥灰岩等
	软岩	锤击声哑，无回弹，有凹痕，易击碎；浸水后，可捏成团	(1) 强风化的坚硬岩和较硬岩； (2) 中风化的较软岩； (3) 未风化至微风化的泥质砂岩、泥岩等
极软岩		锤击声哑，无回弹，有较深凹痕，手可捏碎；浸水后，可捏成团	(1) 风化的软岩； (2) 全风化的各种岩石； (3) 各种半成岩

岩石按完整程度，划分为完整、较完整、较破碎、破碎、极破碎 5 类，见表 1-11。

表 1-11　岩石完整程度的划分

完整程度等级	完整	较完整	较破碎	破碎	极破碎
完整性指数	>0.75	0.75～0.55	0.55～0.35	0.35～0.15	<0.15

注：完整性指数为岩体压缩波速度与岩块压缩波速度之比的平方；选定岩体和岩块压缩波速度时，应注意其代表性。

岩石按风化程度，可分为微风化、中等风化和强风化，见表 1-12。

表 1-12 岩石风化程度的划分

风化程度	特征
微风化	岩质新鲜，表面稍有风化迹象
中等风化	结构和构造层理清晰；岩体被节理、裂隙分割成块状，裂隙中填充少量风化物；锤击声脆，且不易击碎；用镐难挖掘，用岩心钻方可钻进
强风化	结构和构造层理不甚清晰，矿物成分已显著变化；岩体被节理、裂隙分割成碎石状，碎石用手可以折断；用镐可以挖掘，手摇钻不易钻进

(2) 碎石土：指粒径大于 2mm 的颗粒含量超过全重的 50%的土。其可根据土的粒径级配中粒组的含量和颗粒形状进行分类定名。

颗粒形状以圆形及亚圆形为主的土，由大至小分为漂石、卵石、圆砾三种；颗粒形状以棱角形为主的土，相应分为块石、碎石、角砾三种。碎石土的分类见表 1-13。

表 1-13 碎石土的分类

土的名称	颗粒形状	粒组含量
漂石	圆形及亚圆形为主	粒径大于 200mm 的颗粒含量超过全重的 50%
块石	棱角形为主	
卵石	圆形及亚圆形为主	粒径大于 20mm 的颗粒含量超过全重的 50%
碎石	棱角形为主	
圆砾	圆形及亚圆形为主	粒径大于 2mm 的颗粒含量超过全重的 50%
角砾	棱角形为主	

注：分类时，应根据粒组含量栏从上到下以最先符合者确定。

碎石土的密实度按 $N_{63.5}$ 可分为松散、稍密、中密、密实四种，见表 1-14。

表 1-14 碎石土的密实度

重型圆锥动力触探锤击数 $N_{63.5}$	密实度
$N_{63.5} \leqslant 5$	松散
$5 < N_{63.5} \leqslant 10$	稍密
$10 < N_{63.5} \leqslant 20$	中密
$N_{63.5} > 20$	密实

注：1. 本表适用于平均粒径小于或等于 50mm 且最大粒径不超过 100mm 的卵石、碎石、圆砾、角砾。
2. 表内 $N_{63.5}$ 为经综合修正后的平均值。

常见的碎石土强度大、压缩性小、渗透性大，为优良地基。其中密实碎石土为优等地基，中等密实碎石土为优良地基，稍密碎石土为良好地基。

(3) 砂土：指土中粒径大于 2mm 的颗粒含量不超过全重的 50%，而粒径大于 0.075mm 的颗粒含量超过全重的 50%的土。

砂土根据粒组含量，分为砾砂、粗砂、中砂、细砂和粉砂五类，见表 1-15。

表 1-15 砂土的分类

土的名称	粒组含量
砾砂	粒径大于 2mm 的颗粒含量占全重的 25%～50%
粗砂	粒径大于 0.5mm 的颗粒含量超过全重的 50%
中砂	粒径大于 0.25mm 的颗粒含量超过全重的 50%
细砂	粒径大于 0.075mm 的颗粒含量超过全重的 85%
粉砂	粒径大于 0.075mm 的颗粒含量占全重的 50%～85%

注：分类时，应根据粒径分组含量由大到小以最先符合者确定。

密实与中密的砾砂、粗砂、中砂为良好地基；对粉砂与细砂要具体分析，密实状态时为良好地基，饱和疏松状态时为不良地基。

(4) 粉土：指粒径大于 0.075mm 的颗粒含量不超过全重的 50%，且塑性指数小于或等于 10 的土。

现有资料分析表明，粉土的密实度与天然孔隙比 e 有关，一般 $e \geqslant 0.9$ 时为稍密，强度较低，属软弱地基；$0.75 \leqslant e < 0.9$ 时为中密；$e < 0.75$ 时为密实，其强度高，属良好的天然地基。粉土的湿度状态可按含水率 w 区分，$w < 20\%$时为稍湿，$20\% \leqslant w < 30\%$时为湿，$w \geqslant 30\%$时为很湿。

粉土的性质介于砂类土与黏性土之间，它既不具有砂土透水性大、容易排水固结、抗剪强度较高的优点，又不具有黏性土防水性能好、不易被水冲蚀流失、具有较大黏聚力的优点，在许多工程问题中表现出较差的性质，如受振动容易液化、冻胀性大等。密实的粉土为良好地基；饱和稍密的粉土在地震时易产生液化，为不良地基。

(5) 黏性土：指塑性指数 $I_P > 10$ 的土。按塑性指数 I_P 的大小，可再分为黏土和粉质黏土，当 $I_P > 17$ 时为黏土，当 $10 < I_P \leqslant 17$ 时为粉质黏土。

黏性土的工程性质与其含水率的大小密切相关。密实硬塑的黏性土为优良地基，疏松流塑的黏性土为软弱地基。

(6) 人工填土：指由于人类活动而形成的各类土。其成分复杂，均匀性差。

人工填土按堆积年代可分为老填土和新填土。

① 老填土：黏性土填筑时间超过 10 年，粉土填筑时间超过 5 年的土。

② 新填土：黏性土填筑时间小于 10 年，粉土填筑时间少于 5 年的土。

人工填土按组成物质，分为素填土、杂填土、冲填土和压实填土四类，见表 1-16。

表 1-16 人工填土按组成物质分类

土的名称	组成物质
素填土	由碎石土、砂土、粉土、黏性土等组成
杂填土	为含有建筑垃圾、工业废料、生活垃圾等杂物的填土
冲填土	为由水力冲填泥沙形成的填土
压实填土	为经过压实或夯实的素填土

通常人工填土的工程性质不良，强度低，压缩性大且不均匀。其中压实填土相对较好；杂填土因成分复杂，平面与立面分布很不均匀、无规律，工程性质较差。

2. 特殊土

特殊土是指具有一定分布区域或工程意义上具有特殊成分、状态和结构特征的土。从目前工程实践来看，其大体可分为软土、红黏土、黄土、膨胀土、多年冻土、盐渍土等。

(1) 软土：指沿海的滨海相、三角洲相、溺谷相，内陆的河流相、湖泊相、沼泽相等主要由细粒土组成的孔隙比大($e\geqslant1.0$)、含水率高($w>w_L$)、压缩性高、强度低和具有灵敏性、结构性的土层，包括淤泥、淤泥质土、淤泥质粉土等。

淤泥和淤泥质土是工程建设中经常遇到的软土，其在静水或缓慢的流水环境中沉积，并经生物化学作用形成。黏性土当 $w>w_L$、$e\geqslant1.5$ 时称为淤泥，当 $w>w_L$、$1.0\leqslant e<1.5$ 时称为淤泥质土。

(2) 红黏土：指碳酸盐系的岩石经第四纪以来的红土化作用，形成并覆盖于基岩上，呈棕红、褐黄等色的高塑性黏土。其特征是 $w_L>50$，土质上硬下软，具有明显的胀缩性，且裂隙发育。已形成的红黏土经坡积、洪积再搬运后仍保留着黏土的基本特征，且 $w_L>45$ 的称为次生红黏土。我国红黏土主要分布于云贵高原、南岭山脉南北两侧及湘西、鄂西丘陵山地等。

(3) 黄土：是一种含大量碳酸盐类、且常能以肉眼观察到大孔隙的黄色粉状土。天然黄土在未受水浸湿时，一般强度较高，压缩性较低。但当其受水浸湿后，因黄土自身大孔隙结构的特征，压缩性剧增，使结构受到破坏，土层突然显著下沉，同时强度也随之迅速下降，这类黄土统称为湿陷性黄土。湿陷性黄土根据在上覆土自重压力下是否发生湿陷变形，又可分为自重湿陷性黄土和非自重湿陷性黄土。

(4) 膨胀土：是土体中含有大量的亲水性黏土矿物成分(如蒙脱石、伊利石等)，在环境温度及湿度变化影响下，可产生强烈的胀缩变形的土。由于膨胀土通常强度较高，压缩性较低，易被误认为是良好的地基，而一旦遇水，就呈现出较大的吸水膨胀和失水收缩的能力，往往导致建筑物和地坪开裂、变形而破坏。膨胀土大多分布于当地排水基准面以上的二级阶地及其以上的台地、丘陵、山前缓坡、垅岗地段，其分布不具绵延性和区域性，多呈零星分布且厚度不均。

(5) 多年冻土：是土的温度等于或低于零摄氏度、含有固态水，且这种状态在自然界连续保持三年或三年以上的土。当自然条件改变时，它将产生冻胀、融陷、热融滑塌等特殊不良地质现象，并发生物理力学性质的改变。多年冻土根据土的类别和总含水率，可划分其融陷性等级为少冰冻土、多冰冻土、富冰冻土、饱冰冻土及含土冰层等。

(6) 盐渍土：指易溶盐含量大于 0.5%，且具有吸湿、松胀等特性的土。由于可溶盐遇水溶解，可能导致土体产生湿陷、膨胀以及有害的毛细水上升，使建筑物遭受破坏。盐渍土按含盐性质，可分为氯盐渍土、亚氯盐渍土、硫酸盐渍土、亚硫酸盐渍土、碱性盐渍土等；按含盐量，可分为弱盐渍土、中盐渍土、强盐渍土和超强盐渍土。

3. 根据塑性图对细粒土分类

细粒土是指粒径小于 0.075mm 的颗粒含量超过全重的 50%的土，可参照塑性图来进一步细分。塑性图是由美国卡萨格兰德于 1947 年提出的，现为全世界通用的一种细粒土的分类方法。过去以塑性指数 I_P 划分细粒土，虽然 I_P 也具有能综合反映土的颗粒组成、矿物成分及土粒表面吸附阳离子成分等方面特点的优点，但不同的液限、塑限也可能计算得到相同的塑性指数，而土性却相差很大。可见，细粒土的合理分类，应兼顾塑性指数 I_P 和液限 w_L 两个方面。

我国 GB/T 50145—2007《土的工程分类标准》对细粒土采用的塑性图如图 1.15 所示。在塑性图中，以塑性指数 I_P 为纵轴，以液限 w_L 为横轴，将大量的试验数据标在塑性图中，可形成具有良好分布规律的散点条带，其直线方程即为图 1.15 中的 A 线。为了区分高低液限，又给出了一条 B 线方程。因此，根据细粒土在该坐标图上的位置，还需要不断完善和补充资料。图中的 A 线是一条折线，其斜线段的方程为 $I_P = 0.63(100w_L - 20)$，在 A 线以上者为高液限黏土(CH)，A 线以下为高液限粉土(MH)；当点位于 B 线以左时，在 A 线与 $I_P = 10$ 线以上者为低液限黏土(CL)，在 A 线与 $I_P = 10$ 线以下者为低液限粉土(ML)，对后一范围内的土，还可按 $I_P = 7$ 再划分。土中有机质应根据未完全分解的动植物残骸和无定性物质判断。有机质呈黑色、青黑色或者暗色，也可目测、手摸或者用嗅觉判别；当不能判别时，可将试样放入 100～110℃的烘箱中烘烤；当烘烤后试样的液限小于烘烤前试样液限的 3/4 时，可判别试样为有机质。

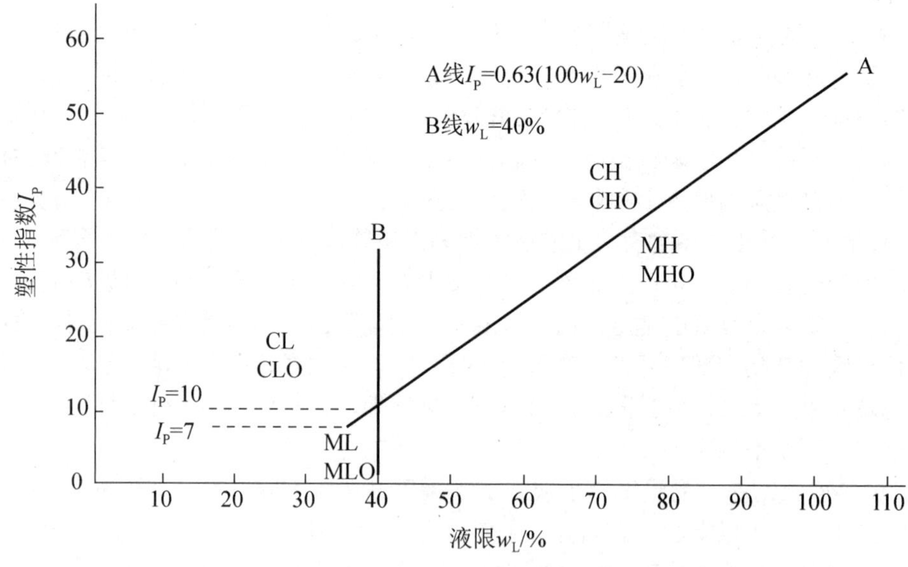

图 1.15　细粒土分类的塑性图

本 章 小 结

(1) 土是岩石风化的产物，通常情况下是固相、液相和气相组成的三相体系。工程上常用颗粒粒径级配曲线来描述固相的颗粒级配；土中的液相，主要分为结晶水、结合水和自由水；土中的气体，分为封闭气体和自由气体。

(2) 表示土的三相组成部分质量、体积之间比例关系的指标，称为土的物理力学指标，主要有三个基本指标，即相对密度、天然密度(天然重度)和含水率；六种换算指标，即孔隙比、孔隙率、饱和度、干密度(干重度)、饱和密度(饱和重度)和有效密度(有效重度)。

(3) 对无黏性土体影响最大的因素是土体的密实度。砂土的密实度，可分别用孔隙比 e 和相对密实度 D_r 来判别。

(4) 对黏性土影响最大的因素是含水率，黏性土根据含水率的不同可划分为四种不同的状态。本章引入了塑性指数和液性指数两个重要的物理指标，对黏性土进行分类及判别状态。

思考题与习题

1. 土由哪几部分组成？土中水分为哪几类？其各自的特征如何？对土的工程性质影响如何？

2. 土的不均匀系数 C_u 及曲率系数 C_c 的定义是什么？如何从土的颗粒粒径级配曲线形态和 C_u、C_c 数值来评价土的工程性质？

3. 何谓土的结构？土的结构分为哪几种？试对各种土的结构的工程性质进行比较。

4. 土的密度与土的重度的物理意义和单位有何区别？说明天然重度、饱和重度、有效重度和干重度之间的相互关系，并比较其数值的大小。

5. 无黏性土最主要的物理状态指标是什么？如何利用孔隙比、相对密实度和标准贯入试验来划分无黏性土的密实度？

6. 黏性土的物理状态指标是什么？何为液限？如何测定液限？何为塑限？如何测定塑限？

7. 塑性指数的定义和物理意义是什么？I_P 大小与土颗粒粗细有何关系？I_P 大的土具有哪些特点？

8. 何为液性指数？如何应用液性指数 I_L 来评价土的工程性质？何为硬塑、软塑状态？

9. 某住宅工程地质勘察中取原状土样做试验。用天平称 $50cm^3$ 湿土，其质量为 95.15g，烘干后质量为 75.05g，土粒相对密度为 2.67。试计算土样的天然密度、干密度、含水率、孔隙比、孔隙率和饱和度。

10. 某宾馆地基土取原状土样做试验，已测得土样的干密度 $\rho_d = 1.54g/cm^3$，含水率 $w = 19.3\%$，土粒相对密度 $d_s = 2.71$，试计算土的 e、n 及 S_r。此土样又测得 $w_L = 28.3\%$，$w_P = 16.7\%$，试计算 I_P 和 I_L，并描述土的物理状态，定出土的名称。

11. 已知 A、B 两个土样的物理性质试验结果见表 1-17。

表 1-17 两个土样的物理性质试验结果

土样	w_L/%	w_P/%	w/%	d_s	S_r/%
A	30	12	15	2.70	100
B	9	6	6	2.68	100

请问下列结论中哪几个是正确的？为什么？

(1) A 比 B 含有更多的黏粒($d<0.005$ 的颗粒)；

(2) A 的天然重度大于 B；

(3) A 的干重度大于 B；

(4) A 的天然孔隙比大于 B。

12．某黏性土的含水率 $w=36.4\%$，液限 $w_L=48\%$，塑限 $w_P=25.4\%$。试计算该土的塑性指数 I_P，根据塑性指数确定该土的名称；并计算该土的液性指数 I_L，按液性指数确定土的状态。

13. 某砂土的含水率 $w=28.5\%$，土的天然重度 $\gamma=19\text{kN/m}^3$，土粒相对密度 $d_s=2.68$，颗粒分析结果见表 1-18。

表 1-18　某砂土的颗粒分析结果

土粒组的粒径范围/mm	>2	2～0.5	0.5～0.25	0.25～0.075	<0.075
粒组占干土总质量的百分数/%	9.4	18.6	21.0	37.5	13.5

(1) 试确定该土样的名称；

(2) 计算该土的孔隙比和饱和度；

(3) 确定该土的湿度状态；

(4) 如该土埋置深度在离地面 3m 以内，其标准贯入试验锤击数 N=14，试确定该土的密实度。

第2章 土的渗透性

内容提要

土的渗透性是土的主要力学性质之一，主要涉及渗流量、渗流破坏和渗流防治三个方面的问题。本章主要学习土的渗透性、达西定律及渗透系数的测定方法，了解流网及应用；学习渗流力及流土和管涌两种典型的水力破坏及其防治。

能力要求

掌握土的渗透性、达西定律的定义及适用范围、流网的特征及应用；熟悉渗流力的计算、土的渗流破坏与防治。

2.1 概　　述

水在重力作用下穿过土的孔隙发生的流动，即渗流。如图 2.1 所示，当土坝和水闸挡水后，上游的水就会通过坝体或坝基渗流到下游。水在压力坡降作用下穿过土中连通孔隙发生缓慢流动的现象称为水的渗透。土体被水透过的性能，称为土的渗透性。

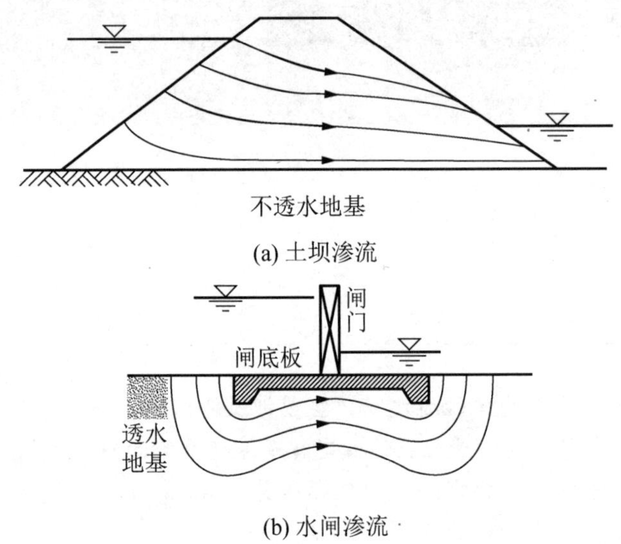

(a) 土坝渗流

(b) 水闸渗流

图 2.1　土坝和水闸渗流示意

渗流必然引起土体中应力状态的改变，从而使土的变形和强度特性发生变化。渗流对铁路、水利、矿山、建筑和交通等工程的影响和破坏是多方面的，会直接影响土工建筑物和地基的稳定与安全。根据世界各国对坝体失事原因的统计，垮坝失事通常是由于渗漏和管涌造成的。另外，滑坡和裂缝破坏也都和渗流有关。研究土的渗透性，掌握水在土中的渗透规律，在土力学中具有重要的理论价值和现实意义。

水的渗透会引起两方面的问题，一是渗漏问题，二是渗透稳定问题。

(1) 渗漏问题是研究因渗透而引起的水量损失。不论用什么土筑坝，也不论地基是透水的还是相对不透水的，总会有一定的水量损失，因此，渗漏问题有可能影响闸坝蓄水、渠道输水和井灌取水的经济效益。

(2) 渗透稳定问题实质上是土的稳定性受到渗流破坏的问题，关系到工程成败。

本章将研究水在土中的渗透规律及土体的渗透稳定问题。

2.2 达西定律及其适用范围

2.2.1 地下水的运动方式和判别

一般来说，地下水是指地下水位以下的重力水。除特殊情况外，地下水总是处在运动状态中。地下水的运动方式可从不同的方面进行分类。

1. 按水流的流线形态分类

(1) 层流。在地下水渗流过程中，水中质点形成的流线互相平行，经过空间某处流速均匀，水流平稳，在过水断面上中间流速大，两侧流速小，具有上述水流特征的流动即称为层流。如水渠平直段中的水流，地下水在土孔隙中的流动就是层流。

(2) 湍流。在地下水渗流过程中，水中质点形成的流线互相交叉，呈曲折、混杂、不规则的流动，存在跌水和漩涡，具有上述水流特征的流动即称为湍流，又称紊流。当水作湍流运动时，水流流速较大，经过空间某处的瞬时速度随时间而改变。如在具有大裂隙的岩体中及洞穴中流动的水，在发生流土现象时的水流就是湍流。

2. 按水流特征随时间的变化状况分类

(1) 稳定流运动。发生渗流的区域称为渗流场。在渗流场中，如果任一点的流速、流向、水位、水压力等运动要素不随时间而改变，即称为稳定流运动。

(2) 非稳定流运动。在渗流场中，如果任一点的流速、流向、水位、水压力等运动要素均随时间而改变，则称为非稳定流运动。

3. 按水流在空间上的分布状况分类

(1) 一维渗流。一维渗流即单向流动。如等厚承压含水层中，地下水只能沿一个方向流动。

(2) 二维渗流。二维渗流指水的流动和两个坐标方向有关。

(3) 三维渗流。三维渗流指水流沿三个坐标方向都有分速度。

4. 按雷诺数分类

雷诺(Reynolds)于 1883 年通过圆管中的水流试验，得出了划分层流和湍流的定量界限——雷诺数。雷诺数用 Re 表示，是运动流体的惯性力和黏滞力的比值。相关判别结论如下。

(1) 圆管中水的流动：当 $Re<2300$ 时属于层流；当 $Re>2300$ 时属于湍流；当 $Re=2300$ 时属于临界流。

(2) 明渠中水的流动：当 $Re<500$ 时属于层流；当 $Re>500$ 时属于湍流；当 $Re=500$ 时属于临界流。

2.2.2 达西定律

【达西定律】

由于土的孔隙通道很小且很曲折，所以在大多数情况下，水在土中的流速缓慢，属于层流。早在1856年，法国学者达西(Darcy)就根据对砂土的试验结果，发现在层流状态时，水的渗流速度与水力坡降成正比，如图2.2所示，相应公式为

$$v = ki \tag{2-1}$$

或

$$q = kiA \tag{2-2}$$

式中 v——渗流速度(cm/s)；

q——渗流量(cm^3/s)；

i——水力坡降；

A——垂直于渗流方向的土的横截面积(cm^2)；

k——土的渗透系数(cm/s或m/d)，表示单位水力坡降的渗流速度，其量纲与流速相同。

上述水的渗流速度与水力坡降成正比的关系已为大量试验所证实，是水在土中渗透的基本规律，称为达西定律或渗透定律。

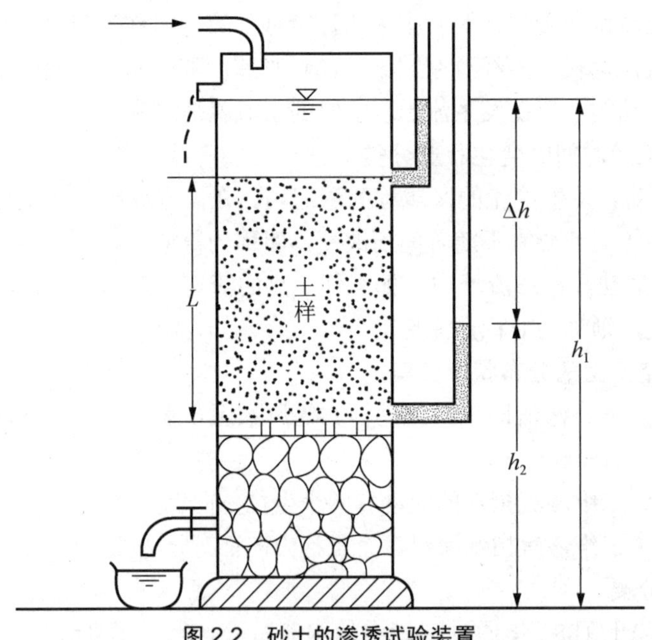

图2.2　砂土的渗透试验装置

应该注意，由于水在土中的渗透并不是穿过土的整个截面，而仅仅是通过该截面内土粒间的孔隙，因此，水在孔隙中的实际速度比按式(2-1)计算的渗流速度大。具体分析如下。

图2.3(a)所示为实际的渗流土体，由于土体孔隙的形状、大小及分布极为复杂，导致渗流水质点的运动轨迹很不规则；图2.3(b)所示为理想的渗流模型，该模型不考虑渗流路径的迂回曲折，只分析渗流的主要流向，而且认为整个空间均为渗流水所充满。

用v'表示水流的实际渗流速度，v表示理想的渗流速度，A_v表示实际的过水断面，A

表示理想的过水断面，如图 2.4 所示，则近似可得

$$v' = \frac{q}{A_v} = \frac{vA}{A_v} = \frac{v}{n} \tag{2-3}$$

$$v = v'n = v'\frac{e}{1+e} \tag{2-4}$$

式中　n——孔隙率；

e——孔隙比。

可见实际的渗流速度要比理想的渗流速度大。

(a) 实际的渗流土体

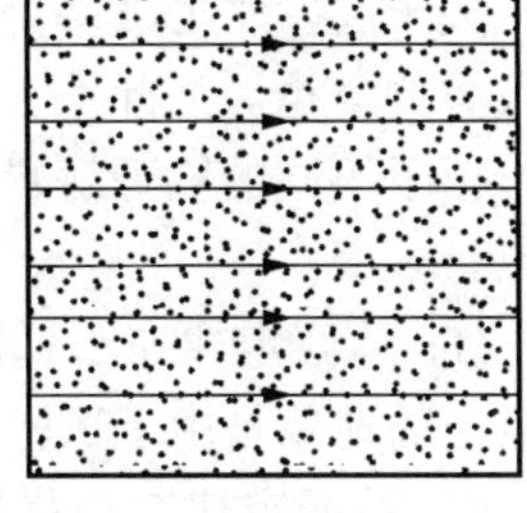

(b) 理想的渗流模型

图 2.3　土体渗流示意

图 2.4　过水断面示意

2.2.3 达西定律的适用范围

研究表明，达西定律所得渗流速度与水力坡降成正比的关系，是在特定的水力条件下试验的结果。随着渗流速度增加，这种线性关系不再存在，因此达西定律有一个适用界限。实际上水在土中渗流时，由于土中孔隙的不规则性，水的流动是无序的，水在土中渗流的方向、速度和加速度都在不断地改变。当水运动的速度和加速度很小时，其产生的惯性力远远小于由液体黏滞性产生的摩擦阻力，这时黏滞力占优势，水的运动为层流，此时渗流服从达西定律；当水的运动速度达到一定的程度，惯性力占优势时，由于惯性力与速度的平方成正比，达西定律就不再适用了。图 2.5 所示为一典型的水力坡降与渗流速度之间的关系曲线，图中虚线为达西定律。当雷诺数 $Re<10$ 时，可认为渗流服从达西定律。

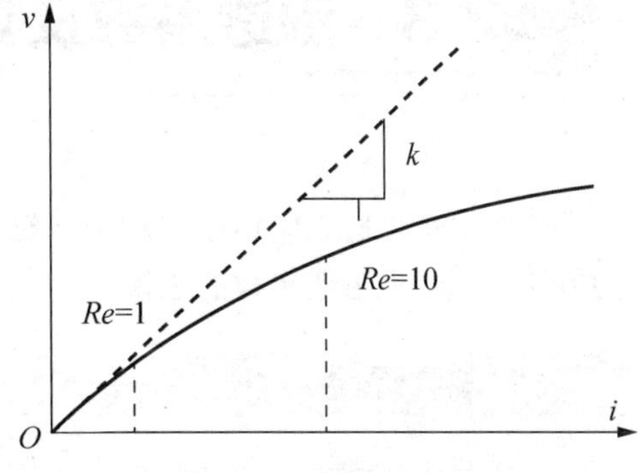

图 2.5　水力坡降与渗流速度之间的关系曲线

水在粗颗粒土中渗流时，随着渗流速度的增加，水在土中的运动状态可以分成以下三种情况。

(1) 水流速度很小，为黏滞力占优势的层流，达西定律适用，这时雷诺数 Re 为 1～10 之间的某一值。

(2) 水流速度增加到惯性力占优势的层流和层流向湍流过渡时，达西定律便不再适用，这时雷诺数 Re 在 10～100 之间。

(3) 随着雷诺数 Re 的增大，水流进入湍流状态，达西定律已完全不适用。

在黏性土中，由于土粒周围结合水膜的存在而使土体呈现一定的黏滞性，因此，一般认为黏性土中自由水的渗流必然会受到结合水膜黏滞阻力的影响。只有当水力坡降达到一定值 i_0 后，渗流才能发生，将这一水力坡降称为黏性土的起始水力坡降。此时达西定律可写为

$$v = k(i - i_0) \tag{2-5}$$

图 2.6 绘出了典型砂土和黏性土渗透规律的比较，其中直线 a 表示砂土的结果，虚线 b 表示黏性土的结果，但为了应用方便一般用直线 c 来代替虚线 b 。

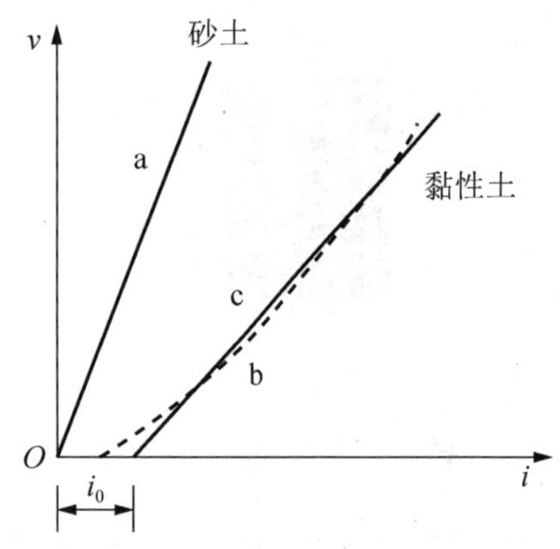

图 2.6　典型砂土和黏性土渗透规律的比较

关于起始水力坡降是否存在的问题，目前尚存在较大的争论。为此不少学者进行过深入的研究，并给出了不同的物理解释，大致可归纳为如下三种观点。

(1) 达西定律在小梯度时也完全适用，偏离达西定律的现象是由于试验误差造成的。

(2) 达西定律在小梯度时不适用，但存在起始水力坡降 i_0；当水力坡降小于 i_0 时无渗流存在，而当水力坡降大于 i_0 时，v-i 呈线性关系，即满足式(2-5)。

(3) 达西定律在小梯度时不适用，也不存在起始水力坡降；v-i 曲线通过原点，呈非线性关系。

2.3　渗透系数及其确定方法

土的渗透系数是常用于工程中计算渗流的一个力学性质指标。下面介绍确定渗透系数的方法及影响土渗透系数的因素。

2.3.1　渗透试验

由达西定律可知，渗透系数 k 是一个表征土渗透性强弱的指标，在数值上等于单位水力坡降时的渗流速度。k 值大的土，渗透性强；k 值小的土，渗透性弱。不同种类的土体，其渗透系数差别很大。渗透系数确定方法主要有经验估算法、室内试验测定法、现场试验测定法等。这里主要介绍用室内试验测定法测定渗透系数的原理和方法。从试验原理上看，渗透系数 k 的室内试验测定法又分成常水头试验法和变水头试验法。

1. 常水头试验法

常水头试验装置如图 2.7 所示，适用于测量渗透性较大的砂土的渗透系数，前面介绍

的达西定律渗流试验采用就是常水头试验装置。试验时，在圆桶容器中装入高度为L、横截面积为A的饱和土样，不断向土样桶内加水，使其水位保持不变，水在水头差Δh的作用下流过试样，从桶底排出。试验过程中，水头差Δh保持不变，因此称其为常水头试验。试验过程中测得在一定时间t内流经土样的渗流量为q，则根据达西渗透定律有

【常水头试验】

$$q = vAt = k\frac{\Delta h}{L}At$$
$$k = \frac{qL}{\Delta hAt} \tag{2-6}$$

需要指出的是，对于黏性土来说，由于其渗透系数较小，故渗流量较小，用常水头试验不易准确测定k值。对于这种渗透系数小的土，可改用变水头试验。

2. 变水头试验法

变水头试验装置如图2.8所示，土样的高度为L，横截面积为A，在t时刻，在初始水头差h_0的作用下，水从变水头管中自下而上渗流过土样。试验时，装土样的容器内的水位保持不变，而变水头管内的水位逐渐下降，渗流水头差随试验时间的增加而减小，因此称为变水头试验。经过一段时间后，记录t_1时刻的水头差h_1。设在试验过程中任意时刻t的水头差为h，经过$\mathrm{d}t$时段后，变水头管中的水位下降$\mathrm{d}h$，那么，在$\mathrm{d}t$时间内流入试样的渗流量为

【变水头试验】

$$\mathrm{d}q = -a\mathrm{d}h \tag{2-7}$$

式中　a——变水头管的管内截面积。

注意：负号表示渗流量随h的减小而增加。

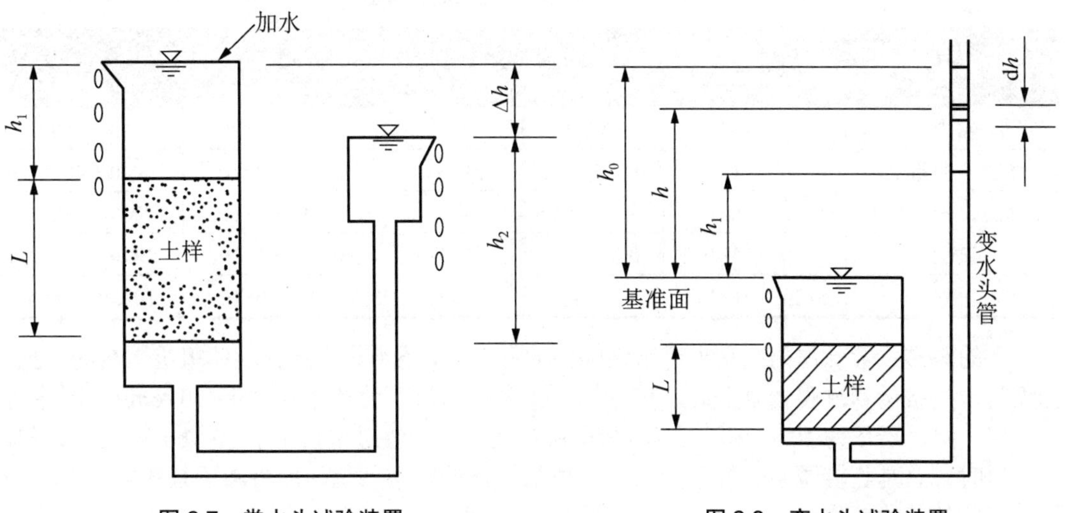

图2.7　常水头试验装置　　　图2.8　变水头试验装置

根据达西定律，$\mathrm{d}t$时间内流出试样的渗流量为

$$\mathrm{d}q' = kiA\mathrm{d}t = k\frac{h}{L}A\mathrm{d}t \tag{2-8}$$

根据水流连续条件，流入量和流出量应该相等，即

$$-a\mathrm{d}h = k\frac{h}{L}A\mathrm{d}t \tag{2-9}$$

亦即

$$\mathrm{d}t = -\frac{aL}{kA}\times\frac{\mathrm{d}h}{h} \tag{2-10}$$

对等式两边在 $t_0 \sim t_1$ 时间内积分得

$$\int_{t_0}^{t_1}\mathrm{d}t = -\frac{aL}{kA}\int_{h_0}^{h_1}\frac{\mathrm{d}h}{h} \tag{2-11}$$

$$t_1 - t_0 = -\frac{aL}{kA}\ln\frac{h_0}{h_1} \tag{2-12}$$

于是，可得土的渗透系数为

$$k = \frac{aL}{A(t_1 - t_0)}\ln\frac{h_0}{h_1} \tag{2-13}$$

室内试验测定渗透系数的优点是设备简单、花费较少，因而在工程中得到普遍应用。但土的渗透性与其结构构造有很大关系，而且实际土层中水平与垂直方向的渗透系数往往有很大差异，同时由于取样时不可避免的扰动，一般很难获得具有代表性的原状土样，因此，室内试验测得的渗透系数往往并不能很好地反映现场土的实际渗透性质，必要时应直接进行大型现场渗透试验。有资料表明，现场渗透试验值可能比室内土样试验值大 10 倍以上，因而需引起足够的重视。

几种土的渗透系数参考值见表 2-1。

表 2-1　几种土的渗透系数参考值

土的类别	渗透系数 k		土的类别	渗透系数 k	
	cm/s	m/d		cm/s	m/d
黏土	$<6\times10^{-6}$	<0.005	细砂	$1\times10^{-3}\sim6\times10^{-3}$	1.0～5.0
壤土、亚黏土	$6\times10^{-6}\sim1\times10^{-4}$	0.005～0.1	中砂	$6\times10^{-3}\sim2\times10^{-2}$	5.0～20.0
砂壤土、轻亚黏土	$1\times10^{-4}\sim6\times10^{-4}$	0.1～0.5	粗砂	$2\times10^{-2}\sim6\times10^{-2}$	20.0～50.0
黄土	$3\times10^{-4}\sim6\times10^{-4}$	0.25～0.5	圆砾	$6\times10^{-2}\sim1\times10^{-1}$	50.0～100.0
粉砂	$6\times10^{-4}\sim1\times10^{-3}$	0.5～1.0	卵石	$1\times10^{-1}\sim6\times10^{-1}$	100.0～500.0

土的渗透系数除作为判别土透水性强弱的标准外，还可作为选择坝体填筑土料的依据。当坝基土层按透水性强弱划分时，可分为：①强透水层，渗透系数大于 10^{-2}cm/s；②中等透水层，渗透系数为 $10^{-5}\sim10^{-3}$cm/s；③相对不透水层，渗透系数小于 10^{-6} cm/s。在选择筑坝材料时，总是将渗透系数较小的土用于填筑坝体的防渗部位，而将渗透系数较大的土填筑于坝体的其他部位。

2.3.2 影响渗透系数的因素

试验研究表明，影响土渗透系数的因素很多，主要有以下方面。

1. 土粒的大小和级配

土粒的大小和级配对土的渗透系数有很大的影响，如砂土中粉粒和黏粒含量增多时，砂土的渗透系数就会大大减小，如图 2.9 所示。根据经验，匀粒砾砂的粒径常介于 0.1～3.0mm 之间，其渗透系数与有效粒径的平方成正比，即

$$k = c_1 d_{10}^2 \tag{2-14}$$

式中 k——砂的渗透系数(cm/s)；

d_{10}——有效粒径(cm)；

c_1——常数，取值 100～150。

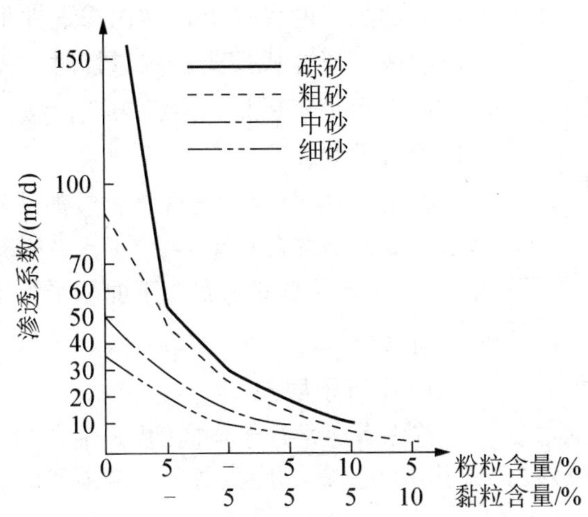

图 2.9 粉粒及黏粒含量对 k 值的影响

2. 土的孔隙比

土的孔隙比大小决定着渗透系数的大小，土的密度增大，孔隙比就变小，因而土的渗透性也随着减小。根据一些学者的研究，得出土的渗透系数与孔隙比或孔隙率的关系如下。

$$k = \frac{c_2}{s_s^2} \times \frac{n^3}{(1-n)^2} \times \frac{\rho_w}{\eta} = \frac{c_2}{s_s^2} \times \frac{e^2}{1+e} \times \frac{\rho_w}{\eta} \tag{2-15}$$

式中 n、e——分别为土的孔隙率、孔隙比；

ρ_w——水的密度(g/cm^3)；

η——水的动力黏滞系数；

c_2——与颗粒形状及水的实际流动方向有关的系数，可近似采用 0.125；

s_s——土粒的比表面积(cm^{-1})。

3. 水的动力黏滞系数

土的渗透系数是水的重度和动力黏滞系数的函数，这两个数值又都取决于水的温度。水的重度随水温的变化很小，可忽略不计，但水的动力黏滞系数却随水温而发生明显的变化，故密度相同的同一种土，在不同的温度下将具有不同的渗透系数。

4. 土中封闭气体的含量

土中存在着与大气不相通的封闭气体或从渗水中分离出来的气体，它们都会阻塞渗流

通路。这种封闭的气体越多，土的渗透性便越小，故土的渗透系数又随土中封闭气体的含量而有所不同。

5. 结合水膜的厚度

黏性土中，土粒的结合水膜较厚，会阻塞土的孔隙，降低土的渗透性。因此，黏性土的渗透系数远低于无黏性土的渗透系数。

2.3.3 成层土的渗透性

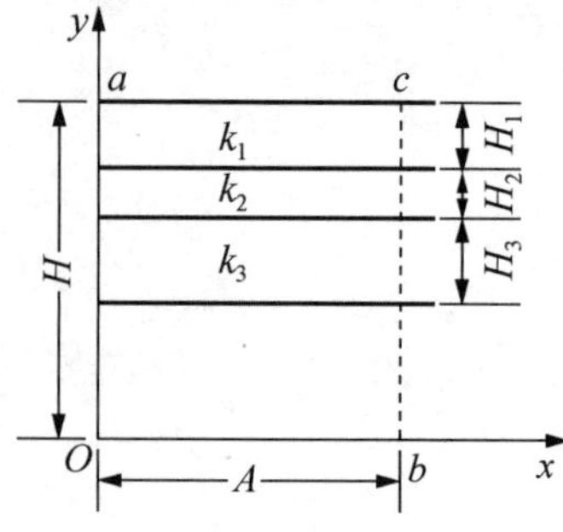

图 2.10　层状沉积土层

天然沉积的黏性土，常由渗透性不同且厚薄不一的多层土所组成。研究成层土的渗透性时，先需要分别测定各层土的渗透系数，然后根据水流方向，按下述公式计算其相应的平均渗透系数。

如图 2.10 所示，设每一土层都是各向同性的，各土层的渗透系数分别为k_1、k_2、$k_3\cdots$，各土层的厚度分别为H_1、H_2、$H_3\cdots$，总土层厚度为H。下面从平行于层向和垂直于层向两个方面来分析。

1. 平行于层向

首先考虑平行于层向(沿 x 轴方向)的渗流情况。设在 aO 和 cb 间作用的水力坡降为i，则其总渗流量q_x应为各分层渗流量的总和，即

$$q_x = q_1 + q_2 + q_3 + \cdots \tag{2-16}$$

取垂直于纸面的土体宽度为 1，则根据式(2-16)可得

$$q_x = k_x iH = k_1 iH_1 + k_2 iH_2 + k_3 iH_3 + \cdots \tag{2-17}$$

约去i后，可得沿x轴方向的平均渗透系数k_x为

$$k_x = \frac{1}{H}\left(k_1H_1 + k_2H_2 + k_3H_3 + \cdots\right) \tag{2-18}$$

这相当于各层渗透系数按厚度加权的算术平均值。

2. 垂直于层向

其次考虑垂直于层向(沿y轴方向)的渗流情况。设流经土层厚度H的总水力坡降为i，流经各层的水力坡降分别为i_1、i_2、$i_3\cdots$，则总渗流量q_y应等于各层的渗流量q_1、q_2、$q_3\cdots$，即

$$q_y = q_1 = q_2 = q_3 = \cdots \tag{2-19}$$

所以有

$$k_y iA = k_1 i_1 A = k_2 i_2 A = k_3 i_3 A = \cdots \tag{2-20}$$

式中　A——渗流经过的横截面积。

又因总水头损失等于各层水头损失的总和，故有

$$Hi = H_1 i_1 + H_2 i_2 + H_3 i_3 + \cdots \tag{2-21}$$

将式(2-21)代入式(2-20)可得

$$k_y \frac{1}{H}(H_1 i_1 + H_2 i_2 + H_3 i_3 + \cdots) = k_1 i_1 = \cdots$$

所以沿 y 轴方向的平均渗透系数 k_y 为

$$k_y = \frac{H}{\frac{H_1}{k_1} + \frac{H_2}{k_2} + \frac{H_3}{k_3} + \cdots} \tag{2-22}$$

由式(2-18)和式(2-22)可以看出，k_x 可近似地由最透水的土层的渗透系数和厚度控制，而 k_y 则可近似地由最不透水的土层的渗透系数和厚度控制。所以，成层土的水平向渗透系数 k_x 总是大于垂直向渗透系数 k_y。

2.4 二维渗流与流网

对于简单边界条件的一维渗流问题，可以直接利用达西定律进行分析，但工程中涉及的渗流问题大多为二维或三维问题，典型的如基坑挡土墙、坝基渗流问题。在一些特定条件下，这些问题可以简化为二维问题，即假定在某一方向的任一个断面上其渗流特性是相同的。

图 2.11(a)所示为基坑地基平面渗流问题，图 2.11(b)所示为坝基平面渗流问题，对于该类问题可先建立渗流微分方程，然后结合渗流边界条件和初始条件进行求解。一般而言，渗流问题的边界条件往往比较复杂，一般很难给出严密的数学解析解，为此可采用电模拟试验法和绘制流网法，采用有限元法的数值计算手段。其中，流网直观明了，在工程中有着广泛的应用，而且其精度一般能够满足实际需求。

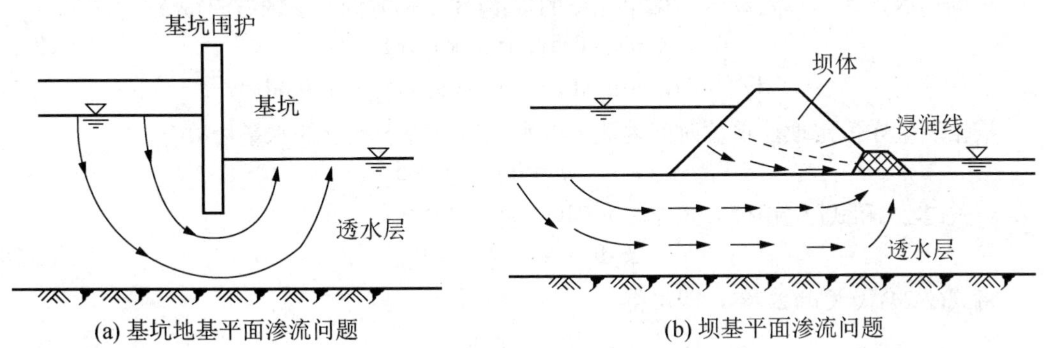

(a) 基坑地基平面渗流问题　　(b) 坝基平面渗流问题

图 2.11　二维渗流示意图

所谓流网，是由流线和等势线这两组互相垂直交织的曲线所组成。在稳定渗流情况下，流线表示水质点的运动路线，而等势线表示势能或水头的等值线，即每一条等势线上的测压管水位都是相同的。本节先给出平面渗流基本微分方程的推导，然后介绍流网的特征及绘制方法。

2.4.1 平面渗流基本微分方程

在二维渗流平面内取一微单元体，如图 2.12 所示。

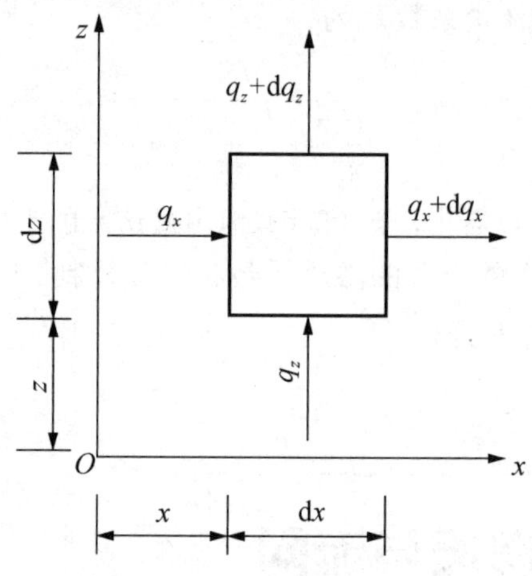

图 2.12　二维渗流的微单元体

设微单元体的长度和高度分别为$\mathrm{d}x$、$\mathrm{d}z$，厚度为$\mathrm{d}y=1$。图 2.12 给出了单位时间内从微单元体四边流入或流出的水量。假定：①土体和水都是不可压缩的；②二维渗流平面内任意点(x,z)处的总水头为h；③土是各向同性的均质土，即$k_x=k_z$。

在x轴方向，x和$x+\mathrm{d}x$处的水力坡降分别为i_x和$i_x+\mathrm{d}i_x$；在z轴方向，z和$z+\mathrm{d}z$处的水力坡降分别为i_z和$i_z+\mathrm{d}i_z$。则有

$$i_x=\frac{\partial h}{\partial x},\quad i_z=\frac{\partial h}{\partial z} \tag{2-23}$$

$$\mathrm{d}i_x=\frac{\partial^2 h}{\partial x^2}\mathrm{d}x,\quad \mathrm{d}i_z=\frac{\partial^2 h}{\partial z^2}\mathrm{d}z \tag{2-24}$$

根据达西定律，流入和流出微单元体的水量(在x轴方向和z轴方向)分别为

$$q_x=k_x i_x \mathrm{d}z\mathrm{d}y,\quad q_z=k_z i_z \mathrm{d}x\mathrm{d}y \tag{2-25}$$

$$q_x+\mathrm{d}q_x=k_x(i_x+\mathrm{d}i_x)\mathrm{d}z\mathrm{d}y,\quad q_z+\mathrm{d}q_z=k_z(i_z+\mathrm{d}i_z)\mathrm{d}x\mathrm{d}y \tag{2-26}$$

根据质量守恒定理，单位时间内流入的水量应该等于流出的水量，故有

$$q_x+q_z=q_x+\mathrm{d}q_x+q_z+\mathrm{d}q_z \tag{2-27}$$

将式(2-25)和式(2-26)代入式(2-27)，并经适当简化得

$$k_x\mathrm{d}i_x\mathrm{d}z+k_z\mathrm{d}i_z\mathrm{d}x=0 \tag{2-28}$$

将式(2-24)代入式(2-28)，即可得

$$k_x\frac{\partial^2 h}{\partial x^2}+k_z\frac{\partial^2 h}{\partial z^2}=0 \tag{2-29}$$

若土为各向同性，即$k_x=k_z$，式(2-29)可简化为

$$\frac{\partial^2 h}{\partial x^2}+\frac{\partial^2 h}{\partial z^2}=0 \tag{2-30}$$

式(2-30)即为描述二维稳定渗流的连续方程，即著名的拉普拉斯(Laplace)方程，也称调和方程。

从上述推导过程来看，拉普拉斯方程所描述的渗流问题应该是：稳定渗流；满足达西定律；水和土体是不可压缩的；均匀介质或是分块均匀介质。

2.4.2 流网的特征

对于各向同性的均质土体，可将流网的特征总结如下。

(1) 流网中的流线和等势线是正交的。

(2) 流网中各等势线间的差值相等，各流线之间的差值也相等，那么各个网格的长宽之比为常数。

(3) 相邻等势线之间的水头损失相等。

(4) 各个流槽的渗流量相等。

2.4.3 流网的绘制

流网的绘制方法很多，在工程上往往通过模型试验或数值计算来绘制，也可以采用图解手绘法来近似绘制。但无论采用哪种方法都必须符合流网的性质，同时也要满足渗流场的边界条件，以保证解的唯一性。这里主要介绍按图解手绘法绘制流网的基本方法。所谓图解手绘法，就是用绘制流网的方法求解拉普拉斯方程的近似解。该方法的最大优点是简便迅速，能应用于建筑物边界轮廓等较复杂的情况，而且其精度一般不会比土质不均匀性所引起的误差大，完全可以满足工程精度要求，因此在实际工程中得到广泛的应用。下面根据图2.13说明绘制流网的步骤。

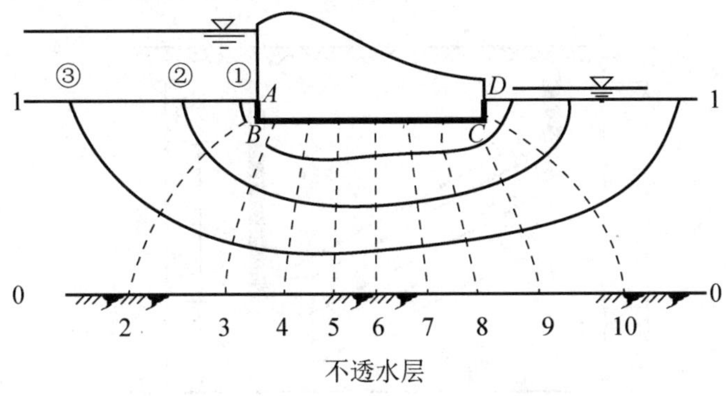

图2.13 流网的绘制方法

(1) 根据流网的边界条件确定和绘制出边界流线和等势线。坝基轮廓线 $A—B—C—D$ 和不透水层面0—0为流网的边界流线，上下游透水地基表面1—A 和 D—1为边界等势线。

(2) 初步绘制流网：按边界趋势先大致绘制出几条流线(如①、②、③)，每条流线必须与边界等势线正交；然后再从中央向两边绘制等势线，如先绘制中线6，再绘制5和7，并依次向两边推进。每条等势线与流线必须正交，并且弯曲成曲线正方形。

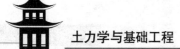

(3) 对初步绘制的流网进行修改，直至大部分网格满足曲线正方形的形态要求为止。由于边界条件的不规则，在边界突变处很难绘制成曲线正方形，这主要是由于流网中流线和等势线的根数有限造成的，只要满足网格的平均长度和宽度大致相等，就不会影响整个流网的精度。一个精度高的流网，需要经过多次修改才能最终完成。

2.5 渗流力和渗流破坏

2.5.1 渗流力

静水作用在物体上的力称为静水压力。流动的水对单位体积土体作用的力，称为动水压力，该力是水流对土体施加的体积力(单位是 kN/m^3)，也称渗流力，用符号 j 表示。

如图 2.14 所示，设试样的横截面积为 A，渗流进口与出口两测压管的水面高差为 h，它表示水从进口面流过 L 厚度的试样到达出口面时，必须克服整个试样内土粒对水流的阻力所引起的水头损失。于是土粒对水流的阻力应为

$$F=\gamma_w hA \tag{2-31}$$

式中 γ_w——水的重度。

由于土中渗流速度一般极小，流动水体的惯性力可以忽略不计。根据力的平衡条件，渗流作用于试样的总渗流力 J 应和试样中土粒对水流的阻力 F 大小相等(而方向相反)，即

$$J=F=\gamma_w hA \tag{2-32}$$

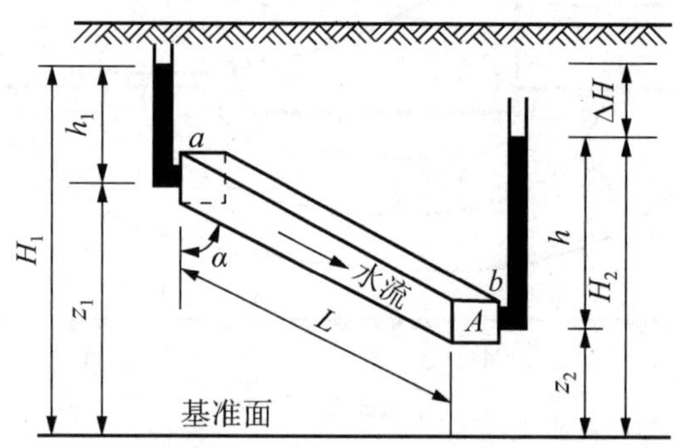

图 2.14 动水压力示意

由此可得渗流力为

$$j=\frac{J}{AL}=\frac{\gamma_w hA}{AL}=i\gamma_w \tag{2-33}$$

渗流力 j 的作用方向与渗流方向一致，式(2-33)表明其大小与水力坡降成正比，其单位为 kN/m^3。

分析式(2-33)，可知渗流力为均匀分布的体积力(内力)，是由渗流作用于试样两端面的孔隙水压力(外力)转化的结果。因此，渗流对土体的作用可用边界上的孔隙水压力来表示。

在有渗流的情况下，由于渗流力的存在，将使土体内部受力情况发生变化，一般这种变化对土体的整体稳定是不利的。如图 2.15 所示，渗流力对处于不同位置的土体作用效果不一样，其中 1 点由于渗流力方向与重力方向一致，渗流力能促使土体压密，强度提高，对稳定有利；2、3 点的渗流力方向与重力方向正交，使土粒有向下游方向移动的趋势，对稳定不利；4 点的渗流力方向与重力方向相反，对稳定最为不利。特别是当向上的渗流力大于土体的有效重力时，土粒将被水流冲出，造成流土或管涌等水力破坏。

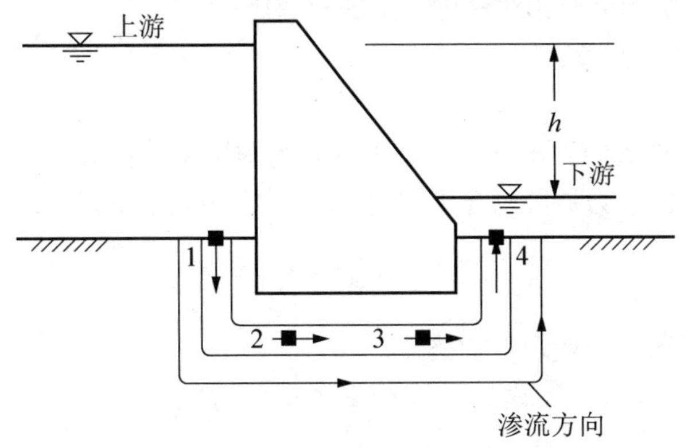

图 2.15 渗流示意

2.5.2 渗流破坏

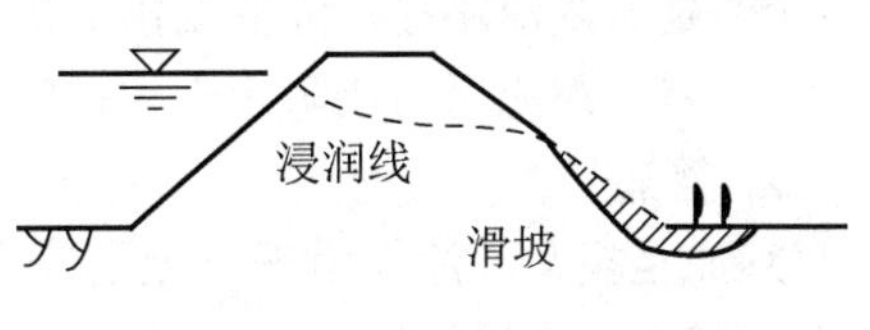

图 2.16 流土示意

大量的研究和实践表明，渗流破坏包括流土和管涌两种基本形式。

1. 流土

流土是指在渗流作用下，黏性土和无黏性土体中某一范围内的颗粒或颗粒群同时发生移动的现象，如图 2.16 所示。流土发生于渗流溢出处而不发生于土体内部，在开挖渠道或基坑时常常会遇到流土现象。

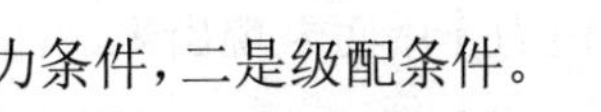

(1) 流土的发生一般需要两个条件：一是水动力条件，二是级配条件。

【验证渗流力存在的流土试验】

① 水动力条件。在图 2.15 中 4 点处取单位土体为研究对象，其受两个力作用，一是向下的重力，大小为γ'，二是向上的渗流力，大小为$i\gamma_w$，合力为$\gamma' - i\gamma_w$。若 4 点的水力坡降比较大，使得向上的渗流力等于向下的重力，则表示土粒间不存在接触应力，即在渗流作用下，试样处于即将被浮动的临界状态；如果水力坡降继续增加，使得向上的渗流力大于土的有效重力，则土粒会被渗流挟带而向上浮动，继而产生流土。所以产生流土所需的临界坡降为

【流土】

$$i_{cr}=\frac{\gamma'}{\gamma_w} \tag{2-34}$$

已知土的浮重度γ'为

$$\gamma'=\frac{(d_s-1)\gamma_w}{1+e}=\gamma_{sat}-\gamma_w \tag{2-35}$$

将式(2-35)代入式(2-34)中可得出临界水力坡降为

$$i_{cr}=\frac{d_s-1}{1+e}=\frac{\gamma_{sat}-\gamma_w}{\gamma_w} \tag{2-36}$$

式中　d_s、e——分别为土粒相对密度及土的孔隙比；

γ_{sat}——土的饱和重度；

γ_w——水的重度。

流土一般发生在渗流的溢出处，溢出处的水力坡降用i_c表示。设计时，为保证建筑物的安全，应使溢出处的水力坡降与允许水力坡降$[i]$之间满足下式要求。

$$i_c\leqslant[i]=\frac{i_{cr}}{F_s} \tag{2-37}$$

式中　F_s——安全系数，一般取 2～2.5。

② 级配条件。一般认为不均匀系数$C_u<10$的匀粒砂土，在一定的水力坡降下，局部较易发生流土现象。

(2) 预防流土现象发生的关键是控制溢出处的水力坡降，使其不超过允许坡降的范围。基于此，可以根据下面几点来考虑采取适当的工程措施，以预防流土现象的发生。

① 切断地基的透水层，如在渗流区域设一些构造物(如防渗墙)或灌浆等。

② 延长渗流路径，降低溢出处的水力坡降，如做水平防渗铺盖。

③ 减小渗流压力或防止土体被渗流力悬浮，如打减压井，在溢出处加透水盖重。

2. 管涌

管涌是指在渗流作用下，无黏性土体中的细小颗粒，通过粗大颗粒的孔隙发生移动或被水流带出的现象，如图 2.17 所示。它发生的部位可在渗流溢出处，也可以在土体内部，有些土在水力坡降较小时即发生管涌，而另一些土则必须在水力坡降较大时才会发生。应当指出，有些土虽然不易发生管涌，但在水力坡降升高后却会发生流土破坏。总之，渗透破坏的两种类型是在一定水力坡降条件下，土受渗流力作用而表现出来的两种不同的变形或破坏现象。

【管涌破坏】

【管涌】

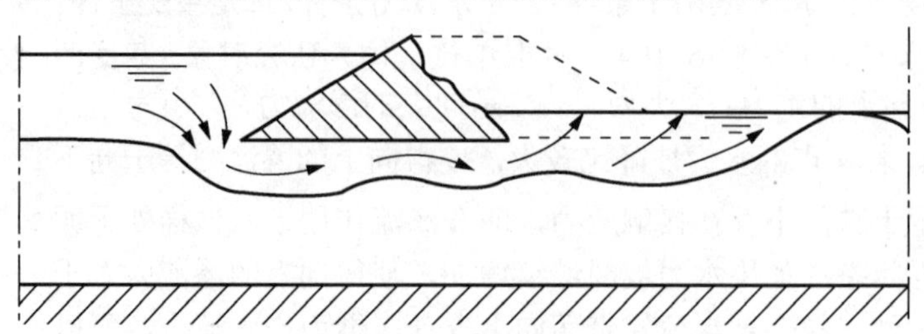

图 2.17　管涌示意

(1) 管涌发生有两个条件：一是水动力条件，二是级配条件。

① 水动力条件。我国科学家在总结前人经验的基础上，根据单个颗粒承受的渗流力与浮重度的平衡关系，并考虑混合土体的几何不均性，同时采用土粒相对密度为 2.65、形状系数为 1.65、水温 15℃的动力黏滞系数为 0.0116cm²/s 等常用数据，研究得出发生管涌的临界水力坡降 i_{cr} 的简化表达式如下。

$$i_{cr}=\frac{42d}{\sqrt{\frac{k}{n^3}}} \tag{2-38}$$

式中 d——被冲动的细粒粒径(cm)；

k——砂粒料的渗透系数(cm/s)；

n——砂粒料的孔隙率。

在缺乏试验的条件下，式(2-38)可用来初步估算临界坡降。

试验表明，从试样的细粒开始浮动、被冲走直至发生管涌，要经过一定的时间。在用式(2-38)确定临界坡降时，除以 1.5～2.0 的安全系数就可得出允许水力坡降。

② 级配条件。$C_u>10$ 的砂、砾石和卵石的孔隙中仅有少量细粒时，由于阻力较小，只需较小的水力坡降就足以推动这些细粒而发生管涌。如它们的孔隙中细粒增多，以至塞满全部孔隙(此时细粒含量为 30%～35%)，此时的阻力最大，便不会发生管涌而可能发生流土现象。

(2) 预防管涌现象的发生，可以从改变水力条件和几何条件这两个方面来采取措施。

① 改变水力条件以降低土层内部和溢出处的水力坡降，如做防渗铺盖。

② 改变几何条件，在溢出部位铺设反滤层，以保护地基土细粒不被水流带走。反滤层应该具有较大的透水性，以保证渗流的通畅，这是防止渗流破坏的有效措施。

本 章 小 结

(1) 水在土中的渗流速度与水力坡降呈线性关系，符合达西定律，达西定律的适用范围是层流。

(2) 满足二维稳定渗流连续方程的是两组彼此正交的曲线，一组是与水流途径相符合的流线，另一组是各点有相同水头的等势线。流网的性质有：①流网中的流线和等势线是正交的；②流网中各等势线之间的差值相等，各流线之间的差值也相等，各个网格的长宽之比为常数；③相邻等势线之间的水头损失相等；④各个流槽的渗流量相等。

(3) 渗流力是体积力，由于渗流力的存在，土体会发生渗流破坏，主要类型有流土和管涌两类。

思考题与习题

1．什么是达西定律？写出其表达式，说明其中字符的含义。

2．达西定律的适用条件是什么？

3．流线和等势线的物理意义是什么？流网中流线和等势线必须满足什么条件？

4．什么是渗流力？发生流土和管涌的机理和条件是什么？

5．渗流破坏的防治措施有哪些？

6．对土样进行常水头试验，土样的长度为25cm，横截面积为100cm^2，作用在土样两端的水头差为75cm，通过土样渗流出的水量为100cm^3/min。试计算该土样的渗透系数k和水力坡降i，并根据渗透系数的大小判别该土样的类型。

7．某黏性土的土粒相对密度$d_s = 2.70$，孔隙比$e = 0.58$，试求该黏性土的临界水力坡降。

8．在常水头试验中，土样1和土样2分上下两层装样，其渗透系数分别为$k_1 = 0.03$ cm/s和$k_2 = 0.10$ cm/s，试样横截面积为A=200cm^2，土样的长度分别为$L_1 = 15$ cm和$L_2 = 30$ cm，试验时总水头差为40cm。试求渗流时土样1和土样2的水力坡降和单位时间流过土样的流量。

9．已知基坑底部有一厚1.25m的土层，其孔隙率$n = 0.35$，土粒相对密度$d_s = 2.65$。假定该层土受到1.85m以上渗流水头的影响，在土层上面至少要加多厚的粗砂才能防止流土现象的发生(假定粗砂与基坑底部土层具有相同的孔隙比与相对密度)？

第3章 土中应力计算

内容提要

为了对建筑物地基基础进行沉降和承载力计算及稳定性分析，必须掌握建筑物修建前后地基中的应力分布及其变化情况。本章主要介绍自重应力的概念和计算方法、基础底面压力的分布规律及简化计算方法、附加应力的概念和各工况下的计算方法及有效应力原理。

能力要求

重点掌握自重应力的概念和计算方法，基础底面压力的分布规律及计算方法，矩形基础和条形基础在荷载作用下的附加应力计算方法及分布规律；熟悉有效应力原理的应用；了解其他类型的基础在荷载作用下的附加应力计算。

3.1 概　　述

为了对建筑物地基基础进行沉降和承载力计算及稳定性分析，必须了解和掌握建筑物修建前后土中应力的分布和变化规律。土中应力可概括为两大类，即土中的自重应力和附加应力。自重应力是由土体本身自重引起的应力，附加应力是由外荷载引起的应力增量。外荷载不仅包括建筑物、堤坝等静力荷载，还包括车辆、地下水渗流、地震等动力荷载，这些荷载是导致地基变形、地基土强度破坏和失稳的主要原因。本章主要介绍地基中的自重应力及建筑物荷载引起的附加应力，为此在计算附加应力前必须清楚基础底面压力，了解基础底面压力的大小和分布规律。

3.1.1 应力计算的有关假定

【土的材料性质及假定】

地基中的附加应力是基础底面以下地基中任何一点处由基础底面附加压力引起的应力。地基与基础底面面积相比，在基础以下的土体可视为一个半无限体。实践表明，当外荷载不大时，地基受荷与其变形基本上呈直线关系。因此，在理论上可把地基视为一个半无限的直线变形体，便可以应用弹性力学的理论来计算地基中任意点处的附加应力。所以目前附加应力的计算都是以下面四点假设为前提的。

(1) 连续体假定：指整个物体占据的空间都被介质填满，不留任何空隙。土是由颗粒堆积而成的具有孔隙的非连续体，因此在研究土体内部微观受力情况(如颗粒之间的接触力和颗粒的相对位移)时，必须把土当成散粒状的三相体来看待；但当研究宏观土体的受力问题时，土体的尺寸远大于土颗粒的尺寸，所以可以把土体当作连续体对待。

$\Delta\sigma$　线弹性体　加载　卸载　O　ε_p　ε_e　ε

ε_p—弹性应变；ε_e—塑性应变

图 3.1　土的应力-应变关系曲线

(2) 完全弹性体假定：指应力与应变呈线性正比关系，且应力卸除后变形可以完全恢复。根据土样的单轴压缩试验资料，当应力较小时，土的应力-应变关系曲线不是一条直线，如图 3.1 所示，亦即土的变形具有明显的非线性特征；而且在应力卸除后，应变也不能完全恢复。但在实际工程中，土中应力水平较低，土的应力-应变关系接近于线性关系，可以应用弹性理论方法。但是对一些十分重要、对沉降有特殊要求的建筑物或特别复杂的工程，用弹性理论进行土体中的应力分析可能会精度不够，这时必须借助更复杂的应力-应变关系和力学原理才能得到比较符合实际的应力与变形解答。

(3) 均质假定：指受力体各点的性质是相同的。天然地基土是由成层土组成的，因此将土体视为均质体将会产生一定的误差，不过当各层土的性质相差不大时，将土体视为均质体所引起的误差不大。

(4) 各向同性假定：指受力体在同一点处各个方向上的性质相同。天然地基土往往由成层土组成，具有较复杂的构造，即使是同一层土，其变形性质也随深度而变，因此将土体视为各向同性会带来误差。但当土性质的方向性并不是很强时，假定其为各向同性，对应力分布引起的误差通常也在容许范围之内。当土的各向异性特点很明显而不能忽略时，应采用可以考虑材料各向异性的弹性理论计算应力。

3.1.2 土力学中应力符号的规定

土是散粒体，一般不能承受拉力。在土中出现拉应力的情况很少，因此在土力学中对土中应力的正负号常做如下规定：法向应力以压为正，以拉为负；剪应力以逆时针方向为正，以顺时针方向为负。图 3.2 所示为材料力学与土力学中对应力符号的规定。

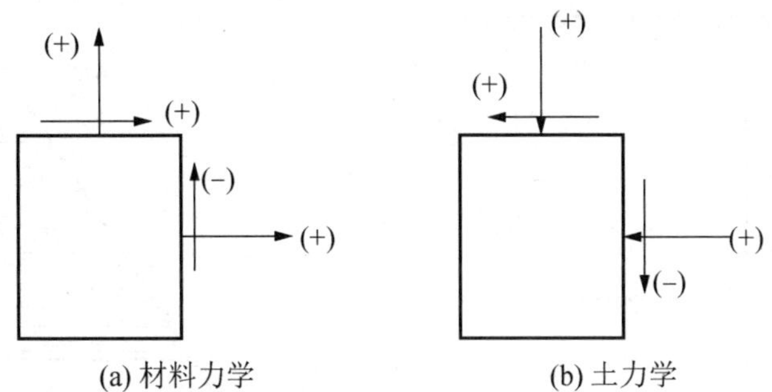

图 3.2　材料力学与土力学中对应力符号的规定

3.2 土的自重应力计算

自重应力是指在未修建建筑物之前，地基中由于土体本身的有效重力而产生的应力。所谓有效重力，是指土颗粒之间接触点传递的应力，本节所讨论的自重应力都是有效自重应力，以后各章对有效自重应力均简称自重应力。研究土体自重应力的目的是确定土体的初始应力状态。在计算土中自重应力时，假定天然土体是一个半无限空间弹性体，所以在任意一竖直面和水平面上都无剪应力存在。也就是说，土体在自重作用下无侧向变形和剪切变形，只发生竖向变形。

3.2.1 均质土的竖向自重应力计算

假定土体中所有竖直面和水平面上均无剪应力存在，故地基中任意深度 z 处的竖向自重应力就等于单位面积上的土柱重力。如果地面下土质均匀，天然重度为γ，则在天然地面下 z 处 a—a 水平面上的竖向自重应力σ_{cz}，可取作用于该水平面上任意一个单位面积的土柱自重$(\gamma z\times 1)$计算，如图 3.3(a)所示，即

$$\sigma_{cz}=\gamma z \tag{3-1}$$

式中　σ_{cz}——均质土深度 z 处的竖向自重应力(kPa)；

γ——土的天然重度(kN/m^3)。

σ_{cz}沿水平面均匀分布，且与 z 成正比，即随深度按直线规律分布，如图 3.3(b)所示。

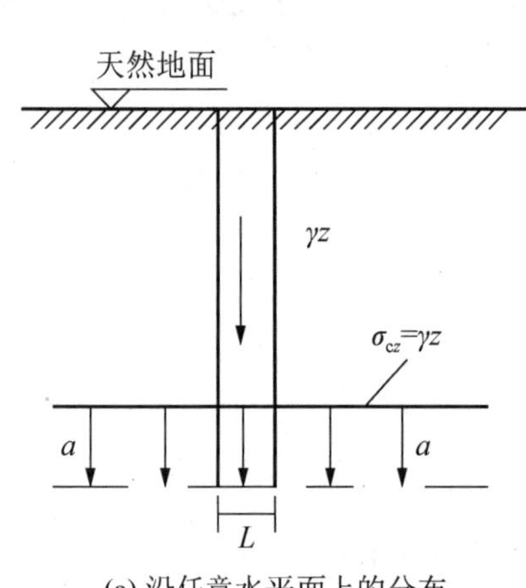

(a) 沿任意水平面上的分布

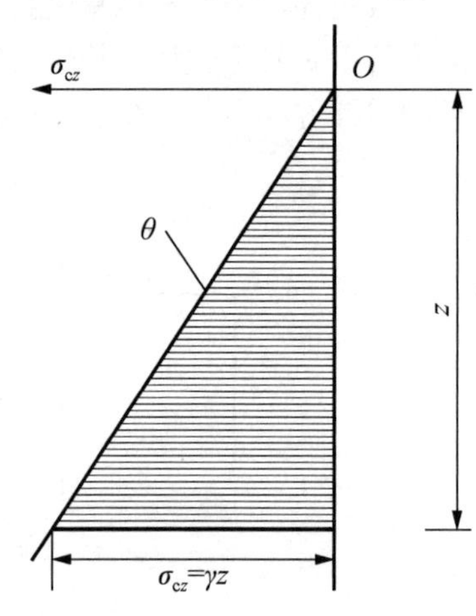

(b) 沿深度的分布

图 3.3　均质土中竖向自重应力分布

3.2.2 成层土的竖向自重应力计算

在工程实际中，地基大部分都不是均质土层，而是由不同土层组成的。如果地基由不同性质的若干土层组成，或有地下水存在，则在地面以下任意一个深度 z 处垂直方向的自重应力为

$$\sigma_{cz}=\gamma_1 h_1+\gamma_2 h_2+\cdots=\sum_{i=1}^{n}\gamma_i h_i \tag{3-2}$$

式中　γ_i——第 i 层土的重度(kN/m^3)，如该层在地下水位以下，则用浮重度；

h_i——第 i 层土的厚度(m)。

图 3.4 所示为由三层土组成的土体，在第三层土体底面处垂直方向的自重应力为

$$\sigma_{cz}=\gamma_1 h_1+\gamma_2 h_2+\gamma_3' h_3 \tag{3-3}$$

其中，$h_1+h_2+h_3=z$，γ_3'为第三层土的浮重度。

当地下水位以下存在不透水层时，由于不透水层中不存在自由水，不能传递静水压力，

因此上覆土层中水的重力只能由不透水层土体来承担，故在不透水层的界面上会出现应力突变，如图 3.5 所示。

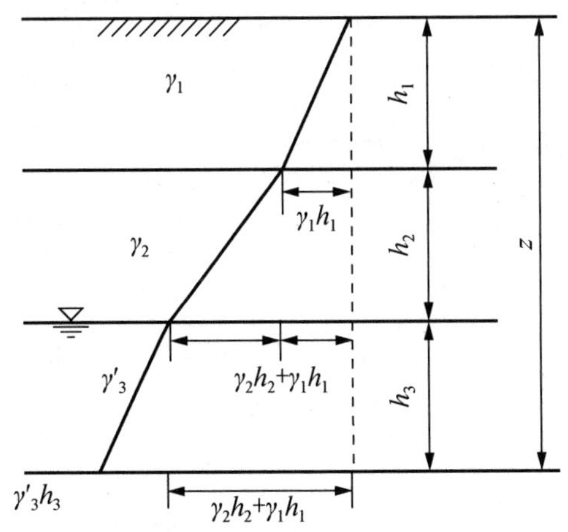

图 3.4 土体的自重应力分布

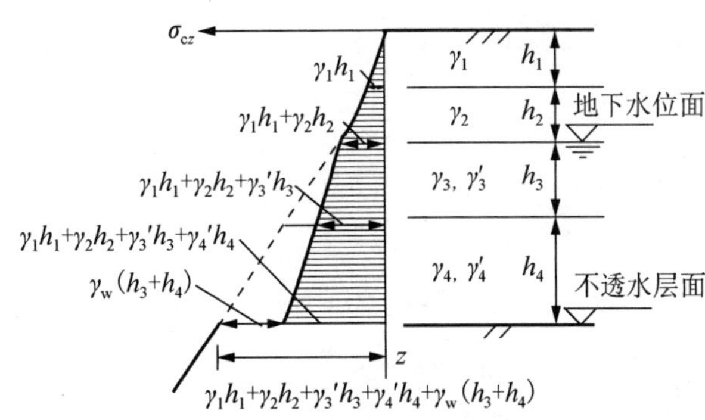

图 3.5 有不透水层时土体的自重应力分布

【例 3-1】某地质剖面如图 3.6(a)所示，地下水位在地面下 1.1m 处，试计算土层的自重应力并绘制自重应力沿深度的分布图。若细砂层底面是不透水的硬塑黏土层，其自重应力沿深度的分布图会有怎样的变化？

【解】耕植土层底面处 $\sigma_{cz}=\gamma_1 h_1=17\times 0.6=10.2\,(\text{kPa})$;

地下水位处 $\sigma_{cz}=\gamma_1 h_1+\gamma_2 h_2=10.2+18.6\times 0.5=19.5\,(\text{kPa})$;

粉质砂土层底面处 $\sigma_{cz}=\gamma_1 h_1+\gamma_2 h_2+\gamma_2' h_3=19.5+(19.7-10)\times 1.5=34.05\,(\text{kPa})$;

细砂层底面处 $\sigma_{cz}=\gamma_1 h_1+\gamma_2 h_2+\gamma_2' h_3+\gamma_3' h_4=34.05+(16.5-10)\times 2.0=47.05\,(\text{kPa})$。

若细砂层底面是不透水的硬塑黏土层，在其底面处还应该承担上覆水的重力，该重力 $\sigma_w=\gamma_w(h_3+h_4)=10\times(1.5+2.0)=35\,(\text{kPa})$，所以总应力为 $\sigma=\sigma_{cz}+\sigma_w=47.05+35=82.05\,(\text{kPa})$。

自重应力沿深度的分布如图 3.6(b)所示。

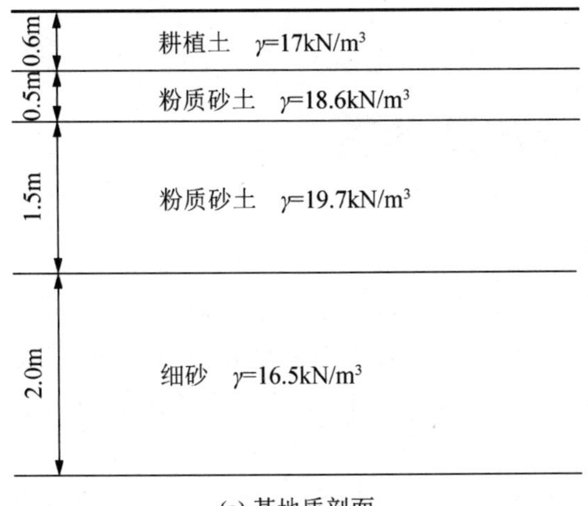

(a) 某地质剖面

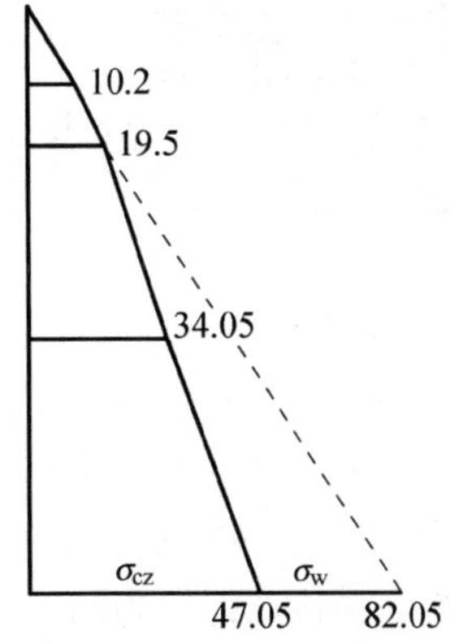

(b) 自重应力沿深度的分布(单位：kPa)

图 3.6 例 3-1 图

3.2.3 成层土的侧向自重应力计算

对于侧向自重应力σ_{cx}和σ_{cy}，根据广义胡克定律有

$$\varepsilon_x = \frac{\sigma_{cx}}{E} - \frac{\upsilon}{E}(\sigma_{cy} + \sigma_{cz}) \tag{3-4}$$

由于是侧限条件，有$\varepsilon_x = \varepsilon_y = 0$，且侧向自重应力$\sigma_{cx} = \sigma_{cy}$，则可得

$$\sigma_{cx} = \sigma_{cy} = \frac{\upsilon}{1-\upsilon}\sigma_{cz} = K_0\sigma_{cz} \tag{3-5}$$

式中　E——弹性模量(kPa)，对于土用变形模量；

υ——土的泊松比；

K_0——土的静止侧压力系数，$K_0 = \dfrac{\upsilon}{1-\upsilon}$。

各类土K_0和υ的经验值见表3-1。

表3-1　各类土K_0和υ的经验值

土的种类和状态		K_0	υ
碎石土		0.18～0.25	0.15～0.20
砂土		0.25～0.33	0.20～0.25
粉土		0.33	0.25
粉质黏土	坚硬状态	0.33	0.25
	可塑状态	0.43	0.30
	软塑及流塑状态	0.53	0.35
黏土	坚硬状态	0.33	0.25
	可塑状态	0.53	0.35
	软塑及流塑状态	0.72	0.42

3.3 基础底面压力的分布及计算

土中的附加应力是由于建筑物荷载等作用引起的应力增量，而上部建筑物和基础的自重都是通过基础传给地基的，在基础和地基的接触面处的压力称为接触压力，也称基础底面压力。地基中的附加应力就是由基础底面压力引起的，为了计算地基中的附加应力，必须先确定基础底面压力的大小和分布规律。

3.3.1 基础底面压力的分布

基础底面压力的大小和分布状况，对地基内部的附加应力有十分重要的影响。而基础

底面压力的大小和分布状况，又与荷载的大小和分布、基础的刚度、基础的埋置深度及土的性质等多种因素有关。

试验研究表明，对于刚性很小的基础或柔性基础，由于它能够适应地基土的变形，故基础底面压力大小和分布状况与作用在基础上的荷载大小和分布状况相同。当基础上的荷载均匀分布时，其基础底面压力(常以基础底面反力形式表示)也为均匀分布，如图 3.7(a)所示；当荷载为梯形分布时，其基础底面压力也为梯形分布，如图 3.7(b)所示。

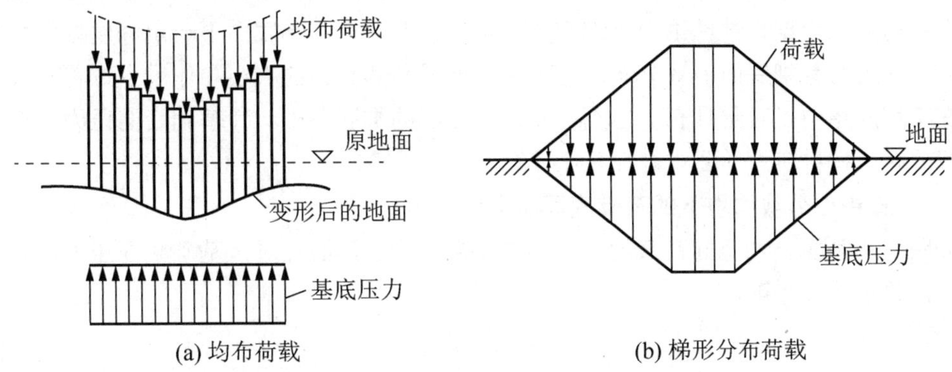

(a) 均布荷载　　(b) 梯形分布荷载

图 3.7　柔性基础基础底面压力的分布状况

对于刚性基础，由于其刚度很大，不能适应地基土的变形，因此其基础底面压力分布将随上部荷载的大小、基础的埋置深度和土的性质变化而变化。例如，建造在砂土地基表面上的条形基础，当受到中心荷载作用时，由于砂土颗粒之间没有黏聚力，则基础底面压力中间大而边缘处等于零，类似于抛物线分布，如图 3.8(a)所示。而在黏土地基表面上的条形刚性基础，当受到中心荷载作用时，由于黏性土具有黏聚力，基础底面边缘处能承受一定的压力，因此在荷载较小时，基础底面压力边缘大而中间小，类似于马鞍形分布，如图 3.8(b)所示；当荷载逐渐增大并达到破坏时，基础底面压力分布就又变成中间大而边缘小的形状了。

【黏性土基础底面压力分布规律】

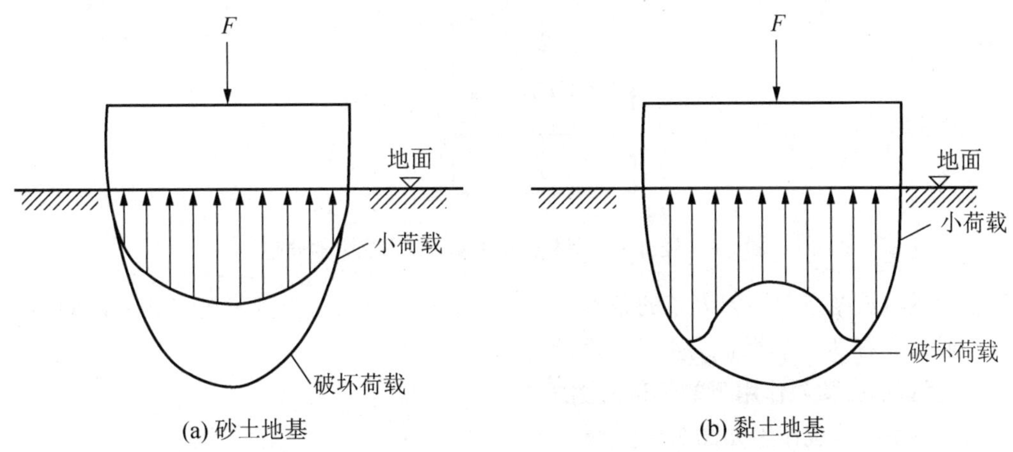

(a) 砂土地基　　(b) 黏土地基

图 3.8　刚性基础基础底面压力的分布状况

3.3.2 基础底面压力的简化计算

桥梁墩台基础及工业与民用建筑中的柱下独立基础、墙下条形基础等扩展基础，均可视为刚性基础。这些基础因为受地基允许承载力的限制，加上基础还有一定的埋置深度，其基础底面压力呈马鞍形分布，而且其发展趋向于均匀，故可近似简化为基础底面压力均匀分布；另外，根据弹性理论中圣维南原理可以证明，在基础底面下一定深度处所引起的地基附加应力与基础底面荷载分布形态无关，而只与其合力的大小和作用点位置有关。因此，在工程应用中，对于具有一定刚度及尺寸较小的扩展基础，其基础底面压力可近似当作直线分布，按材料力学公式进行简化计算。

1．竖直中心荷载作用下的基础底面压力

如图 3.9 所示，当竖向荷载的合力通过基础底面的形心点时，基础底面压力假定为均匀分布，并按下式计算。

$$p = \frac{F + G}{A} \tag{3-6}$$

式中 p——基础底面压力(kPa)。

F——相应于荷载效应标准组合时，上部结构传至基础顶面的竖向力(kN)。

G——基础自重和基础上的土重(kN)，$G = \gamma_G Ad$，其中 γ_G 为基础及回填土的平均重度，一般取 20 kN/m^3，地下水位以下部分应采用浮重度，即扣除 10 kN/m^3 的浮力；d 为基础的埋置深度(m)。

A——基础底面积(m^2)，$A = lb$，其中 l 为矩形基础的长度，b 为矩形基础的宽度。

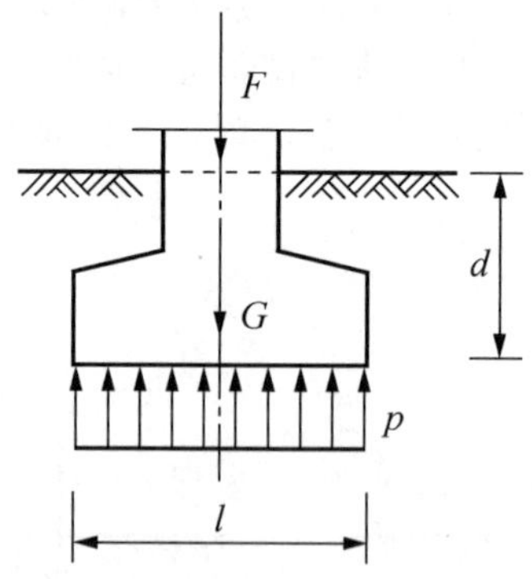

图 3.9 竖直中心荷载作用下基础底面压力的分布

对荷载沿长度方向均匀分布的条形基础，可沿长度方向取一延米进行计算，如图 3.9 所示，则 F 、G 为一延米长的基础上面的荷载。

2．竖直偏心荷载作用下的基础底面压力

设竖直偏心荷载作用如图 3.10(a)所示。

常见的偏心荷载作用在矩形基础的一个方向，即单向偏心，取基础的长边方向和偏心方向一致，基础底面的边缘压力可按下式计算。

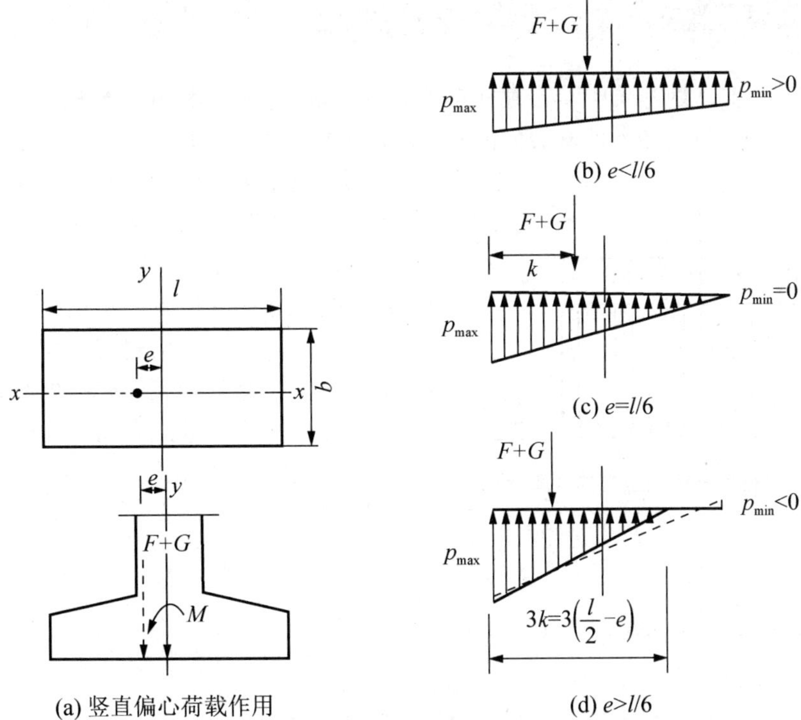

图 3.10　竖直偏心荷载作用下的基础底面压力分布

$$p_{\substack{max\\min}}=\frac{F+G}{A}\pm\frac{M}{W}=\frac{F+G}{A}\left(1\pm\frac{6e}{l}\right)\tag{3-7}$$

式中　p_{max}——基础最大边缘压力(kPa)；

p_{min}——基础最小边缘压力(kPa)；

e——荷载偏心距(m)，$e=\dfrac{M}{F+G}$；

M——作用于基础底面的偏心距(kN·m)；

W——基础底面的抵抗矩(m^3)，对于矩形基础，$W=\dfrac{1}{6}bl^2$。

其余符号含义同前。

从式(3-7)中可以看出，随着偏心距e的不同，基础底面压力可以出现以下三种不同的情况。

(1) 当偏心距$e<l/6$时，$p_{min}>0$，基础底面压力呈梯形分布，如图 3.10(b)所示。

(2) 当偏心距$e=l/6$时，$p_{min}=0$，基础底面压力呈三角形分布，如图 3.10(c)所示。

(3) 当偏心距$e>l/6$时，$p_{min}<0$，也即出现了拉应力，如图 3.10(d)所示。

实际上地基和基础之间是不能承受拉应力的，此时基础底面将和地基脱离，脱离部分也常称为“零应力区”，致使基础底面压力出现了应力重分布。根据偏心荷载与基础底面压力平衡的条件，可得出基础底面三角形压力的合力(作用点为三角形的形心)必定与外荷载$(F+G)$大小相等、方向相反，由此得出边缘的最大压应力为

$$p_{max}=\frac{2(F+G)}{3b(l/2-e)}\tag{3-8}$$

3.3.3 基础底面附加压力的计算

建筑物建造前，地基土中早已存在自重应力。如果基础砌筑在天然地面上，那么全部基础底面压力就是新增加于地基表面的基础底面附加压力。一般天然土层在自重作用下的变形早已结束，因此只有基础底面附加压力才能引起地基的附加应力和变形。实际上，一般浅基础总是埋置在天然地面下一定深度处，基础底面处原有的自重应力由于基坑开挖而卸除，因此，由建筑物建造后的基础底面压力中扣除基础底面标高处原有的土中自重应力后，才是基础底面平面处新增加于地基的基础底面附加压力，如图 3.11 所示。基础底面附加压力 p_0 按下式计算。

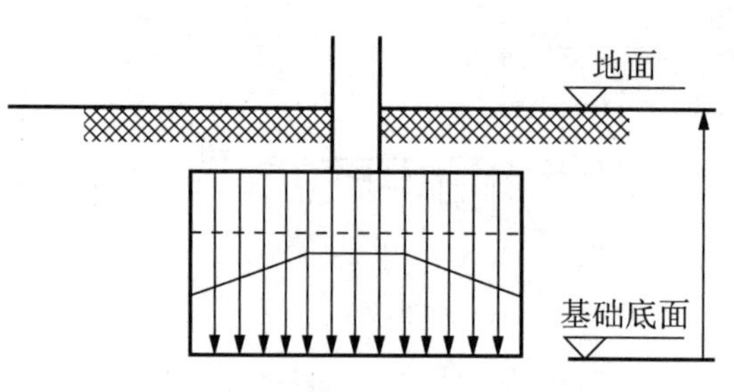

图 3.11　基础底面附加压力的计算示意

$$p_0 = p_k - \sigma_c \tag{3-9}$$

$$\sigma_c = \gamma_0 d \tag{3-10}$$

式中　p_k——基础底面平均压力标准值(kPa)；

σ_c——基础底面处土的自重应力标准值(kPa)；

γ_0——基础底面标高以上天然土层的加权平均重度(kN/m^3)，$\gamma_0 = (\gamma_1 h_1 + \gamma_2 h_2 + \cdots)/(h_1 + h_2 + \cdots)$，地下水位以下取有效重度；

d——基础埋置深度(m)，应从天然地面算起，对于新填土场地则应从老天然地面算起，$d = h_1 + h_2 + \cdots$。

有了基础底面附加压力，即可将其作为作用在弹性半空间表面上的局部荷载，由此根据弹性理论求算地基中的附加应力。实际上，基础底面附加压力一般作用在地表下一定深度(指浅基础的埋置深度)处，因此，假设它作用在半空间表面上而运用弹性理论解答，所得的结果只是近似的。不过，对于一般浅基础来说，这种假设所造成的误差可以忽略不计。

必须指出，当基坑的平面尺寸和深度较大时，坑底回弹比较明显，且基坑中点的回弹大于边缘点。在沉降计算中，为了适当考虑这种坑底的回弹和再压缩而增加的沉降，可改取 $p_0 = p - \alpha\sigma_c$，其中 α 为取值 0～1 的系数。此外，式(3-19)尚应保证坑底土质不发生浸水膨胀的条件。

3.4　地基中附加应力的计算

地基中的附加应力是基础底面以下地基中任何一点处由基础底面附加压力引起的应力。地基与基础底面面积相比，在基础以下的土体可视为一个半无限体。实践表明，当外荷载不大时，地基受荷与变形基本上呈直线关系，因此，在理论上可把地基视为一个半无限的直线变形体，这样就可以应用弹性理论来计算地基中任意一点处的附加应力。目前附加应力的计算，都是以前述假设为前提的。

【附加应力的分布与变化】

3.4.1 竖向集中荷载作用下地基附加应力的计算

1. σ_z 的计算

如图 3.12 所示，当半无限体表面上作用着竖向集中荷载 F 时，弹性体内部任意点 M 的六个应力分量 σ_z、σ_x、σ_y、$\tau_{xy}=\tau_{yx}$、$\tau_{yz}=\tau_{zy}$、$\tau_{zx}=\tau_{xz}$ 和三个位移分量 u、v、w，由弹性理论求出的表达式为

$$\sigma_z=\frac{3F}{2\pi}\times\frac{z^3}{R^5}=\frac{3F}{2\pi R^2}\cos^3\beta \tag{3-11}$$

$$\sigma_x=\frac{3F}{2\pi}\left\{\frac{x^2z}{R^5}+\frac{1-2\upsilon}{3}\left[\frac{R^2-Rz-z^2}{R^3(R+z)}-\frac{x^2(2R+z)}{R^3(R+z)^2}\right]\right\} \tag{3-12}$$

$$\sigma_y=\frac{3F}{2\pi}\left\{\frac{y^2z}{R^5}+\frac{1-2\upsilon}{3}\left[\frac{R^2-Rz-z^2}{R^3(R+z)}-\frac{y^2(2R+z)}{R^3(R+z)^2}\right]\right\} \tag{3-13}$$

$$\tau_{xy}=\tau_{yx}=\frac{3F}{2\pi}\left[\frac{xyz}{R^5}-\frac{1-2\upsilon}{3}\times\frac{xy(2R+z)}{R^3(R+z)^2}\right] \tag{3-14}$$

$$\tau_{yz}=\tau_{zy}=\frac{3F}{2\pi}\times\frac{yz^2}{R^5}=\frac{3Fy}{2\pi R^3}\cos^2\beta \tag{3-15}$$

$$\tau_{zx}=\tau_{xz}=\frac{3F}{2\pi}\times\frac{xz^2}{R^5}=\frac{3Fx}{2\pi R^3}\cos^2\beta \tag{3-16}$$

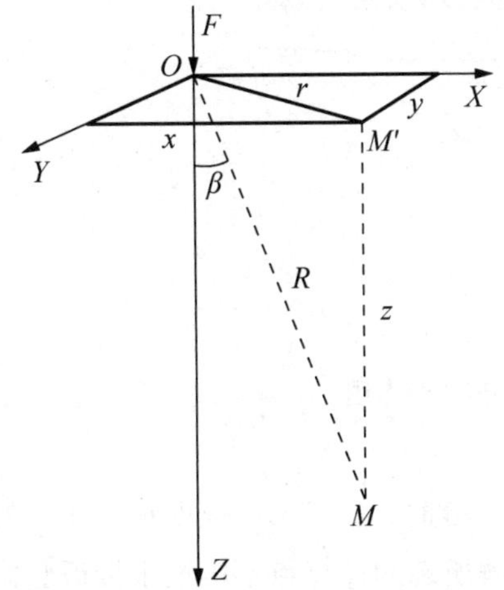

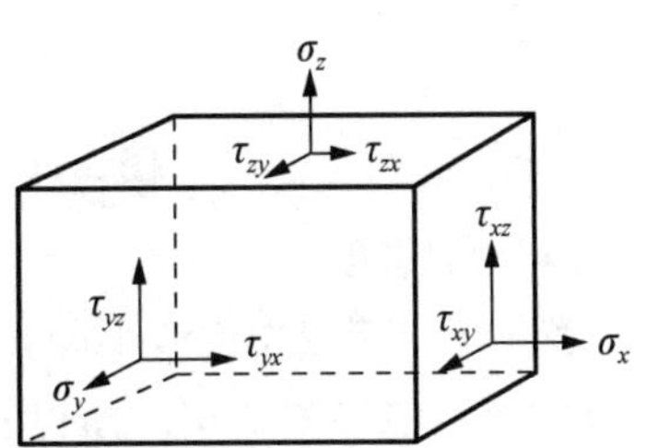

图 3.12 竖向集中荷载作用下土体中的应力状态

$$u=\frac{F(1+\upsilon)}{2\pi E}\left[\frac{xz}{R^3}-(1-2\upsilon)\frac{x}{R(R+z)}\right] \tag{3-17}$$

$$v=\frac{F(1+\upsilon)}{2\pi E}\left[\frac{yz}{R^3}-(1-2\upsilon)\frac{y}{R(R+z)}\right] \tag{3-18}$$

$$w=\frac{F(1+\upsilon)}{2\pi E}\left[\frac{z^3}{R^3}+2(1-\upsilon)\frac{1}{R}\right] \tag{3-19}$$

式(3-11)～式(3-19)即为著名的布辛奈斯克(Boussinesq)解答，是求解地基附加应力的基本公式。对于土力学来说，水平面上的竖向(或法向)应力分量σ_z具有特别重要的意义，因为它是使地基土产生压缩变形的主要原因。因此，下面主要讨论竖向应力的计算及其分布规律。由图 3.13 所示的几何关系，式(3-11)可改写为

$$\sigma_z=\frac{3}{2\pi}\times\frac{1}{\left[1+\left(\frac{r}{z}\right)^2\right]^{5/2}}\frac{F}{z^2} \tag{3-20}$$

令$\alpha=\frac{3}{2\pi}\times\frac{1}{\left[1+\left(\frac{r}{z}\right)^2\right]^{5/2}}$，则式(3-20)可改写为

$$\sigma_z=\alpha\frac{F}{z^2} \tag{3-21}$$

式中　α——竖向集中荷载作用下地基竖向附加应力系数，简称集中应力系数，按$\frac{r}{z}$值由表 3-2 查得。

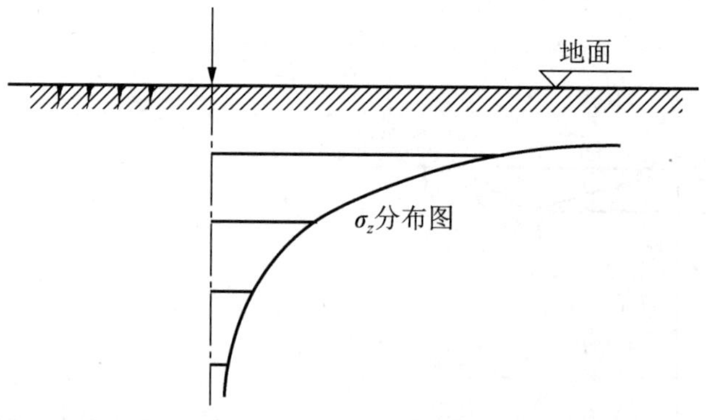

图 3.13　$r=0$ 处附加应力分布图

2. σ_z 的分布规律

(1) 在竖向集中荷载作用线上即$r=0$处，当$z=0$时，$\sigma_z=\infty$，表明地基土已发生塑性变形，弹性理论解已经不适用，所以布辛奈斯克解所选的计算点不应过于接近竖向集中荷载的作用点；当$z=\infty$时，$\sigma_z=0$，说明随着深度的增加，附加应力逐渐减小，如图 3.14 所示。

表 3-2　竖向集中荷载作用下地基竖向附加应力系数 α

$\frac{r}{z}$	α	$\frac{r}{z}$	α	$\frac{r}{z}$	α	$\frac{r}{z}$	α	$\frac{r}{z}$	α
0.00	0.4775	0.40	0.3294	0.80	0.1386	1.20	0.0513	1.60	0.0200
0.01	0.4773	0.41	0.3238	0.81	0.1353	1.21	0.0501	1.61	0.0195
0.02	0.4770	0.42	0.3183	0.82	0.1320	1.22	0.0489	1.62	0.0191
0.03	0.4764	0.43	0.3124	0.83	0.1288	1.23	0.0477	1.63	0.0187
0.04	0.4756	0.44	0.3068	0.84	0.1257	1.24	0.0466	1.64	0.0183
0.05	0.4745	0.45	0.3011	0.85	0.1226	1.25	0.0454	1.65	0.0179
0.06	0.4732	0.46	0.2955	0.86	0.1196	1.26	0.0443	1.66	0.0175
0.07	0.4717	0.47	0.2899	0.87	0.1166	1.27	0.0433	1.67	0.0171
0.08	0.4699	0.48	0.2843	0.88	0.1138	1.28	0.0422	1.68	0.0167
0.09	0.4679	0.49	0.2788	0.89	0.1110	1.29	0.0412	1.69	0.0163
0.10	0.4657	0.50	0.2733	0.90	0.1083	1.30	0.0402	1.70	0.0160
0.11	0.4633	0.51	0.2679	0.91	0.1057	1.31	0.0393	1.72	0.0153
0.12	0.4607	0.52	0.2625	0.92	0.1031	1.32	0.0384	1.74	0.0147
0.13	0.4579	0.53	0.2571	0.93	0.1005	1.33	0.0374	1.76	0.0141
0.14	0.4548	0.54	0.2518	0.94	0.0981	1.34	0.0365	1.78	0.0135
0.15	0.4516	0.55	0.2466	0.95	0.0956	1.35	0.0357	1.80	0.0129
0.16	0.4482	0.56	0.2414	0.96	0.0933	1.36	0.0348	1.82	0.0124
0.17	0.4446	0.57	0.2363	0.97	0.0910	1.37	0.0340	1.84	0.0119
0.18	0.4409	0.58	0.2313	0.98	0.0887	1.38	0.0332	1.86	0.0114
0.19	0.4370	0.59	0.2263	0.99	0.0865	1.39	0.0324	1.88	0.0109
0.20	0.4329	0.60	0.2214	1.00	0.0844	1.40	0.0317	1.90	0.0105
0.21	0.4286	0.61	0.2165	1.01	0.0823	1.41	0.0309	1.92	0.0101
0.22	0.4242	0.62	0.2117	1.02	0.0803	1.42	0.0302	1.94	0.0097
0.23	0.4197	0.63	0.2070	1.03	0.0783	1.43	0.0295	1.96	0.0093
0.24	0.4151	0.64	0.2024	1.04	0.0764	1.44	0.0288	1.98	0.0089
0.25	0.4103	0.65	0.1998	1.05	0.0744	1.45	0.0282	2.00	0.0085
0.26	0.4054	0.66	0.1934	1.06	0.0727	1.46	0.0275	2.10	0.0070
0.27	0.4004	0.67	0.1889	1.07	0.0709	1.47	0.0269	2.20	0.0058
0.28	0.3954	0.68	0.1846	1.08	0.0691	1.48	0.0263	2.30	0.0048
0.29	0.3902	0.69	0.1804	1.09	0.0674	1.49	0.0257	2.40	0.0040
0.30	0.3849	0.70	0.1762	1.10	0.0658	1.50	0.0251	2.50	0.0034
0.31	0.3796	0.71	0.1721	1.11	0.0641	1.51	0.0245	2.60	0.0029
0.32	0.3742	0.72	0.1681	1.12	0.0626	1.52	0.0240	2.70	0.0024
0.33	0.3687	0.73	0.1641	1.13	0.0610	1.53	0.0234	2.80	0.0021
0.34	0.3632	0.74	0.1603	1.14	0.0595	1.54	0.0229	2.90	0.0017
0.35	0.3577	0.75	0.1565	1.15	0.0581	1.55	0.0224	3.00	0.0015
0.36	0.3521	0.76	0.1527	1.16	0.0567	1.56	0.0219	3.50	0.0007
0.37	0.3465	0.77	0.1491	1.17	0.0553	1.57	0.0214	4.00	0.0004
0.38	0.3408	0.78	0.1455	1.18	0.0359	1.58	0.0209	4.50	0.0002
0.39	0.3351	0.79	0.1420	1.19	0.0526	1.59	0.0204	5.00	0.0001

(2) 在任意水平面上，σ_z 值在竖向集中荷载作用线上最大，随着 r 的增加而逐渐减小，随着 z 的增加，水平面上的应力 σ_z 趋于均匀分布。

(3) 若在空间上把 σ_z 相同的点相连，便可绘制出如图 3.15 所示的等应力线图，也称应力泡。

通过上述对附加应力 σ_z 分布规律的讨论，可以建立起土中应力分布的正确概念：即竖向集中荷载 F 在地基土中引起的附加应力 σ_z 的分布是向下、向四周无限扩散的，其特性与杆件中应力的传递完全不一样。

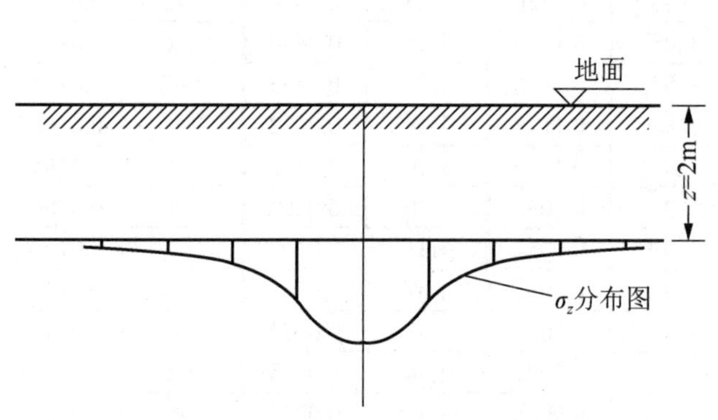

图 3.14　同一深度处附加应力分布图

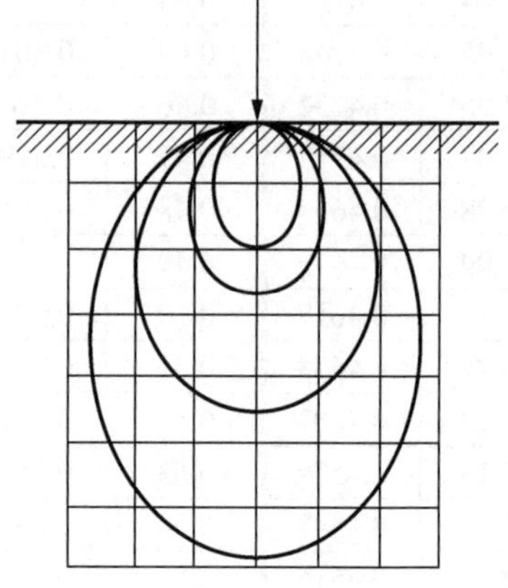

图 3.15　等应力线图(应力泡)

3. 等代荷载法

若地面上有多个竖向集中荷载作用，则应分别计算出各个竖向集中荷载在土中任意深度处所引起的附加应力，再根据应力叠加原理把它们叠加起来，就得到了多个竖向集中荷载在任意深度处所引起的附加应力，如图 3.16 所示。这种应力叠加的现象称为应力集聚现象。

在实际工程中，当基础底面形状不规则或荷载分布较复杂时，可以将荷载面化为若干个小单元，每个单元上的分布荷载可近似地看成竖向集中荷载，如图 3.17 所示，然后利用

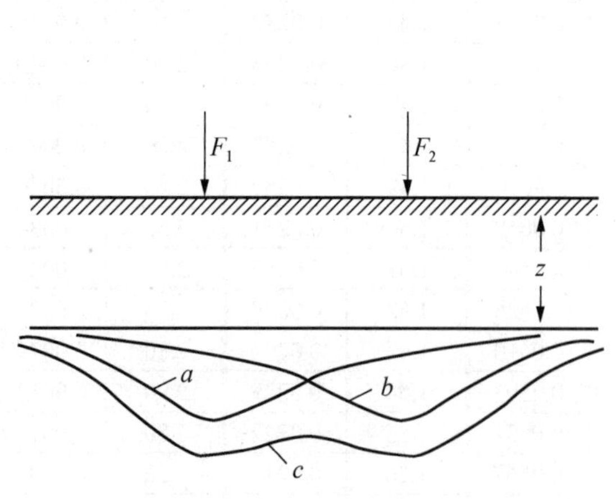

图 3.16　多个竖向集中荷载作用下地基中应力的叠加

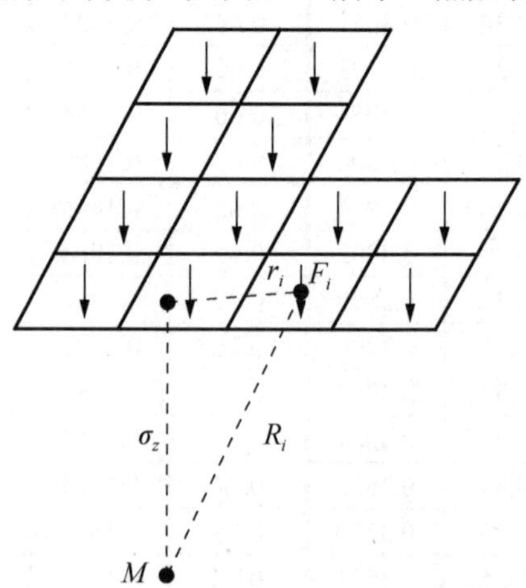

图 3.17　用等代荷载法求应力

布辛奈斯克解计算出每个等代竖向集中荷载在计算点处引起的附加应力，再进行叠加，就可得到任意荷载面在计算点处引起的附加应力，即

$$\sigma_z(M)=\sum_{i=1}^{n}\sigma_{zi}=\alpha_1\frac{F_1}{z^2}+\alpha_2\frac{F_2}{z^2}+\cdots=\sum_{i=1}^{n}\alpha_i\frac{F_i}{z^2} \tag{3-22}$$

式中　α_i——第 i 个竖向集中力作用下的竖向附加应力系数。

这种方法称为等代荷载法，其计算精度取决于划分网格单元的数量和面积。如果小面积的最大边长小于计算应力点深度的1/3，用此法所得的应力值与正确应力值相比，误差不超过5%。

3.4.2 分布荷载作用下地基附加应力的计算

1．矩形面积均布荷载作用下的附加应力

建筑物通过基础把荷载传给地基。在地基设计中，常要计算作用于基础底面上的荷载在地基中引起的附加应力，轴心受压基础底面的附加压力即属于矩形面积均布荷载。这类问题的求解方法是：先求出矩形面积角点下的附加应力，再利用“角点法”求出任意点下的附加应力。

(1) 矩形面积均布荷载角点下的附加应力。

矩形面积均布荷载角点下的附加应力是指图3.18中 O、A、C、D 四个角点下任意深度处的附加应力。只要深度 z 一样，则四个角点下的附加应力 σ_z 都相同。将坐标的原点取在

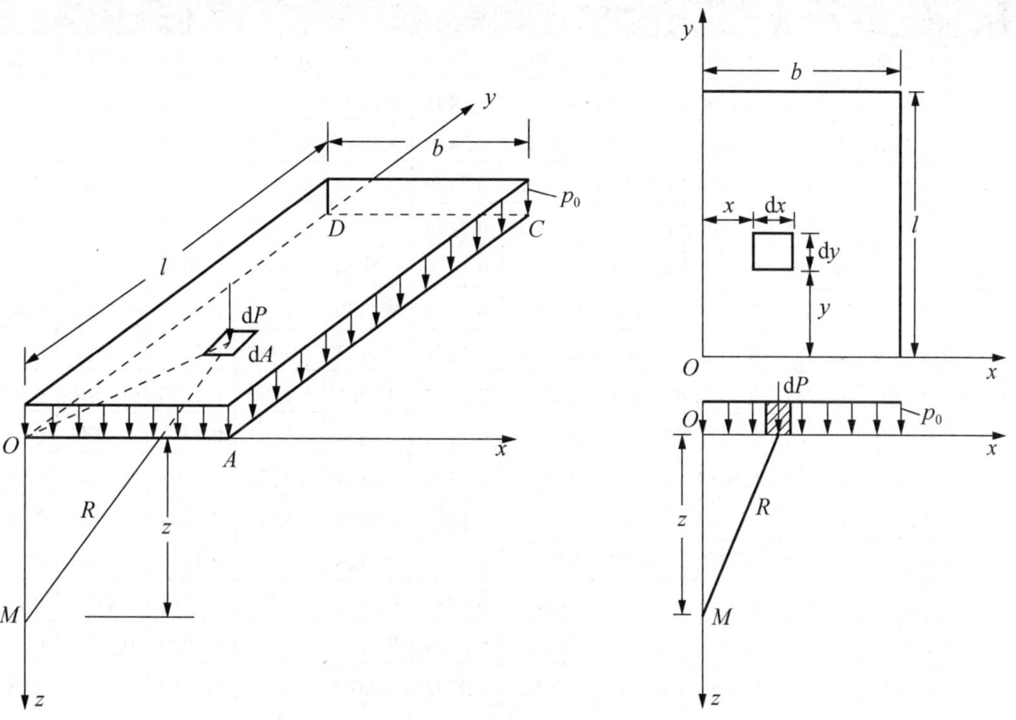

图3.18　矩形面积均布荷载作用下角点下的附加应力 σ_z

角点 O 上，在荷载面积内任取微分面积 $dA=dxdy$，并将其上作用的荷载以集中荷载 dP 代替，则 $dP=p_0dA=p_0dxdy$。利用式(3-11)即可求出该集中荷载在角点 O 以下深度 z 处 M 点所引起的竖直向附加应力 $d\sigma_z$ 为

$$d\sigma_z = \frac{3dP}{2\pi} \times \frac{z^3}{R^5} = \frac{3p_0}{2\pi} \times \frac{z^3}{(x^2+y^2+z^2)^{5/2}} dxdy \tag{3-23}$$

将式(3-23)沿整个矩形面积 $OACD$ 积分，即可得出矩形面积均布荷载 p_0 在 M 点引起的附加应力 σ_z。

$$\begin{aligned}\sigma_z &= \int_0^l \int_0^b \frac{3p_0}{2\pi} \times \frac{z^3}{(x^2+y^2+z^2)^{5/2}} dxdy \\ &= \frac{p_0}{2\pi}\left[\arctan\frac{m}{n\sqrt{1+m^2+n^2}} + \frac{mn}{\sqrt{1+m^2+n^2}}\left(\frac{1}{m^2+n^2} + \frac{1}{1+n^2}\right)\right]\end{aligned} \tag{3-24}$$

其中，$m=\dfrac{l}{b}$，$n=\dfrac{z}{b}$，l 为矩形的长边长度，b 为矩形的短边长度。

为了计算方便，可将式(3-24)简写成

$$\sigma_z = \alpha_c p_0 \tag{3-25}$$

式中　α_c——矩形面积均布荷载作用下角点下的附加应力系数，是 m 及 n 的函数，可从表 3-3 中查得。

表 3-3　矩形面积均布荷载作用下角点下的附加应力系数 α_c

n	m										
	1.0	1.2	1.4	1.6	1.8	2.0	3.0	4.0	5.0	6.0	10.0
0.0	0.2500	0.2500	0.2500	0.2500	0.2500	0.2500	0.2500	0.2500	0.2500	0.2500	0.2500
0.2	0.2486	0.2489	0.2490	0.2491	0.2491	0.2491	0.2492	0.2492	0.2492	0.2492	0.2492
0.4	0.2401	0.2420	0.2429	0.2434	0.2437	0.2439	0.2443	0.2443	0.2443	0.2443	0.2443
0.6	0.2229	0.2275	0.2300	0.2315	0.2324	0.2329	0.2339	0.2341	0.2342	0.2342	0.2342
0.8	0.1999	0.2075	0.2120	0.2147	0.2165	0.2176	0.2196	0.2200	0.2202	0.2202	0.2202
1.0	0.1752	0.1851	0.1911	0.1955	0.1981	0.1999	0.2034	0.2042	0.2044	0.2045	0.2046
1.2	0.1516	0.1626	0.1705	0.1758	0.1793	0.1818	0.1870	0.1882	0.1885	0.1887	0.1888
1.4	0.1308	0.1423	0.1508	0.1569	0.1613	0.1644	0.1712	0.1730	0.1735	0.1738	0.1740
1.6	0.1123	0.1241	0.1429	0.1436	0.1445	0.1482	0.1567	0.1590	0.1598	0.1601	0.1604
1.8	0.0969	0.1083	0.1172	0.1241	0.1294	0.1334	0.1434	0.1463	0.1474	0.1478	0.1482
2.0	0.0840	0.0947	0.1034	0.1103	0.1158	0.1202	0.1314	0.1350	0.1363	0.1368	0.1374
2.2	0.0732	0.0832	0.0917	0.0984	0.1039	0.1084	0.1205	0.1248	0.1264	0.1271	0.1277
2.4	0.0642	0.0734	0.0812	0.0879	0.0934	0.0979	0.1108	0.1156	0.1175	0.1184	0.1192
2.6	0.0566	0.0651	0.0725	0.0788	0.0842	0.0887	0.1020	0.1073	0.1095	0.1106	0.1116
2.8	0.0502	0.0580	0.0649	0.0709	0.0761	0.0805	0.0942	0.0999	0.1024	0.1036	0.1048
3.0	0.0447	0.0519	0.0583	0.0640	0.0690	0.0732	0.0870	0.0931	0.0959	0.0973	0.0987
3.2	0.0401	0.0467	0.0526	0.0580	0.0627	0.0668	0.0806	0.0870	0.0900	0.0916	0.0933

续表

n	m										
	1.0	1.2	1.4	1.6	1.8	2.0	3.0	4.0	5.0	6.0	10.0
3.4	0.0361	0.0421	0.0477	0.0527	0.0571	0.0611	0.0747	0.0814	0.0847	0.0864	0.0882
3.6	0.0326	0.0382	0.0433	0.0480	0.0523	0.0561	0.0694	0.0763	0.0799	0.0816	0.0837
3.8	0.0296	0.0384	0.0395	0.0439	0.0479	0.0516	0.0645	0.0717	0.0753	0.0773	0.0796
4.0	0.0270	0.0318	0.0362	0.0403	0.0441	0.0474	0.0603	0.0674	0.0712	0.0733	0.0758
4.2	0.0247	0.0291	0.0333	0.0371	0.0407	0.0439	0.0563	0.0634	0.0674	0.0696	0.0724
4.4	0.0227	0.0268	0.0306	0.0343	0.0376	0.0407	0.0527	0.0597	0.0639	0.0662	0.0692
4.6	0.0209	0.0247	0.0283	0.0317	0.0348	0.0378	0.0493	0.0564	0.0606	0.0630	0.0663
4.8	0.0193	0.0229	0.0262	0.0294	0.0324	0.0352	0.0463	0.0533	0.0576	0.0601	0.0635
5.0	0.0179	0.0212	0.0243	0.0274	0.0302	0.0328	0.0435	0.0504	0.0547	0.0573	0.0610
6.0	0.0127	0.0151	0.0174	0.0196	0.0218	0.0238	0.0325	0.0388	0.0431	0.0460	0.0506
7.0	0.0094	0.0112	0.0130	0.0147	0.0164	0.0180	0.0251	0.0306	0.0346	0.0376	0.0428
8.0	0.0073	0.0087	0.0101	0.0114	0.0127	0.0140	0.0198	0.0246	0.0283	0.0311	0.0367
9.0	0.0058	0.0069	0.0080	0.0091	0.0102	0.0112	0.0161	0.0202	0.0235	0.0262	0.0319
10.0	0.0047	0.0056	0.0065	0.0074	0.0083	0.0092	0.0132	0.0167	0.0198	0.0222	0.0280

(2) 任意点下的附加应力——角点法。

对于基础底面范围以内或以外任意点的附加应力，可以利用式(3-25)和叠加原理进行计算，这种方法称为“角点法”。如图 3.19 所示，设矩形基础底面 *abcd* 上作用着竖直均布荷载 p_0，现求在基础底面内 *o* 下任意深度 *z* 处的附加应力 σ_z。计算时，通过 *o* 点把荷载分成若干个矩形面积，这样 *o* 点就必须是划分出的各个矩形的公共角点，然后再按式(3-25)计算每个矩形角点处同一深度 *z* 处的 σ_z，并求其代数和。四种情况分别如下。

① *o* 点在荷载面边缘，如图 3.19(a)所示，解答为

$$\sigma_z = \sigma_{z\mathrm{I}} + \sigma_{z\mathrm{II}}$$

② *o* 在荷载面内，如图 3.19(b)所示，解答为

$$\sigma_z = \sigma_{z\mathrm{I}} + \sigma_{z\mathrm{II}} + \sigma_{z\mathrm{III}} + \sigma_{z\mathrm{IV}}$$

③ *o* 点在荷载面边缘外侧，如图 3.19(c)所示，解答为

$$\sigma_z = \sigma_{z\mathrm{I}} - \sigma_{z\mathrm{II}} + \sigma_{z\mathrm{III}} - \sigma_{z\mathrm{IV}}$$

式中相关范围如下：Ⅰ(*o f b g*)，Ⅱ(*o f a h*)，Ⅲ(*o e c g*)，Ⅳ(*o e d h*)。

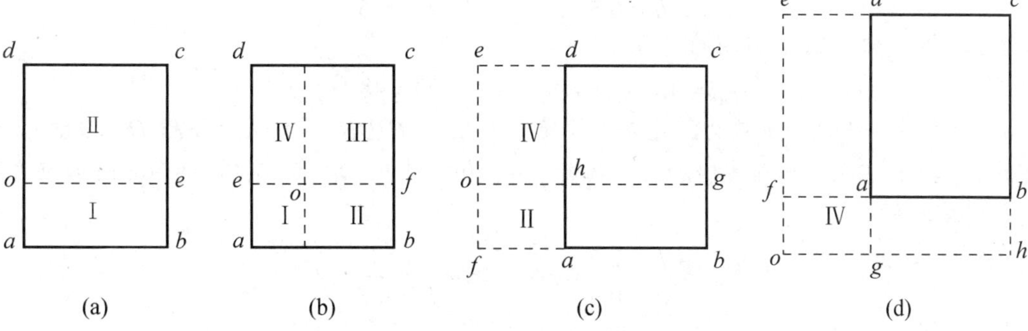

图 3.19　用角点法计算矩形面积均布荷载作用下的地基附加应力

④ o 点在荷载面角点外侧，如图 3.19(d)所示，解答为

$$\sigma_z = \sigma_{z\mathrm{I}} - \sigma_{z\mathrm{II}} - \sigma_{z\mathrm{III}} + \sigma_{z\mathrm{IV}}$$

式中相关范围如下：Ⅰ($ohce$)，Ⅱ($ohbf$)，Ⅲ($ogde$)，Ⅳ($ogaf$)。

【例 3-2】 有一矩形面积均布荷载 p_0=100kPa，荷载面积为 2m×1m，如图 3.20 所示，求荷载面上角点 A、边上一点 E、中心点 O 及荷载面外 F 点和 G 点等各点下 z=1m 深度处的附加应力，并利用计算结果说明附加应力的扩散规律。

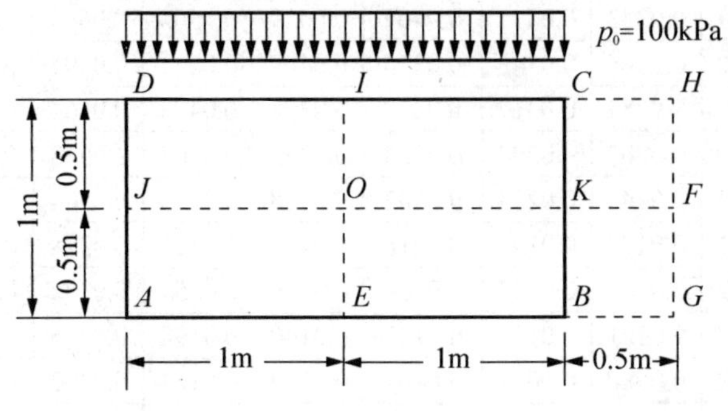

图 3.20　例 3-2 图

【解】 (1) 求 A 点下的附加应力。A 点是矩形荷载面 $ABCD$ 的角点，$m=\dfrac{l}{b}=\dfrac{2}{1}=2$，$n=\dfrac{z}{b}=\dfrac{1}{1}=1$，查表 3-3 得 α_c=0.1999，故有

$$\sigma_{zA} = \alpha_c p_0 = 0.1999 \times 100 \approx 20\,(\text{kPa})$$

(2) 求 E 点下的附加应力。通过 E 点将矩形荷载面划分为两个相等的矩形 $EADI$ 和 $EBCI$。先求 $EADI$ 的角点应力系数 α_c：

$$m=\frac{l}{b}=\frac{1}{1}=1,\qquad n=\frac{z}{b}=\frac{1}{1}=1$$

查表 3-3 得 α_c=0.1752，故有

$$\sigma_{zE} = 2\alpha_c p_0 = 2 \times 0.1752 \times 100 \approx 35\,(\text{kPa})$$

(3) 求 O 点下的附加应力。通过 O 点将原矩形荷载面分为四个相等的矩形 $OEAJ$、$OJDI$、$OICK$ 和 $OKBE$。先求 $OEAJ$ 角点的附加应力系数 α_c：

$$m=\frac{l}{b}=\frac{1}{0.5}=2,\qquad n=\frac{z}{b}=\frac{1}{0.5}=2$$

查表 3-3 得 α_c=0.1202，故有

$$\sigma_{zO} = 4\alpha_c p_0 = 4 \times 0.1202 \times 100 \approx 48.1\,(\text{kPa})$$

(4) 求 F 点下的附加应力。过 F 点作矩形 $FGAJ$、$FJDH$、$FGBK$ 和 $FKCH$。假设 $\alpha_{c\mathrm{I}}$ 为矩形 $FGAJ$ 和 $FJDH$ 的角点附加应力系数，$\alpha_{c\mathrm{II}}$ 为矩形 $FGBK$ 和 $FKCH$ 的角点附加应力系数。先求 $\alpha_{c\mathrm{I}}$：

$$m=\frac{l}{b}=\frac{2.5}{0.5}=5,\qquad n=\frac{z}{b}=\frac{1}{0.5}=2$$

查表 3-3 得 $\alpha_{c\mathrm{I}}$=0.1363，然后求 $\alpha_{c\mathrm{II}}$：

$$m=\frac{l}{b}=\frac{0.5}{0.5}=1\,,\qquad n=\frac{z}{b}=\frac{1}{0.5}=2$$

查表 3-3 得 α_{cII}=0.0840，故有

$$\sigma_{zF}=2(\alpha_{cI}-\alpha_{cII})p_0=2(0.1363-0.0840)\times100\approx10.5\,(\text{kPa})$$

(5) 求 G 点下的附加应力。通过 G 点作矩形 $GADH$ 和 $GBCH$，分别求出它们的角点附加应力系数 α_{cI} 和 α_{cII}。先求 α_{cI}：

$$m=\frac{l}{b}=\frac{2.5}{1}=2.5\,,\qquad n=\frac{z}{b}=\frac{1}{1}=1$$

查表 3-3 得 α_{cI}=0.2016，然后求 α_{cII}：

$$m=\frac{l}{b}=\frac{1}{0.5}=2\,,\qquad n=\frac{z}{b}=\frac{1}{0.5}=2$$

查表 3-3 得 α_{cII}=0.1202，故有

$$\sigma_{zG}=(\alpha_{cI}-\alpha_{cII})p_0=(0.2016-0.1202)\times100\approx8.1\,(\text{kPa})$$

(6) 将计算结果绘成图 3.21(a)，可以看出，在受矩形面积均布荷载作用时，不仅在受荷面积垂直下方的范围内会产生附加应力，而且在荷载面积以外的地基土中(F、G 点下方)也会产生附加应力。另外，在地基中同一深度(如 z=1m)处，离受荷面积中线越远的点，其 σ_z 值越小，矩形面积中点处 σ_{zO} 最大。将中点 O 下和 F 点下不同深度的 σ_z 求出并绘成曲线，如图 3.21(b)所示。本例题的计算结果，证实了上面所述地基中附加应力的扩散规律。

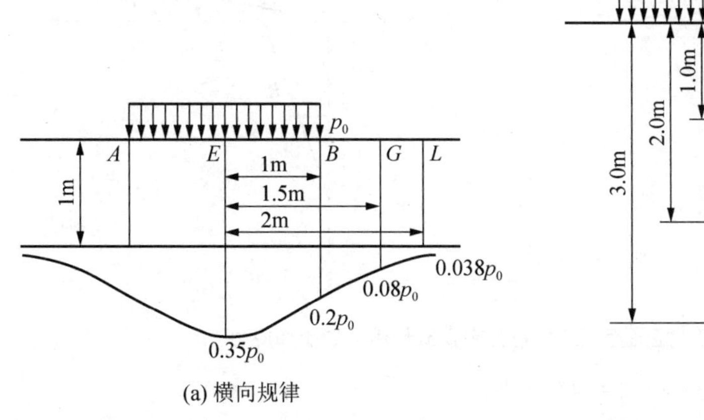

(a) 横向规律

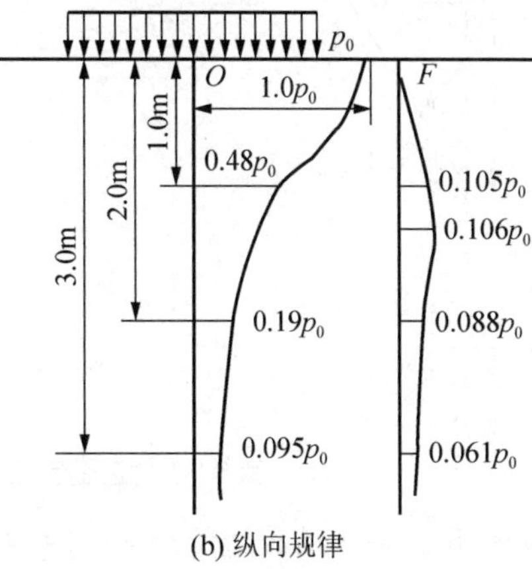

(b) 纵向规律

图 3.21　例 3-2 计算结果

2. 矩形面积三角形分布荷载作用下的附加应力

设在矩形面积上作用着三角形分布荷载，最大荷载强度为 p_0，如图 3.22 所示，取荷载零值边的角点 1 为坐标原点，则角点 1 下的竖向附加应力同样可以利用式(3-11)沿着整个面积积分求得。如图 3.22 所示，微分面积 dxdy 上的作用力 dP 等于 $\frac{x}{b}p_0\text{d}x\text{d}y$，可作为集中荷载看待。于是在角点 1 下任意深度 z 处，由于该集中荷载所引起的竖向附加应力为

$$\text{d}\sigma_z=\frac{3p_0}{2\pi b}\times\frac{1}{\left[1+\left(\frac{r}{z}\right)^2\right]^{5/2}}\times\frac{x\text{d}x\text{d}y}{z^2}\qquad(3\text{-}26)$$

将 $r^2=(x^2+y^2)$ 代入式(3-26)并沿着整个底面积积分，即可得到矩形基础底面受三角形分布荷载作用时角点 1 下的附加应力为

$$\sigma_z=\alpha_{t1}p_0 \tag{3-27}$$

其中，$\alpha_{t1}=\dfrac{mn}{2\pi}\left[\dfrac{1}{\sqrt{m^2+n^2}}-\dfrac{n^2}{\left(1+n^2\right)\sqrt{1+m^2+n^2}}\right]$，其角点 1 下的附加应力系数可由表 3-4 查得；其中 $m=\dfrac{l}{b}$，$n=\dfrac{z}{b}$。

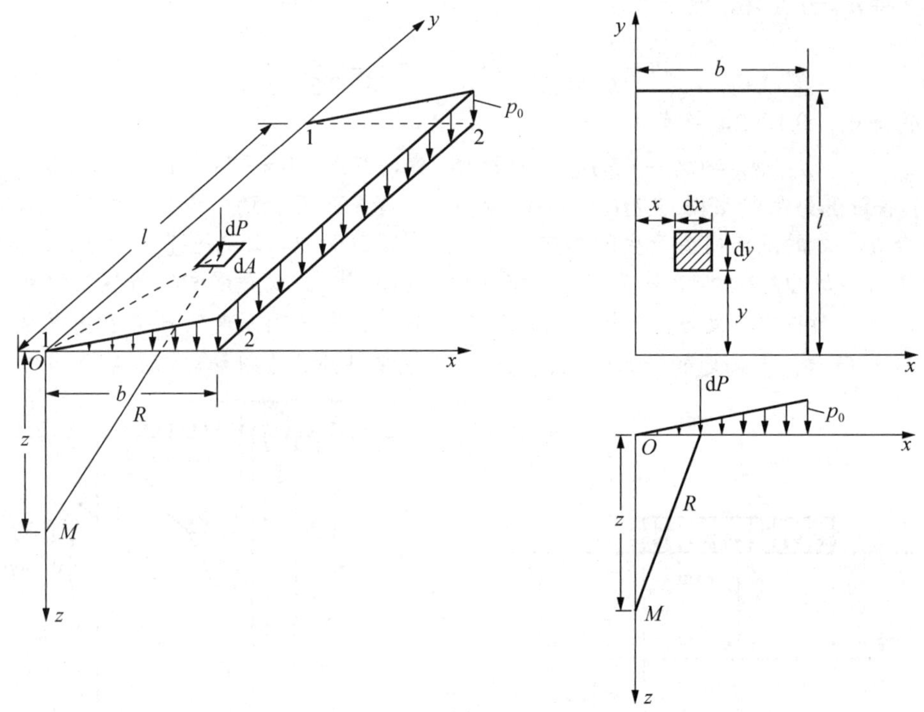

图 3.22　矩形面积三角形分布荷载作用下的附加应力

同理可得最大荷载边角点下的附加应力为

$$\sigma_z=\left(\alpha_c-\alpha_{t1}\right)p_0=\alpha_{t2}p_0 \tag{3-28}$$

其中，α_{t2} 为角点 2 下的附加应力系数，也可由表 3-4 查得。

表 3-4　矩形面积三角形分布荷载作用下的附加应力系数 α_t

n	m=0.2		m=0.4		m=0.6		m=0.8		m=1.0	
	1 点	2 点	1 点	2 点	1 点	2 点	1 点	2 点	1 点	2 点
0.0	0.0000	0.2500	0.0000	0.2500	0.0000	0.2500	0.0000	0.2500	0.0000	0.2500
0.2	0.0223	0.1821	0.0280	0.2115	0.0296	0.2165	0.0301	0.2178	0.0304	0.2182
0.4	0.0269	0.1094	0.0420	0.1604	0.0487	0.1781	0.0517	0.1844	0.0531	0.1870
0.6	0.0259	0.0700	0.0448	0.1165	0.0560	0.1405	0.0621	0.1520	0.0654	0.1575
0.8	0.0232	0.0480	0.0421	0.0853	0.0553	0.1093	0.0637	0.1232	0.0688	0.1311

续表

n	m									
	0.2		0.4		0.6		0.8		1.0	
	1点	2点	1点	2点	1点	2点	1点	2点	1点	2点
1.0	0.0201	0.0346	0.0375	0.0638	0.0508	0.0805	0.0602	0.0996	0.0666	0.1086
1.2	0.0171	0.0260	0.0324	0.0491	0.0450	0.0673	0.0546	0.0807	0.0615	0.0901
1.4	0.0145	0.0202	0.0278	0.0386	0.0392	0.0540	0.0483	0.0661	0.0554	0.0751
1.6	0.0123	0.0160	0.0238	0.0310	0.0339	0.0440	0.0424	0.0547	0.0492	0.0628
1.8	0.0105	0.0130	0.0204	0.0254	0.0294	0.0363	0.0371	0.0457	0.0435	0.0534
2.0	0.0090	0.0108	0.0176	0.0211	0.0255	0.0304	0.0324	0.0387	0.0384	0.0456
2.5	0.0063	0.0072	0.0125	0.0140	0.0183	0.0205	0.0236	0.0265	0.0284	0.0318
3.0	0.0046	0.0051	0.0092	0.0100	0.0135	0.0148	0.0176	0.0192	0.0214	0.0233
5.0	0.0018	0.0019	0.0036	0.0038	0.0054	0.0056	0.0071	0.0074	0.0088	0.0091
7.0	0.0009	0.0010	0.0019	0.0019	0.0028	0.0029	0.0038	0.0038	0.0047	0.0047
10.0	0.0005	0.0004	0.0009	0.0010	0.0014	0.0014	0.0019	0.0019	0.0023	0.0024

n	m									
	1.2		1.4		1.6		1.8		2.0	
	1点	2点	1点	2点	1点	2点	1点	2点	1点	2点
0.0	0.0000	0.2500	0.0000	0.2500	0.0000	0.2500	0.0000	0.2500	0.0000	0.2500
0.2	0.0305	0.2184	0.0305	0.2185	0.0306	0.2185	0.0306	0.2185	0.0306	0.2185
0.4	0.0539	0.1881	0.0543	0.1886	0.0545	0.1889	0.0546	0.1891	0.0547	0.1892
0.6	0.0673	0.1602	0.0684	0.1616	0.0690	0.1625	0.0694	0.1630	0.0696	0.1633
0.8	0.0720	0.1355	0.0739	0.1381	0.0751	0.1396	0.0759	0.1405	0.0764	0.1412
1.0	0.0708	0.1143	0.0735	0.1176	0.0753	0.1202	0.0766	0.1215	0.0774	0.1225
1.2	0.0664	0.0962	0.0698	0.1007	0.0721	0.1037	0.0738	0.1055	0.0749	0.1069
1.4	0.0606	0.0817	0.0644	0.0864	0.0672	0.0897	0.0692	0.0921	0.0707	0.0937
1.6	0.0545	0.0696	0.0586	0.0743	0.0616	0.0780	0.0639	0.0806	0.0656	0.0826
1.8	0.0487	0.0596	0.0528	0.0644	0.0560	0.0681	0.0585	0.0709	0.0604	0.0730
2.0	0.0434	0.0513	0.0474	0.0560	0.0507	0.0596	0.0533	0.0625	0.0553	0.0649
2.5	0.0326	0.0365	0.0362	0.0405	0.0393	0.0440	0.0419	0.0469	0.0440	0.0491
3.0	0.0249	0.0270	0.0280	0.0303	0.0307	0.0333	0.0331	0.0359	0.0352	0.0380
5.0	0.0104	0.0108	0.0120	0.0123	0.0135	0.0139	0.0148	0.0154	0.0161	0.0167
7.0	0.0056	0.0056	0.0064	0.0066	0.0073	0.0074	0.0081	0.0083	0.0089	0.0091
10.0	0.0028	0.0028	0.0033	0.0032	0.0037	0.0037	0.0041	0.0042	0.0046	0.0046

续表

n	m									
	3.0		4.0		6.0		8.0		10.0	
	1点	2点	1点	2点	1点	2点	1点	2点	1点	2点
0.0	0.0000	0.2500	0.0000	0.2500	0.0000	0.2500	0.0000	0.2500	0.0000	0.2500
0.2	0.0306	0.2186	0.0306	0.2186	0.0306	0.2186	0.0306	0.2186	0.0306	0.2186
0.4	0.0548	0.1894	0.0549	0.1894	0.0549	0.1894	0.0549	0.1894	0.0549	0.1894
0.6	0.0701	0.1638	0.0702	0.1639	0.0702	0.1640	0.0702	0.1640	0.0702	0.1640
0.8	0.0773	0.1423	0.0776	0.1424	0.0776	0.1426	0.0776	0.1426	0.0776	0.1426
1.0	0.0790	0.1244	0.0794	0.1248	0.0795	0.1250	0.0796	0.1250	0.0796	0.1250
1.2	0.0774	0.1096	0.0779	0.1103	0.0782	0.1105	0.0783	0.1105	0.0783	0.1105
1.4	0.0739	0.0973	0.0748	0.0986	0.0752	0.0986	0.0752	0.0987	0.0753	0.0987
1.6	0.0697	0.0870	0.0708	0.0882	0.0714	0.0887	0.0715	0.0888	0.0715	0.0889
1.8	0.0652	0.0782	0.0666	0.0797	0.0673	0.0805	0.0675	0.0806	0.0675	0.0808
2.0	0.0607	0.0707	0.0624	0.0726	0.0634	0.0734	0.0636	0.0736	0.0636	0.0738
2.5	0.0504	0.0559	0.0529	0.0585	0.0543	0.0601	0.0547	0.0604	0.0548	0.0605
3.0	0.0419	0.0451	0.0449	0.0482	0.0469	0.0504	0.0474	0.0509	0.0476	0.0511
5.0	0.0214	0.0221	0.0248	0.0256	0.0253	0.0290	0.0296	0.0303	0.0301	0.0309
7.0	0.0124	0.0126	0.0152	0.0154	0.0186	0.0190	0.0204	0.0207	0.0212	0.0216
10.0	0.0066	0.0066	0.0084	0.0083	0.0111	0.0111	0.0123	0.0130	0.0139	0.0141

3. 条形基础在荷载作用下的附加应力

(1) 弗拉曼解。

理论上，当基础的长度 l 与宽度 b 之比接近无穷大时，地基内部的应力状态才属于平面问题。但是在工程中实际上并不存在无限长的基础。根据研究，$\dfrac{l}{b}\geqslant 10$ 时的基础，称为条形基础(如砖混结构的墙基础、挡土墙基础等)，其结果与 $\dfrac{l}{b}$ 接近无穷大的情况相差不多，这种误差在工程上是允许的。即与长度方向相垂直的任意一个截面上的附加应力分布规律都是相同的(基础两端另做处理)。在介绍条形基础均布荷载作用下的附加应力计算方法之前，我们先介绍竖向线荷载作用下的附加应力计算。沿无限长直线上作用的竖直均布荷载称为竖直线荷载，如图 3.23 所示。设一竖向线荷载 p_0 作用在 y 坐标轴上，求地基中任意一点 M 处由 p_0 引起的附加应力。

【附加应力之间的关系】

在 y 轴上取微段 $\mathrm{d}y$ 上的分布荷载以集中荷载 $\mathrm{d}F=p_0\mathrm{d}y$ 代替，由 $\mathrm{d}F$ 在 M 点所引起的竖向附加应力为

$$\mathrm{d}\sigma_z=\frac{3z^3}{2\pi}\times\frac{p_0}{\left(x^2+y^2+z^2\right)^{5/2}}\mathrm{d}y \tag{3-29}$$

积分后即可得到地基中任意一点 M 处由 p_0 引起的竖向附加应力为

$$\sigma_z = \frac{3z^3}{2\pi}\int_{-\infty}^{+\infty}\frac{p_0\mathrm{d}y}{\left(x^2+y^2+z^2\right)^{5/2}} = \frac{2p_0z^3}{\pi R_0^4} \tag{3-30}$$

同理可得

$$\sigma_x = \frac{2p_0x^2z}{\pi R_0^4} \tag{3-31}$$

$$\tau_{xz} = \frac{2p_0xz^2}{\pi R_0^4} \tag{3-32}$$

此计算方法是1892年由弗拉曼(Flamant)提出的，故称为弗拉曼解。

(2) 条形基础在均布荷载作用下的附加应力。

在实际工程中，线荷载很少见到，经常碰到有限宽度的条形基础的情况。图3.24所示为条基础在均布荷载作用下的应力状态。均布条形荷载 p_0 作用于宽度为 b 的基础上，求地基中任意一点 M 处由 p_0 引起的竖向附加应力。

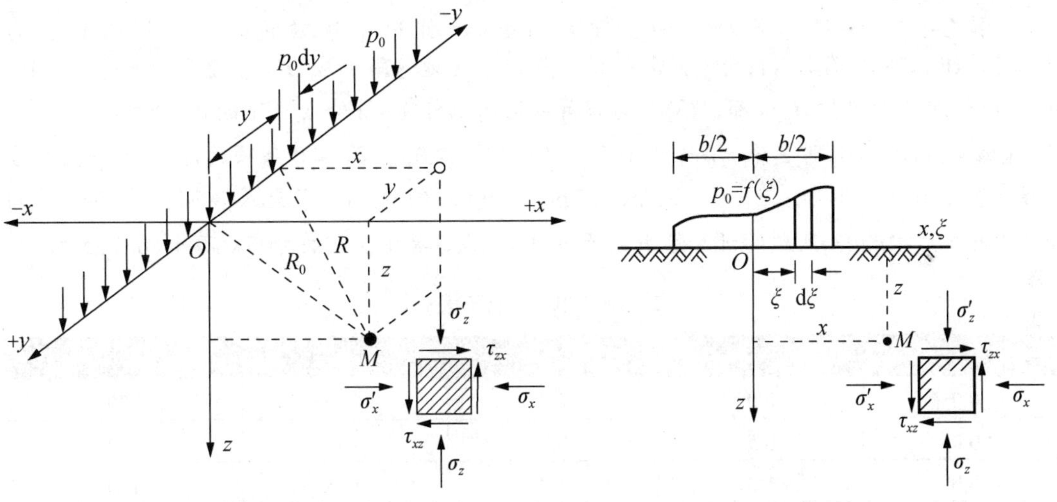

图 3.23　竖直线荷载作用下的应力状态

图 3.24　条形基础在均布荷载作用下的应力状态

在 x 轴上取微段 $\mathrm{d}\xi$ 上的分布荷载以集中荷载 $\mathrm{d}P = p_0\mathrm{d}\xi$ 代替，由 $\mathrm{d}P$ 在 M 点所引起的竖向附加应力为

$$\mathrm{d}\sigma_z = \frac{2z^3}{\pi}\times\frac{\mathrm{d}P}{R_0^4} = \frac{2z^3}{\pi}\times\frac{p_0}{R_0^4}\mathrm{d}\xi \tag{3-33}$$

积分后即可得到地基中任意一点 M 处由均布条形荷载 p_0 引起的竖向附加应力为

$$\sigma_z = \int_{-\frac{b}{2}}^{\frac{b}{2}}\frac{2z^3}{\pi}\times\frac{p_0}{R_0^4}\mathrm{d}\xi = \alpha_z^{\mathrm{s}}p_0 \tag{3-34}$$

式中　α_z^{s}——条形基础在均布荷载作用下的附加应力系数，是 x/b 及 z/b 的函数，可查表3-5。

表 3-5　条形基础在均布荷载作用下的附加应力系数 α_z^s

x/b	z/b										
	0.01	0.1	0.2	0.4	0.6	0.8	1.0	1.2	1.4	2.0	3.0
0.00	0.500	0.499	0.498	0.489	0.468	0.440	0.409	0.375	0.348	0.275	0.198
0.25	0.999	0.988	0.936	0.797	0.679	0.586	0.511	0.450	0.401	0.298	0.206
0.50	0.999	0.997	0.978	0.881	0.756	0.642	0.549	0.478	0.420	0.306	0.208
0.75	0.999	0.988	0.936	0.797	0.679	0.586	0.511	0.450	0.401	0.298	0.206
1.00	0.500	0.499	0.498	0.489	0.468	0.440	0.409	0.375	0.348	0.275	0.198
1.25	0.000	0.001	0.091	0.174	0.243	0.276	0.288	0.281	0.279	0.242	0.186
1.50	0.000	0.002	0.011	0.056	0.111	0.155	0.186	0.202	0.210	0.205	0.055
−0.25	−0.00	−0.011	−0.091	−0.174	−0.243	−0.276	−0.288	−0.287	−0.279	−0.242	−0.186
−0.50	0.000	−0.002	−0.011	−0.056	−0.111	−0.155	−0.186	−0.202	−0.210	−0.205	−0.071

【例 3-3】 某条形基础底面宽度 $b=1.4\text{m}$，作用于基础底面的平均附加应力 $p_0=200\text{kPa}$，要求确定：(1)均布条形荷载中点 O 下的地基附加应力 σ_z；(2)深度 z 等于1.4m 和2.8m处水平面上的 σ_z 分布；(3)在均布荷载边缘以外 1.4m 处 o_1 点下的 σ_z 分布。

【解】(1)计算 σ_z 时选用 z/b 等于 0.5、1.0、1.5、2.0、3.0、4.0 各项的 α_z^s，计算出对应深度 z 等于 0.7m、1.4m、2.1m、2.8m、4.2m、5.6m 处的 σ_z 值，参见式(3-34)，计算结果列于表 3-6 中，(2)和(3)两题的计算结果列于表 3-7、表 3-8 中，相关分布规律如图 3.25 所示。

表 3-6　例 3-3 计算表一

x/b	z/b	z / m	α_z^s	$\sigma_z=\alpha_z^s p_0$ / kPa
0.0	0.0	0.0	1.00	200
0.0	0.5	0.7	0.82	164
0.0	1.0	1.4	0.55	110
0.0	1.5	2.1	0.40	80
0.0	2.0	2.8	0.31	62
0.0	3.0	4.2	0.21	42
0.0	4.0	5.6	0.16	32

表 3-7　例 3-3 计算表二

z / m	z/b	x/b	α_z^s	$\sigma_z=\alpha_z^s p_0$ / kPa
1.4	1.0	0.0	0.55	110
1.4	1.0	0.5	0.41	82
1.4	1.0	1.0	0.19	38
1.4	1.0	1.5	0.07	14
1.4	1.0	2.0	0.03	6

续表

z / m	z/b	x/b	α_z^s	$\sigma_z = \alpha_z^s p_0$ / kPa
2.8	2.0	0.0	0.31	62
2.8	2.0	0.5	0.28	56
2.8	2.0	1.0	0.20	40
2.8	2.0	1.5	0.13	26
2.8	2.0	2.0	0.08	16

表 3-8 例 3-3 计算表三

z / m	z/b	x/b	α_z^s	$\sigma_z = \alpha_z^s p_0$ / kPa
0.0	0.0	1.5	0.00	0
0.7	0.5	1.5	0.02	4
1.4	1.0	1.5	0.07	14
2.1	1.5	1.5	0.11	22
2.8	2.0	1.5	0.13	26
4.2	3.0	1.5	0.14	28
5.6	4.0	1.5	0.12	24

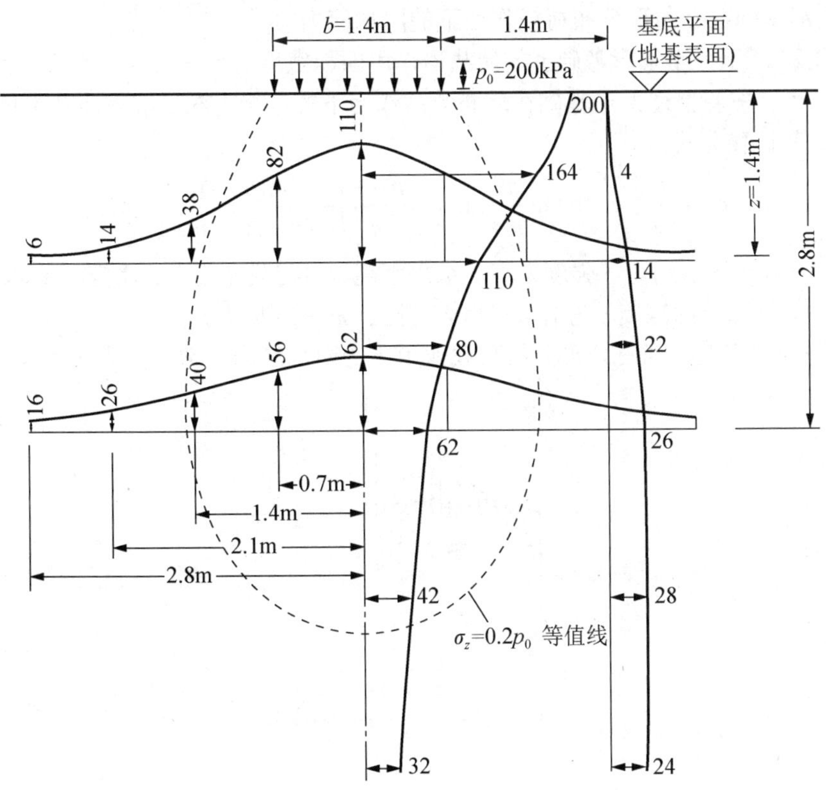

图 3.25 例 3-3 解答（单位：kPa）

图 3.26 所示分别为条形基础和方形基础在均布荷载作用时土中竖向附加应力的等值线图(即应力泡)。从图中可以看出，相同条件下，方形基础在均布荷载作用下引起的附加应力，其影响深度要比条形基础在均布荷载作用下引起的附加应力小得多。

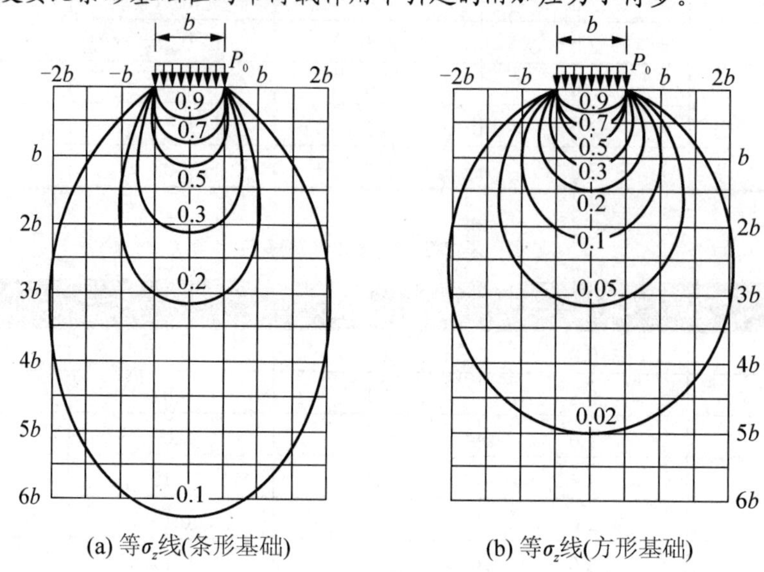

(a) 等σ_z线(条形基础)　　(b) 等σ_z线(方形基础)

图 3.26　地基中的附加应力等值线图

(3) 条形基础在三角形分布荷载作用下的附加应力。

如图 3.27 所示，当条形基础上的荷载沿作用面积宽度方向呈三角形分布，且沿长度方向不变时，可以按照上述条形基础在均布荷载作用下的推导方法，解得地基中任意点 M 的附加应力，其计算公式为

$$\sigma_z^{s}=\frac{p_0}{\pi}\left[n\left(\arctan\frac{n}{m}-\arctan\frac{n-1}{m}\right)-\frac{m(n-1)}{(n-1)^2+m^2}\right]=\alpha_t^{s}p_0 \tag{3-35}$$

式中　n——从计算点到荷载强度零点的水平距离 x 与荷载宽度 b 的比值，$n=x/b$；

m——计算点的深度 z 与荷载宽度 b 之比，$m=z/b$；

α_t^{s}——条形基础在三角形分布荷载作用下的附加应力系数，查表 3-9。

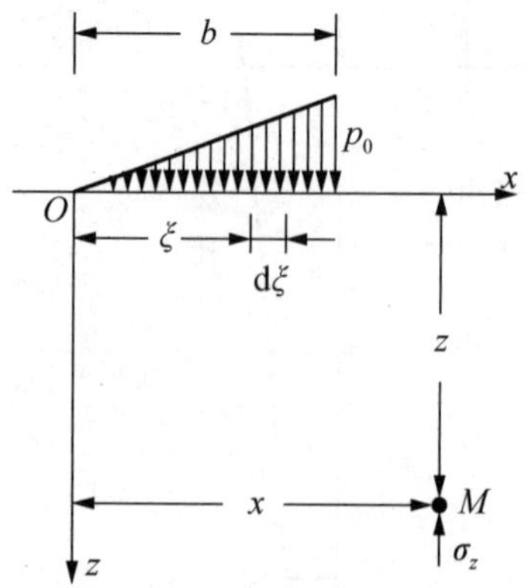

图 3.27　条形基础在三角形分布荷载作用下的应力状态

表 3-9　条形基础在三角形分布荷载作用下的附加应力系数 α_t^s

x/b	z/b										
	0.01	0.1	0.2	0.4	0.6	0.8	1.0	1.2	1.4	2.0	3.0
0.00	0.003	0.032	0.061	0.110	0.140	0.155	0.159	0.154	0.151	0.127	0.096
0.25	0.249	0.251	0.255	0.263	0.258	0.243	0.224	0.204	0.186	0.143	0.101
0.50	0.500	0.498	0.489	0.441	0.378	0.321	0.275	0.239	0.210	0.153	0.104
0.75	0.750	0.737	0.682	0.534	0.421	0.343	0.286	0.246	0.215	0.155	0.105
1.00	0.497	0.468	0.437	0.379	0.328	0.285	0.250	0.221	0.198	0.147	0.102
1.25	0.000	0.010	0.050	0.137	0.177	0.188	0.184	0.176	0.165	0.134	0.098
0.50	0.000	0.002	0.009	0.043	0.080	0.106	0.121	0.126	0.127	0.115	0.091
−0.25	0.000	0.002	0.009	0.036	0.066	0.089	0.104	0.111	0.114	0.108	0.088
−0.50	0.000	0.000	0.002	0.013	0.031	0.049	0.064	0.075	0.083	0.089	0.080

4．圆形面积均布荷载中心点下的附加应力

设圆形面积的半径为r_0，作用于地基表面上的竖向均布荷载为p_0，如以圆形面积的中心点为坐标原点O，如图 3.28 所示，并在荷载面积上取微面积$\mathrm{d}A=\mathrm{d}\theta\mathrm{d}r$，以集中荷载$p_0\mathrm{d}A$代替微面积上的分布荷载，则可运用式(3-11)以积分法求得圆形面积均布荷载中心点下任意深度z处M点的σ_z如下。

$$\begin{aligned}\sigma_z&=\iint_A \mathrm{d}\sigma_z=\frac{3p_0z^3}{2\pi}\int_0^{2\pi}\int_0^{r_0}\frac{r\mathrm{d}\theta\mathrm{d}r}{(r^2+z^2)^{5/2}}\\&=p_0\left[1-\frac{z^3}{(r_0^2+z^2)^{3/2}}\right]\\&=p_0\left\{1-\frac{1}{\left[(z/r_0)^{-2}+1\right]^{3/2}}\right\}\\&=\alpha_r p_0\end{aligned}\tag{3-36}$$

式中　α_r——圆形面积均布荷载中心点下的附加应力系数，是z/r_0的函数，可由表 3-10 查得。

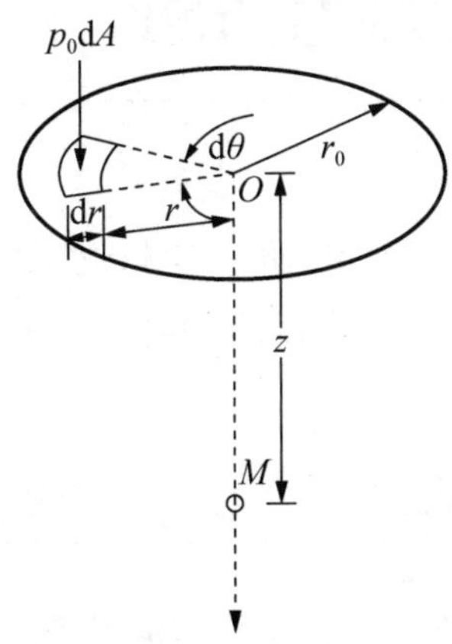

图 3.28　圆形面积均布荷载中心点下的附加应力

表 3-10　圆形面积均布荷载中心点下的附加应力系数 α_r

z/r_0	α_r	z/r_0	α_r	z/r_0	α_r	z/r_0	α_r	z/r_0	α_r	z/r_0	α_r
0.0	1.00	1.0	0.646	2.0	0.284	3.0	0.146	4.0	0.087	0.268	0.10
0.1	0.999	1.1	0.595	2.1	0.264	3.1	0.138	4.2	0.079	0.400	0.20
0.2	0.992	1.2	0.547	2.2	0.246	3.2	0.130	4.4	0.073	0.518	0.30
0.3	0.976	1.3	0.502	2.3	0.229	3.3	0.123	4.6	0.067	0.637	0.40
0.4	0.949	1.4	0.461	2.4	0.213	3.4	0.117	4.8	0.062	0.766	0.50
0.5	0.911	1.5	0.424	2.5	0.200	3.5	0.111	5.0	0.057	0.918	0.60
0.6	0.864	1.6	0.390	2.6	0.187	3.6	0.106	6.0	0.040	1.110	0.70
0.7	0.811	1.7	0.360	2.7	0.175	3.7	0.100	7.0	0.030	1.387	0.80
0.8	0.756	1.8	0.332	2.8	0.165	3.8	0.096	8.0	0.023	1.908	0.90
0.9	0.701	1.9	0.307	2.9	0.155	3.9	0.091	10.0	0.015	∞	1.00

3.4.3 非均质地基中附加应力的计算

以上介绍的地基附加应力计算都是考虑为柔性荷载和均质各向同性土体的情况，而实际上往往并非如此，如地基中土的变形模量常随深度而增大，有的地基土具有较明显的薄交互层状构造，有的则是由不同压缩性土层组成的成层地基等。这些问题是比较复杂的，目前也未得到完全的解答。但从一些简单情况的解答中可以知道，将非均质或各向异性地基与均质各向同性地基进行比较，可以看出其对地基竖向应力 σ_z 的影响，不外乎两种情况：一种是发生应力集中现象，另一种则是发生应力扩散现象。

3.5　土的有效应力原理

【太沙基滑倒与有效应力原理的发现】

在前面的一节中，我们将土体视为均质、连续的弹性体，研究其所受的应力，并未涉及土是三相、多孔的分散颗粒集合体这一最主要的特征，而这实际上牵涉到有效应力问题。

3.5.1 有效应力原理概述

由于土体是由土粒构成的分散体系，土粒组成了土的骨架，土粒所包围的空间形成土的孔隙，因此土中任意截面上都包含了土粒截面积和土中孔隙截面积。研究土体的受力，就必须考虑这两部分的应力分担问题。

【有效应力原理】

如图 3.29 所示，当土体上施加应力σ时，通过土粒接触点传递的应力为σ_s，其中土粒接触面积之和为A_s；通过土中孔隙传递的应力称为孔隙应力，习惯上称为孔隙压力，包括孔隙水压力u和孔隙气压力u_a，其中水的面积为A_w，气体的面积为A_a。

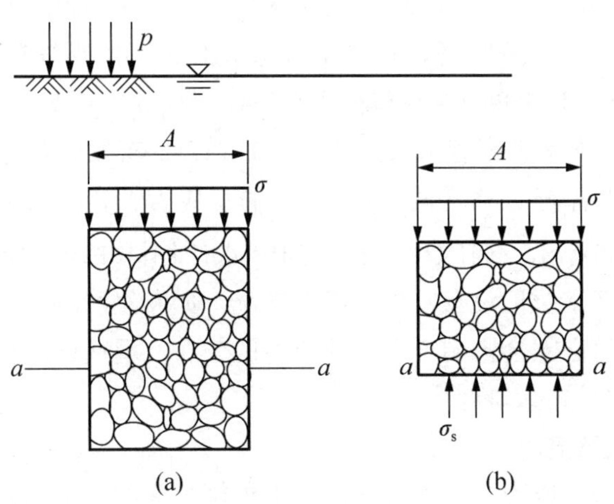

图 3.29 有效应力

由力的平衡条件可得

$$\sigma A=\sigma_s A_s+uA_w+u_a A_a \tag{3-37}$$

非饱和土体的有效应力涉及孔隙气压力，计算较复杂，在这里仅介绍饱和土体的有效应力。当土体为饱和土体时，$A_a=0$，则上式变为

$$\sigma A=\sigma_s A_s+uA_w \tag{3-38}$$

通过变换可以得到

$$\sigma=\sigma_s\frac{A_s}{A}+u\frac{\left(A-A_s\right)}{A} \tag{3-39}$$

由于A_s很小，而σ_s又很大，因此式(3-39)可基本上等效为

$$\sigma=\sigma_s\frac{A_s}{A}+u \tag{3-40}$$

式(3-40)第一项为接触面上的平均值，即为通过骨架传递的应力，称为有效应力，记为σ'。所以式(3-40)又可表示为

$$\sigma=\sigma'+u \tag{3-41}$$

此即太沙基提出的饱和土体有效应力原理。可以看到，饱和土体的总应力等于有效应力和孔隙水压力之和。水不能承受剪应力，孔隙水压力对土的强度没有直接影响，它在各个方向相等，只能使土粒本身受到等向压力。由于土粒本身压缩模量很大，故其本身压缩变形极小，因而孔隙水压力对变形也没有直接的影响，土体不会因为受到水压力的作用而变得密实。因此，土的变形与强度都只取决于有效应力。当总应力一定时，若土体中孔隙水压力有所增减，土体内的有

效应力势必有相应的增减，从而影响土体的固结程度，这是研究土体固结和强度问题的重要理论基础。

3.5.2 土中有效应力的计算

图 3.30(a)所示为一静水时的土层剖面，地下水位位于地面下深度 h_1 处，作用在 B 点的总应力 σ 应该为该点以上单位土柱的自重，即 γh_1，孔隙水压力为 0，所以有效应力 $\sigma'=\sigma$。作用在 C 点的总应力应该为该点以上单位土柱和水柱的自重，即 $\gamma h_1+\gamma_{sat}h_2$，该点的静水压力即为孔隙水压力，即 $u=\gamma_w h_2$（h_2 为测压管水头高度），所以该点的有效应力 $\sigma'=\sigma-u=\gamma h_1+\gamma' h_2=\gamma h_1+\gamma_{sat}h_2-\gamma_w h_2$(式中各符号意义同前)。相应的总应力、孔隙水压力及有效应力分布如图 3.30(a)所示。由此可看出，在前文中所求的有地下水时土体中的自重应力即为有效应力。

上述为土体有地下水位但没有发生渗流的情况，如发生渗流，土中水将对土粒作用有渗流力即动水压力，这必然会影响土中有效应力的分布。现通过两种情况说明土中水在一维渗流时对有效应力分布的影响。

1．当水从下向上渗流时

此时作用在 B 点的总应力 σ 应该为该点以上单位土柱的自重，即 γh_1，孔隙水压力为 0，所以有效应力 $\sigma'=\sigma$。作用在 C 点的总应力应该为该点以上单位土柱和水柱的自重，即 $\gamma h_1+\gamma_{sat}h_2$，该点的静水压力即为孔隙水压力，即 $u=\gamma_w\left(h_2+h\right)$（$h_2+h$ 为测压管水头高度），则该点的有效应力为

$$\sigma'=\sigma-u=\gamma h_1+\gamma_{sat}h_2-\gamma_w(h_2+h)=\gamma h_1+\gamma' h_2-\gamma_w h \tag{3-42}$$

式中各符号意义同前。相应的总应力、孔隙水压力及有效应力分布如图 3.30(b)所示。

2．当水从上向下渗流时

此时作用在 B 点的总应力 σ 应该为该点以上单位土柱的自重，即 γh_1，孔隙水压力为 0，所以有效应力 $\sigma'=\sigma$。作用在 C 点的总应力应该为该点以上单位土柱和水柱的自重，即 $\gamma h_1+\gamma_{sat}h_2$，该点的静水压力即为孔隙水压力，即 $u=\gamma_w(h_2-h)$（h_2-h 为测压管水头高度），则该点的有效应力为

$$\sigma'=\sigma-u=\gamma h_1+\gamma_{sat}h_2-\gamma_w(h_2-h)=\gamma h_1+\gamma' h_2+\gamma_w h \tag{3-43}$$

相应的总应力、孔隙水压力及有效应力分布如图 3.30(c)所示。

由以上结论可以看出：不同情况下土中总应力的分布是相同的，土中水的渗流并不影响总应力值，但发生渗流时产生的渗流力即动水压力会使土体中的有效应力和孔隙水压力发生变化。需要注意的是土中水从下向上渗流时，会导致土体中有效应力减小。在工程实际中，若地下有承压水，在基坑开挖时如果开挖深度过大，承压水顶部的不透水层厚度过小，就有可能发生渗流破坏。

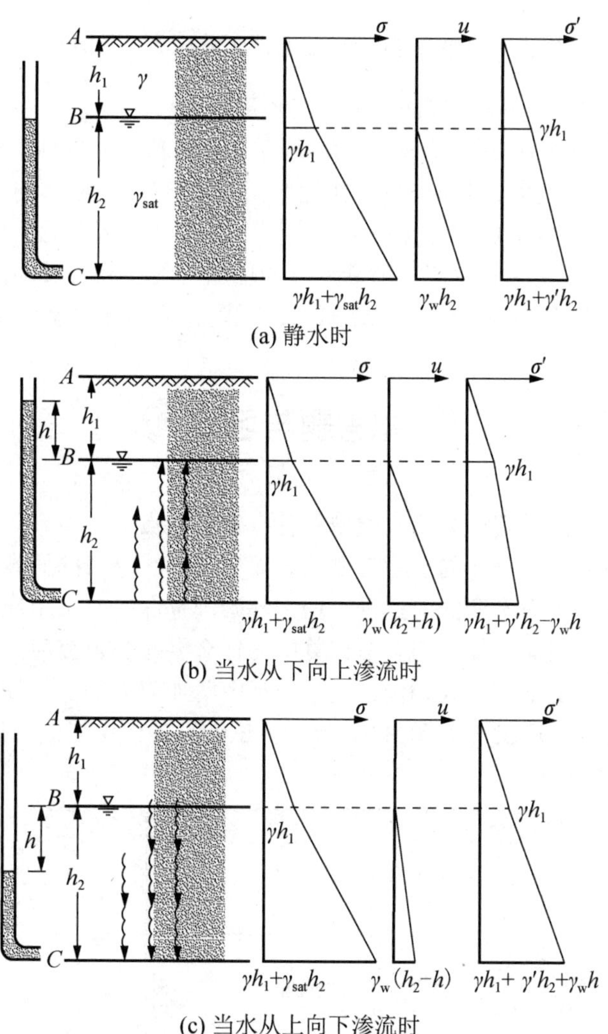

(a) 静水时

(b) 当水从下向上渗流时

(c) 当水从上向下渗流时

图 3.30 土中水渗流时总应力、孔隙水压力及有效应力分布图

本章小结

(1) 地基中的应力包括自重应力和附加应力两种。自重应力是由土本身自重在地基内部引起的应力，其在地基中的分布呈折线，拐点在土层分界面处和地下水位处，在不透水层顶面会有应力突变。

(2) 基础与地基接触面处的压力称为基础底面压力。矩形基础在中心荷载作用下，基础底面压力呈均匀分布。矩形基础在单向偏心荷载作用下，基础底面压力的分布形式与偏心距有关，当偏心距 $e<\dfrac{l}{6}$ 时，$p_{\min}>0$，基础底面压力呈梯形分布；当偏心距 $e=\dfrac{l}{6}$ 时，

$p_{min}=0$，基础底面压力呈三角形分布；当偏心距 $e>\frac{l}{6}$ 时，基础底面出现了拉应力，进行应力重分布，重分布以后的基础底面压力呈三角形分布。

(3) 附加应力是由外荷载(静荷载或动荷载)在地基内部引起的应力。地基中附加应力计算，是在假定地基土为连续、均质、各向同性的半无限空间弹性体的条件下进行的。附加应力在地基中的分布呈以下规律：①在地基中同一深度处，离受荷面积中心线越远，附加应力越小；②在受荷面积中心点下，随着深度的增加，附加应力减小；③在荷载作用面积外，随着深度的增加，附加应力先增加后减小；④附加应力在地基中是扩散的。

思考题与习题

1．何谓土中的应力？其分为哪些类型？各有什么特点？

2．影响基础底面压力分布的因素有哪些？简化成直线分布的假设条件是什么？

3．在基础底面总压力不变的前提下，增大基础埋置深度对土中应力有何影响？

4．如何计算基础底面附加压力？在计算中为什么要减去自重应力？

5．试以矩形面积上均布荷载为例，说明地基中附加应力的分布规律。

6．某建筑场地的地质剖面如图 3.31 所示，试计算各土层界面及地下水位面的自重应力，并绘制自重应力曲线。

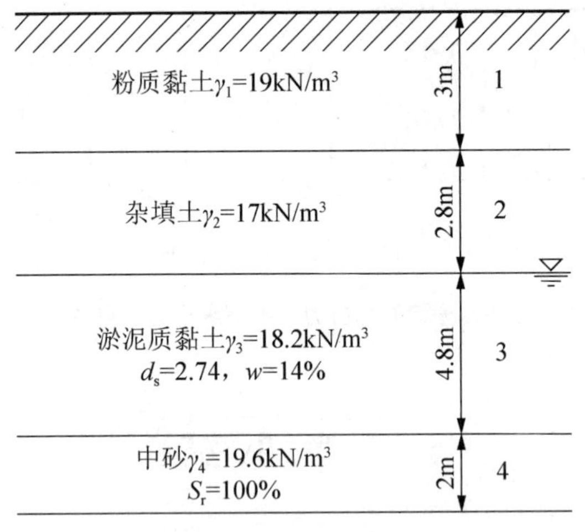

图 3.31　第 6 题图

7．若在图 3.31 中，中砂层以下为坚硬的整体岩石，试绘制其自重应力曲线。

8．某方形基础底面宽 $b=2$m，埋置深度 d=1m，深度范围内土的重度 γ=18.0kN/m^3，作用在基础上的竖向荷载 $F=600$kN，力矩 M=100kN·m，试计算基础底面最大压力边角下深度 $z=2$m 处的附加应力。

9．某基础平面图形呈 T 形截面，如图 3.32 所示，作用在基础底面的附加压力 p_0=150kN/m。试求 A 点下 10m 深度处的附加应力。

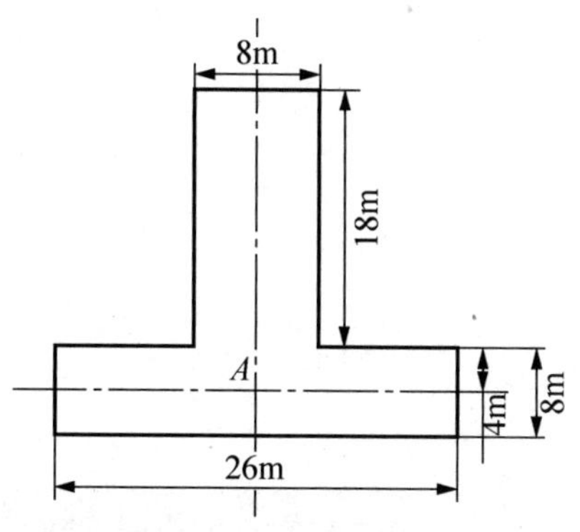

图 3.32　第 9 题图

10．某场地土层的分布自上而下为：砂土，层厚 2m，重度为 17.5kN/m^3；黏土，层厚 3m，饱和重度为 20.0kN/m^3；砾石，层厚 3m，饱和重度为 20.0kN/m^3。地下水位在黏土层处。试绘出这三个土层中总应力σ、孔隙水压力u和有效应力σ'沿深度的分布图形。

土的压缩性及地基沉降量计算

内容提要

地基土层在建筑物荷载作用下会产生变形，建筑物基础随之会产生均匀沉降、不均匀沉降、倾斜或局部倾斜等变形，这些变形会导致建筑物某些部位开裂、倾斜甚至倒塌。为了保证建筑物的安全和正常使用，需要研究土的压缩性及地基沉降规律。本章主要介绍土体压缩性的概念及压缩性指标的测定方法，地基最终沉降量的三种计算方法——分层总和法、规范法和斯肯普顿-比伦法，土的变形和时间的关系(即单向固结理论)。

能力要求

重点掌握土体的压缩性指标及其测定，利用分层总和法对地基最终沉降量进行计算；了解单向固结模型；熟悉单向固结理论和考虑应力历史时黏性土的固结沉降量计算；了解土体压缩性指标的原位测试方法。

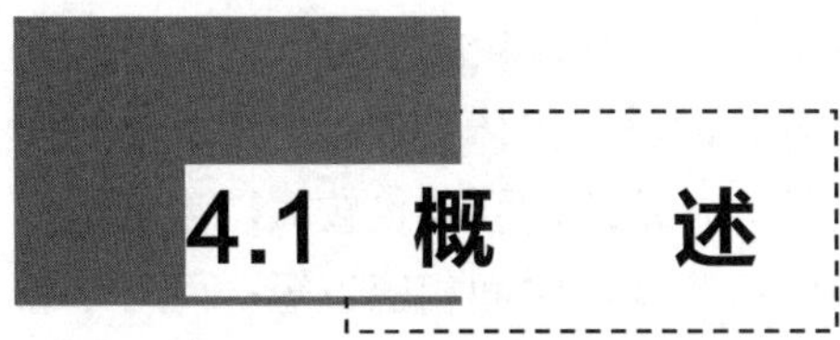

4.1 概　　述

建造在地基上的建筑物常会产生一定的沉降，建筑物各部分之间也会随之产生沉降差、倾斜和局部倾斜等。这些变形有可能影响建筑物的正常使用，严重时会导致建筑物的破坏。为了保证建筑物的安全和正常使用，在设计时必须预估可能发生的变形，使其变形量控制在规范允许的范围内。如果超出了范围，就必须采取措施改善地基条件或修改建筑方案，以保证其使用的安全性。

【地基不均匀沉降】

在实际工程中，引起地基变形的因素很多，如建筑物的荷载、地下水位的升降、湿陷性黄土的湿陷、膨胀土的胀缩、冻土的冻胀和融陷等，其中建筑物的荷载是主因。建筑物下的地基土在附加应力作用下，会产生附加变形，这种变形通常表现为土体积的缩小，我们把这种在外力作用下土体积缩小的特性称为土的压缩性。地基变形的主要原因即是土体本身具有的压缩性，为了计算出在建筑物荷载作用下地基的变形量，就要先清楚土体的压缩性，取得土的压缩性指标。土的压缩性指标可以通过室内压缩试验或现场原位试验的方式获得，用这些指标来描述土的压缩性，再结合工程实践中广泛采用的实用计算方法，就可计算出地基的最终沉降量。当然对饱和黏性土地基而言，仅仅知道最终沉降量还远远不够，因其固结变形的速度缓慢，所以还需要知道沉降量随着时间是如何发展的，以及变化的规律，以便进行科学的设计，合理地安排施工。本章从土的压缩试验开始，主要学习土的压缩性和压缩性指标、计算最终沉降量的实用方法和太沙基单向固结理论等。

4.2 土的压缩性及压缩性指标

4.2.1 土的压缩性

土的压缩性是指土在压力作用下体积缩小的性能。在荷载作用下，土发生压缩变形的过程就是土体体积缩小的过程。土是由固、液、气三相物质组成的，土体体积的缩小，必然是土的三相组成部分中各部分体积缩小的结果。土的压缩变形由三部分组成：①土粒本身的压缩变形；②孔隙中不同形态的水和空气的压缩变形；③孔隙中水和空气部分被排出，使孔隙体积减小。大量试验资料表明，在一般建筑物荷载(100～600kPa)作用下，土中固体颗粒的压缩量极小，不到土体总压缩量的1/400，且水和空气通常被认为是不可压缩的，因此，土的压缩变形主要是由于孔隙中的水和空气被排出，使孔隙体积减小而引起的。

土体在压力作用下，其压缩量随时间增加的过程称为固结。土体完成固结所需要的时间与土体的渗透性有关。对于无黏性土，由于其颗粒较大，形成的孔隙也较大，渗透性较强，因此水从孔隙中排出所需要的时间较短，压缩稳定所需要的时间相应也短；而对于黏性土，其颗粒之间的孔隙较小，同时由于大量结合水的黏滞阻力使得其渗透性较弱，土体中的水从孔隙中排出所需要的时间较长，有的需要几年甚至几十年才能固结稳定。如意大利的比萨斜塔始建于1173年，其地基至今仍在继续变形，成为世界瞩目的地基处理难题。对于饱和软黏土来说，土的固结问题非常重要。

一般建筑物在施工期间完成的沉降量，对于砂土可认为其已完成最终沉降量的80%以上，对低压缩性土可认为其完成了最终沉降量的50%～80%，中压缩性土可认为其完成了最终沉降量的20%～50%，高压缩性土可认为其完成了最终沉降量的5%～20%。

4.2.2 土的压缩性指标

1. 压缩试验

利用压缩试验可研究土的压缩性，该试验是在压缩仪(或固结仪)中完成的。图4.1所示为单向固结仪装置。试验时，先用金属环刀取土，然后将土样连同环刀一起放入压缩仪内，上下各盖一块透水石，以便土样受压后能够自由排水，透水石上面再施加垂直荷载。由于土样受环刀、压缩容器的约束，在压缩过程中只能产生竖向变形，不产生侧向变形，因此这种方法也称侧限压缩试验。试验时竖向压力 p_i 分级施加。在每级荷载作用下使土样变形稳定，百分表测出土样稳定后的变形量 s_i，即可按式(4-2)计算出各级荷载下的孔隙比 e_i。

【土的压缩试验】

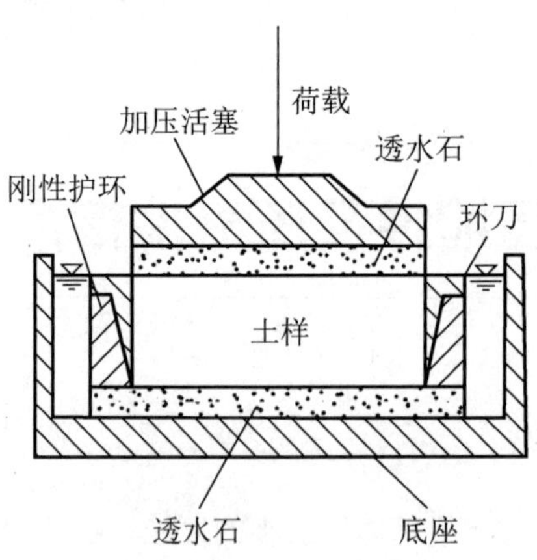

图4.1 单向固结仪装置

如图4.2所示，设试验前土样的横截面积为 A_1，原始高度为 H_0，原始孔隙比为 e_0，当施加压力 p 后，土样的压缩量为 s，高度变为 H_1，相应的孔隙比由 e_0 减至 e，整个过程中土粒体积和土样横截面积不变。设土粒体积 $V_s=1$，受压前土样横截面积 $A_1=\dfrac{1+e_0}{H_0}$，受压后土样横截面积 $A_2=\dfrac{1+e}{H_1}$，则有

$$\frac{1+e_0}{H_0}=\frac{1+e}{H_1}=\frac{1+e}{H_0-s} \tag{4-1}$$

即

$$e=e_0-\frac{s}{H_0}(1+e_0) \tag{4-2}$$

式中 e_0——土样的初始孔隙比，$e_0=\dfrac{d_s(1+w_0)\rho_w}{\rho}-1$；

e——土样受压后的孔隙比。

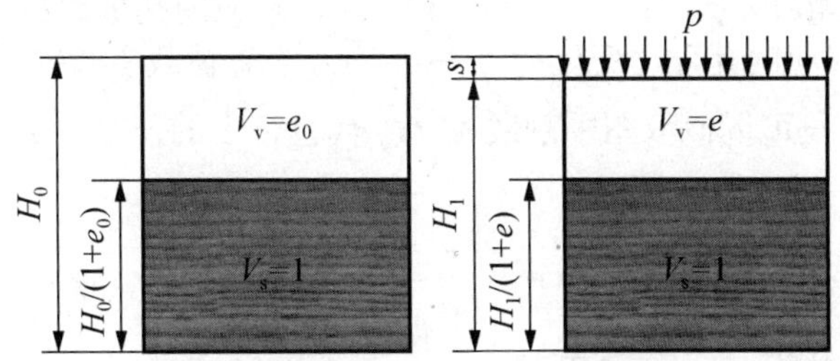

图 4.2 压缩试验中土样孔隙比的变化

试验时，只要测得各级荷载变形稳定后的压缩量 s_i，便可由式(4-2)算出相应的孔隙比 e_i。这样便得到一组数据：(0, e_0)，(p_1, e_1)，…，(p_n, e_n)，如以孔隙比 e 为纵坐标，荷载 p 为横坐标，把所取得的一组试验数据标在上面，则可得到如图 4.3 所示的 e-p 曲线，此曲线称为土体压缩曲线。因为数据中的孔隙比 e 值都是相应荷载变形稳定后的值，即超孔隙水压力已消散为零，荷载已全部由土骨架承担，所以得到的压缩曲线实质上表示在逐级加荷条件下，试样孔隙比与竖向有效应力的关系，因而符号 p 可以用 σ_z' 代替。

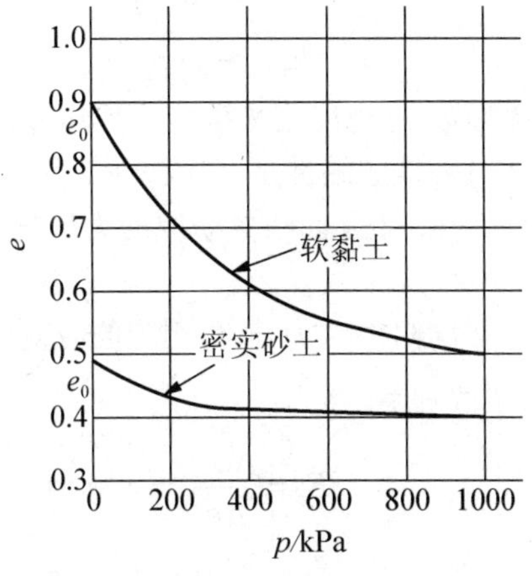

图 4.3 土体压缩曲线

2. 压缩性指标

为了能够准确评价土体的压缩性，引入下列土的压缩性指标。

(1) 压缩系数。

由图 4.3 可见：e-p 曲线初始越陡，土的压缩量越大，而后曲线逐渐平缓，土的压缩量也随之减小，即随荷载的增加 e-p 曲线变得平缓。这是因为随着孔隙比的减小，土的密实度增加到一定程度后，土粒移动越来越困难。不同的土类，压缩曲线的形态存在差别，密实砂土的 e-p 曲线比较平缓，而软黏土的 e-p 曲线较陡，因而软黏土的压缩性更高。所以，用曲线上任意一点的切线斜率 a 就可表示土在相应压力 p 作用下的压缩性，即

$$a=-\frac{\mathrm{d}e}{\mathrm{d}p} \tag{4-3}$$

式中负号表示随着压力 p 的增加，e 逐渐减小。为了实用方便，通常研究土中某点由原来的自重压力 p_1 增加到外荷载作用下的压力 p_2(自重压力与附加压力之和)这一压力间隔所表征的压缩性。如图 4.4(a)所示，设压力由 p_1 增至 p_2，相应的孔隙比由 e_1 减小到 e_2，则与应力增量 $\Delta p=p_2-p_1$ 对应的孔隙比变化为 $\Delta e=e_2-e_1$。当外荷载引起的压力变化范围不大时，压缩曲线上 $\overset{\frown}{M_1M_2}$ 一段可近似取图中割线 $\overline{M_1M_2}$ 代替，土的压缩系数可用该直线的斜率表示为

$$a=-\frac{\Delta e}{\Delta p}=\frac{e_1-e_2}{p_2-p_1} \tag{4-4}$$

土的压缩系数 a 的单位为 kPa^{-1} 或 MPa^{-1}。

压缩系数是评价地基土压缩性高低的重要指标之一。从曲线上看，它不是一个常量，而与所取的起始压力 p_1 及压力变化范围 $\Delta p=p_2-p_1$ 有关。为了统一标准，在工程实际中，通常采用压力由 p_1=100 kPa(0.1MPa)增加到 p_2=200 kPa(0.2MPa)时所得的压缩系数 a_{1-2} 来评价土的压缩性高低，当 $a_{1-2}<0.1\ \mathrm{MPa}^{-1}$ 时为低压缩性土，当 $0.1\ \mathrm{MPa}^{-1}\leqslant a_{1-2}<0.5\ \mathrm{MPa}^{-1}$ 时为中压缩性土，当 $a_{1-2}\geqslant 0.5\ \mathrm{MPa}^{-1}$ 时为高压缩性土。

(2) 压缩指数。

如果采用 e-lg$p$ 曲线，它的后段更接近直线，如图 4.4(b)所示，其斜率 C_c 为

$$C_\mathrm{c}=\frac{e_1-e_2}{\lg p_2-\lg p_1} \tag{4-5}$$

同压缩系数 a 一样，压缩指数 C_c 也能用来确定土的压缩性大小，C_c 值越大，土的压缩性越高。一般认为，当 $C_\mathrm{c}<0.2$ 时为低压缩性土，当 C_c=0.2～0.4 时为中压缩性土，当 $C_\mathrm{c}>0.4$ 时为高压缩性土。国内外广泛采用 e-lg$p$ 曲线来研究应力历史对土的压缩性影响。

(3) 压缩模量。

土体在完全侧限条件下，竖向附加应力 σ_z 与相应的应变增量 ε_z 之比称为土的压缩模量，用符号 E_s 表示。其可按下式计算。

$$E_\mathrm{s}=\frac{\Delta\sigma_z}{\Delta\varepsilon} \tag{4-6}$$

因为 $\Delta\sigma_z=p_2-p_1$，$\Delta\varepsilon=\dfrac{\Delta H}{H_0}=\dfrac{e_1-e_2}{1+e_1}$，故压缩模量 E_s 与压缩系数 a 之间的关系为

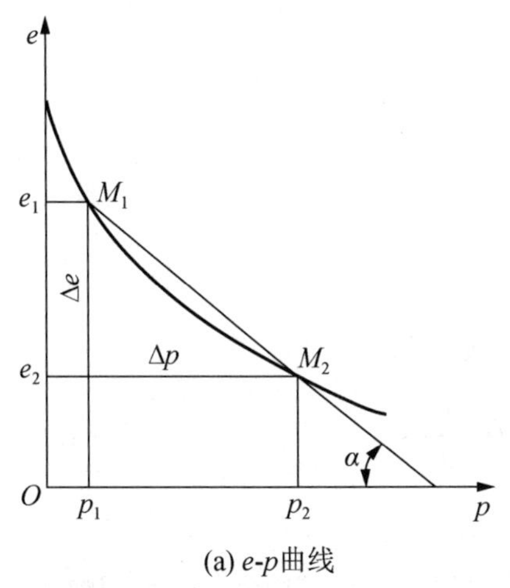

(a) e-p曲线

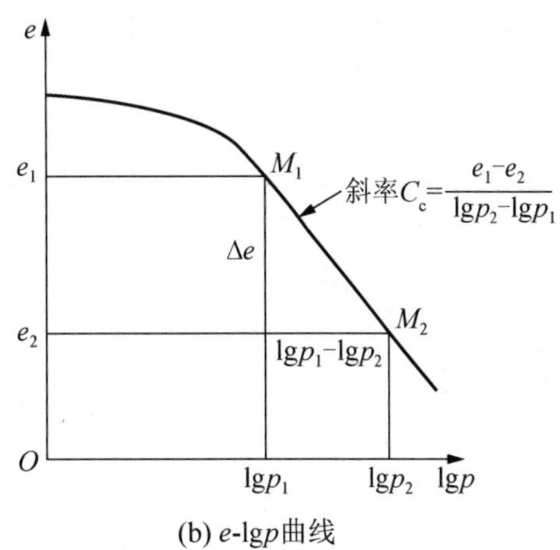

(b) e-lg$p$曲线

图 4.4　土体压缩曲线和相关参数

$$E_s = \frac{p_2 - p_1}{e_1 - e_2}(1 + e_1) = \frac{1 + e_1}{a} \tag{4-7}$$

式中　e_1——土在自重压力下的孔隙比；

a——从自重压力增加至土的自重压力与附加压力之和的压力增量段内土体的压缩系数。

压缩模量 E_s 是土压缩性指标的又一种表述，其单位为 kPa 或 MPa。由式(4-7)可知，压缩模量 E_s 与压缩系数 a 成反比，E_s 越大，a 就越小，土的压缩性就越低，所以 E_s 也具有划分土压缩性高低的功能。一般认为，当 $E_s < 4$MPa 时为高压缩性土，当 $E_s = 4 \sim 15$ MPa 时为中压缩性土，当 $E_s > 15$ MPa 时为低压缩性土。

(4) 回弹指数。

常规的压缩曲线是在试验中连续递增加压而获得的，如果加压到某一值 p_i(相应于图 4.5 中曲线上的 b 点)后不再加压，而是逐级进行卸载，并且测得各卸载等级下土样回弹稳定后的土样高度，进而换算得到相应的孔隙比，即可绘制出卸载阶段的关系曲线，如图 4.5 中 bc 曲线所示，称为回弹曲线或膨胀曲线。可以看到，不同于一般弹性材料的是，回弹曲线并不和初始加载曲线重合，这表明土残留了一部分压缩变形(称之为残余变形)，但也恢复了一部分压缩变形(称之为弹性变形)。若接着重新逐级加压，则可测得土样在各级荷载作用下再压缩稳定后的孔隙比，相应地可绘制出再压缩曲线，如图 4.5 中 cdf 曲线所示。可以发现其中 df 段像是 ab 段的延续，并入压缩曲线主支，犹如其间没有经过卸载和再压缩的过程一样。可以把 e-lg$p$ 坐标中的回弹曲线与再压缩曲线合用一条直线代替，其斜率称为回弹指数或膨胀指数，用 C_e 表示，即

$$C_e = \frac{-\Delta e}{\Delta \lg p} = \frac{e_1 - e_2}{\lg p_2 - \lg p_1} \tag{4-8}$$

式(4-8)与式(4-5)形式相同，只是(p_1，e_1)、(p_2，e_2)两点要在回弹-再压缩曲线上取。把回弹曲线与再压缩曲线合用一条直线代替，意味着当应力在回弹-再压缩曲线上变化时，承认土具有弹性，不产生不可逆的压缩变形(塑性变形)。

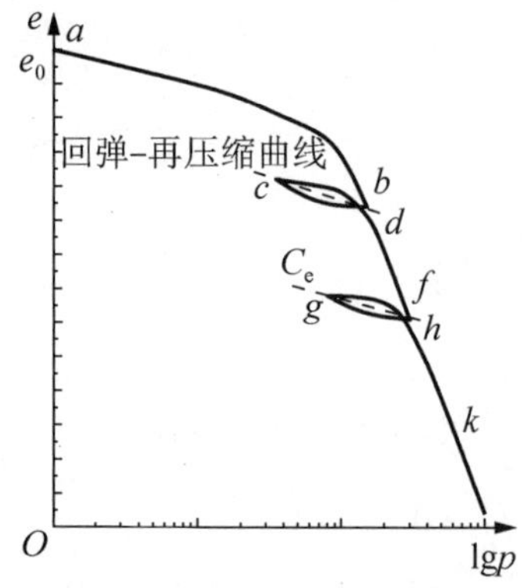

图 4.5　土体回弹-再压缩曲线

如果卸载是从另一个 p_i 值开始，经过逐级卸载和再加载，便可得到另一个回弹曲线和再压缩曲线的回环，以及相应的回弹指数 C_e 值。根据试验结果，相应于不同 p_i 值的各回弹指数 C_e 值是相等的。通常 $C_e \ll C_c$，一般黏性土的 $C_e \approx (0.1\sim0.2)C_c$。

4.3　载荷试验及变形模量

土的压缩性指标，除了可从上面介绍的室内侧限压缩试验获得之外，还可以通过现场原位试验取得。现场载荷试验是一种重要且常用的原位测试方法，是通过试验测得的地基沉降量(或土的变形量)与压力之间近似的比例关系，利用地基沉降的弹性力学公式来反算土的变形模量及地基承载力。

【原位测试与现场试验】

1．载荷试验

载荷试验是通过承压板把施加的荷载传到地层中，其试验装置一般包括三部分，即加荷装置、提供反力装置和沉降量测装置，如图 4.6 所示。其中加荷装置包括承压板、垫块及千斤顶等；根据提供反力装置的不同，载荷试验主要有堆重平台反力法及地锚反力架法两类，前者通过平台上的堆重来平衡千斤顶的反力，后者则将千斤顶的反力通过地锚最终传至地基中去；沉降量测装置包括百分表、基准短桩和基准梁等。

加荷方式可分为两种，即重物加荷和油压千斤顶反力加荷。沉降观测仪表有百分表、沉降传感器或水准仪等。对承压板的要求是：要有足够的刚度，在加荷过程中本身的变形要小，而且其中心和边缘不能产生弯曲和翘起；其形状宜为圆形(也有方形者)，面积不应小于 0.25m^2，对于软土和粒径较大的填土不应小于 0.5m^2。

载荷试验一般在方形试坑中进行。试坑底的宽度应不小于承压板宽度(或直径)的 3 倍，以消除侧向土自重引起的超载影响，使其达到或接近地基的半空间平面问题边界条件的要求。试坑应布置在有代表性的地点，承压板底面应放置在基础底面标高处。为了保持测试时地基土的天然湿度与原状结构，应做到以下几点：①测试之前，应在坑底预留 20～30cm 厚的原土层，待测试开始时再挖去，并立即放入承压板；②对软黏土或饱和的松散砂，在承压板周围应预留 20～30cm 厚的原土作为保护层；③在试坑底板标高低于地下水位时，应先将水位降至坑底标高以下，并在坑底铺设 2cm 厚的砂垫层，再放下承压板等，待水位恢复后进行试验。

图 4.6 载荷试验装置

加荷分级不应少于 8 级，最大加荷量不应小于设计要求的 2 倍。每级加载后，按间隔 10min、10min、10min、15min、15min 测读一次沉降量，以后每间隔 0.5h 测读一次沉降量，当连续 2h 内每小时的沉降量小于 0.1mm 时，即认为沉降已趋于稳定，可加下一级荷载。当出现下列情况之一时，即可终止加载。

(1) 承压板周围的土明显地侧向挤出。

(2) 沉降量 s 急剧增大，p-s 曲线出现陡降段。

(3) 某级荷载下 24h 内沉降速度不能达到稳定标准。

(4) $s/d \geqslant 0.06$(d 为承压板的宽度或直径)。

满足前三种情况之一时，其对应的前一级荷载可定为极限荷载。

试验时，通过千斤顶逐级给承压板施加荷载，每加一级荷载到 p，观测记录沉降量随时间的发展及稳定时的沉降量 s，直至加到终止加载条件满足时为止。载荷试验所施加的总荷载，应尽量接近预计地基极限荷载 p_u。将上述试验得到的各级荷载与相应的稳定沉降量绘制成 p-s 曲线，如图 4.7 所示。

2. 变形模量

土的变形模量是指土体在无侧限条件下单轴受压时的应力与应变之比，并以符号 E_0 表示，其大小可由载荷试验结果求得。在 p-s 曲线上，当荷载小于某数值时，荷载 p 与承压

板沉降量 s 之间往往呈直线关系，在 p-s 曲线直线段或接近于直线段上任选一压力 p_{cr} 和它对应的沉降量 s_1，利用弹性力学公式可反求出地基的变形模量为

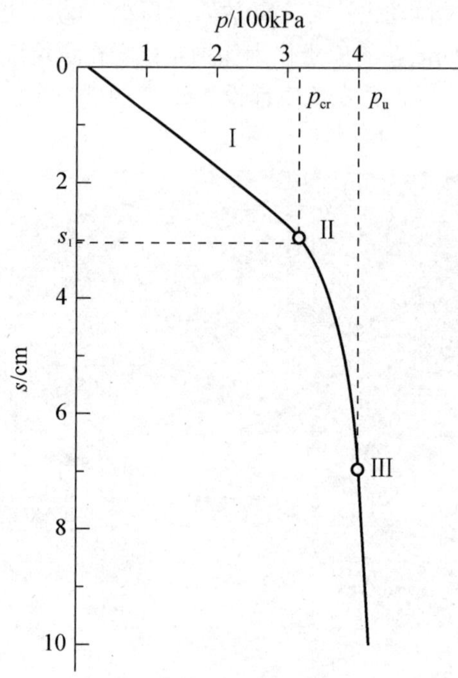

图 4.7　载荷试验 p-s 曲线

$$E_0 = w\left(1-\upsilon^2\right)\frac{p_{cr}b}{s_1} \tag{4-9}$$

式中　E_0——土的变形模量(MPa)；

p_{cr}——直线段的荷载强度(kPa)；

s_1——相对于 p_{cr} 的承压板下降量(mm)；

b——承压板的宽度或直径(mm)；

υ——土的泊松比，砂土可取 0.2～0.25，黏性土可取 0.25～0.45；

w——沉降影响系数，方形承压板取 0.88，圆形承压板取 0.79。

变形模量也是反映土的压缩性的重要指标。

对比测定土的压缩性指标的两种方法，室内压缩试验操作相对比较简单，但它要得到保持天然结构状态的原状土样很困难，尤其是一些结构性很强的软土，取样、运输和制样的扰动在所难免，而且更重要的是试验是在侧向受限制的条件下进行的，因此试验得到的压缩性规律和指标的实际运用中有其局限性和近似性。而载荷试验在现场进行，排除了取样和试样制备等过程中应力释放及机械和人为扰动的影响，土中应力状态在承压板较大时与实际建筑施工完毕时早期的状态接近；但承压板的尺寸很难与原型基础取得一样，而小尺寸承压板在同样压应力水平下引起的地基主要受力层范围有限，只能反映板下深度不大范围内土的变形特性，载荷试验的影响深度一般只能达到 2～3 倍的板宽或直径。对于深层土，可在钻孔内用小承压板借助钻杆进行深层载荷试验。但由于在地下水位以下清理孔底困难和受力条件复杂等因素，数据不易准确，故国内外对现场快速测定变形模量的方法如旁压试验、触探试验等给予了高度重视，并发展了一些新的深层试验测试方法。

3．变形模量与压缩模量的关系

【变形模量与压缩模量的比较】

变形模量E_0和压缩模量E_s的试验条件不同，E_0是在土体无侧限条件下的应力与应变的比值，而E_s是土体在完全侧限条件下的应力与应变的比值。两者同为土的压缩性指标，在理论上是完全可以换算的。借助广义胡克定律，可推导出土的变形模量与压缩模量的关系为

$$E_0=\left(1-\frac{2\upsilon^2}{1-\upsilon}\right)E_s \tag{4-10}$$

令$\beta=1-\frac{2\upsilon^2}{1-\upsilon}$，则可得

$$E_0=\beta E_s$$

式中　υ——土的泊松比，即土的横向变形与纵向变形之比；

β——系数，$\beta=0\sim1$。

式(4-10)只不过是E_0与E_s之间的理论关系。实际上，现场载荷试验测定E_0和室内压缩试验测定E_s时，由于试验条件的限制和土的不均匀性等因素，使得式(4-10)的计算值与实测值之间相差较大。根据统计资料，E_0值可能是βE_s值的几倍，一般来说，土越坚硬则该倍数越大，而软土的E_0值和βE_s比较接近。

4.4　土的应力历史对土体压缩性的影响

4.4.1 沉积土(层)的应力历史

所谓应力历史，是指土体在形成历史上曾经受到过的压力状态。在讨论应力历史对土压缩性的影响之前，先引进固结应力和先期固结压力的概念。所谓固结应力，就是指能够使土体产生固结或压缩的应力。就地基土层而言，能够使土体产生固结或压缩的应力主要有两种：一种是土的自重应力，另一种是外荷载在地基内部引起的附加应力。对于新沉积的土或人工吹填土，起初土粒尚处于悬浮状态，土的自重应力由孔隙水承担，有效应力为零；随着时间的推移，土在自重作用下逐渐沉降固结，最后自重应力全部转化为有效应力，这类土的自重应力就是固结应力。对于大多数天然土，由于经历了漫长的地质年代，在自重作用下已完全固结，即已经压缩稳定，此时的自重应力不再引起土层压缩，能够进一步使土层产生压缩的，只有外荷载引起的附加应力了，故此时的固结应力仅指附加应力。土层在地质历史过程中受到过的最大固结压力(包括自重和外荷载)称为先期固结压力，以p_c表示，其与现今天然状态下的土层自重应力(以p_0表示)之比称为土的超固结比OCR，即

$$\mathrm{OCR}=\frac{p_c}{p_0} \tag{4-11}$$

依据OCR值的大小，天然土层可分为三种固结状态，如图4.8所示。

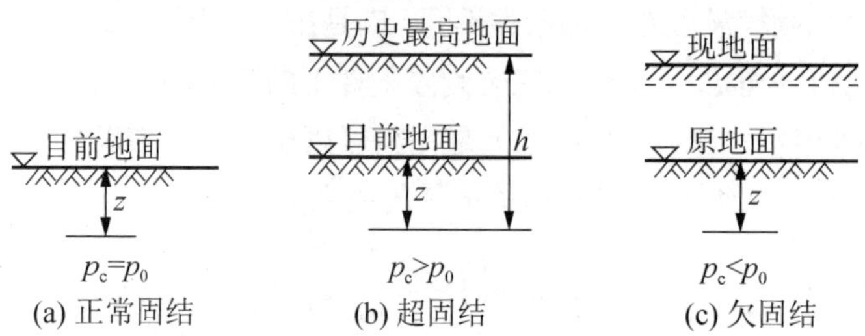

图4.8　天然土层的三种固结状态

(1) $\mathrm{OCR}=1$，即 $p_c=p_0$，表征某一深度的土层在地质历史上所受过的最大压力 p_c 与现今的自重应力相等，土层处于正常固结状态，此时的土称为正常固结土。一般来说，这种土层沉积时间较长，在其自重应力作用下已达到了最终的固结，沉积后土层厚度没有什么变化，也没有受到过侵蚀或其他卸荷作用等。

(2) $\mathrm{OCR}>1$，即 $p_c>p_0$，表征土层曾经受过的最大压力比现今的自重应力要大，土层处于超固结状态，此时的土称为超固结土。如土层在过去地质历史上曾有过相当厚的沉积物，后来由于地面上升或河流冲刷将上部土层剥蚀掉；或者古冰川下土层曾受过冰荷载的压缩，后来气候转暖冰川融化，压力减小；或者由于古老建筑物的拆毁、地下水位的长期变化及土层的干缩影响；或者是人类的工程活动如碾压、打桩等，这些都可以使土层成为超固结土。

(3) $\mathrm{OCR}<1$，即 $p_c<p_0$，表征土层的固结程度尚未达到现有自重应力条件下的最终固结状态，土层处于欠固结状态，此时的土称为欠固结土。一般来说，这种土层的沉积时间较短，土层在其自重作用下还未完成固结，处于继续压缩之中，如新近沉积的淤泥、冲填土等。

可见先期固结压力是反映土层的原始应力状态的一个指标。一般当施加于土层的荷重小于或等于土的先期固结压力时，土层的压缩变形将极小，甚至可以忽略不计。当荷重超过土的先期固结压力时，土层的压缩变形量将会发生很大的变化；在其他条件相同时，超固结土的压缩变形量常小于正常固结土的压缩量，而欠固结土的压缩量则大于正常固结土的压缩量。因此，在计算地基变形量时，首先必须弄清楚土层的受荷历史，以分别考虑这三种不同固结状态的影响，使地基变形量的计算尽量符合实际情况。

4.4.2 确定先期固结压力

【先期固结压力的确定：卡萨格兰德的经验图解法】

为了判断天然土层的固结状态及应力历史对地基变形的影响，需要确定土的先期固结压力。

人们通过长期实践经验，摸索出了从压缩试验曲线中确定 p_c 的方法，比较常用的是美国学者卡萨格兰德的经验图解法，简称C法，其步骤如下。

(1) 取原状土做室内固结试验，绘出 $e\text{-}\lg p$ 曲线，如图 4.9 所示。

(2) 在 $e\text{-}\lg p$ 曲线的转折点处，找出相应最小曲率半径的点 o，过 o 点作该曲线的切线 ob 和平行于横坐标的水平线 oc。

(3) 作 $\angle boc$ 的角平分线 od，延长 $e\text{-}\lg p$ 曲线后段的直线段与 od 线相交于 a 点，则 a 点所对应的有效固结压力 p_c 即为该原状土的先期固结压力。

上述经验图解法是目前最常用的一种简便方法。但应注意，若试验时采用的压缩稳定标准及绘制 $e\text{-}\lg p$ 曲线时采用的比例不同或对相应最小曲率半径的 o 点定得不准，都将影响 p_c 值的确定。因此，如何确定较符合实际的先期固结压力，尚需进一步研究。

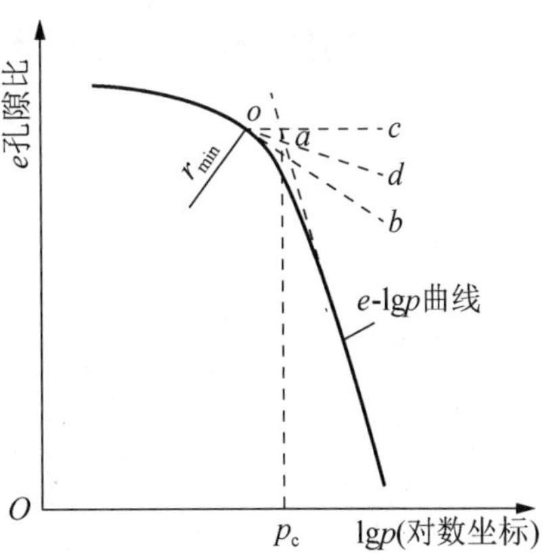

图 4.9 以 $e\text{-}\lg p$ 曲线求先期固结压力

4.5 地基沉降量计算

通常情况下，天然土层是经历了漫长的地质历史时期而沉淀下来的，往往地基土层在自重应力作用下压缩已趋于稳定。当我们在这样的地基土上建造建筑物时，建筑物的荷重会使地基土在原来自重应力的基础上再增加一个应力增量，即附加应力。由土的压缩性可知，附加应力会引起地基的沉降。地基土层在建筑物荷载作用下不断产生压缩，直至压缩稳定后地基表面的沉降量，称为地基的最终沉降量。计算最终沉降量可以帮助我们预知该建筑物建成后将产生的地基变形，判断其值是否超出允许的范围，以便在建筑物设计或施工时采取相应的工程措施，保证建筑物的安全。

本节主要介绍国内常用的几种沉降量计算方法：分层总和法、规范法和斯肯普顿-比伦法。

4.5.1 分层总和法计算地基最终沉降量

1. 单一压缩土层的沉降量计算

如图 4.10 所示，设地基中仅有一层有限深度的可压缩土层，厚度为 H_1，在无限均布竖向荷载作用下，土层被压缩，压缩稳定后的厚度为 H_2，因此土层的压缩量 s 即为

$$s = H_1 - H_2 \tag{4-12}$$

式中 H_1 可通过勘察资料得到，H_2 可通过换算得到，其过程如下所述。

在无限均布荷载作用下只需考虑土体的竖向变形，土体的工作条件与室内压缩试验相同。土样在压缩前后变形量为 s，整个过程中土粒体积和土样横截面积不变。设土粒体积

$V_s=1$，土样受压前其横截面积 $A_1=\dfrac{1+e_1}{H_1}$，土样受压后其横截面积 $A_2=\dfrac{1+e_2}{H_2}$，则有

$$\frac{1+e_1}{H_1}=\frac{1+e_2}{H_2} \tag{4-13}$$

由此得

$$H_2=\frac{1+e_2}{1+e_1}H_1 \tag{4-14}$$

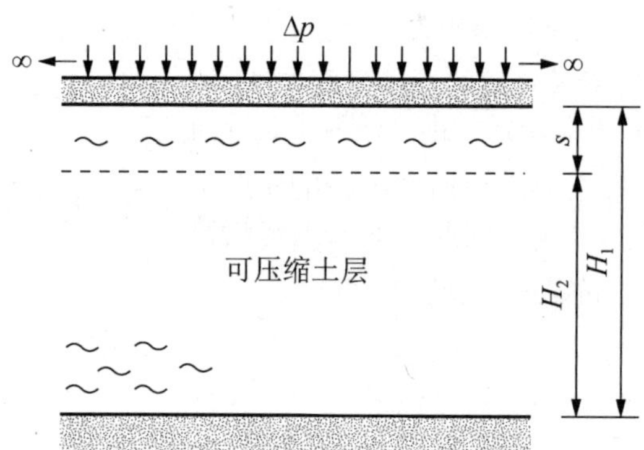

图 4.10　单一压缩土层的沉降量计算

将式(4-14)代入式(4-12)得

$$s=H_1-H_2=\frac{e_1-e_2}{1+e_1}H_1 \tag{4-15}$$

式中　e_1——与初始应力 p_1 所对应的土层的初始孔隙比；

e_2——与最终应力 p_2 所对应的土层的最终孔隙比。

通过室内压缩试验测得 e-p 曲线后，即可得到相应的孔隙比 e_1、e_2，从而便可通过式(4-15)计算得到在无限均布荷载作用下土体的沉降量。

通过前面的内容可知 $e_1-e_2=a\left(p_2-p_1\right)$，由此将式(4-15)通过变换可得

$$s=\frac{e_1-e_2}{1+e_1}H_1=\frac{a\left(p_2-p_1\right)}{1+e_1}H_1=\frac{p_2-p_1}{\frac{1+e_1}{a}}H_1=\frac{p_2-p_1}{E_s}H_1 \tag{4-16}$$

在实际工程中，地层分布往往是很复杂的，单一压缩土层很少或几乎不存在，同时在一般情况下基础都是有一定形状的，作用于地基上的荷载也是局部的。在这种情况下，地基沉降量的计算常采用分层总和法。

2. 分层总和法

(1) 基本假定。

① 地基土的每一分层为一均匀、连续、各向同性的半无限空间弹性体；在建筑物荷载作用下，土中的应力和应变呈直线关系；可用弹性理论方法计算地基中的附加应力。

② 地基土的变形条件为完全侧限条件，即在建筑物荷载作用下，地基土层只发生竖向变形，没有侧向变形，计算沉降量时可采用室内压缩试验测定压缩性指标。

③ 地基沉降量计算采用基础中心点处的附加应力。

(2) 基本原理。

在地基变形的深度范围内，按土的特性和应力状态的变化分层，按式(4-16)计算各分层的沉降量s_i，再将各层的s_i叠加起来，便可得出地基的最终沉降量s，即

$$s=\sum_{i=1}^{n}s_i=\sum_{i=1}^{n}\frac{a_i\left(p_{2i}-p_{1i}\right)}{1+e_{1i}}h_i=\sum_{i=1}^{n}\frac{p_{2i}-p_{1i}}{\dfrac{1+e_{1i}}{a_i}}h_i=\sum_{i=1}^{n}\frac{p_{2i}-p_{1i}}{E_{si}}h_i \tag{4-17}$$

(3) 两点规定。

① 分层厚度的确定：每一层的分层厚度$h_i \leqslant 0.4b$，不同土层分界面处、地下水位处应分层。

② 地基沉降计算深度z_n的确定：地基沉降计算深度z_n的确定应满足$\dfrac{\sigma_z}{\sigma_{cz}}\leqslant 0.2$(对软土，$\dfrac{\sigma_z}{\sigma_{cz}}\leqslant 0.1$)。

(4) 计算步骤。

① 根据地基资料划分计算土层。将压缩层厚度分层，分层的原则是：a.不同土层的分界面处应分层；b.地下水位处应分层；c.为了保证每一分层内σ_z的分布线段接近于直线，以便求出该分层内的σ_z的平均值，分层厚度应适当，每一分层厚度不宜大于0.4b(b为基础宽度)。

② 计算基础底面附加压力。

③ 计算基础底面中心点下每一分层处土的自重应力和附加应力，并绘出自重应力和附加应力分布曲线。

④ 确定地基沉降计算深度。附加应力随深度递减，自重应力随深度增加，在一定深度处，附加应力相对于该处原有的自重应力已经很小，引起的压缩变形可以忽略不计，此处即为地基沉降计算深度。其确定原则见上文的规定。

⑤ 计算各分层土的平均自重应力和平均附加应力。

图4.11所示为基础底面中心点下每一分层处土的自重应力和附加应力分布曲线，为了得到孔隙比e_{1i}、e_{2i}，需要计算每一分层(以第i层为例)处的平均自重应力$\bar{\sigma}_{czi}$和平均附加应力$\bar{\sigma}_{zi}$，其值分别为

$$\bar{\sigma}_{czi}=\frac{\sigma_{czi-1}+\sigma_{czi}}{2},\qquad \bar{\sigma}_{zi}=\frac{\sigma_{zi-1}+\sigma_{zi}}{2}$$

⑥ 令$p_{1i}=\bar{\sigma}_{czi}$，$p_{2i}=\bar{\sigma}_{czi}+\bar{\sigma}_{zi}$，从土层的压缩曲线中查出$e_{1i}$、$e_{2i}$。

⑦ 按式(4-17)计算每一分层土的沉降量和地基的最终沉降量。

由于分层总和法包含上述基本假设，且压缩层厚度的确定方法没有严格的理论依据，研究表明，确定压缩层厚度的不同方法使计算结果相差10%左右，因而该方法实际上为半经验性的方法，沉降量计算值与工程中的实测值不完全相符。对于软土，沉降量计算值比实测值要小很多；对于硬土，沉降量计算值又比实测值要高。但分层总和法计算沉降量概念比较明确，计算过程及变形指标的选取比较简便、易于掌握，故其依然是被工程界广泛采用的沉降量计算方法。

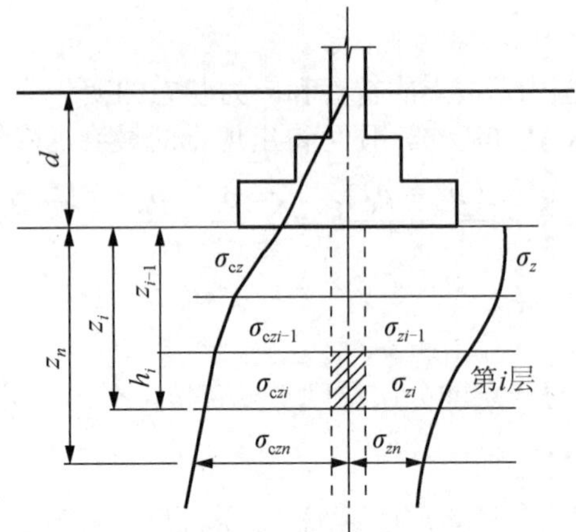

图 4.11　基础底面中心点下每一分层处的自重应力和附加应力分布曲线

【例 4-1】 某正常固结土层厚 2.0m，其下为不可压缩土层，平均自重应力 $p_{cz}=100\text{kPa}$；压缩试验数据见表 4-1，建筑物平均附加应力 $p_0=200\text{kPa}$。试求该土层的最终沉降量。

表 4-1　压缩试验数据

压力 p/kPa	0	50	100	200	300	400
孔隙比 e	0.984	0.900	0.828	0.752	0.710	0.680

【解】 土层厚度为 2.0m，其下为不可压缩土层，当土层厚度 H 小于基础底面厚度 b 的 $1/2$ 时，由于基础底面和不可压缩土层顶面的摩阻力对土层的限制作用，土层压缩时只产生很小的侧向变形，因而可认为它和固结仪中土样的受力和变形条件很相近，其沉降量可用下式计算。

$$s=\frac{e_1-e_2}{1+e_1}H$$

式中　H——土层厚度；

e_1——e-p 曲线上土层顶、底处自重应力平均值 p_{cz} (即原始压力 $p_1=p_{cz}$)所对应的孔隙比；

e_2——e-p 曲线上土层顶、底处自重应力平均值 p_{cz} 与附加应力平均值 p_0 之和 $p_2=p_{cz}+p_0$ 所对应的孔隙比。

当 $p_1=100\text{kPa}$ 时，$e_1=0.828$；当 $p_2=100+200=300(\text{kPa})$ 时，$e_2=0.710$。故可得最终沉降量为

$$s=\frac{e_1-e_2}{1+e_1}H=\frac{0.828-0.710}{1+0.828}\times 2000\approx 129.1(\text{mm})$$

【例 4-2】 某厂房柱下为单独方形基础，已知基础底面尺寸为 $4.0\text{m}\times 4.0\text{m}$，埋置深度 $d=1.0\text{m}$，地基为粉质黏土，地下水位距天然地面 3.4m；上部荷重传至基础顶面为 $F=1440\,\text{kN}$，土的天然重度 $\gamma=16.0\text{kN/m}^3$，饱和重度 $\gamma_{sat}=17.2\text{kN/m}^3$，有关计算资料如图 4.12 所示。试用分层总和法计算该地基的最终沉降量。

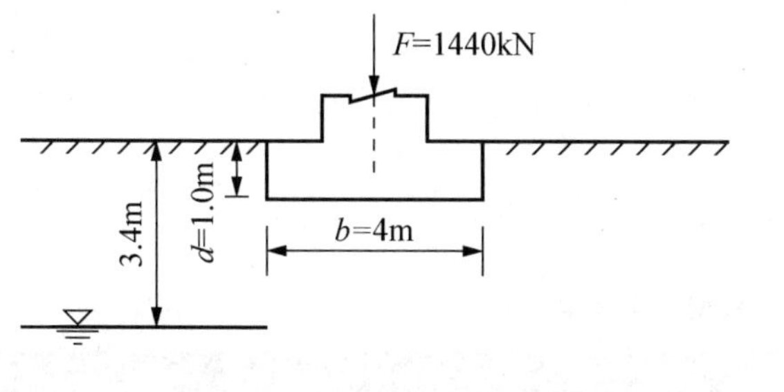

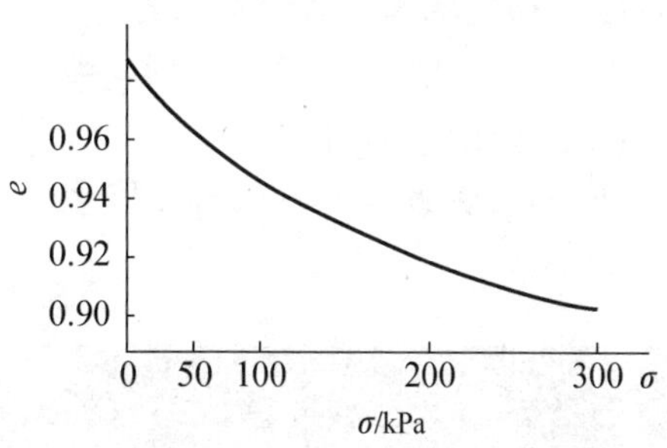

图 4.12　例 4-2 图

【解】(1) 计算分层厚度。

每层厚度 $h_i < 0.4b = 1.6\text{m}$。地下水位以上分两层，各 1.2m；地下水位以下按 1.6m 分层。

(2) 计算地基土的自重应力。

自重应力从天然地面起算，z 的取值从基础底面起算。表 4-2 所列为地基土在不同深度 z 处的自重应力 σ_{cz} 值。

表 4-2　地基土在不同深度 z 处的自重应力 σ_{cz} 值

z/m	0	1.2	2.4	4.0	5.6	7.2
σ_{cz} /kPa	16.0	35.2	54.4	65.9	77.4	89.0

(3) 计算基础底面压力。按计算公式可得

$$G = \gamma_G A d = 320\text{kN}$$

$$p = \frac{F+G}{A} = 110\text{kPa}$$

(4) 计算基础底面附加压力。计算得

$$p_0 = p - \gamma d = 94\text{kPa}$$

(5) 计算基础中心点下地基中的附加应力。

用角点法计算，通过基础底面中心点将荷载面四等分，计算边长 $l = b = 2\text{m}$，$\sigma_z = 4\alpha_c p_0$，α_c 为矩形面积均布荷载作用下角点下的附加应力系数。计算结果见表 4-3。

表 4-3　计算结果

z/m	z/b	α_c	σ_z /kPa	σ_{cz} /kPa	σ_z / σ_{cz}	z_n /m
0	0	0.2500	94.0	16.0	—	—
1.2	0.6	0.2229	83.8	35.2		
2.4	1.2	0.1516	57.0	54.4		
4.0	2.0	0.0840	31.6	65.9		
5.6	2.8	0.0502	18.9	77.4	0.24	
7.2	3.6	0.0326	12.3	89.0	0.14	7.2

（6）确定地基沉降计算深度 z_n。

根据 $\sigma_z = 0.2\sigma_{cz}$ 的确定原则，由计算结果取 $z_n = 7.2\text{m}$。

（7）最终沉降量计算。

根据 e-p 曲线计算各层的沉降量，见表 4-4。

表 4-4　各层的沉降量

z /m	σ_{cz} /kPa	σ_z /kPa	h /mm	$\bar{\sigma}_{cz}$ /kPa	$\bar{\sigma}_z$ /kPa	$\bar{\sigma}_{cz}+\bar{\sigma}_z$ /kPa	e_{1i}	e_{2i}	$e_{1i}-e_{2i}$	s_i /mm
0	16	94.0	—	—	—	—	—	—	—	—
1.2	35.2	83.8	1200	25.6	88.9	114.5	0.970	0.937	0.033	20.2
2.4	54.4	57.0	1200	44.8	70.4	115.2	0.960	0.936	0.024	14.6
4.0	65.9	31.6	1600	60.2	44.3	104.5	0.954	0.940	0.014	11.5
5.6	77.4	18.9	1600	71.7	25.3	97.0	0.948	0.942	0.006	5.0
7.2	89.0	12.3	1600	83.2	15.6	98.8	0.944	0.940	0.004	3.4

按分层总和法求得基础最终沉降量为

$$s = \sum_{i=1}^{n} s_i = 54.7\text{mm}$$

4.5.2 规范法计算地基最终沉降量

GB 50007—2011《建筑地基基础设计规范》所推荐的地基最终沉降量计算方法是另一种形式的分层总和法，也采用侧限条件的压缩性指标，但运用了地基平均附加应力系数计算地基最终沉降量，该方法确定地基沉降计算深度 z_n 的标准也不同于前面介绍的分层总和法，其引入了沉降计算经验系数，使得计算结果比分层总和法更接近于实测值。由于该方法是《建筑地基基础设计规范》所推荐的地基最终沉降量计算方法，故习惯上称之为规范法。

在已介绍的分层总和法中，由于应力扩散作用，每一分层上下分界面处的应力实际上是不相等的，而我们在压缩曲线上取值时，近似地取其上下分界面处应力的平均值来作为该分层内应力的计算值。这样的处理显然是为了简化计算，但同时也会有缺憾，那就是当分层厚度较大时，计算结果的误差也会加大。为了提高计算精度，不妨设想把分层的厚度取到足够小，即令 $h_i \to 0$，则每一分层上下界面处附加应力 $\sigma_{zi} \approx \sigma_{zi-1}$，进而有 $\bar{\sigma}_{zi} \to \sigma_{zi}$，根据式(4-17)可得

$$s' = \sum_{i=1}^{n} \frac{\bar{\sigma}_{zi}}{E_{si}} h_i \tag{4-18}$$

这里用 s' 表示未考虑经验修正的压缩沉降量，以和规范法经过经验修正后的最终沉降量 s 相区别。根据定积分的定义和条件，假设自基础底面至深度 z 的土层均质、压缩模量 E_{si} 不随深度变化，则式(4-18)可表示为

$$s' = \frac{1}{E_{si}} \int_0^z \sigma_z \mathrm{d}z = \frac{A}{E_{si}} \tag{4-19}$$

式中 A——深度 z 范围内的附加应力分布面积，即

$$A=\int_0^z \sigma_z \mathrm{d}z = p_0\int_0^z \alpha \mathrm{d}z$$

上述积分式中的 α 是随地基沉降计算深度 z 而变化的应力系数，根据积分中值定理，在与深度 $0\sim z$ 变化范围内对应的 α 中总能找到一个 $\bar{\alpha}$，使得 $\int_0^z \alpha \mathrm{d}z = \bar{\alpha}z$，于是有

$$s'=\frac{A}{E_{si}}=\frac{p_0\bar{\alpha}z}{E_{si}} \tag{4-20}$$

式中 $\bar{\alpha}$——平均附加应力系数，如图 4.13 所示。

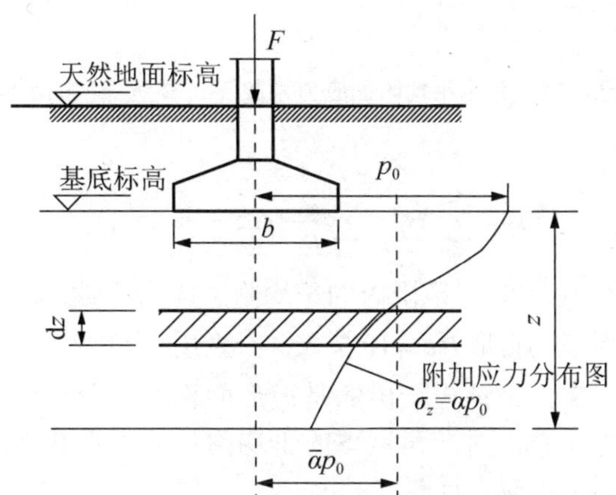

图 4.13 平均附加应力系数示意

如果提前把不同条件下的 $\bar{\alpha}$ 算出并制成表格，会大大简化计算，使我们不必人为地把土层细分为很多薄层，也不必进行积分运算这样的复杂工作，就能准确地计算出均质土层的沉降量。式(4-20)可以这样理解，即均质地基的压缩沉降量等于地基沉降计算深度范围内附加应力曲线所包围的面积与压缩模量的比值，这是规范法的重要思路。

实际地基土是有自然分层的，基础底面下受压缩的土层可能存在压缩性不同的若干土层，此时不便于直接用式(4-20)计算最终沉降量，但可以应用解决上述问题的思想来解决这一问题，即把求压缩沉降量转化为求应力面积，如图 4.14 所示，图中地基第 i 层土内应力曲线所包围的面积记为 A_{3465}。

由图有

$$A_{3465}=A_{1243}-A_{1265}$$

而其中应力面积分别为

$$A_{1243}=\bar{\alpha}_i p_0 z_i\text{，}\quad A_{1265}=\bar{\alpha}_{i-1}p_0 z_{i-1}$$

则该层土的压缩沉降量为

$$s_i'=\frac{A_{1243}-A_{1265}}{E_{si}}=\frac{p_0}{E_{si}}(\bar{\alpha}_i z_i-\bar{\alpha}_{i-1}z_{i-1})$$

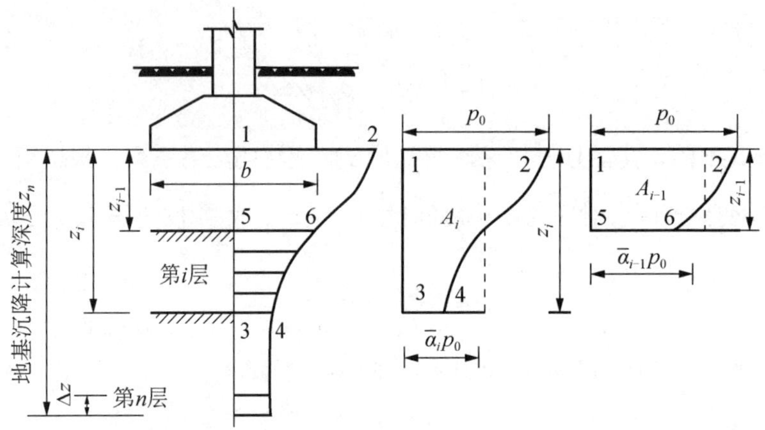

图 4.14 采用平均附加应力系数 $\bar{\alpha}$ 计算沉降量的示意

多层地基土总的沉降量为

$$s' = \sum_{i=1}^{n} \Delta s_i' = \sum_{i=1}^{n} \frac{p_0}{E_{si}} (\bar{\alpha}_i z_i - \bar{\alpha}_{i-1} z_{i-1}) \tag{4-21}$$

式中 $\bar{\alpha}_i$、$\bar{\alpha}_{i-1}$——分别为 z_i 和 z_{i-1} 范围内的平均附加应力系数，矩形基础可按表 4-5 查用，条形基础可取 $l/b=10$ 按表 4-5 查用，其中 l 与 b 分别为基础的长边和短边。需注意该表给出的是矩形面积均布荷载作用下角点下的平均附加应力系数，对非角点下的平均附加应力系数需采用角点法计算，其方法同土中应力计算。

E_{si}——基础底面下第 i 层土的压缩模量，应取土的自重应力至土的自重应力与附加应力之和的压力段计算。

表 4-5 矩形面积均布荷载作用下角点下的平均附加应力系数 $\bar{\alpha}$

z/b	l/b											
	1.0	1.2	1.4	1.6	2.0	2.4	2.8	3.2	3.6	4.0	5.0	10.0
0.0	0.2500	0.2500	0.2500	0.2500	0.2500	0.2500	0.2500	0.2500	0.2500	0.2500	0.2500	0.2500
0.2	0.2496	0.2497	0.2497	0.2498	0.2498	0.2498	0.2498	0.2498	0.2498	0.2498	0.2498	0.2498
0.4	0.2474	0.2497	0.2481	0.2483	0.2483	0.2484	0.2485	0.2485	0.2485	0.2485	0.2485	0.2485
0.6	0.2423	0.2437	0.2444	0.2448	0.2451	0.2452	0.2454	0.2455	0.2455	0.2455	0.2455	0.2455
0.8	0.2346	0.2372	0.2387	0.2395	0.2400	0.2403	0.2407	0.2408	0.2409	0.2409	0.2410	0.2410
1.0	0.2252	0.2291	0.2313	0.2326	0.2335	0.2340	0.2346	0.2349	0.2351	0.2352	0.2352	0.2353
1.2	0.2149	0.2199	0.2229	0.2248	0.2260	0.2268	0.2278	0.2282	0.2285	0.2286	0.2287	0.2288
1.4	0.2043	0.2102	0.2140	0.2164	0.2180	0.2191	0.2204	0.2211	0.2215	0.2217	0.2218	0.2220
1.6	0.1939	0.2006	0.2049	0.2079	0.2099	0.2113	0.2130	0.2138	0.2143	0.2146	0.2148	0.2150
1.8	0.1840	0.1912	0.1960	0.1994	0.2018	0.2034	0.2055	0.2066	0.2073	0.2077	0.2079	0.2082
2.0	0.1746	0.1822	0.1875	0.1912	0.1938	0.1958	0.1982	0.1996	0.2004	0.2009	0.2012	0.2015
2.2	0.1659	0.1737	0.1793	0.1833	0.1862	0.1883	0.1911	0.1927	0.1937	0.1943	0.1947	0.1952
2.4	0.1578	0.1657	0.1715	0.1757	0.1789	0.1812	0.1843	0.1862	0.1873	0.1880	0.1885	0.1890
2.6	0.1503	0.1583	0.1642	0.1686	0.1719	0.1745	0.1779	0.1799	0.1812	0.1820	0.1825	0.1832

续表

z/b	l/b											
	1.0	1.2	1.4	1.6	2.0	2.4	2.8	3.2	3.6	4.0	5.0	10.0
2.8	0.1433	0.1514	0.1574	0.1619	0.1654	0.1680	0.1717	0.1739	0.1753	0.1763	0.1769	0.1777
3.0	0.1369	0.1449	0.1510	0.1556	0.1592	0.1619	0.1658	0.1682	0.1698	0.1708	0.1715	0.1725
3.2	0.1310	0.1390	0.1450	0.1497	0.1533	0.1562	0.1602	0.1628	0.1645	0.1657	0.1664	0.1675
3.4	0.1256	0.1334	0.1394	0.1441	0.1478	0.1508	0.1550	0.1577	0.1595	0.1607	0.1616	0.1628
3.6	0.1205	0.1282	0.1342	0.1389	0.1427	0.1456	0.1500	0.1528	0.1548	0.1561	0.1570	0.1583
3.8	0.1158	0.1234	0.1293	0.1340	0.1378	0.1408	0.1452	0.1482	0.1502	0.1516	0.1526	0.1541
4.0	0.1114	0.1189	0.1248	0.1294	0.1332	0.1362	0.1408	0.1438	0.1459	0.1474	0.1485	0.1500
4.2	0.1073	0.1147	0.1205	0.1251	0.1289	0.1319	0.1365	0.1396	0.1418	0.1434	0.1445	0.1462
4.4	0.1035	0.1107	0.1164	0.1210	0.1248	0.1279	0.1325	0.1357	0.1379	0.1396	0.1407	0.1425
4.6	0.1000	0.1070	0.1127	0.1172	0.1209	0.1240	0.1287	0.1319	0.1342	0.1359	0.1371	0.1390
4.8	0.0967	0.1036	0.1091	0.1136	0.1173	0.1204	0.1250	0.1283	0.1307	0.1324	0.1337	0.1357
5.0	0.0935	0.1003	0.1057	0.1102	0.1139	0.1169	0.1216	0.1249	0.1273	0.1291	0.1304	0.1325
5.2	0.0906	0.0972	0.1026	0.1070	0.1106	0.1136	0.1183	0.1217	0.1241	0.1259	0.1273	0.1295
5.4	0.0878	0.0943	0.0996	0.1039	0.1075	0.1105	0.1152	0.1186	0.1211	0.1229	0.1243	0.1265
5.6	0.0852	0.0916	0.0968	0.1010	0.1046	0.1076	0.1122	0.1156	0.1181	0.1200	0.1215	0.1238
5.8	0.0828	0.0890	0.0941	0.0983	0.1018	0.1047	0.1094	0.1128	0.1153	0.1172	0.1187	0.1211
5.9	0.0817	0.0878	0.0929	0.0970	0.1005	0.1034	0.1081	0.1115	0.1140	0.1159	0.1174	0.1198
6.0	0.0805	0.0866	0.0916	0.0957	0.0991	0.1021	0.1067	0.1101	0.1126	0.1146	0.1161	0.1185
6.2	0.0783	0.0842	0.0891	0.0932	0.0966	0.0995	0.1041	0.1075	0.1101	0.1120	0.1136	0.1161
6.4	0.0762	0.0820	0.0869	0.0909	0.0942	0.0971	0.1016	0.1050	0.1076	0.1096	0.1111	0.1137
6.6	0.0742	0.0799	0.0847	0.0886	0.0919	0.0948	0.0993	0.1027	0.1053	0.1073	0.1088	0.1114
6.8	0.0723	0.0779	0.0826	0.0865	0.0898	0.0926	0.0970	0.1004	0.1030	0.1050	0.1066	0.1092
7.0	0.0705	0.0761	0.0806	0.0844	0.0877	0.0904	0.0949	0.0982	0.1008	0.1028	0.1044	0.1071
7.2	0.0688	0.0742	0.0787	0.0825	0.0857	0.0884	0.0928	0.0962	0.0987	0.1008	0.1023	0.1051
7.4	0.0672	0.0725	0.0769	0.0806	0.0838	0.0865	0.0908	0.0942	0.0967	0.0988	0.1004	0.1031
7.6	0.0656	0.0709	0.0752	0.0789	0.0820	0.0846	0.0889	0.0922	0.0948	0.0968	0.0984	0.1012
7.8	0.0642	0.0693	0.0736	0.0771	0.0802	0.0828	0.0871	0.0904	0.0929	0.0950	0.0966	0.0994
8.0	0.0627	0.0678	0.0720	0.0755	0.0785	0.0811	0.0853	0.0886	0.0912	0.0932	0.0948	0.0976
8.2	0.0614	0.0663	0.0705	0.0739	0.0769	0.0795	0.0837	0.0869	0.0894	0.0914	0.0931	0.0959
8.4	0.0601	0.0649	0.0690	0.0724	0.0754	0.0779	0.0820	0.0852	0.0878	0.0893	0.0914	0.0943
8.6	0.0588	0.0636	0.0676	0.0710	0.0739	0.0764	0.0805	0.0836	0.0862	0.0882	0.0898	0.0927
8.8	0.0576	0.0623	0.0663	0.0696	0.0724	0.0749	0.0790	0.0821	0.0846	0.0866	0.0882	0.0912
9.2	0.0554	0.0599	0.0637	0.0670	0.0697	0.0721	0.0761	0.0792	0.0817	0.0837	0.0853	0.0882
9.6	0.0533	0.0577	0.0614	0.0645	0.0672	0.0696	0.0734	0.0765	0.0789	0.0809	0.0825	0.0855
10.0	0.0514	0.0556	0.0592	0.0622	0.0649	0.0672	0.071	0.0739	0.0763	0.0783	0.0799	0.0829

续表

z/b	l/b											
	1.0	1.2	1.4	1.6	2.0	2.4	2.8	3.2	3.6	4.0	5.0	10.0
10.4	0.0496	0.0537	0.0572	0.0601	0.0627	0.0649	0.0686	0.0716	0.0739	0.0759	0.0775	0.0804
10.8	0.0479	0.0519	0.0553	0.0581	0.0606	0.0628	0.0664	0.0693	0.0717	0.0736	0.0751	0.0781
11.2	0.0463	0.0502	0.0535	0.0563	0.0587	0.0609	0.0644	0.0672	0.0695	0.0714	0.073	0.0759
11.6	0.0448	0.0486	0.0518	0.0545	0.0569	0.059	0.0625	0.0652	0.0675	0.0694	0.0709	0.0738
12.0	0.0435	0.0471	0.0502	0.0529	0.0552	0.0573	0.0606	0.0634	0.0656	0.0674	0.069	0.0719
12.8	0.0409	0.0444	0.0474	0.0499	0.0521	0.0541	0.0573	0.0599	0.0621	0.0639	0.0654	0.0682
13.6	0.0387	0.042	0.0448	0.0472	0.0493	0.0512	0.0543	0.0568	0.0589	0.0607	0.0621	0.0649
14.4	0.0367	0.0398	0.0425	0.0448	0.0468	0.0486	0.0516	0.054	0.0561	0.0577	0.0592	0.0619
15.2	0.0349	0.0379	0.0404	0.0426	0.0446	0.0463	0.0492	0.0515	0.0535	0.0551	0.0565	0.0592
16.0	0.0332	0.0361	0.0385	0.0407	0.0425	0.0442	0.0469	0.0492	0.0511	0.0527	0.054	0.0567
18.0	0.0297	0.0323	0.0345	0.0364	0.0381	0.0396	0.0422	0.0442	0.046	0.0475	0.0487	0.0512
20.0	0.0269	0.0292	0.0312	0.033	0.0345	0.0359	0.0383	0.0402	0.0418	0.0432	0.0444	0.0468

地基沉降计算深度 z_n 应符合式(4-22)的规定。当地基沉降计算深度下部仍有较软土层时，应继续计算。

$$\Delta s_n' \leqslant 0.025\sum_{i=1}^{n} s_i' \tag{4-22}$$

式中 s_i'——在地基沉降计算深度 z_n 范围内，第 i 层土的计算沉降量(mm)；

$\Delta s_n'$——在地基沉降计算深度 z_n 处向上取厚度 Δz 土层的计算沉降量(mm)，Δz 按表 4-6 确定。

表 4-6　计算厚度 Δz 值

基础宽度 b/m	$b\leqslant2$	$2<b\leqslant4$	$4<b\leqslant8$	$b>8$
Δz / m	0.3	0.6	0.8	1.0

当无相邻荷载影响，基础宽度在 1～30m 范围内时，基础中点的地基沉降计算深度也可按简化公式(4-23)进行计算。在地基沉降计算深度范围内存在基岩时，z_n 可取至基岩表面；当存在较厚的坚硬黏性土层，其孔隙比小于 0.5、压缩模量大于 50MPa，或存在较厚的密实砂卵石层，其压缩模量大于 80MPa 时，z_n 可取至该层土表面。

$$z_n = b(2.5-0.4\ln b) \tag{4-23}$$

式中 b——基础宽度(m)。

多年的工程实践及对沉降观测资料分析发现，影响地基最终沉降量计算准确度的因素很多。为了提高计算准确度，地基沉降计算深度范围内的计算沉降量 s' 尚须乘以一个沉降计算经验系数 ψ_s，即

$$s = \psi_s s' = \psi_s\sum_{i=1}^{n}\Delta s_i' = \psi_s\sum_{i=1}^{n}\frac{p_0}{E_{si}}(z_i\bar{\alpha}_i - z_{i-1}\bar{\alpha}_{i-1}) \tag{4-24}$$

式中 s——规范法计算出的最终沉降量(mm)；

ψ_s——沉降计算经验系数，根据地区观测资料及经验确定，无地区经验时可根据地基沉降计算深度范围内压缩模量的当量值、基础底面附加压力按表4-7取值；

n——压缩层范围内所划分的土层数；

p_0——相应于作用的准永久组合时基础底面处的附加压力(kPa)；

E_{si}——基础底面下第i层土的压缩模量(MPa)，按实际应力范围取值；

z_i、z_{i-1}——基础底面至第i层土、第$i-1$层土底面的距离(m)；

$\bar{\alpha}_i$、$\bar{\alpha}_{i-1}$——基础底面计算点至第i层土、第$i-1$层土底面范围内的平均附加应力系数。

表4-7 沉降计算经验系数ψ_s

基础底面附加压力	$\bar{E}_s$ /MPa				
	2.5	4.0	7.0	15.0	20.0
$p_0 \geqslant f_{ak}$	1.4	1.3	1.0	0.4	0.2
$p_0 \leqslant 0.7f_{ak}$	1.1	1.0	0.7	0.4	0.2

表4-7中，$\bar{E}_s$为地基沉降计算深度内压缩模量的当量值，按下式计算。

$$\bar{E}_s = \frac{\sum A_i}{\sum \frac{A_i}{E_{si}}}$$

式中 A_i——第i层土附加应力分布图的面积；

E_{si}——相应于该土层i的侧限变形模量。

考虑刚性下卧层的影响时，按下式计算地基的沉降量。

$$s_{gz} = \beta_{gz} s_z \tag{4-25}$$

式中 s_{gz}——具有刚性下卧层时，地基土的沉降量计算值(mm)；

β_{gz}——具有刚性下卧层时的地基变形增大系数，按表4-8采用；

s_z——沉降量计算深度(mm)，相当于实际土层厚度计算按式(4-24)确定的地基最终沉降量计算值。

表4-8 具有刚性下卧层时的地基变形增大系数β_{gz}

h/b	0.5	1.0	1.5	2.0	2.5
β_{gz}	1.26	1.17	1.12	1.09	1.00

注：h为基础底面下的土层厚度，b为基础底面宽度。

【例4-3】 独立基础尺寸为$4.0\text{m}\times4.0\text{m}$，基础底面处的附加压力为130kPa，地基承载力特征值$f_{ak}=180\text{kPa}$，根据表4-9提供的数据，试采用分层总和法计算独立柱基的地基最终沉降量(地基沉降计算深度为基础底面下6.0m，沉降计算经验系数取$\psi_s=0.4$)。

表 4-9　地基土层压缩性数据

第 i 层土	基础底面至第 i 层土底面距离 z_i /m	E_s/MPa
1	1.6	16
2	3.2	11
3	6.0	25
4	30.0	60

【解】 基础中心点的最终沉降量计算见表 4-10。

表 4-10　基础中心点的最终沉降量计算表

z/m	l/b	z/b	$\overline{\alpha}$	$z\overline{\alpha}$	$z_i\overline{\alpha}_i - z_{i-1}\overline{\alpha}_{i-1}$	E_s/MPa	$\Delta s'$ /mm	$\sum\Delta s'$ /mm
1.6	1.0	0.8	$1\times0.2436-0.9744$	1.5590	1.5590	16	12.67	12.67
3.2	1.0	1.6	$1\times0.1939-0.7756$	2.4819	0.9229	11	10.91	23.58
6.0	1.0	3.0	$1\times0.1369-0.5476$	3.2856	0.8037	25	4.18	27.76

则所求最终沉降量为

$$s=\psi_s\sum\Delta s'=0.4\times27.76\approx11.1(\text{mm})$$

基础中心最终沉降量为11.1mm。

【例 4-4】矩形基础底面尺寸为 2.0m×2.0m，基础底面附加压力 $p_0=185\text{kPa}$，基础埋置深度 3.0m。土层分布如下：0～4.0m 为粉质黏土，$\gamma=18\text{kN/m}^3$，$E_s=3.3\text{MPa}$，$f_{ak}=185\text{kPa}$；4.0～7.0m 为粉土，$E_s=5.5\text{MPa}$；7.0m 以下为中砂，$E_s=7.8\text{MPa}$。有关沉降量计算数据见表 4-11，按照规范法，当地基沉降计算深度 $z_n=4.5\text{m}$ 时，试计算该地基的最终沉降量。

表 4-11　沉降量计算数据

z/m	$z_i\overline{\alpha}_i - z_{i-1}\overline{\alpha}_{i-1}$	E_s/MPa	$\Delta s'$ /mm	$s'=\sum\Delta s'$ /mm
0	0			
1.0	0.225×4	3.3	50.5	50.5
4.0	0.219×4	5.5	29.5	80.0
4.5	0.015×4	7.8	1.40	81.4

【解】 计算 z_n 深度范围内压缩模量的当量值 $\overline{E_s}$ 为

$$\overline{E_s}=\frac{\sum_{i=1}^{n}\Delta A_i}{\sum_{i=1}^{n}\frac{\Delta A_i}{E_{si}}}=\frac{p_0(z_1\overline{\alpha}_1-0\times\overline{\alpha}_0)}{p_0\left[\frac{z_1\overline{\alpha}_1-0\times\overline{\alpha}_0}{E_{s1}}+\frac{z_2\overline{\alpha}_2-z_1\overline{\alpha}_1}{E_{s2}}+\frac{z_3\overline{\alpha}_3-z_2\overline{\alpha}_2}{E_{s3}}\right]}$$

$$=\frac{0.225+0.219+0.015}{\frac{0.225}{3.3}+\frac{0.219}{5.5}+\frac{0.015}{7.8}}=\frac{0.459}{0.068+0.04+0.0019}=\frac{0.459}{0.1099}\approx4.18$$

已知 $p_0 = 185\text{kPa} = f_{ak}$，按表 4-7 内插得 $\psi_s = 1.282$，则地基最终沉降量为

$$s = \psi_s s' = 1.282 \times 81.4 \approx 104.4(\text{mm})$$

4.5.3 斯肯普顿-比伦法计算地基最终沉降量

根据对黏性土地基在外荷载作用下实际变形发展的观察和分析，可认为地基土的总沉降量 s 是由以下三个分量组成的，如图4.15所示。

$$s = s_d + s_c + s_s \tag{4-26}$$

式中 s_d——瞬时沉降(畸变沉降)；

s_c——固结沉降(主固结沉降)；

s_s——次固结沉降。

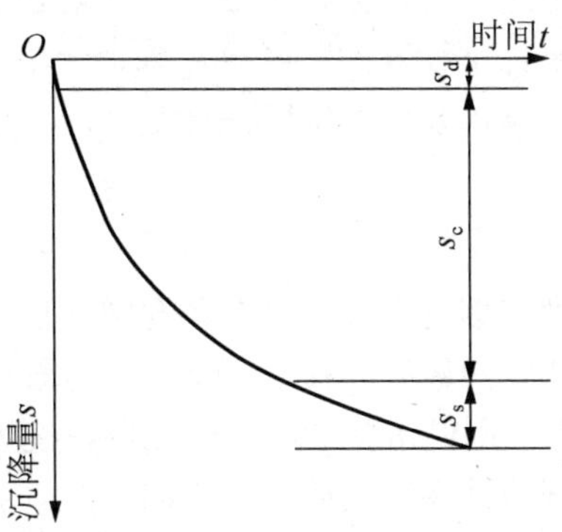

图 4.15 地基表面某点总沉降量的三分量示意图

此分析方法是由比伦(L.Bjerrum)基于斯肯普顿(A.W.Skempton)地基沉降的三分量示意图提出的比较全面计算总沉降量的方法，称为计算地基最终沉降量的变形发展三分法，也称斯肯普顿-比伦法。

1. 瞬时沉降

瞬时沉降是紧随着加压之后地基即时发生的沉降，地基土在外荷载作用下其体积还来不及发生涉及整体的变化，主要是地基土的畸曲变形，也称畸变沉降、初始沉降或不排水沉降。斯肯普顿提出黏性土层初始不排水变形所引起的瞬时沉降可用弹性力学公式进行计算，饱和及接近饱和的黏性土在受到中等应力增量的作用时，整个土层的弹性模量可近似地假定为常数。

黏性土地基上基础的瞬时沉降 s_d 按下式估算。

$$s_d = \omega(1-\upsilon^2)\frac{p_0 b}{E} \tag{4-27}$$

式中 b——基础的宽度。

E、υ——分别为土的弹性模量和泊松比；一般取 $\upsilon = 0.5$，则式(4-27)变为 $s_d = 0.75\omega p_0 b/E$。

ω——沉降影响系数，按表 4-12 采用。表中 ω_c、ω_0、ω_m 分别为完全柔性基础(均布荷载)角点、中点和平均值的沉降影响系数，ω_r 为刚性基础在轴心荷载作用下(平均压力为 p_0)的沉降影响系数。

表 4-12 沉降影响系数 ω

计算点位置		荷载形状												
		圆形	方形	矩形 l/b										
				1.5	2.0	3.0	4.0	5.0	6.0	7.0	8.0	9.0	10.0	100.0
柔性基础	ω_c	0.64	0.56	0.68	0.77	0.89	0.98	1.05	1.11	1.16	1.20	1.24	1.27	2.00
	ω_0	1.00	1.12	1.36	1.53	1.78	1.96	2.10	2.22	2.32	2.40	2.48	2.54	4.01
	ω_m	0.85	0.95	1.15	1.30	1.52	1.70	1.83	1.96	2.04	2.12	2.19	2.25	3.70
刚性基础	ω_r	0.79	0.88	1.08	1.22	1.44	1.61	1.72	—	—	—	—	2.12	3.40

2．固结沉降

固结沉降是随着超孔隙水压力的消散、有效应力的增长而完成的。斯肯普顿建议实际的固结沉降量 s_c^t 由单向压缩条件下计算的沉降量 s_c 乘上一个考虑侧向变形的修正系数 λ 确定，即 $s_c^t = \lambda s_c$，其中 s_c 按正常固结、超固结土的 e-$\lg p$ 曲线确定，固结沉降修正系数 $\lambda \approx 0.2 \sim 1.2$。

3．次固结沉降

次固结沉降被认为与土骨架蠕变有关，是在超孔隙水压力已经消散、有效应力增长基本不变之后仍随时间而缓慢增长的压缩。在次固结沉降过程中，土的体积变化速率与孔隙水从土中流出的速率无关，即次固结沉降的时间与土层厚度无关。

许多室内试验和现场测试的结果都表明，在主固结沉降完成之后发生的次固结沉降的大小与时间的关系在半对数孔隙比与时间的关系图上接近于一条直线，如图 4.16 所示。因而由次固结沉降引起的孔隙比变化可近似表示为

$$\Delta e = C_a \lg \frac{t}{t_1} \tag{4-28}$$

式中 C_a——半对数图上直线的斜率，称为次压缩系数；

t——所求次固结沉降的时间，$t \geqslant t_1$；

t_1——相应于主固结度为 100%的时间，根据 e-$\lg p$ 曲线外推而得(图 4.16)。

地基次固结沉降的计算公式如下。

$$s_s = \sum_{i=1}^{n} \frac{H_i}{1+e_{0i}} C_{ai} \lg \frac{t}{t_1} \tag{4-29}$$

式中 C_{ai}——第 i 层土次固结系数；

e_{0i}——第 i 层土初始孔隙比；

H_i——第 i 层土厚度；

t_1——第 i 层土次固结变形开始产生的时间；

t——计算所求次固结沉降 s_s 产生的时间。

根据许多室内和现场试验结果，C_a 值主要取决于土的天然含水率 w，近似计算时取 $C_a = 0.018w$。

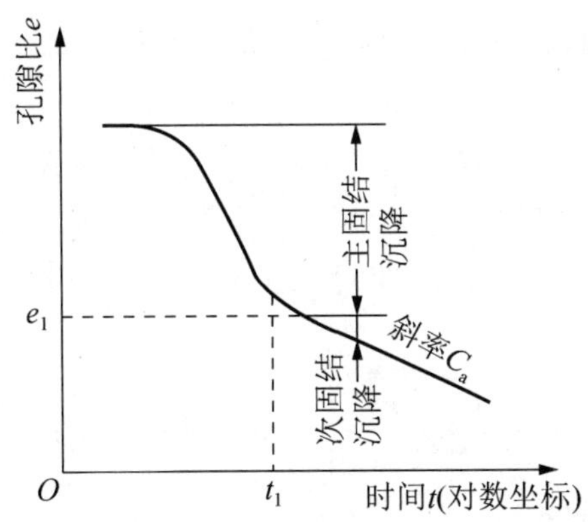

图 4.16 次固结沉降计算时的孔隙比与时间关系曲线

4.5.4 考虑应力历史影响的最终沉降量计算法

天然土层在历史形成过程中经受过不同的固结压力(指土体在固结过程中所受的有效压力)，因此，不同应力历史的土体具有不同的压缩曲线，尤其对黏性土，应考虑土的应力历史、恢复土的原始压缩曲线来计算地基的最终沉降量才能得出较为准确的结果。按照固结压力与现有压力对比的状况，可将土(主要为黏性土和粉土)分为正常固结土、超固结土和欠固结土三类。只要在地基沉降计算通常采用的(单向压缩)分层总和法中，将土体压缩系数 a 改成由原始压缩曲线 e-lg$p$ 确定的压缩指数 C_c，就可考虑应力历史对地基沉降的影响。

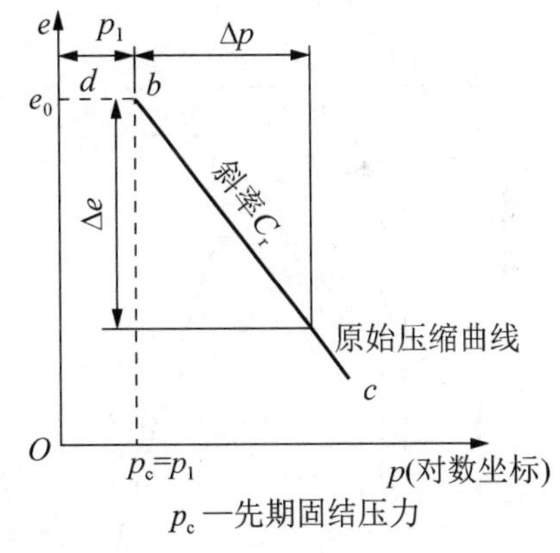

图 4.17 正常固结土的原始压缩曲线

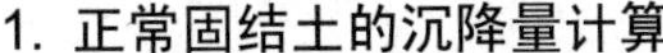

1. 正常固结土的沉降量计算

正常固结土初始状态点在压缩曲线主支上，如图 4.17 中 b 点所示，当附加应力使土体体积减小时，土体体积压缩量沿着压缩主支发展，即沿着 bc 线发展，因此，在计算土体变形时可采用压缩指数。利用分层总和法计算地基最终沉降量的公式如下。

$$s=\sum_{i=1}^{n}\frac{H_i}{1+e_{0i}}\left[C_{ci}\lg\left(\frac{p_{1i}+\Delta p_i}{p_{1i}}\right)\right] \tag{4-30}$$

式中 p_{1i}——第 i 层土的自重应力平均值；

Δp_i——第 i 层土的附加应力平均值(有效应力增量)；

e_{0i}——第 i 层土的初始孔隙比；

C_{ci}——从原始压缩曲线上确定的第 i 层土的压缩指数。

2. 超固结土的沉降量计算

首先由原始压缩曲线和再压缩曲线分别确定土的压缩指数 C_c 和回弹指数 C_e，如图 4.18 所示，然后按下述公式计算沉降量。

若土层附加应力 $\Delta p>(p_c-p_1)$，即对 $p_1+\Delta p>p_c$ 的分层土[图 4.18(a)]，其总沉降量 s_n 为

$$s_n=\sum_{i=1}^{n}\frac{H_i}{1+e_{0i}}\left[C_{ei}\lg\frac{p_{ci}}{p_{1i}}+C_{ci}\lg\left(\frac{p_{1i}+\Delta p_i}{p_{ci}}\right)\right] \tag{4-31}$$

若土层附加应力 $\Delta p<(p_c-p_1)$，即对 $p_1+\Delta p<p_c$ 的分层土[图 4.18(b)]，其总沉降量 s_m 为

$$s_m=\sum_{i=1}^{m}\frac{H_i}{1+e_{0i}}\left[C_{ei}\lg\left(\frac{p_{1i}+\Delta p_i}{p_{1i}}\right)\right] \tag{4-32}$$

式中 H_i——第 i 层土的厚度；

e_{0i}——第 i 层土的原始孔隙比；

C_{ei}、C_{ci}——第 i 层土的回弹指数和压缩指数；

p_{ci}——第 i 层土的先期固结压力；

p_{1i}——第 i 层土的自重应力平均值，$p_{1i}=\left[\sigma_{ci}+\sigma_{c(i-1)}\right]/2$；

Δp_i——第 i 层土附加应力的平均值(有效应力增量)，$\Delta p_i=\left[\sigma_{zi}+\sigma_{z(i-1)}\right]/2$。

整个土层的总沉降量 s 为上述两部分之和，即 $s=s_n+s_m$。

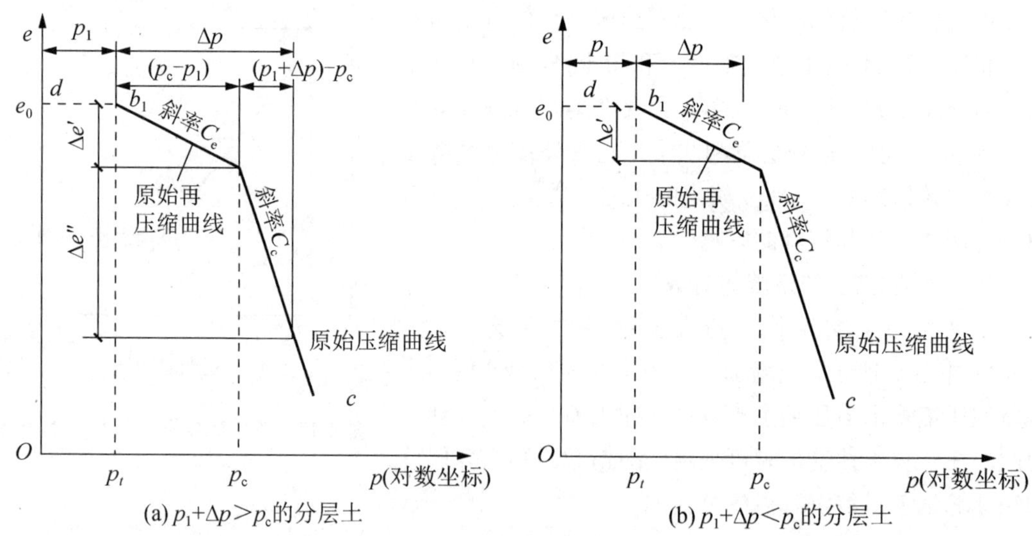

图 4.18　超固结土的原始压缩曲线

3. 欠固结土的沉降量计算

欠固结土可近似地按与正常固结土一样的方法求得原始压缩曲线，如图 4.19 所示，其沉降量计算公式如下。

$$s=\sum_{i=1}^{m}\frac{H_i}{1+e_{0i}}\left[C_{ci}\lg\left(\frac{p_{1i}+\Delta p_i}{p_{ci}}\right)\right] \tag{4-33}$$

若按正常固结土的上述公式近似计算欠固结土的沉降量，所得的结果可能远小于实际观测的沉降量。

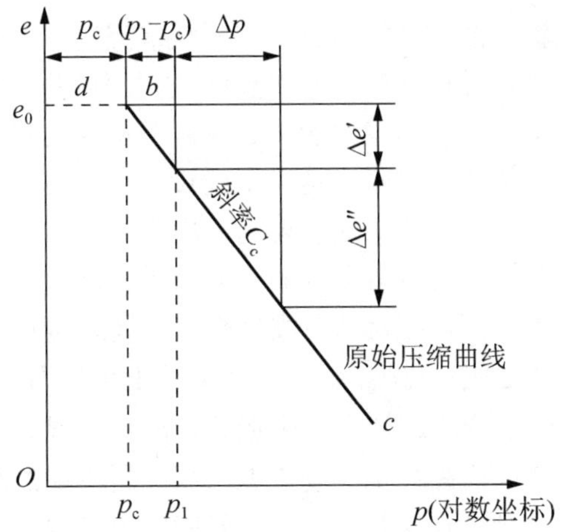

图 4.19 欠固结土的原始压缩曲线

【例 4-5】 某超固结黏土层厚度为 4.0m，先期固结压力 $p_c = 400\text{kPa}$，压缩指数 $C_c = 0.3$，再压缩曲线上回弹指数 $C_e = 0.1$，平均自重压力 $p_{cz} = 200\text{kPa}$，天然孔隙比 $e_0 = 0.8$，建筑物平均附加应力在该土层中为 $p_0 = 300\text{kPa}$。试计算该黏土层的最终沉降量。

【解】 超固结土的沉降量计算如下。

$$\Delta p = 300\text{kPa} > p_c - p_{cz} = 400 - 200 = 200(\text{kPa})$$

当 $\Delta p > (p_c - p_{cz})$ 时最终沉降量为

$$\begin{aligned} s_n &= \sum_{i=1}^{n} \frac{H_i}{1+e_{0i}} \left[C_{ei} \lg\left(\frac{p_{ci}}{p_{1i}}\right) + C_{ci} \lg\left(\frac{p_{1i}+\Delta p_i}{p_{ci}}\right) \right] \\ &= \frac{4000}{1+0.8} \left[0.1 \times \lg\left(\frac{400}{200}\right) + 0.3 \times \lg\left(\frac{200+300}{400}\right) \right] \\ &\approx 2222.2 \times (0.1 \times 0.3 + 0.3 \times 0.0969) \\ &\approx 131.3(\text{mm}) \end{aligned}$$

4.6 地基沉降与时间的关系——土的单向固结理论

土体的压缩实际上是孔隙的压缩，饱和土体的压缩是伴随着孔隙水的排出而完成的。对于饱和黏性土，在建筑物荷载的作用下孔隙水以渗流的方式排出，由于黏性土的渗透性差，使得地基沉降往往需要经过很长时间才能达到最终沉降量。在这种情况下，施工期间建筑物的沉降并不能全部完成，在正常使用期间建筑物还会缓慢地产生沉降。为了建筑物

的安全与正常使用，在工程实践和分析研究中就需要掌握沉降与时间关系的规律性，以便控制施工速度或考虑保障建筑物正常使用的安全措施，如预留建筑物有关部分之间的净空、考虑连接方法及施工顺序等。对容易发生裂缝、倾斜等事故的建筑物，更需要掌握沉降发展的趋势，采取相应的处理措施。在软土地基上建设高速公路时，掌握地基变形与时间的关系是选择地基处理方法、合理确定工期和控制工后沉降量的重要方面。

一般多层建筑物在施工期间的沉降量，对于碎石土或砂土可认为已完成最终沉降量的80%以上，对于其他低压缩性土可认为已完成最终沉降量的 50%～80%，对于中压缩性土可认为已完成最终沉降量的 20%～50%，对于高压缩性土可认为已完成最终沉降量的 5%～20%。碎石土和砂土压缩性小，渗透性大，变形经历的时间很短，当外荷载施加完毕后，地基沉降已全部或基本完成；而黏性土和粉土完成固结所需要的时间比较长，在厚层的饱和软黏土中，固结变形需要经过几年甚至几十年时间才能完成。因此，实践中一般只考虑黏性土和粉土的变形与时间的关系。

4.6.1 单向固结模型

饱和黏土在压力作用下，土体孔隙中的自由水随着时间的推移而逐渐被排出，土体孔隙体积逐渐减小，进而使孔隙水压力逐渐转由土粒骨架来承受，转移为有效应力，这一过程称为饱和土体的渗透固结。渗透固结即为饱和土体排水、压缩和应力转移三者同时进行的一个过程。

为了形象地说明饱和土体中一单元体的渗透固结过程，可借助图 4.20 所示的弹簧活塞力学模型。在一个盛满水的圆筒中，装一个带有弹簧的活塞，弹簧表示土粒骨架，容器内的水表示土中的自由水，带孔的活塞表征土的透水性。由于模型中只有固液两相介质，因此外力 σ_z 的作用只由水与弹簧两者共同承担。设其中弹簧承担的压力为有效应力 σ'，圆筒中的水承担的压力为超孔隙水压力 u，按照静力平衡条件，应有

$$\sigma_z = \sigma' + u \tag{4-34}$$

显然，上式的物理意义是土的超孔隙水压力 u 与有效应力 σ' 对外力 σ_z 的分担作用，它与时间有关。

(1) 当 $t=0$ 时，即活塞顶面骤然受到压力 σ_z 作用的瞬间，水来不及排出，此时弹簧没有变化，所施加的压力 σ_z 全部由水来承担，即 $u=\sigma_z$，$\sigma'=0$，如图 4.20(a)所示。

(2) 当经过一段时间 t_1，水受压作用后，由于水压力增大，筒中的水不断从活塞孔中排出，活塞下降，弹簧发生压缩变形开始受力，并随变形的增加压力逐渐增大，而相应地超孔隙水压力逐渐减小。即 $t=t_1$ 时，σ' 增大，u 降低，但保持 $\sigma'+u=\sigma_z$，此过程说明有多少超孔隙水压力消散就有多少有效应力增加，如图 4.20(b)所示。

(3) 当 $t\to\infty$ 时，即时间经历了很久时，水从排水孔中部分排出，超孔隙水压力完全消散，外力 σ_z 完全由弹簧来承担，这时 $\sigma'=\sigma_z$，$u=0$，饱和土体的渗透固结作用全部完成，如图 4.20(c)所示。

由此可见，饱和土体的渗透固结，是土中超孔隙水压力 u 消散，逐渐转移为有效应力 σ' 的过程。

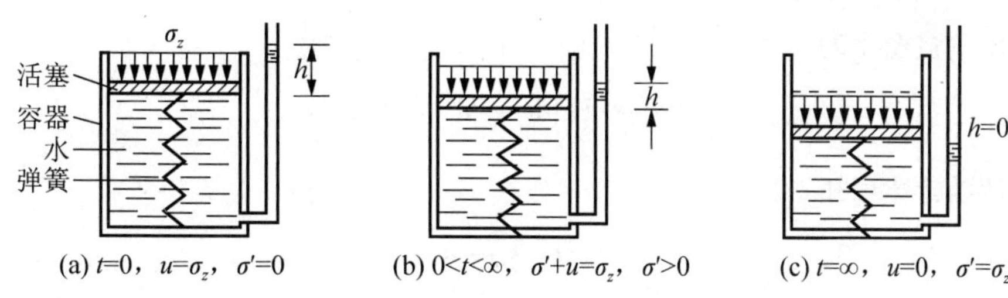

(a) $t=0$，$u=\sigma_z$，$\sigma'=0$　(b) $0<t<\infty$，$\sigma'+u=\sigma_z$，$\sigma'>0$　(c) $t=\infty$，$u=0$，$\sigma'=\sigma_z$

图 4.20　一单元体的单向固结模型

4.6.2 太沙基单向固结理论

单向固结是指土中的孔隙水只沿竖直方向渗流，同时土粒也只沿一个方向发生位移，而在土的水平方向无渗流、无位移。此种条件相当于荷载分布面积很广阔，且靠近地表的薄层黏性土的渗透固结情况。由于这一理论计算十分简便，故目前在土木工程中应用很广。

1. 太沙基单向固结理论

该理论包含下列基本假定。

(1) 土是均质、各向同性且饱和的。

(2) 土粒和孔隙水是不可压缩的，土体体积的减小完全由孔隙体积的减小引起。

(3) 土的压缩和固结仅在竖直方向发生。

(4) 孔隙水的向外排出符合达西定律，土的固结快慢取决于它的渗透速度。

(5) 在整个固结过程中，土的渗透系数、压缩系数等均视为常数。

(6) 地面上作用着连续均布荷载并且是一次施加的。

2. 单向固结微分方程的建立

如图 4.21 所示，设厚度为 H 的饱和土层，顶面是透水的，底面为不透水和不可压缩土层；可压缩土层在自重应力作用下已完成固结。现在顶面一次骤然施加连续均布荷载 p_0，由于荷载面积远大于土层厚度，因此它所引起的附加应力不随深度而变，可近似地看作矩形分布。

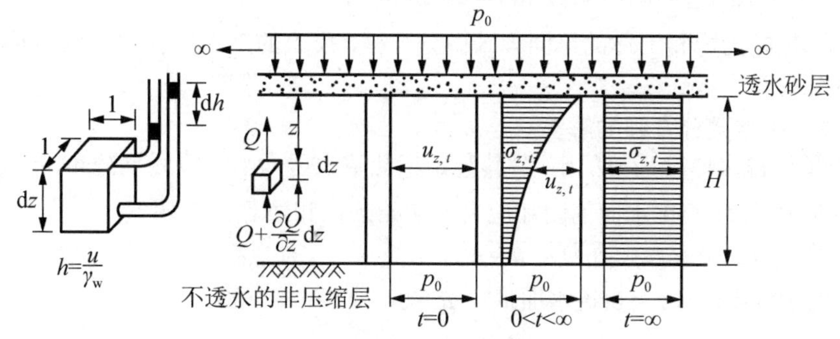

图 4.21　饱和黏土的固结过程

由于下卧不可压缩土层为不透水的，故土中水只能垂直地向上排出(称为单面排水)。从饱和土层顶面下深度 z 处取一微单元土体 $1\times1\times\mathrm{d}z$，在施加均布荷载 t 时间后，流经该微

单元土体的水量变化为

$$\left(Q+\frac{\partial Q}{\partial z}\mathrm{d}z\right)\mathrm{d}t-Q\mathrm{d}t=\frac{\partial Q}{\partial z}\mathrm{d}z\mathrm{d}t \tag{4-35}$$

根据达西定律可知

$$Q=vA=ki=k\frac{\partial h}{\partial z}=\frac{k}{\gamma_{\mathrm{w}}}\times\frac{\partial u}{\partial z} \tag{4-36}$$

把式(4-36)代入式(4-35)，可得在时间间隔 dt 内流经该微单元土体的水量变化为

$$\frac{\partial Q}{\partial z}\mathrm{d}z\mathrm{d}t=\frac{k}{\gamma_{\mathrm{w}}}\times\frac{\partial^2 u}{\partial z^2}\mathrm{d}z\mathrm{d}t \tag{4-37}$$

在时间间隔 dt 内，单元土体孔隙体积会随着时间的变化而减小，减小后的体积为

$$\frac{\partial V_{\mathrm{v}}}{\partial t}\mathrm{d}t=\frac{\partial}{\partial t}\left(\frac{e}{1+e}\right)\mathrm{d}z\mathrm{d}t=\frac{1}{1+e}\times\frac{\partial e}{\partial t}\mathrm{d}z\mathrm{d}t \tag{4-38}$$

由于 $\mathrm{d}e=-a\mathrm{d}\sigma'=a\mathrm{d}u$，代入式(4-38)可得单元土体孔隙体积的变化量为

$$\frac{\partial V_{\mathrm{v}}}{\partial t}\mathrm{d}t=\frac{a}{1+e}\times\frac{\partial u}{\partial t}\mathrm{d}z\mathrm{d}t \tag{4-39}$$

由于已假定土粒和水本身都不可压缩，在时间间隔 dt 内流经该微单元土体的孔隙水量的变化应等于微单元土体中孔隙体积的变化，即

$$\frac{k}{\gamma_{\mathrm{w}}}\times\frac{\partial^2 u}{\partial z^2}\mathrm{d}z\mathrm{d}t=\frac{a}{1+e}\times\frac{\partial u}{\partial t}\mathrm{d}z\mathrm{d}t \tag{4-40}$$

令 $C_{\mathrm{v}}=\dfrac{k(1+e)}{a\gamma_{\mathrm{w}}}$，则式(4-40)可变换为

$$C_{\mathrm{v}}\frac{\partial^2 u}{\partial z^2}=\frac{\partial u}{\partial t} \tag{4-41}$$

式中　e——土层固结前的初始孔隙比；

a——土的压缩系数(MPa^{-1})；

k——土的渗透系数(cm/s)；

C_{v}——土的竖向固结系数(m^2/年或 cm^2/年)。

式(4-41)即为饱和土体的单向固结微分方程，反映的是土中孔隙水压力 u 随时间 t 与深度 z 的变化关系。

3. 单向固结微分方程的解答

对于单面排水厚度为 H 的土层，其起始超孔隙水压力沿深度线性分布，定义 $\alpha=\sigma_z'/\sigma_z''=$ 排水面的附加应力/不排水面的附加应力。初始条件和边界条件如下。

(1) 当 $t=0$ 且 $0\leqslant z\leqslant H$ 时，$u=\sigma_z$。

(2) 当 $0<t<\infty$ 且 $z=0$(透水面)时，$u=0$。

(3) 当 $0<t<\infty$ 且 $z=H$ 时，$\dfrac{\partial u}{\partial z}=0$。

(4) 当 $t=\infty$ 且 $0\leqslant z\leqslant H$ 时，u=0。

用分离变量法得式(4-41)的特解为

$$u_{z,t}=\frac{4\sigma_z}{\pi}\sum_{m=1}^{\infty}\frac{1}{m}\sin\frac{m\pi z}{2H}\mathrm{e}^{-m^2\left(\frac{\pi^2}{4}\right)T_{\mathrm{v}}} \tag{4-42}$$

式中 m——奇数正整数，即 1，3，5，…。

e——自然对数的底数。

H——排水最长距离(cm)。当土层为单面排水时，H 等于土层厚度；当土层为双面排水时，H 采用一半土层厚度。

T_{v}——时间因数(无量纲)，$T_{\mathrm{v}}=\frac{C_{\mathrm{v}}}{H^2}t$。

t——固结历时(年)。

其余符号含义同前。

单向固结微分方程的解[式(4-42)]反映了土层中超孔隙水压力在加载后随深度和时间变化的规律。

【太沙基一维固结模型单面排水】

【太沙基一维固结模型双面排水】

4.6.3 固结度及其应用

为了求出地基土任意时刻的固结沉降量，还需了解固结度的概念。

土层的平均固结度是指地基土在某一压力作用下，经历时间 t 所产生的固结沉降(压缩)量 s_t 与最终固结沉降(压缩)量 s 的比值，用 U_t 表示，即

$$U_t=\frac{s_t}{s} \tag{4-43}$$

根据有效应力原理，土的沉降只取决于有效应力，所以经历时间 t 所产生的固结沉降量仅取决于该时刻的有效应力，结合前面的地基沉降量计算公式可得

$$U_t=\frac{\frac{a}{1+e}\int_0^H\sigma'_{z,t}\mathrm{d}z}{\frac{a}{1+e}\int_0^H\sigma_z\mathrm{d}z}=\frac{\int_0^H\sigma_z\mathrm{d}z-\int_0^H u_{z,t}\mathrm{d}z}{\int_0^H\sigma_z\mathrm{d}z}=1-\frac{\int_0^H u_{z,t}\mathrm{d}z}{\int_0^H\sigma_z\mathrm{d}z} \tag{4-44}$$

即

$$U_t=\frac{\text{有效应力所围面积}}{\text{起始超孔隙水压力所围面积}}=1-\frac{t\text{时刻超孔隙水压力所围面积}}{\text{起始超孔隙水压力所围面积}}$$

式中 $u_{z,t}$——深度 z 处某一时刻 t 的超孔隙水压力；

$\sigma'_{z,t}$——深度 z 处某一时刻 t 的有效应力；

σ_z——深度 z 处的竖向附加应力(根据单向固结模型，即为 $t=0$ 时刻的起始超孔隙水压力)。

土层单面排水时固结度的计算，对于土层顶、底面附加应力相等($\alpha=1$)的情况，将式(4-42)代入式(4-44)，可得到单面排水情况下土层任意时刻的固结度为

$$U=1-\frac{8}{\pi^2}\left(e^{-\frac{\pi^2}{4}T_v}+\frac{1}{9}e^{-9\frac{\pi^2}{4}T_v}+\frac{1}{25}e^{-25\frac{\pi^2}{4}T_v}+\cdots\right)$$

$$=1-\frac{8}{\pi^2}\sum_{m=1}^{\infty}\frac{1}{m^2}e^{-m^2\frac{\pi^2}{4}T_v}\qquad(m=1,3,5,7,\cdots)\tag{4-45}$$

式(4-45)为一收敛很快的级数，当U_t>30%时可近似取其中第一项，即

$$U=1-\frac{8}{\pi^2}e^{-\frac{\pi^2}{4}T_v}\tag{4-46}$$

从式(4-46)可以看出，土层的平均固结度是时间因数 T_v 的单值函数，与所加的附加应力大小无关，但与附加应力的分布形式有关。土层单面排水时，有 5 种典型的直线型附加应力分布，如图 4.22 所示，分别对应$\alpha=\sigma_z'/\sigma_z''$的不同值。当$\alpha$取不同值时，求得的土层平均固结度当然也不同。单面排水时，对于不同的α值，土层任意时刻固结度的近似值为

$$U_t=1-\frac{\left(\frac{\pi}{2}\alpha-\alpha+1\right)}{1+\alpha}\times\frac{32}{\pi^3}e^{-\frac{\pi^2}{4}T_v}\tag{4-47}$$

起始超孔隙水压力沿深度线性分布的情况如图 4.22 所示，各情况代表的实际工程条件如下。

情况 0：薄压缩层地基，或大面积均布荷载作用下。

情况 1：土层在自重应力作用下的固结。

情况 2：基础底面积较小，传至压缩层底面的附加应力接近零。

情况 3：在自重应力作用下尚未固结的土层上作用有基础传来的荷载。

情况 4：基础底面积较大，传至压缩层底面的附加应力不接近零。

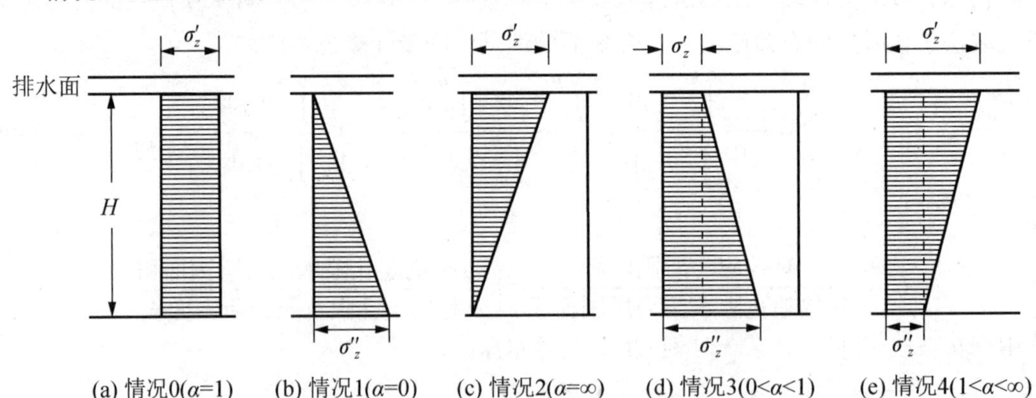

图 4.22　地基中简化的附加应力分布

为了减少计算工作量，人们根据式(4-47)计算了不同α值下 U_t与 T_v的关系，如表 4-13 或图 4.23 所示，可供查用。

表 4-13　不同 α 值下 U_t 与 T_v 的关系

α	固结度 U_t											类型
	0.0	0.1	0.2	0.3	0.4	0.5	0.6	0.7	0.8	0.9	1.0	
0.0	0.0	0.049	0.100	0.154	0.217	0.290	0.380	0.500	0.660	0.950	∞	情况 1
0.2	0.0	0.027	0.073	0.126	0.186	0.26	0.35	0.46	0.63	0.92	∞	情况 3
0.4	0.0	0.016	0.056	0.106	0.164	0.24	0.33	0.44	0.60	0.90	∞	
0.6	0.0	0.012	0.042	0.092	0.148	0.22	0.31	0.42	0.58	0.88	∞	
0.8	0.0	0.010	0.036	0.079	0.134	0.20	0.29	0.41	0.57	0.86	∞	
1.0	0.0	0.008	0.031	0.071	0.126	0.20	0.29	0.40	0.57	0.85	∞	情况 0
1.5	0.0	0.008	0.024	0.058	0.107	0.17	0.26	0.38	0.54	0.83	∞	情况 4
2.0	0.0	0.006	0.019	0.050	0.095	0.16	0.24	0.36	0.52	0.81	∞	
3.0	0.0	0.005	0.016	0.041	0.082	0.14	0.22	0.34	0.50	0.79	∞	
4.0	0.0	0.004	0.014	0.040	0.080	0.13	0.21	0.33	0.49	0.78	∞	
5.0	0.0	0.004	0.013	0.034	0.069	0.12	0.20	0.32	0.48	0.77	∞	
7.0	0.0	0.003	0.012	0.030	0.065	0.12	0.19	0.31	0.47	0.76	∞	
10.0	0.0	0.003	0.011	0.028	0.060	0.11	0.18	0.30	0.46	0.75	∞	
20.0	0.0	0.003	0.010	0.026	0.060	0.11	0.17	0.29	0.45	0.74	∞	
∞	0.0	0.002	0.009	0.024	0.048	0.09	0.16	0.23	0.44	0.73	∞	情况 2

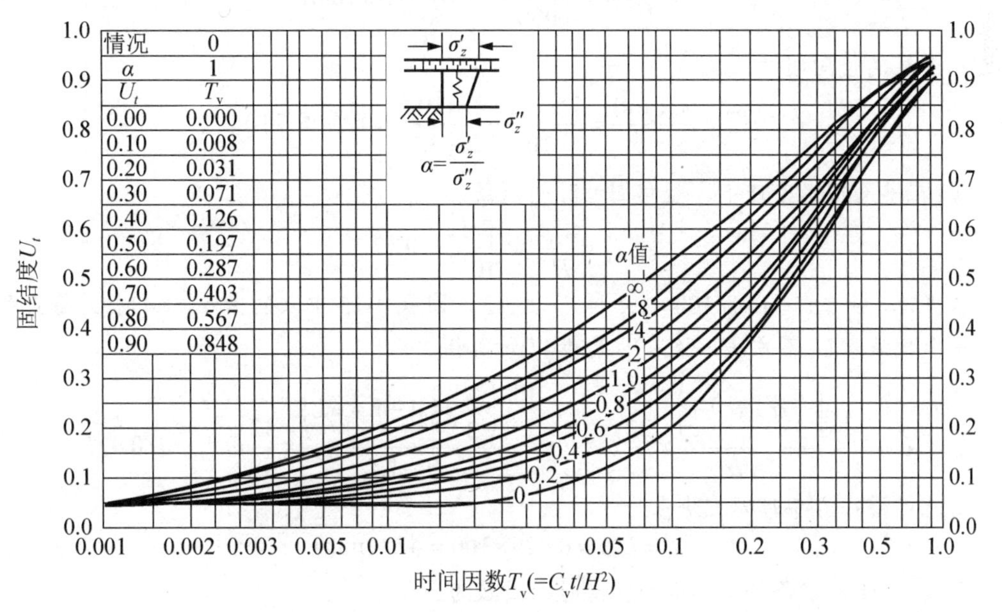

图 4.23　不同 α 值下 U_t 与 T_v 的关系

当土层双面排水时，不论土层中附加应力分布为哪一种情况，只要是线性分布，均可按土层单面排水时的情况 0($\alpha=1$)计算土层任意时刻的固结度。当土层双面排水时，时间因数中的最大排水距离应取土层厚度的一半。利用表 4-13 和式(4-47)，可以解决下列两类沉降量计算问题。

(1) 已知土层的最终沉降量 s，求某一固结历时 t 已完成的沉降 s_t。

对于这类问题，首先应根据土层的 k、α 、e、H 和给定的 t，算出土层平均固结系数 C_v (也可由固结试验结果直接求得)和时间因数 T_v，然后利用表 4-13 查出相应的固结度 U_t，再由式(4-43)求得 s_t 。

(2) 已知土层的最终沉降量 s，求土层产生某一沉降量 s_t 所需的时间 t。

对于这类问题，首先应求出土层平均固结度 $U=s_t/s$，然后从表 4-13 中查得相应的时间因数 T_v，再按式 $t=H^2T_v/C_v$ 求出所需的时间。

【例 4-6】 某路基为饱和黏土层，厚度为 5m，在均布荷载作用下，在土中引起的附加应力近似呈梯形分布，土层顶面附加应力 $p_1=140\text{kPa}$，底面附加应力 $p_2=100\text{kPa}$，设该土层的初始孔隙比 $e=1$，压缩系数 $a=0.3\text{MPa}^{-1}$，压缩模量 $E_s=6.0\text{MPa}$，渗透系数 $k=1.8\text{cm/年}$。把该黏土层当一层考虑，试分别求出在顶面单面排水或双面排水条件下：(1)加荷一年时的沉降量；(2)沉降量达 78cm 所需的时间。

【解】 (1) 求 $t=1$ 年时的沉降量。因黏土层中附加应力沿深度是呈梯形分布的，若把黏土层当一层考虑求最终沉降量，根据分层总和法原理，先求该土层附加应力均值为

$$\overline{\sigma_z}=\frac{1}{2}(p_1+p_2)=\frac{1}{2}\times(140+100)=120(\text{kPa})$$

则黏土层的最终沉降量为

$$s=\frac{\overline{\sigma_z}}{E_s}H=\frac{120}{6000}\times5\times10^3=100(\text{mm})$$

黏土层的竖向固结系数为

$$C_v=\frac{k(1+e)}{\gamma_w\alpha}=\frac{1.8\times(1+1)\times10^{-2}}{10\times0.0003}\approx12(\text{m}^2/\text{年})$$

① 在单面排水条件下，竖向固结时间因数为

$$T_v=\frac{C_vt}{H^2}=\frac{12\times1}{10^2}=0.12$$

根据 $\alpha=p_1/p_2=140/100=1.4$ 和 $T_v=0.12$，因表 4-13 中未列出 $\alpha=1.4$ 时 U_t 与 T_v 的关系，用内插法求 U_t 不方便，故采用式(4-47)计算得

$$U_t=1-\frac{\left(\frac{\pi}{2}\alpha-\alpha+1\right)}{1+\alpha}\times\frac{32}{\pi^3}e^{-\frac{\pi^2}{4}T_v}=1-\frac{\left(\frac{\pi}{2}\times1.4-1.4+1\right)}{1+1.4}\times\frac{32}{\pi^3}e^{-\frac{\pi^2}{4}\times1.2}\approx0.425$$

由此可得 $t=1$ 年时的沉降量为

$$s_t=U_ts=0.425\times100=42.5(\text{mm})$$

② 在双面排水条件下，竖向固结时间因数为

$$T_v=\frac{C_vt}{H^2}=\frac{12\times1}{5^2}=0.48$$

注：此处固结土层最大排水距离 H 取土层厚度的一半。

按 $\alpha=1.0$ 查表 4-13，采用内插法 $\frac{U_t-0.7}{0.8-0.7}=\frac{0.48-0.40}{0.57-0.40}$ 得 $U_t\approx0.747$ [也可按式(4-47)计

算U_t]，故$t=1$年时的沉降量为

$$s_t = U_t s = 0.747\times 100 = 74.7(\text{mm})$$

(2) 求沉降量达到78mm所需的时间。先求出平均固结度为

$$U_t = \frac{s_t}{s} = \frac{78}{100} = 0.78$$

① 单面排水时。同样因$\alpha=1.4$时U_t与T_v的关系在表4-13中未列出，用内插法求U_t不方便，故用式(4-47)反算时间因数得

$$T_\text{v} = -\frac{4}{\pi^2}\ln\left[\frac{(1-U_t)(1+\alpha)\pi^3}{32\left(\frac{\pi}{2}\alpha-\alpha+1\right)}\right] = -\frac{4}{\pi^2}\ln\left[\frac{(1-0.78)\times(1+1.4)\times\pi^3}{32\times\left(\frac{\pi}{2}\times 1.4-1.4+1\right)}\right]\approx 0.509$$

则所需时间为

$$t = \frac{T_\text{v}H^2}{C_\text{v}} = \frac{0.509\times 10^2}{12}\approx 4.2(\text{年})$$

② 双面排水时。按$\alpha=1.0$查表4-13求T_v，采用内插法$\frac{0.78-0.70}{0.80-0.70}=\frac{T_\text{v}-0.40}{0.57-0.40}$得$T_\text{v}\approx 0.536$，则所需时间为

$$t = \frac{T_\text{v}H^2}{C_\text{v}} = \frac{0.536\times 5^2}{12}\approx 1.1(\text{年})$$

本 章 小 结

(1) 在外力作用下，土粒重新排列，土体体积缩小的现象称为压缩。室内试验可获得的土体压缩性指标有压缩系数、压缩模量、压缩指数、回弹指数，原位测试可获得变形模量。这些压缩性指标为计算基础最终沉降量所用。

(2) 根据土体形成过程中所受过的压力状态，将土体分为超固结土体、正常固结土体和欠固结土体。超固结土体与正常固结土体和欠固结土体的压缩曲线不同，土体压缩变形过程与所处的应力状态有关，掌握不同固结状态下土体的压缩性，可为不同应力历史时地基土体的现场压缩曲线的推求奠定基础。

(3) 采用经验图解法根据室内压缩曲线确定先期固结压力，从而判定土体的应力历史；根据室内压缩曲线推求不同应力历史时地基土体的现场压缩曲线，据此来计算不同应力历史条件下的基础最终沉降量。

(4) 地基最终沉降量计算以分层总和法为基本原理。考虑计算准确程度、简化计算步骤及包含的假设条件所带来的误差，引入应力面积比的概念，并对计算结果采用经验系数进行修正，即为现行地基基础设计规范所采用的方法，简称规范法。

(5) 饱和黏性土体的压缩过程与时间相关，为估计地基沉降变形与时间的关系，可对土体固结过程简化采用单向固结模型，根据质量连续条件建立单向固结微分方程，即太沙

基单向固结理论。对常见情况边界条件和初始条件做线性简化，在此基础上对其进行求解，可得到单向渗透固结时超孔隙水压力的时空函数，从而可确定固结度与时间的关系，建立图表，以便工程应用。

思考题与习题

1. 土的压缩性指标有哪些？这些指标各用什么方法确定？各指标之间有什么关系？

2. 分层总和法计算地基最终沉降量的原理是什么？为何计算土层的厚度要规定 $h_i \leqslant 0.4b$？试评价沉降计算的优缺点。

3. 什么是先期固结压力？什么是超固结比 OCR？根据 OCR 值的大小，可把天然土层划分为哪几种固结状态？

4. 什么是固结度？简述其意义。

5. 某工程钻孔土样 3-1 粉质黏土和土样 3-2 淤泥质黏土的压缩试验数据列于表 4-14 中，试绘制其压缩曲线，计算 a_{1-2} 并评价其压缩性。

表 4-14　压缩试验数据

垂直压力/kPa		0	50	100	200	300	400
孔隙比 e	土样 3-1	0.866	0.799	0.770	0.736	0.721	0.714
	土样 3-2	1.085	0.960	0.890	0.803	0.748	0.707

6. 试按分层总和法计算某黏土层的变形量。已知土的自重应力和附加应力曲线如图 4.24 所示，其压缩曲线数据见表 4-15。

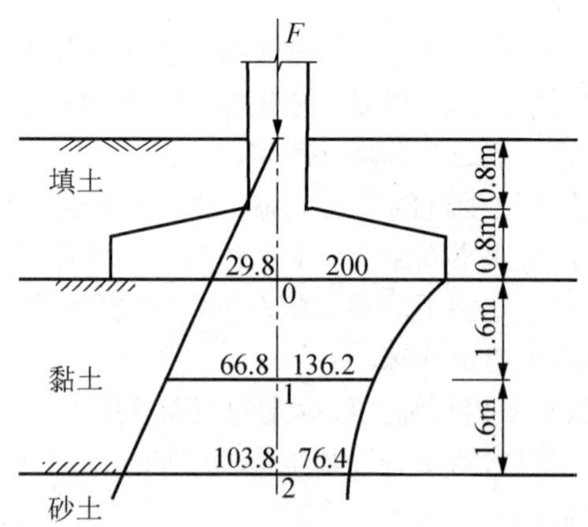

图 4.24　土的自重应力和附加应力曲线（单位：kPa）

表 4-15　土体压缩曲线数据

压力 p/kPa	0	50	100	200	300
孔隙比 e	0.96	0.88	0.74	0.68	0.60

7. 某基础底面尺寸为 4.8m×3.2m，埋置深度为 1.5m，传至基础顶面的中心荷载 $F=1800\text{kN}$，地基的土层分层及各层土的压缩模量如图 4.25 所示。试用规范法计算基础中点下的最终沉降量。

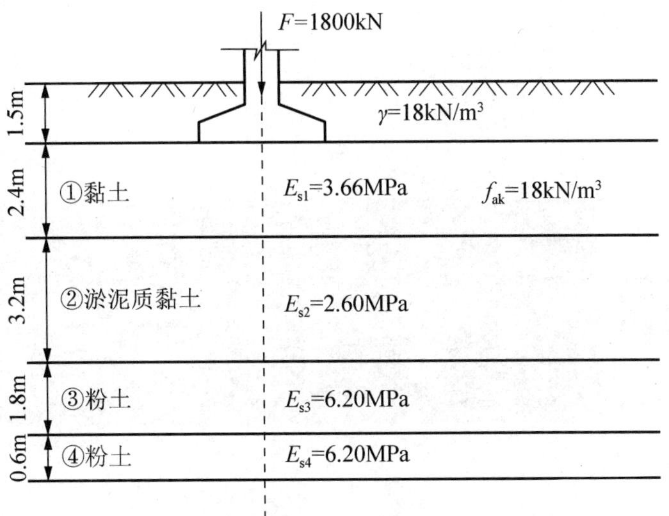

图 4.25 某地基土层数据

8. 在不透水的非压缩岩层上，为一厚 10m 的饱和黏土层，其上面作用着大面积均布荷载 $p=200\text{kPa}$。已知该土层的孔隙比 $e_1=0.8$，压缩系数 $a=0.00025\text{kPa}^{-1}$，渗透系数 $k=6.4\times10^{-8}\text{cm/s}$。试计算：

(1) 加荷一年后地基的沉降量；

(2) 加荷后需多长时间，地基的固结度 $U_t=75\%$。

第5章 土的抗剪强度及地基承载力

内容提要

土的抗剪强度是土的重要力学性质之一，在土木工程中涉及稳定性的问题时，抗剪强度是最重要的计算参数，是关系到工程成败的关键因素。本章主要介绍土的抗剪强度理论，土体抗剪强度指标的测定试验，土的剪切性状及影响抗剪强度的主要因素，地基在外荷载作用下的破坏形式，地基的临塑荷载、临界荷载与极限荷载的确定，地基承载力的理论公式及影响地基承载力的因素。

能力要求

掌握土的抗剪强度理论、土的极限平衡状态、莫尔-库仑强度理论；熟悉抗剪强度指标的测定方法；掌握地基承载力的确定与计算；了解影响地基承载力的因素。

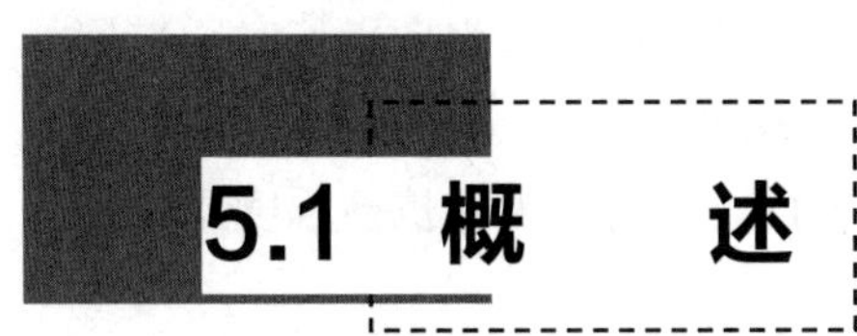

5.1 概 述

土是由固相、液相和气相组成的散体材料。一般而言，在外部荷载作用下，土体中的应力将发生变化。当土体中的剪应力超过土体本身的抗剪强度时，土体将产生沿着其中某一滑裂面的滑动，而使土体丧失整体稳定性。所以，土体的破坏通常都是剪切破坏。

在工程建设实践中，道路的边坡、路基、土石坝[图 5.1(a)]、基槽[图 5.1(b)]、建筑物的地基[图 5.1(c)]等丧失稳定性的例子是很多的。为了保证土木工程建设中建(构)筑物的安全和稳定，我们必须详细研究土的抗剪强度和土的极限平衡等问题。

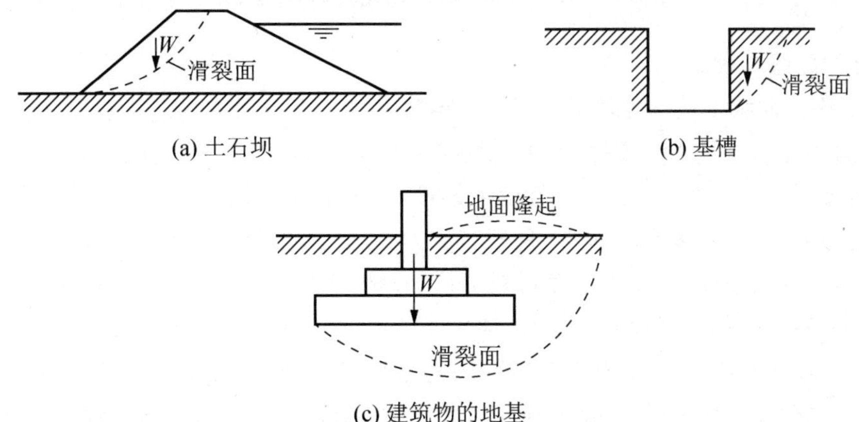

图 5.1 土石坝、基槽和建筑物地基失稳示意

土的抗剪强度是指土体抵抗剪切破坏的极限能力，其数值等于土体产生剪切破坏时滑动面上的剪应力。抗剪强度是土的主要力学性质之一，也是土力学的重要组成部分。土体是否达到剪切破坏状态，除了取决于其本身的性质之外，还与它所受到的应力组合密切相关。不同的应力组合会使土体产生不同的力学性质。土体破坏时的应力组合关系称为土体破坏准则。土体破坏准则是一个十分复杂的问题，到目前为止，还没有一个被人们普遍认为能完全适用于土体的理想准则。本章主要介绍目前被认为比较能拟合试验结果而被生产实践所广泛采用的土体破坏准则，即莫尔-库仑强度破坏准则。

土的抗剪强度，首先取决于其自身的性质，即土的物质组成、土的结构和土所处的状态等；其次还取决于土体当前所受的应力状态。因此，只有对土的微观结构进行详细研究，才能认识到土体抗剪强度的实质。目前，人们已能采用电子显微镜、X 射线的透视和衍射、差热分析等先进技术来研究土的物质成分、颗粒形状和排列、接触和联结方式等，以深入阐明土的抗剪强度的实质，这也是当代土力学研究的新领域之一。有关进展可参见相关的资料和文献。

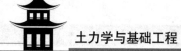

土的抗剪强度主要用黏聚力 c 和内摩擦角 φ 来表示，它们被称为土的抗剪强度指标，并主要依靠土的室内剪切试验和土体原位测试来确定。测试土的抗剪强度指标时所采用的试验仪器种类和试验方法，对试验结果有很大的影响。本章将介绍主要的试验仪器和常规的试验方法，另外还将阐述试验过程中土样排水固结条件对测得的土体抗剪强度指标的影响，以便根据实际的工程条件来选择合适的指标值。

5.2　土的抗剪强度理论和极限平衡条件

5.2.1　土的抗剪强度表述方法及其抗剪强度指标

1. 土的屈服与破坏

图 5.2 中，曲线 I 是一种理想弹塑性材料的应力-应变关系曲线，即 $(\sigma_1-\sigma_3)$-ε_1 曲线，是由一斜直线和一水平线组成的。其中斜直线代表线弹性材料的应力-应变关系，其特点是：①应力-应变呈直线关系；②完全弹性变形，即应力增加应变沿这一直线按比例增加，应力减少则应力沿这一直线按比例减少。所以其应力-应变关系是唯一的，不受应力历史和应力路径的影响。水平线代表理想塑性材料的应力-应变关系，其特点是：①应变是不可恢复的塑性应变；②一旦发生塑性应变，应力不再增加但塑性应变持续发展，直至材料破坏。斜直线与水平线的交点 C 所对应的应力为屈服应力 $(\sigma_1-\sigma_3)_y$，这既是开始发生塑性应变的应力，同时又是导致材料破坏的应力，所以也称破坏应力。因此 C 点既是屈服点又是破坏点。

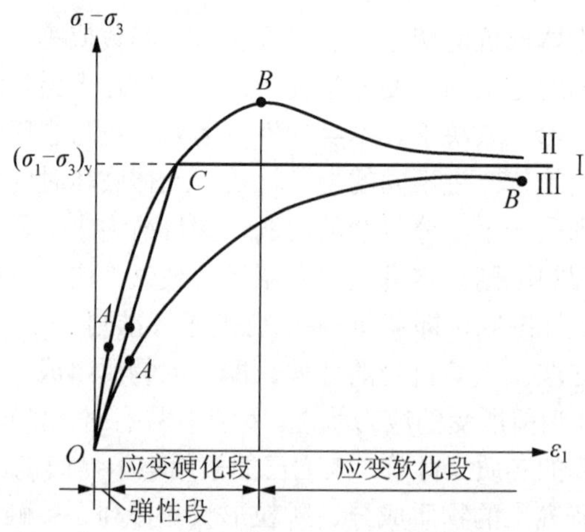

图 5.2　土的应力-应变关系曲线

土体既不是理想的弹性材料，也不是理想的塑性材料，而是一种弹塑性材料。因此，当土体受到应力作用时，其弹性变形和塑性变形几乎是同时发生的，表现出弹塑性材料的特点。图 5.2 中的曲线Ⅱ是超固结土或密砂在三轴剪切试验中测得的应力-应变关系曲线，曲线Ⅲ表示正常固结土或松砂在相应的三轴剪切试验中测得的应力-应变关系曲线，把它们与理想的弹性材料相比，不但应力-应变关系曲线的形状不同，其性质也有很大的差异。对此，有学者研究认为，土体开始发生屈服时的应力很小，$(\sigma_1-\sigma_3)$-ε_1关系曲线上的起始段 OA 可以认为是近乎直线的线弹性变形；之后，随着土体所承受的应力增加，土体将产生可恢复的弹性应变和显著的不可恢复的塑性应变；当土体出现显著的塑性变形时，即表明土体已进入屈服阶段。与理想的塑性材料不同，土体的塑性应变增加了土体对继续变形的阻力，故而在应力增大的同时，土体的屈服点位置提高，这种现象称为应变硬化(加工硬化)。当屈服点提高到 B 点时，土体才发生破坏。土体的应变硬化阶段 AB 曲线段上的每一点都可以认为是屈服点。另外，属于曲线Ⅱ类型的土到达峰值 B 点后，随着应变的继续增大，其对应的应力反而下降。这种现象称为应变软化(加工软化)。在此阶段，土体的强度随应变的增加反而降低，土体处于破坏状态。所以，对于超固结土或密砂而言，土体的抗剪强度与应变的发展过程有关，不再只是简单的一个数值。相应于峰值点 B 的强度称为峰值强度。当应变很大时，应力将衰减到某一恒定值而不再继续变化，应力衰减到恒定值时的强度称为残余强度。在实际工程计算中，一般采用土的峰值强度。但如果土体在应力历史上受到过反复的剪切作用，而且土体的应变累积量很大(如古滑坡体中滑动面上的土)，则应该考虑采用土的残余强度。对属于曲线Ⅲ类型的土，则只有一种抗剪强度。

由此可见，不同类型的土，屈服和相关强度的概念和数值都是不相同的。本章只研究土的抗剪强度，通常取$(\sigma_1-\sigma_3)$-ε_1曲线上的峰值应力，或取ε_1达到 15%～20%时对应的应力作为土的抗剪强度。实际上，在古典土力学理论中，只能把土简化为曲线Ⅰ所示的理想弹塑性材料。

在地基附加应力的计算中，就是把土当成线弹性体，采用线弹性理论计算公式求解的。而在后面研究土压力、土坡稳定和地基极限承载力等有关土体破坏的问题时，则把土体当成理想的塑性材料，一旦土体中的剪应力达到土的抗剪强度，就认为土体已经破坏。这些假定都与土的实际性质有所差异。随着土力学理论、土工试验技术及数值计算方法的发展，目前国内外学者已经在逐步按照土的真实弹塑性应力-应变关系特征，进行土体应力、变形的发展及破坏理论分析方法等方面的研究工作。

2. 土的抗剪强度理论

当土体在外部荷载作用下发生剪切破坏时，作用在剪切面上的极限剪应力就称为土的抗剪强度。

测定土的抗剪强度的方法之一是直接剪切试验，简称直剪试验。图 5.3 为直接剪切仪构造示意，该仪器的主要部分由固定的上盒和活动的下盒组成，将土样放置于刚性金属盒内上下透水石之间。试验时，先由加荷板施加法向压力 P，土样产生相应的压缩Δs，然后再在下盒上施加水平向推力，使其产生水平向位移Δl，从而使土样沿着上盒和下盒之间预定的横截面承受剪切作用，直至土样破坏。假设这时土样所承受的水平向推力为 T，土样的水平横截面积为 A，那么作用在土样上的法向应力则为 $\sigma=P/A$，而土的抗剪强度就可以表示为 $\tau_{\mathrm{f}}=T/A$。

【库仑定律】

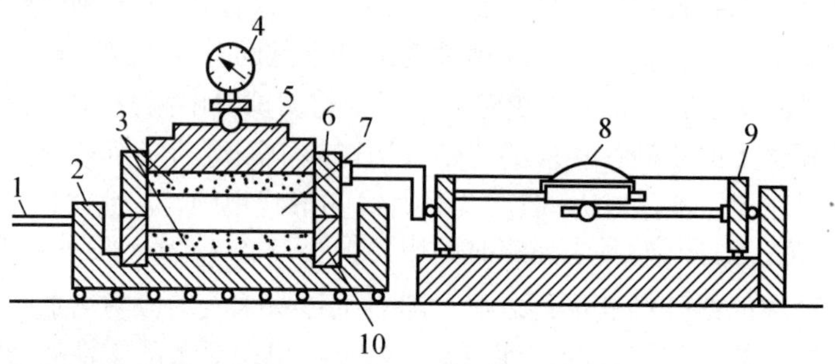

1—轮轴；2—底座；3—透水石；4—垂直变形量表；5—活塞；
6—上盒；7—土样；8—水平位移量表；9—量力环；10—下盒

图 5.3　直接剪切仪构造示意

为了绘制出土的抗剪强度 τ_f 与法向应力 σ 的关系曲线，一般需要采用至少 4 个相同的土样进行直接剪切试验。方法是分别对这些土样施加不同的法向应力，并使之产生剪切破坏，可以得到 4 组不同的 τ_f 和 σ 的数值。然后以 τ_f 作为纵坐标，以 σ 作为横坐标，就可绘制出土的抗剪强度 τ_f 和法向应力 σ 的关系曲线。

图 5.4 所示为抗剪强度 τ_f 与法向应力 σ 的关系曲线。由图可见，对于砂土而言，τ_f 与 σ 的关系曲线是通过原点的，而且是与横坐标轴呈 φ 角的一条直线[图 5.4(a)]，该直线方程为

$$\tau_f = \sigma\tan\varphi \tag{5-1}$$

式中　τ_f——砂土的抗剪强度(kN/m²)；

σ——砂土试样所受的法向应力(kN/m²)；

φ——砂土的内摩擦角(°)。

对于黏性土或粉土而言，τ_f 和 σ 之间的关系基本上仍呈一条直线，但该直线并不通过原点，而是与纵坐标轴形成一段截距 c[图 5.4(b)]，其方程为

$$\tau_f = c + \sigma\tan\varphi \tag{5-2}$$

式中　c——黏性土或粉土的黏聚力(kN/m²)；

其余符号意义同前。

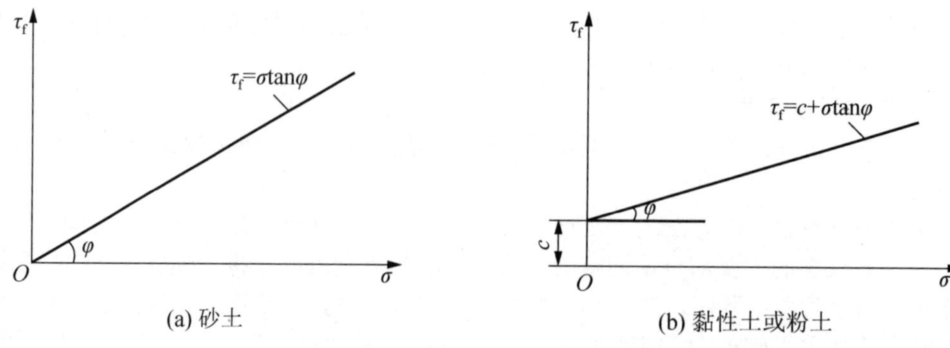

图 5.4　抗剪强度 τ_f 与法向应力 σ 的关系曲线

由式(5-1)及式(5-2)可以看出，砂土的抗剪强度是由法向应力产生的内摩擦力 $\sigma\tan\varphi$ ($\tan\varphi$ 称为内摩擦系数)形成的，而黏性土或粉土的抗剪强度则是由内摩擦力和黏聚

力形成的。在法向应力 σ 一定的条件下，c 和 φ 值越大，抗剪强度 τ_f 越大，所以又称 c 和 φ 为土的抗剪强度指标，它们可以通过试验测定。c 和 φ 反映了土体抗剪强度的大小，是非常重要的土体力学性质指标。对于同一种土，在相同的试验条件下，c、φ 值为常数，但当试验方法不同时，c、φ 值会有比较大的差异，这一点应引起足够的重视。

式(5-1)和式(5-2)表示了土的抗剪强度 τ_f 与法向应力 σ 的关系，是由法国科学家库仑(C.A.Coulomb)于 1776 年首先提出来的，所以也称之为土体抗剪强度的库仑公式。

后来由于土的有效应力原理的研究和发展，人们认识到，只有有效应力的变化才能引起土体强度的变化，因此又将上述库仑公式改写为

$$\tau_f = c' + \sigma' \tan\varphi' = c' + (\sigma - u)\tan\varphi' \tag{5-3}$$

式中 σ'——土体剪切破裂面上的有效法向应力(kN/m^2)；

u——土中的孔隙水压力(kN/m^2)；

c'——土的有效黏聚力(kN/m^2)；

φ'——土的有效内摩擦角(°)。

c' 和 φ' 称为土的有效抗剪强度指标。对于同一种土，c' 和 φ' 的数值在理论上与试验方法无关，接近于常数。

莫尔(Mohr，1910)继库仑的早期研究工作，提出土体的破坏是剪切破坏的理论，认为在剪切破裂面上，法向应力 σ 与抗剪强度 τ_f 之间存在着函数关系，即

$$\tau_f = f(\sigma) \tag{5-4}$$

这个函数所定义的曲线为一条微弯的曲线，称为抗剪强度包线或莫尔破坏包线，如图 5.5 所示。如果代表土单元体中某一个面上 σ 和 τ 的点落在抗剪强度包线以下，如 A 点所示，则表明该面上的剪应力 τ 小于土的抗剪强度 τ_f，土体不会沿该面发生剪切破坏；B 点正好落在抗剪强度包线上，表明 B 点所代表的截面上的剪应力等于抗剪强度，土单元体处于临界破坏状态或极限平衡状态；C 点落在抗剪强度包线以上，表明土单元体已经破坏，实际上 C 点所代表的应力状态是不存在的，因为剪应力 τ 增加到抗剪强度 τ_f 时，不可能再继续增长。

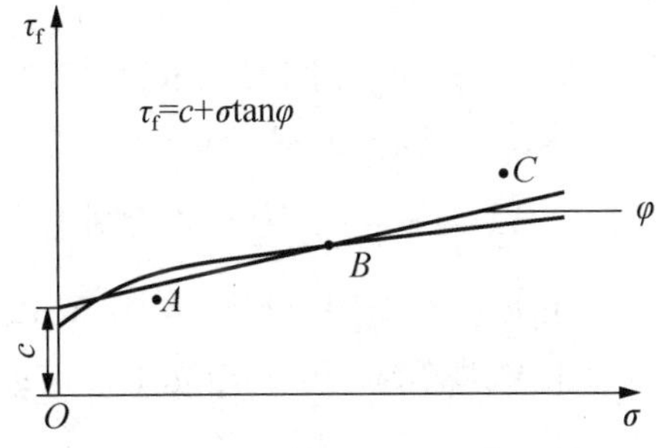

图 5.5 抗剪强度包线

试验证明，一般土在应力水平不很高的情况下，抗剪强度包线近似于一条直线，可以用库仑公式来表示。这种以库仑公式作为抗剪强度公式，根据剪应力是否达到抗剪强度作为破坏标准的理论，就称为莫尔-库仑(Mohr-Coulomb)强度理论。

5.2.2 土剪应力描述——莫尔应力圆

在荷载作用下，地基内任一点都将产生应力。根据土体抗剪强度的库仑公式，当土中任一点在某一方向的平面上所受的剪应力达到土体的抗剪强度，即

$$\tau = \tau_f \tag{5-5}$$

时，就称该点处于极限平衡状态。

式(5-5)就称为土体的极限平衡条件。所以，土体的极限平衡条件也就是土体的剪切破坏条件。在实际工程中，直接应用式(5-5)来分析土体的极限平衡状态是很不方便的。为了解决这一问题，一般采用的做法是将式(5-5)进行变换。将通过某点的剪切面上的剪应力以该点的主平面上的主应力表示，而土体的抗剪强度以剪切面上的法向应力和土体的抗剪强度指标来表示，然后代入式(5-5)，经过化简后就可得到实用的土体的极限平衡条件。

【土中一点的应力状态】

1. 解析法

我们先来研究土体中某点的应力状态，以便求得实用的土体的极限平衡条件的表达式。为简单起见，下面仅研究平面问题。

在地基土中任一点取出一微单元体，设作用在该微单元体上的最大和最小主应力分别为σ_1和σ_3，而且微单元体内与最大主应力σ_1作用平面成任意角度α的平面 *mn* 上有正应力σ和剪应力τ，如图 5.6(a)所示。为了建立σ、τ与σ_1、σ_3之间的关系，取微单元三角形斜面体 *abc* 为隔离体，如图 5.6(b)所示。将各个应力分别在水平方向和垂直方向上投影，根据静力平衡条件可得

$$\sum \sigma_x = 0:\ \sigma_3 \mathrm{d}s\sin\alpha \times 1 - \sigma \mathrm{d}s\sin\alpha \times 1 + \tau\,\mathrm{d}s\cos\alpha \times 1 = 0 \tag{a}$$

$$\sum \sigma_y = 0:\ \sigma_1 \mathrm{d}s\cos\alpha \times 1 - \sigma \mathrm{d}s\cos\alpha \times 1 - \tau\,\mathrm{d}s\sin\alpha \times 1 = 0 \tag{b}$$

联立求解以上方程(a)和(b)，即得平面 *mn* 上的应力为

$$\left.\begin{aligned} \sigma &= \frac{1}{2}(\sigma_1 + \sigma_3) + \frac{1}{2}(\sigma_1 - \sigma_3)\cos 2\alpha \\ \tau &= \frac{1}{2}(\sigma_1 - \sigma_3)\sin 2\alpha \end{aligned}\right\} \tag{5-6}$$

2. 图解法

由材料力学可知，以上σ、τ与σ_1、σ_3之间的关系也可以用莫尔应力圆的图解法表示，即在直角坐标系中以σ为横坐标轴，以τ为纵坐标轴，按一定的比例尺在σ轴上截取$OB=\sigma_3$、$OC=\sigma_1$，以O_1为圆心、以$\frac{1}{2}(\sigma_1-\sigma_3)$为半径绘制出一个应力圆，如图 5.7 所示；然后从O_1C开始逆时针旋转2α角度，在圆周上得到点 *A*；可以证明，*A* 点的横坐标就是斜面 *mn* 上的正应力σ，而其纵坐标就是剪应力τ。事实上，可以看出 *A* 点的横坐标为

$$\begin{aligned} \overline{OB} + \overline{BO_1} + \overline{O_1A}\cos 2\alpha &= \sigma_3 + \frac{1}{2}(\sigma_1 - \sigma_3) + \frac{1}{2}(\sigma_1 - \sigma_3)\cos 2\alpha \\ &= \frac{1}{2}(\sigma_1 + \sigma_3) + \frac{1}{2}(\sigma_1 - \sigma_3)\cos 2\alpha = \sigma \end{aligned}$$

而 *A* 点的纵坐标为

$$\overline{O_1A}\sin 2\alpha = \frac{1}{2}(\sigma_1 - \sigma_3)\sin 2\alpha = \tau$$

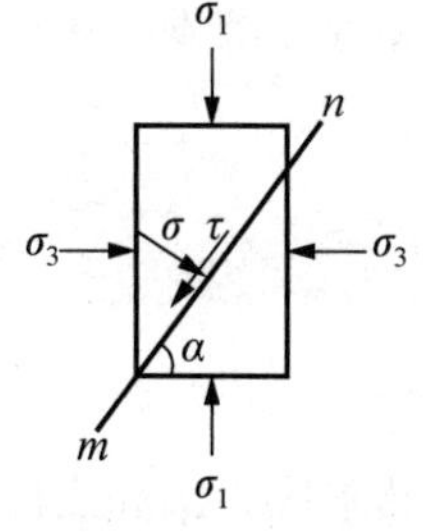

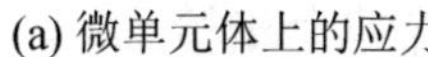
(a) 微单元体上的应力

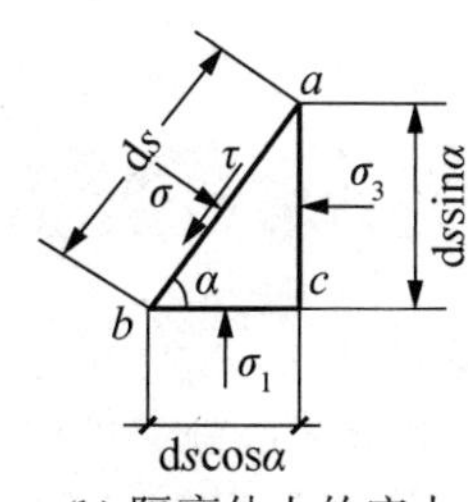

(b) 隔离体上的应力

图 5.6 土中任一点的应力

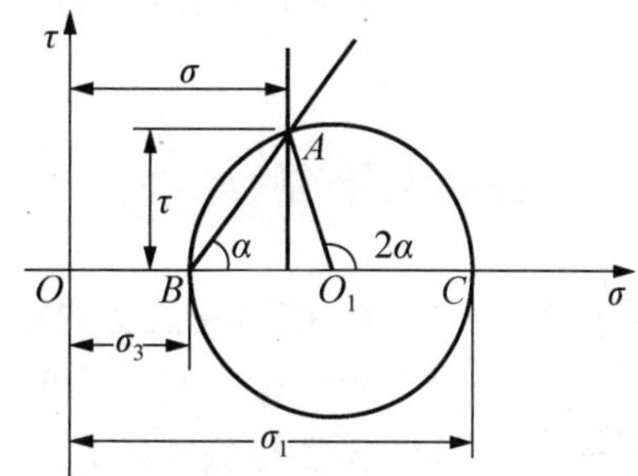

图 5.7 用莫尔应力圆求正应力和剪应力

上述用图解法求应力所采用的圆通常称为莫尔应力圆。由于莫尔应力圆上点的横坐标表示土中某点在相应斜面上的正应力，纵坐标表示该斜面上的剪应力，因此，我们可以用莫尔应力圆来研究土中任一点的应力状态。

【例 5-1】 已知土体中某点所受的最大主应力 σ_1=500kN/m^2，最小主应力 σ_3=200kN/m^2。试分别用解析法和图解法计算与最大主应力 σ_1 作用平面成 30° 角的平面上的正应力 σ 和剪应力 τ。

【解】 (1) 解析法。由式(5-6)计算得

$$\sigma = \frac{1}{2}(\sigma_1+\sigma_3)+\frac{1}{2}(\sigma_1-\sigma_3)\cos 2\alpha$$
$$= \frac{1}{2}(500+200)+\frac{1}{2}(500-200)\cos(2\times 30^\circ) = 425(\text{kN/m}^2)$$
$$\tau = \frac{1}{2}(\sigma_1-\sigma_3)\sin 2\alpha = \frac{1}{2}(500-200)\sin(2\times 30^\circ) \approx 130(\text{kN/m}^2)$$

(2) 图解法。按照莫尔应力圆确定其正应力 σ 和剪应力 τ。

绘制直角坐标系，按照比例尺在横坐标上标出 σ_1=500kN/m^2，σ_3=200kN/m^2，以 $\sigma_1-\sigma_3$=300kN/m^2 为直径绘圆，从横坐标轴开始逆时针旋转 $2\alpha=60^\circ$ 角，在圆周上得到 A 点，如图 5.8 所示。以相同的比例尺量得 A 点的横坐标为 $\sigma=425$kN/m^2，纵坐标为 $\tau=130$kN/m^2。

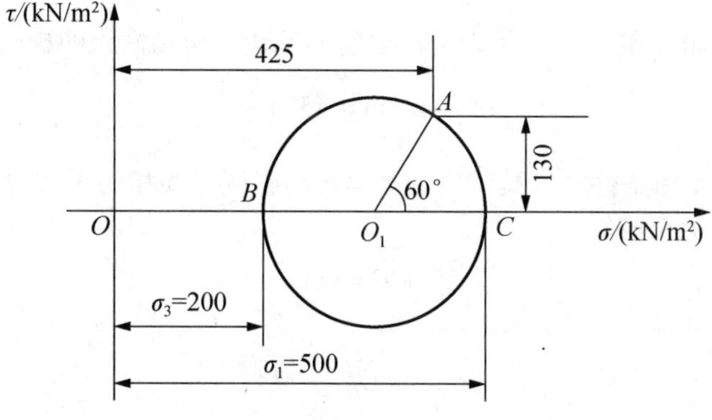

图 5.8 例 5-1 图

可见用两种方法得到了相同的正应力σ和剪应力τ，但用解析法计算较为准确，用图解法计算较为直观。

5.2.3 土的极限平衡条件

【莫尔应力圆与土的抗剪强度的关系】

1. 推导建立土的极限平衡条件

为了建立实用的土体极限平衡条件，将土体中某点的莫尔应力圆和土的抗剪强度与法向应力关系曲线(即抗剪强度包线)画在同一个直角坐标系中，如图 5.9 所示，这样就可以判断土体在这一点上是否达到极限平衡状态。

由前述可知，莫尔应力圆上的每一点的横坐标和纵坐标分别表示土体中某点在相应平面上的正应力σ和剪应力τ，如果莫尔应力圆位于抗剪强度包线的下方，如图 5.9 中莫尔应力圆 I 所示，即通过该点任一方向的剪应力τ都小于土体的抗剪强度τ_f，则土体在该点不会发生剪切破坏，而处于弹性平衡状态；若莫尔应力圆恰好与抗剪强度包线相切，如图 5.9 中莫尔应力圆Ⅱ所示，切点为 *A*，则表明切点 *A* 所代表的平面上的剪应力τ与抗剪强度τ_f相等，此时土体在该点处于极限平衡状态。

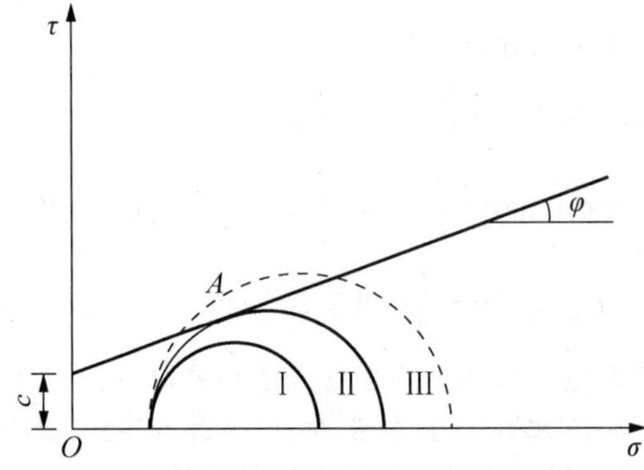

图 5.9 莫尔应力圆与土的抗剪强度包线之间的关系

因此，根据莫尔应力圆与抗剪强度包线相切的几何关系，就可以建立起土体的极限平衡条件。

下面就以图 5.10 中的几何关系为例，说明如何建立无黏性土的极限平衡条件。

$$\sigma_1 = \sigma_3 \tan^2\left(45^\circ + \frac{\varphi}{2}\right) \tag{5-7}$$

土体达到极限平衡条件时，莫尔应力圆与抗剪强度包线相切于 *B* 点，延长 *CB* 与τ轴交于 *A* 点，由图中关系可知

$$\overline{OB} = \overline{OA}$$

再由切割定理可得

$$\sigma_1\sigma_3 = \overline{OB}^2 = \overline{OA}^2$$

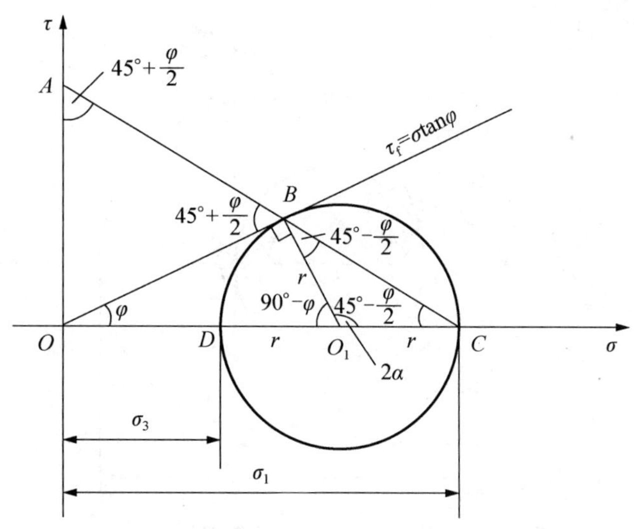

图 5.10 无黏性土极限平衡条件推导示意

在△AOC 中有

$$\sigma_1^2 = \overline{AO}^2 \tan^2\left(45^\circ + \frac{\varphi}{2}\right)$$

$$= \sigma_1\sigma_3 \tan^2\left(45^\circ + \frac{\varphi}{2}\right)$$

因此证明 $\sigma_1 = \sigma_3 \tan^2\left(45^\circ + \frac{\varphi}{2}\right)$。又由于

$$\tan\left(45^\circ + \frac{\varphi}{2}\right) = \frac{1}{\tan\left(45^\circ - \frac{\varphi}{2}\right)} = \cot\left(45^\circ - \frac{\varphi}{2}\right)$$

因此有

$$\sigma_3 = \sigma_1 \tan^2\left(45^\circ - \frac{\varphi}{2}\right) \tag{5-8}$$

对黏性土和粉土而言，可以类似地推导出其极限平衡条件为

$$\sigma_1 = \sigma_3 \tan^2\left(45^\circ + \frac{\varphi}{2}\right) + 2c\tan\left(45^\circ + \frac{\varphi}{2}\right) \tag{5-9}$$

这可以从图 5.11 中的几何关系求证。首先作 EO 平行于 BC，通过最小主应力 σ_3 的坐标点 A 作一圆与 EO 相切于 E 点，与 σ 轴交于 I 点。由前可知

$$\overline{OI} = \sigma_1' = \sigma_3 \tan^2\left(45^\circ + \frac{\varphi}{2}\right)$$

下面找出 $\overline{IG}$ 与 c 的关系(G 点为最大主应力坐标点)。由图中角度关系可知△EBD 为等腰三角形，$\overline{ED} = \overline{BD} = c$，$\angle DEB = 45^\circ - \frac{\varphi}{2}$，则有

$$\overline{EB} = 2c\sin\left(45^\circ + \frac{\varphi}{2}\right) = \overline{IF}$$

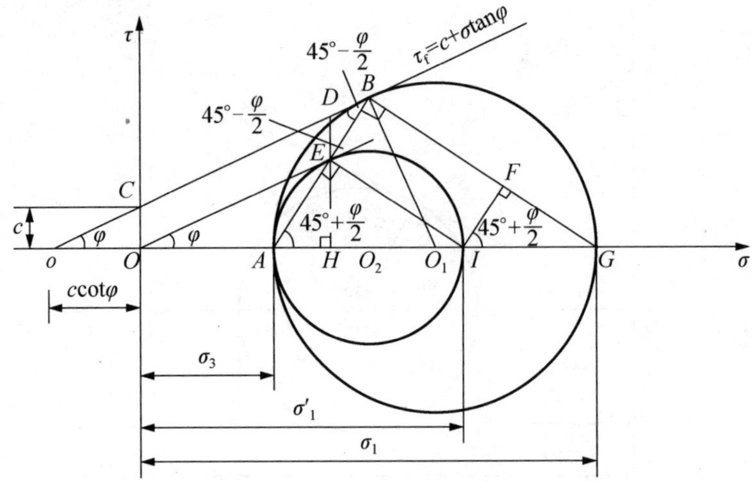

图 5.11　黏性土与粉土极限平衡条件推导示意

在△*GIF* 中有

$$\overline{IG} = \frac{\overline{IF}}{\cos\left(45° + \dfrac{\varphi}{2}\right)} = \frac{2c\sin\left(45° + \dfrac{\varphi}{2}\right)}{\cos\left(45° + \dfrac{\varphi}{2}\right)} = 2c\tan\left(45° + \frac{\varphi}{2}\right)$$

而且 $\overline{OG} = \overline{OI} + \overline{IG}$，所以可得

$$\sigma_1 = \sigma_3 \tan^2\left(45° + \frac{\varphi}{2}\right) + 2c\tan\left(45° + \frac{\varphi}{2}\right)$$

同理可以证明

$$\sigma_3 = \sigma_1 \tan^2\left(45° - \frac{\varphi}{2}\right) - 2c\tan\left(45° - \frac{\varphi}{2}\right) \tag{5-10}$$

还可以证明

$$\sin\varphi = \frac{\sigma_1 - \sigma_3}{\sigma_1 + \sigma_3 + 2c\cot\varphi} \tag{5-11}$$

由图 5.10 的几何关系，可以求得剪切破裂面与最大主应力面的夹角关系。由图示可知

$$2\alpha = 90° + \varphi$$

所以

$$\alpha = 45° + \frac{\varphi}{2} \tag{5-12}$$

即剪切破裂面与最大主应力 σ_1 作用平面的夹角为 $\alpha = 45° + \dfrac{\varphi}{2}$(共轭剪切面)。

由此可见，土与一般连续性材料(如钢、混凝土等)不同，是一种具有内摩擦强度的材料。其剪切破裂面不是最大主应力面，而是与最大主应力面成 $45° + \dfrac{\varphi}{2}$ 的夹角。如果土质均匀，且试验中能保证试件内部的应力、应变均匀分布，则试件内将会出现两组完全对称的剪切破裂面，如图 5.12 所示，图中 *m*—*n* 为剪切破裂面。

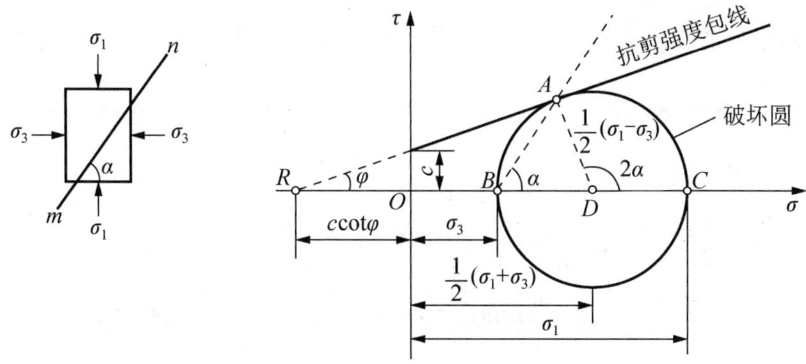

图 5.12 土的剪切破裂面确定

式(5-7)～式(5-11)都是表示土单元体达到极限平衡时(破坏时)主应力的关系，这就是莫尔-库仑强度理论的破坏准则，也是土体达到极限平衡状态的条件，故称之为极限平衡条件。

理论分析和试验研究表明，在各种破坏理论中，对土体最适合的是莫尔-库仑强度理论。归纳总结莫尔-库仑强度理论，可以表述为如下三个要点。

(1) 在剪切破裂面上，材料的抗剪强度是法向应力的函数，可表达为

$$\tau_{\mathrm{f}} = f(\sigma)$$

(2) 当法向应力不很大时，抗剪强度可以简化为法向应力的线性函数，即表示为库仑公式。

$$\tau_{\mathrm{f}} = c + \sigma\tan\varphi$$

(3) 土单元体中，任何一个面上的剪应力大于该面上土体的抗剪强度时，土单元体即发生剪切破坏，用莫尔-库仑强度理论的破坏准则表示，即为式(5-7)～式(5-11)的极限平衡条件。

2. 土的极限平衡条件的应用

利用式(5-7)～式(5-11)，已知土单元体实际上所受的应力和土的抗剪强度指标 c、φ，可以很容易地判断出该土单元体是否产生剪切破坏。如利用式(5-7)，将土单元体所受的实际应力 $\sigma_{3\mathrm{m}}$ 和土的内摩擦角 φ 代入式(5-7)的右侧，可求出土处在极限平衡状态时的最大主应力为

$$\sigma_{1\mathrm{f}} = \sigma_{3\mathrm{m}}\tan^3\left(45^\circ + \frac{\varphi}{2}\right)$$

如果计算得到 $\sigma_{1\mathrm{f}} > \sigma_{1\mathrm{m}}$，表示土体达到极限平衡状态所要求的最大主应力大于实际的最大主应力，则土体处于弹性平衡状态；反之，如果 $\sigma_{1\mathrm{f}} < \sigma_{1\mathrm{m}}$，则表示土体已经发生剪切破坏。同理，也可以用 $\sigma_{1\mathrm{m}}$ 和 φ 求出 $\sigma_{3\mathrm{f}}$，再比较 $\sigma_{3\mathrm{f}}$ 和 $\sigma_{3\mathrm{m}}$ 的大小，来判断土体是否发生了剪切破坏。

【例 5-2】 设砂土地基中某点的最大主应力 σ_1=400kPa，最小主应力 σ_3=200kPa，砂土的内摩擦角 φ=25°，黏聚力 $c=0$，试判断该点是否发生剪切破坏。

【解】 为加深对本章节内容的理解，以下用多种方法解题。

(1) 按某一平面上的剪应力 τ 和抗剪强度 τ_{f} 的对比做判断。根据式(5-12)可知，土体破

坏时土单元体中可能出现的剪切破裂面与最大主应力σ_1作用面的夹角$\alpha_f = 45° + \frac{\varphi}{2}$。因此，作用在与$\sigma_1$作用面成$45° + \frac{\varphi}{2}$平面上的法向应力$\sigma$和剪应力$\tau$可按式(5-6)计算，抗剪强度$\tau_f$可按式(5-1)计算，结果分别为

$$\sigma = \frac{1}{2}(\sigma_1 + \sigma_3) + \frac{1}{2}(\sigma_1 - \sigma_3)\cos 2\left(45° + \frac{\varphi}{2}\right)$$

$$= \frac{1}{2}(400 + 200) + \frac{1}{2}(400 - 200)\cos 2\left(45° + \frac{25°}{2}\right) \approx 257.7(\text{kPa})$$

$$\tau = \frac{1}{2}(\sigma_1 - \sigma_3)\sin 2\left(45° + \frac{\varphi}{2}\right)$$

$$= \frac{1}{2}(400 - 200)\sin 2\left(45° + \frac{25°}{2}\right) \approx 90.6(\text{kPa})$$

$$\tau_f = \sigma\tan\varphi = 257.7 \times \tan 25° \approx 120.2(\text{kPa}) > \tau$$

由于$\tau_f \approx 120.2\text{kPa} > \tau \approx 90.6\text{kPa}$，故可判断该点未发生剪切破坏。

(2) 按式(5-7)判断。计算得

$$\sigma_{1f} = \sigma_{3m}\tan^2\left(45° + \frac{\varphi}{2}\right) = 200\tan^2\left(45° + \frac{25°}{2}\right) \approx 492.8(\text{kPa})$$

由于$\sigma_{1f} \approx 492.8\text{kPa} > \sigma_{1m} = 400\text{kPa}$，故可判断该点未发生剪切破坏。

(3) 按式(5-8)判断。计算得

$$\sigma_{3f} = \sigma_{1m}\tan^2\left(45° - \frac{\varphi}{2}\right) = 400\tan^2\left(45° - \frac{25°}{2}\right) \approx 162.8\ (\text{kPa})$$

由于$\sigma_{3f} \approx 162.8\text{kPa} < \sigma_{3m} = 200\text{kPa}$，故可判断该点未发生剪切破坏。

另外还可以用图解法，通过比较莫尔应力圆与抗剪强度包线的相对位置关系来做出判断，可以得出同样的结论。

5.3 土的抗剪强度指标的测定试验

抗剪强度指标c、φ值是土的重要力学性质指标，在确定地基土的承载力、挡土墙的土压力及验算土坡稳定性等工程问题中都要用到。因此，正确地测定和选择土的抗剪强度指标是土工计算中十分重要的问题。

土的抗剪强度指标是通过土工试验确定的。室内试验常用的方法有直接剪切试验、三轴剪切试验和无侧限抗压强度试验等；现场原位测试的方法有十字板剪切试验等。

5.3.1 直接剪切试验

直接剪切仪构造如图5.3所示。垂直压力由杠杆系统通过加压活塞和透水石传给土样，水平剪应力则由轮轴推动活动的下盒施加给土样。土的抗剪强度可由量力环测定，剪切变形由百分表测定。在施加每一级法向应力后，匀速增加剪切面上的剪应力，直至试件被剪切破坏。将试验结果绘制成剪应力与剪切变形的关系曲线，如图5.13所示。一般将曲线的峰值作为该级法向应力σ下相应的抗剪强度τ_f。

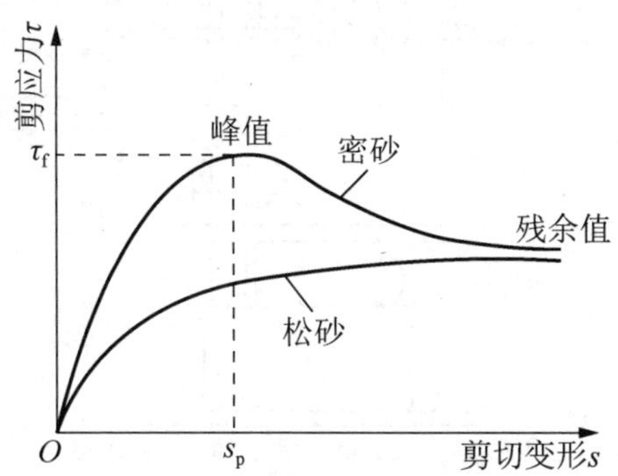

图5.13 剪应力与剪切变形的关系曲线

变换几种法向应力σ的大小，测出相应的抗剪强度τ_f，在σ-τ坐标上绘制σ-τ_f曲线，即为土的抗剪强度包线，如图5.14所示。

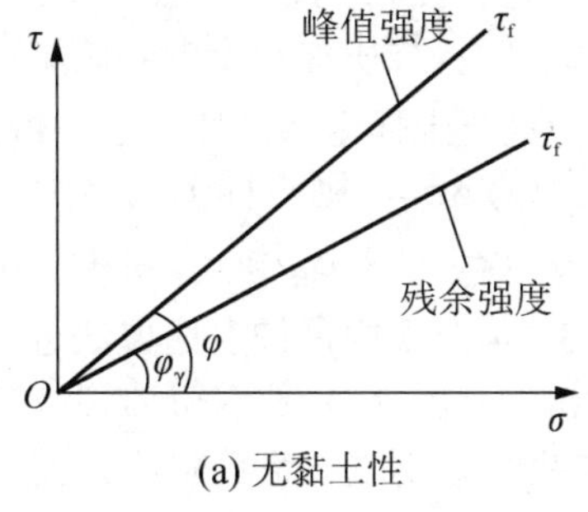

(a) 无黏土性

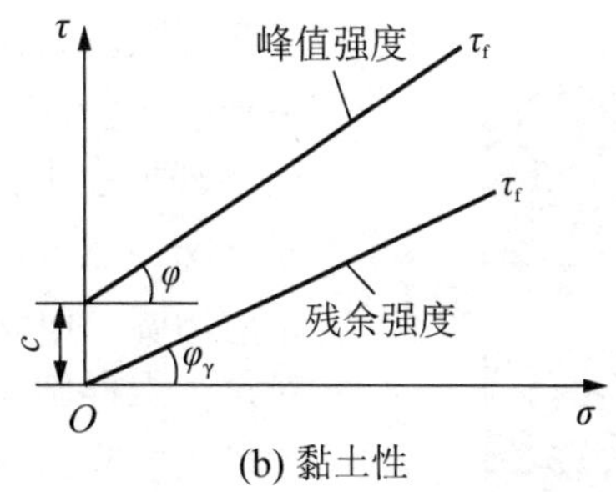

(b) 黏土性

图5.14 峰值强度和残余强度曲线

直接剪切试验是测定土的抗剪强度指标常用的一种试验方法，具有仪器设备简单、操作方便等优点。其缺点是土样上的剪应力沿剪切面分布不均匀，不容易控制排水条件，在试验过程中剪切面可能发生变化等。

直接剪切试验适用于二、三级建筑的可塑状态黏性土与饱和度不大于0.5的粉土。

5.3.2 三轴剪切试验

三轴剪切试验仪由受压室、周围压力控制系统、轴向加压系统、孔隙水压力系统及试样体积变化测量系统等组成，如图5.15所示。

【三轴剪切试验】

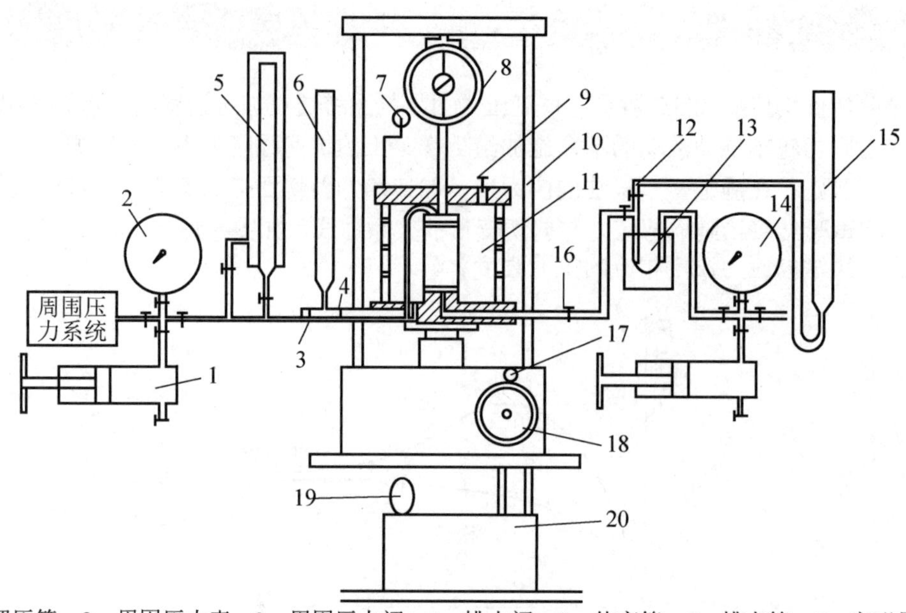

1—调压筒；2—周围压力表；3—周围压力阀；4—排水阀；5—体变管；6—排水管；7—变形量表；8—量力环；9—排气孔；10—轴向加压设备；11—压力室；12—量管阀；13—零位指示器；14—孔隙压力表；15—量管；16—孔隙压力阀；17—离合器；18—手轮；19—马达；20—变速箱

图 5.15　三轴剪切试验仪的组成

试验时，将圆柱体土样用乳胶膜包裹，固定在压力室内的底座上。先向压力室内注入液体(一般为水)，使土样受到周围压力σ_3，并使σ_3在试验过程中保持不变。然后在压力室上端的活塞杆上施加垂直压力直至土样受剪破坏。设土样破坏时由活塞杆加在土样上的垂直压力为$\Delta\sigma_1$，则土样上的最大主应力为$\sigma_{1f}=\sigma_3+\Delta\sigma_1$，而最小主应力为$\sigma_{3f}$；由$\sigma_{1f}$和$\sigma_{3f}$可绘制出一个莫尔应力圆。用同一种土制成 3～4 个土样，按上述方法进行试验，对每个土样施加不同的周围压力σ_3，可分别求得剪切破坏时对应的最大主应力σ_1，然后将这些结果绘成一组莫尔应力圆。根据土的极限平衡条件可知，通过这些莫尔应力圆切点的直线就是土的抗剪强度包线，由此即可得出抗剪强度指标 c、φ 值。

【固结排水剪切试验】

【固结不排水剪切试验】

【不固结不排水剪切试验】

三轴剪切试验仪有较多的优点，所以 GB 50007—2011《建筑地基基础设计规范》推荐采用，特别是对于一级建筑物地基土应予采用。

5.3.3 无侧限抗压强度试验

进行三轴剪切试验时，如果对土样不施加周围压力，而只施加轴向压力，则土样剪切破坏的最小主应力$\sigma_{3f}=0$，最大主应力$\sigma_{1f}=q_u$，此时绘出的莫尔应力圆如图 5.16(a)所示。q_u称为土的无侧限抗压强度。

对于饱和软黏土，可以认为$\varphi=0$，此时其抗剪强度包线与σ轴平行，且有$c_u=q_u/2$，所以可用无侧限抗压强度试验测定饱和软黏土的强度。该试验多在无侧限抗压仪上进行，其试验装置如图 5.16(b)所示。

【无侧限抗压强度试验过程】

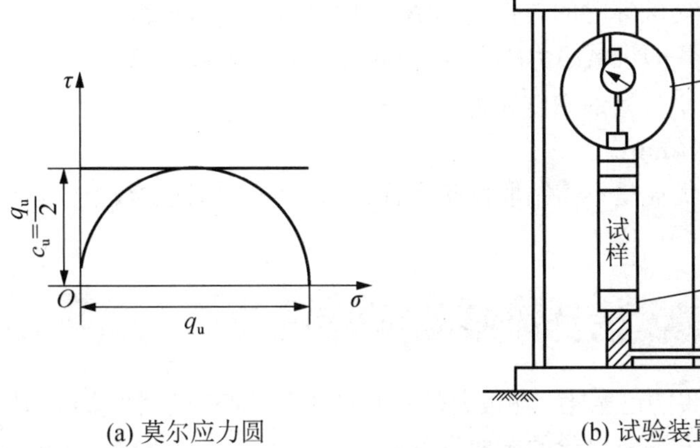

图 5.16　无侧限抗压强度试验

5.3.4 十字板剪切试验

十字板剪切试验属于土体原位测试试验的一种，一般采用十字板剪切仪(图 5.17)进行试验。做试验时，先钻孔至需要试验的土层深度以上 750mm 处，然后将装有十字板的钻杆放入钻孔底部，并插入土中 750mm，施加扭矩使钻杆旋转，直至土体被剪切破坏。土体的剪切破坏面为十字板旋转所形成的圆柱面。

【十字板剪切试验过程】

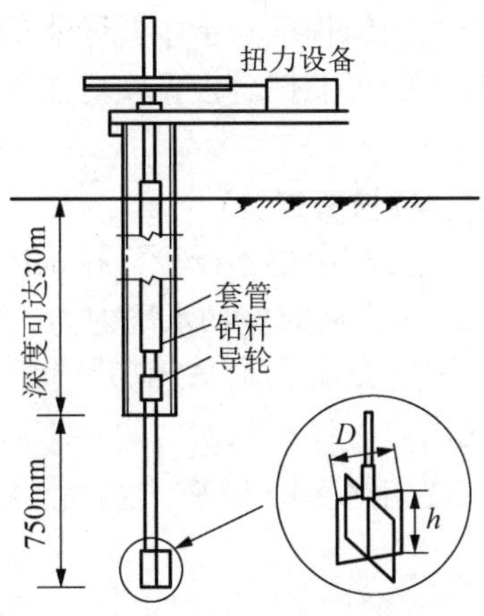

图 5.17　十字板剪切仪

土的抗剪强度可按下式计算。

$$\tau_f=k_c(p_c-f_c) \tag{5-13}$$

$$k_c = \frac{2R}{\pi D^2 h\left(1+\frac{D}{3h}\right)} \tag{5-14}$$

式中　k_c——十字板常数；

p_c——土发生剪切破坏时的总作用力(N)，由弹簧秤读数求得；

f_c——轴杆及设备的机械阻力(N)，在空载时由弹簧秤事先测得；

h、D——分别为十字板的高度和直径(mm)；

R——转盘的半径(mm)。

十字板剪切试验的优点是不需钻取原状土样，对土的结构扰动较小，适用于软塑状态的黏性土。

5.3.5 抗剪强度试验方法与抗剪强度指标的选用

土体稳定性分析成果的可靠性，在很大程度上取决于抗剪强度试验方法和抗剪强度指标的正确选择。因为试验方法所引起的抗剪强度的差别，往往超过不同稳定性分析方法之间的差别。

在土力学中，一般将土的抗剪强度及其指标的确定方法分为有效应力法和总应力法。当土体内的超孔隙水压力能通过计算或其他方法确定时，宜采用有效应力法；当土体内的超孔隙水压力难以确定时，才使用总应力法。采用总应力法时，应该按照土体可能的排水固结情况，分别采用不固结不排水剪切强度(快剪强度)或固结不排水剪切强度(固结快剪强度)。固结排水剪切强度(慢剪强度)实际上就是有效应力抗剪强度用于有效应力分析法中。

我们知道，饱和黏性土随着固结度的增加，土粒之间的有效应力也随着增大。由于黏性土的抗剪强度公式$\tau_f = \sigma\tan\varphi + c$中的第一项的法向应力应该采用有效应力$\sigma'$，因此饱和黏性土的抗剪强度与土的固结程度密切相关。在确定饱和黏性土的抗剪强度时，要考虑土的实际固结程度。试验表明，土的固结程度与土中孔隙水的排水条件有关。在试验时必须考虑实际工程地基土中孔隙水排出的可能性。根据实际工程地基的排水条件，室内抗剪强度试验分别采用以下三种方法。

1．不固结不排水剪切试验(也称快剪试验)

这种试验方法在全部剪切试验过程中都不让土样排水固结。在直接剪切试验中，在土样上下两面均贴以蜡纸，在加法向压力后即施加水平剪力，使土样在3～5min内剪切破坏；而在三轴剪切试验中，先施加周围应力σ_3，而后施加竖向应力(亦称偏应力)$\Delta\sigma_1 = \sigma_1 - \sigma_3$，试验过程中自始至终关闭排水阀门，土样在剪切破坏时不能将土中的孔隙水排出。因此，土样在加压和剪切过程中，含水率始终保持不变。这种常规三轴剪切试验称为不固结不排水剪切试验。

对于饱和黏性土，不固结不排水剪切试验所得出的抗剪强度包线基本上是一条水平线，如图5.18所示，相应$\varphi_u = 0$，$c_u = (\sigma_1 - \sigma_3)/2$。

2．固结不排水剪切试验(也称固结快剪试验)

直接剪切试验是在法向压力作用下使土样完全固结，然后很快施加水平剪力，使土样在剪切过程中来不及排水。而三轴剪切试验是先对土样施加周围压力σ_3，将排水阀门开启，让土样中的水排入量水管中，直至排水终止，土样完全固结；然后关闭排水阀门，施加竖向压力$\Delta\sigma_1=\sigma_1-\sigma_3$，使土样在不排水条件下剪切破坏。此种常规三轴剪切试验称为固结不排水剪切试验。

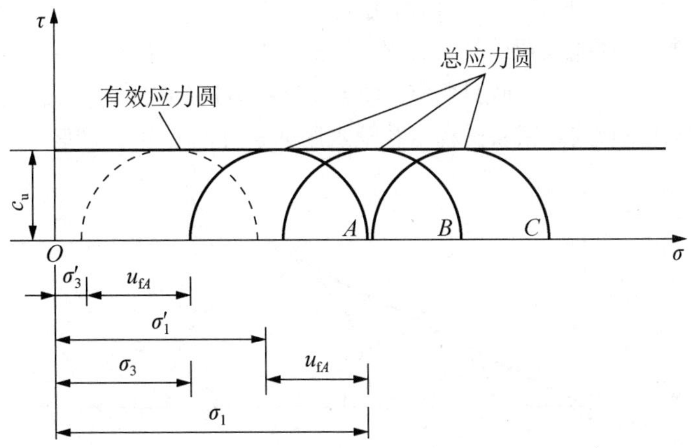

图 5.18 饱和黏性土不固结不排水剪切试验抗剪强度包线

在固结不排水剪切试验中，可以测得剪切过程中的孔隙水压力的数值，由此可求得有效应力。土样剪切破坏时的有效最大主应力σ_{1f}'和最小主应力σ_{3f}'分别为

$$\left.\begin{aligned}\sigma_{1f}'&=\sigma_{1f}-u_f\\ \sigma_{3f}'&=\sigma_{3f}-u_f\end{aligned}\right\}\tag{5-15}$$

式中 σ_{1f}、σ_{3f}——土样剪切破坏时的最大、最小主应力；

u_f——土样剪切破坏时的孔隙水压力。

用有效应力σ_{1f}'和σ_{3f}'可绘制出有效莫尔应力圆和土的有效应力抗剪强度包线，如图 5.19 所示。

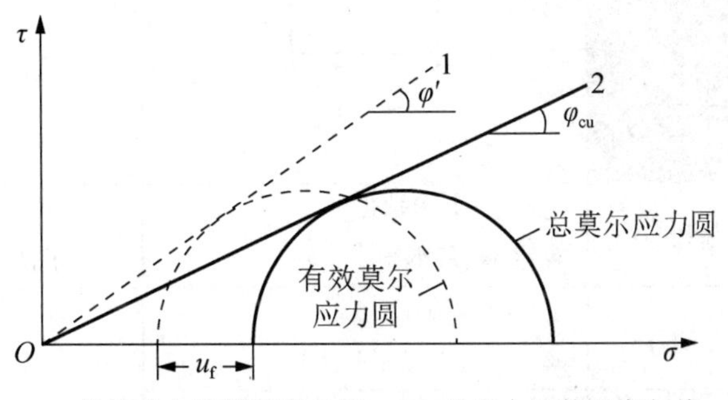

1—有效应力抗剪强度包线；2—总应力抗剪强度包线

图 5.19 固结不排水剪切试验强度包线

显然，有效莫尔应力圆与总莫尔应力圆的大小一样，只是土样剪切破坏时有以下两种情况：当$u_f>0$时，前者在后者的左侧距离为u_f的地方；而当$u_f<0$时，前者则在后者右侧距离为$|u_f|$的地方。

3．固结排水剪切试验(也称慢剪试验)

这种试验方法的特点是，在全部试验过程中，允许土样中的孔隙水充分排出，始终保持 $u=0$。在直接剪力试验中，先让土样在竖向压力作用下充分固结，然后再慢慢施加水平剪力，直至土样发生剪切破坏；在三轴剪切试验的固结过程和 $\Delta\sigma_1=\sigma_1-\sigma_3$ 的施加过程中，都会让土样充分排水(将排水阀门开启)，使土样中不产生孔隙水压力。故施加的应力就是作用于土样上的有效应力。此种常规三轴剪切试验称为固结排水剪切试验。图 5.20 所示为固结排水剪切试验强度包线。试验过程中孔隙水压力 u 及含水率 w 的变化见表 5-1。

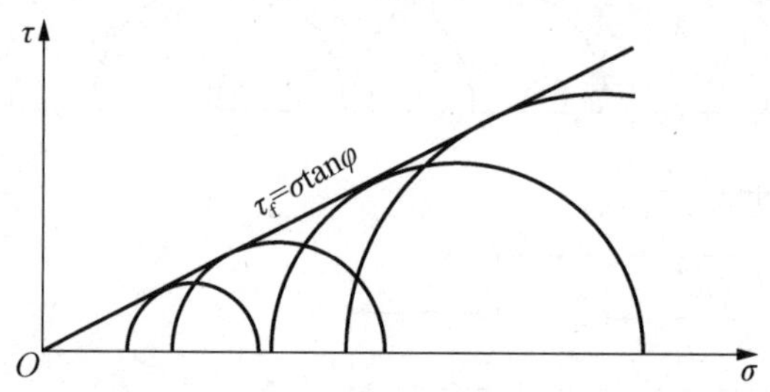

图 5.20　固结排水剪切试验强度包线

表 5-1　试验过程中孔隙水压力 u 及含水率 w 的变化

试验方法	加荷情况	
不固结不排水剪切试验(UU)	$u_1=\sigma_3$ (不固结)； $w_1=w_0$ (含水率不变)	$u_2=A(\sigma_1-\sigma_3)$ (不排水)； $w_2=w_0$ (含水率不变)
固结不排水剪切试验(CU)	$u_1=0$ (固结)； $w_1<w_0$ (含水率减小)	$u_2=A(\sigma_1-\sigma_3)$ (不排水)； $w_2=w_1$ (含水率不变)
固结排水剪切试验(CD)	$u_1=0$ (固结)； $w_1<w_0$ (含水率减小)	$u_2=0$ (排水)； $\begin{cases} w_2<w_1 \text{(正常固结土排水)} \\ w_2>w_1 \text{(超固结土吸水)} \end{cases}$

以上试验所用代号源于相关英文的第一个字母：U——不固结或不排水(unconsolidation or undrained)，C——固结(consolidation)，D——排水(drained)。

在实际工程中具体应当采用上述哪种试验方法，要根据地基土的实际受力情况和排水条件而定。鉴于近年来国内房屋建筑施工周期缩短，结构荷载增长速率较快，因此在验算施工结束时的地基短期承载力时，GB 50007—2011《建筑地基基础设计规范》建议采用不排水剪切试验，以保证工程的安全。该规范还规定，对于施工周期较长、结构荷载增长速率较慢的工程，宜根据建筑物的荷载及预压荷载作用下地基的固结程度，采用固结不排水剪切试验。

5.4 地基的破坏形态

地基承载力的概念及地基土受荷后剪切破坏的过程与性状，可以通过现场载荷试验或室内模型试验来研究，这些试验实际上是一种基础受荷过程的模拟试验。现场载荷试验是在要测定的地基土上放置一块模拟基础的承压板，如图5.21所示。承压板的尺寸较实际基础为小，一般为0.25～1.0m^2，然后在承压板上逐级施加荷载，同时测定在各级荷载作用下承压板的沉降量及周围土的位移情况，直到地基土破坏失稳。

通过试验可得到承压板下各级荷载p与相应的沉降量s之间的关系，如图5.22所示。对p-s曲线的特性进行分析，可以了解地基破坏的机理。图5.22中曲线a在开始阶段呈直线关系，但当荷载增大到某个极限值以后沉降量急剧增加，呈现脆性破坏的特征；曲线b在开始阶段也呈直线关系，在到达某个极限以后虽然随着荷载增大沉降量增加较快，但不显示出急剧增加的特征；曲线c在整个沉降量发展的过程中不出现明显的拐弯点，沉降量对压力的变化率也没有明显的变化。这三种曲线代表了三种不同的地基破坏特征，太沙基等(1943)对此进行了分析，提出两种典型的地基破坏形式，即整体剪切破坏及局部剪切破坏。

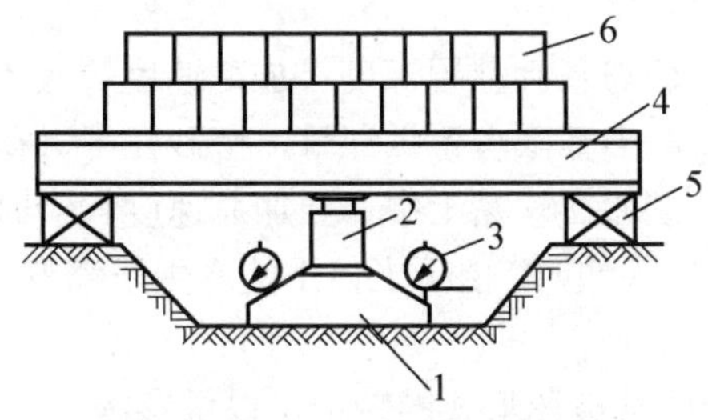

1—承压板；2—千斤顶；3—百分表；4—反力梁；5—枕木垛；6—荷载

图5.21　现场载荷试验

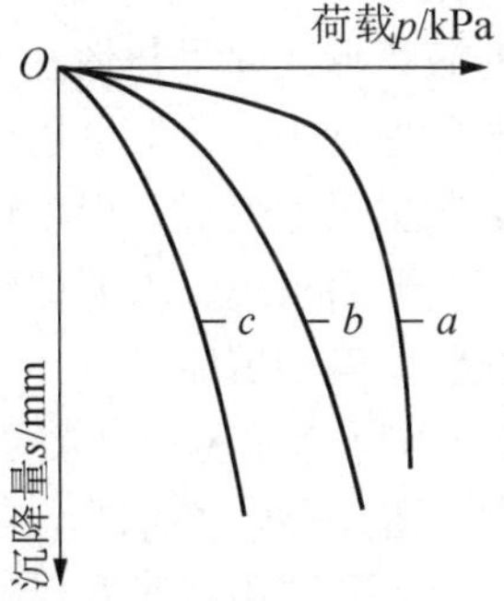

图5.22　p-s曲线

整体剪切破坏的特征是，当基础上荷载较小时，基础下形成一个三角形压密区Ⅰ[图5.23(a)]，随同基础压入土中，这时p-s曲线呈直线关系(图5.22中曲线a)。随着荷载增

【地基发生整体剪切破坏演示图】

【地基发生局部剪切破坏演示图】

【地基发生刺入剪切破坏演示图】

加，压密区Ⅰ向两侧挤压，土中产生塑性区，塑性区先在基础边缘产生，然后逐步扩大形成图 5.23(a)中的Ⅱ、Ⅲ塑性区；这时基础的沉降量增长率较前一阶段增大，故 *p-s* 曲线呈曲线状。当荷载达到最大值后，土中形成连续滑动面，并延伸到地面，土从基础两侧挤出并隆起，基础沉降量急剧增加，整个地基失稳破坏，如图 5.23(a)所示，这时 *p-s* 曲线上出现明显的转折点，其相应的荷载称为极限荷载 p_u，参见图 5.22 中的曲线 *a*。整体剪切破坏常发生在浅埋基础下的密砂或硬黏土等坚实地基中。

局部剪切破坏的特征是，随着荷载的增加，基础下也产生压密区Ⅰ及塑性区Ⅱ，但塑性区仅仅发展到地基某一范围内，土中滑动面并不延伸到地面[图 5.23(b)]，基础两侧地面微微隆起，没有出现明显的裂缝；其 *p-s* 曲线如图 5.22 中的曲线 *b* 所示，曲线也有一个转折点，但不像整体剪切破坏那么明显。*p-s* 曲线在转折点后，其沉降量增长率虽较前一阶段为大，但并不像整体剪切破坏那样急剧增加。局部剪切破坏常发生于中等密实砂土中。

魏锡克(Vesic，1963)提出除上述两种破坏情况外，还有一种刺入剪切破坏。这种破坏形式常发生在松砂及软土中，其破坏的特征是，随着荷载的增加，基础下土层发生压缩变形，基础随之下沉，当荷载继续增加，基础周围附近土体发生竖向剪切破坏，使基础刺入土中；而基础两边的土体却没有移动，如图 5.23(c)所示。刺入剪切破坏的 *p-s* 曲线如图 5.22 中的曲线 *c* 所示，沉降量随着荷载的增大而不断增加，但曲线上没有明显的转折点，也没有明显的比例界限及极限荷载。

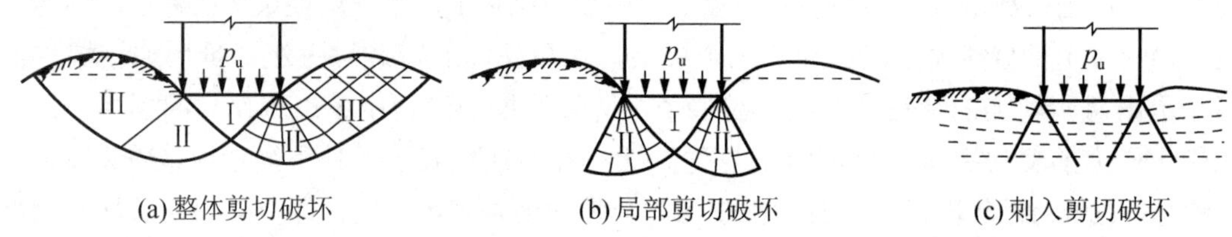

(a) 整体剪切破坏　　(b) 局部剪切破坏　　(c) 刺入剪切破坏

图 5.23　地基破坏形式

地基的破坏形式除了与地基土的性质有关外，还与基础埋置深度、加荷速度等因素有关。如在密砂地基中，一般会出现整体剪切破坏，但当基础埋置很深时，密砂在很大荷载作用下也会产生压缩变形，而出现刺入剪切破坏；又如在软黏土中，当加荷速度较慢时，会产生压缩变形而出现刺入剪切破坏，但当加荷速度很快时，由于土体不能产生压缩变形，就可能出现整体剪切破坏。

表 5-2 列出了条形基础在中心荷载作用下不同地基破坏形式的特征，以供参考。

格尔谢万诺夫根据载荷试验结果，提出地基破坏的过程会经历三个阶段，如图 5.24 所示。

(1) 压密阶段(或称直线变形阶段)：相应于 *p-s* 曲线上的 *Oa* 段。在这一阶段，*p-s* 曲线接近于直线，土中各点的剪应力均小于土的抗剪强度，土体处于弹性平衡状态；此时承压板的沉降主要是由于土的压密变形引起的，如图 5.24(a)、(b)所示。相应于 *p-s* 曲线上 *a* 点的荷载即为临塑荷载 p_{cr}。

表 5-2　条形基础在中心荷载作用下不同地基破坏形式的特征

破坏形式	地基中滑动面	p-s 曲线	基础四周地面	基础沉降量	基础表现	控制指标	事故出现情况	适用条件		
								地基土	埋置深度	加荷速率
整体剪切破坏	连续至地面	有明显拐点	隆起	较小	倾斜	强度	突然倾斜	密实	小	缓慢
局部剪切破坏	连续，地基内	拐点不易确定	有时稍有隆起	中等	可能倾斜	变形为主	较慢下沉时有倾斜	松散	中	快速或冲击荷载
刺入剪切破坏	不连续	拐点无法确定	沿基础下陷	较大	仅有下沉	变形	缓慢下沉	软弱	大	快速或冲击荷载

(2) 剪切阶段：相应于 p-s 曲线上的 ab 段。在这一阶段，p-s 曲线已不再保持线性关系，沉降量的增长率随荷载的增大而增加，此时地基土中局部范围内(首先在基础边缘处)的剪应力达到土的抗剪强度，土体发生剪切破坏而出现塑性区；随着荷载的继续增加，土中塑性区的范围也逐步扩大，如图 5.24(c)所示，直到土中形成连续的滑动面，由承压板两侧挤出而破坏。因此，剪切阶段也是地基中塑性区的发生与发展阶段。相应于 p-s 曲线上 b 点的荷载即为极限荷载 p_u。

(3) 破坏阶段：相应于 p-s 曲线上的 bc 段。当荷载超过极限荷载后，承压板急剧下沉，即使不增加荷载，沉降也不能稳定，因此 p-s 曲线陡直下降；在这一阶段，由于土中塑性区范围的不断扩展，最后在土中形成连续滑动面，土从承压板四周挤出隆起，使地基土失稳而破坏。

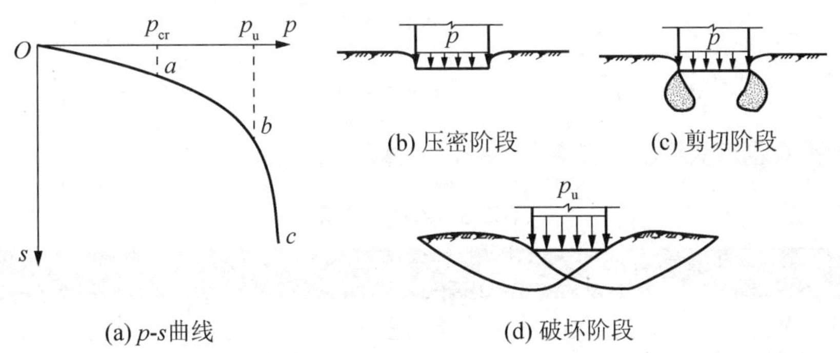

(a) p-s曲线　(b) 压密阶段　(c) 剪切阶段　(d) 破坏阶段

图 5.24　地基破坏过程的三个阶段

5.5　临塑荷载和临界荷载

当地基土受到荷载作用后，地基中有可能出现一定的塑性变形区。当地基土中将要出现但尚未出现塑性区时，地基所承受的相应荷载称为临塑荷载；当地基土中的塑性区发展到某一深度时，其相应荷载称为临界荷载；当地基土中的塑性区充分发展并形成连续滑动面时，其相应荷载称为极限荷载。

上一节已经指出，在荷载作用下地基变形的发展经历压密阶段、剪切阶段和破坏阶段三个阶段。地基变形的剪切阶段也是土中塑性区范围随着作用荷载的增加而不断发展的阶段，土中塑性区开展到不同深度时，通常相当于基础宽度的 1/4 或 1/3，其相应的荷载即为临界荷载 $p_{1/4}$ 或 $p_{1/3}$。

工程实践表明，即使地基发生局部剪切破坏，地基中塑性区有所发展，只要塑性区范围不超出某个限度，就不致影响建筑物的安全和正常使用，因此 p_{cr} 作为地基土的承载力偏于保守。地基塑性区发展的容许深度与建筑物类型、荷载性质及土的特性等因素有关，对此目前在国际上尚无一致结论。

一般认为，在中心垂直荷载下，塑性区的最大发展深度 z_{max} 可控制在基础宽度的 1/4，相应的临界荷载 $p_{1/4}$ 计算公式为

$$p_{1/4} = \gamma b N_{\gamma} + \gamma_0 d N_{q} + c N_{c} \tag{5-16}$$

式中 γ——土的容重(kN/m^3)；

b——基础宽度(m)；

γ_0——基础埋置深度处土的容重(m)；

d——基础的埋置深度(m)；

c——土的黏聚力(kPa)；

N_{γ}、N_{q}、N_{c}——承载力系数，它们只与土的内摩擦角 φ 有关，其计算公式如下。

$$N_{\gamma} = \frac{\pi}{4\left(\cot\varphi + \varphi - \frac{\pi}{2}\right)};\quad N_{q} = \frac{\cot\varphi + \varphi + \frac{\pi}{2}}{\cot\varphi + \varphi - \frac{\pi}{2}};\quad N_{c} = \frac{\pi\cot\varphi}{\cot\varphi + \varphi - \frac{\pi}{2}}$$

承载力系数也可从相应的表格中查得，具体见表5-3。

表 5-3 承载力系数

φ/(°)	N_{γ}	N_{q}	N_{c}	φ/(°)	N_{γ}	N_{q}	N_{c}
0	0	1.00	3.14	22	0.61	3.44	6.04
2	0.03	1.12	3.32	24	0.72	3.87	6.45
4	0.06	1.25	3.51	26	0.84	4.37	6.90
6	0.10	1.39	3.71	28	0.98	4.93	7.40
8	0.14	1.55	3.93	30	1.15	5.59	7.95
10	0.18	1.73	4.17	32	1.34	6.35	8.55
12	0.23	1.94	4.42	34	1.55	7.21	9.22
14	0.29	2.17	4.69	36	1.81	8.25	9.97
16	0.36	2.43	5.00	38	2.11	9.44	10.80
18	0.43	2.72	5.31	40	2.46	10.84	11.73
20	0.51	3.06	5.66	45	3.66	15.64	14.64

上述临塑荷载及临界荷载计算公式是建立在下述假定基础上的。

(1) 计算公式适用于条形基础。若将它近似地用于矩形和圆形基础，其结果是偏于安全的。

(2) 在计算土中由自重产生的主应力时，假定土的侧压力系数 $K_0 = 1$，这与土的实际情况不符，但这样可使公式简化。

(3) 在计算临界荷载 $p_{1/4}$ 时，土中已出现塑性区，但这时仍按弹性理论计算土中应力，这在理论上是相互矛盾的，其所引起的误差将随着塑性区范围的扩大而扩大。

5.6 地基极限承载力

【影响地基承载力的因素】

地基极限承载力除了可以从载荷试验求得外，还可以用半理论半经验公式计算，这些公式都是在刚塑体极限平衡理论基础上解得的。下面介绍常用的几个极限承载力公式。

5.6.1 普朗特尔地基极限承载力公式

1. 普朗特尔基本解

假定条形基础置于地基表面($d = 0$)，地基上无重力($\gamma = 0$)，且基础底面光滑无摩擦力，当基础下形成连续的塑性区而处于极限平衡状态时，普朗特尔(Prandtl，1920)根据塑性力学得到的地基滑动面形状如图 5.25 所示。地基的极限平衡区可分为三个区：在基础底面下的Ⅰ区，因为假定基础底面无摩擦力，故基础底面平面是最大主应力面，两组滑动面与基础底面平面间成$\left(45^\circ + \frac{\varphi}{2}\right)$角，也就是说Ⅰ区是朗肯主动状态区；随着基础下沉，Ⅰ区土楔向两侧挤压，因此Ⅲ区为朗肯被动状态区，其滑动面也是由两组平面组成，由于地基表面为最小主应力平面，故滑动面与地基表面成$\left(45^\circ - \frac{\varphi}{2}\right)$角；Ⅰ区与Ⅲ区的中间是过渡区Ⅱ区，Ⅱ区的滑动面一组是辐射线，另一组是对数螺线，见图 5.25 中的$\overset{\frown}{CD}$及$\overset{\frown}{CE}$，其曲线如图 5.26 所示，相应方程为

$$r = r_0 e^{\theta \tan\varphi} \tag{5-17}$$

对以上情况，普朗特尔得出条形基础的极限承载力公式如下。

$$p_u = c\left[e^{\pi\tan\varphi}\tan^2\left(\frac{\pi}{4} + \frac{\varphi}{2}\right) - 1\right]\cot\varphi = cN_c \tag{5-18}$$

其中，承载力系数 $N_c = \left[e^{\pi\tan\varphi}\tan^2\left(\frac{\pi}{4} + \frac{\varphi}{2}\right) - 1\right]\cot\varphi$，是土的内摩擦角 φ 的函数，可从表 5-4 查得。

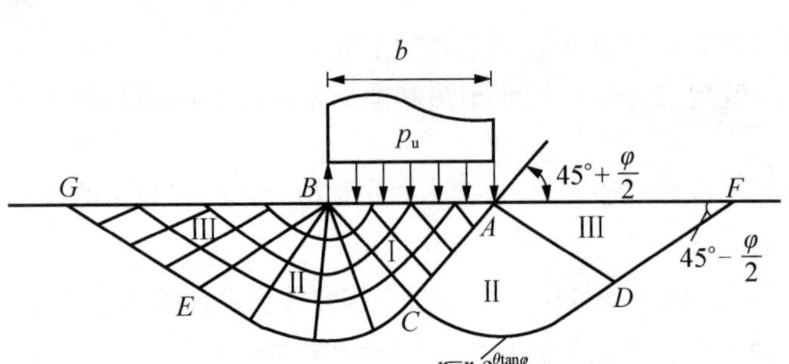

图 5.25　普朗特尔公式的滑动面形状

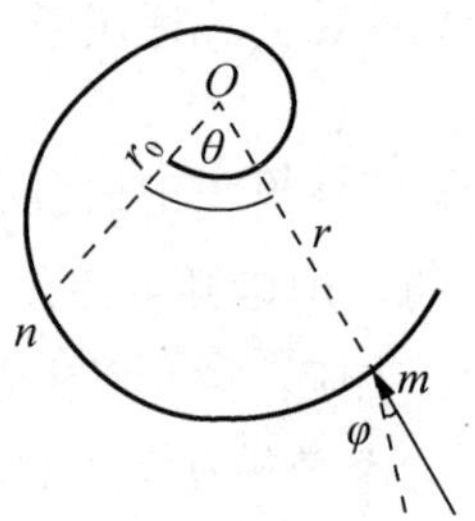

图 5.26　对数螺线

表 5-4　普朗特尔公式的承载力系数

φ	0°	5°	10°	15°	20°	25°	30°	35°	40°	45°
N_γ	0	0.62	1.75	3.82	7.71	15.2	30.1	62.0	135.5	322.7
N_q	1.00	1.57	2.47	3.94	6.40	10.7	18.4	33.3	64.2	134.9
N_c	5.14	6.49	8.35	11.0	14.8	20.7	30.1	46.1	75.3	133.9

2. 雷斯诺对普朗特尔公式的补充

普朗特尔公式是假定基础设置于地基的表面，但一般基础均有一定的埋置深度，若埋置深度较浅，为简化起见，可忽略基础底面以上土的抗剪强度，而将这部分土作为分布在基础两侧的均布荷载 $q=\gamma_0 d$ 作用在 GF 面上，如图 5.27 所示。雷斯诺(Reissner，1924)在普朗特尔公式假定的基础上，导得了由超载 q 产生的极限承载力公式，即普朗特尔-雷斯诺公式。

$$p_u = q\mathrm{e}^{\pi\tan\varphi}\tan^2\left(\frac{\pi}{4}+\frac{\varphi}{2}\right) = qN_q \tag{5-19}$$

其中，承载力系数 $N_q=\mathrm{e}^{\pi\tan\varphi}\tan^2\left(\frac{\pi}{4}+\frac{\varphi}{2}\right)$，是土的内摩擦角 φ 的函数，可从表 5-4 查得。

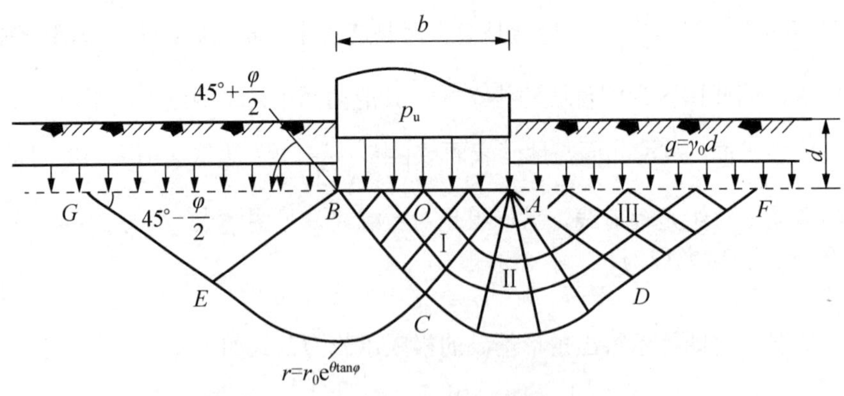

图 5.27　基础有埋置深度时的雷斯诺解

将式(5-18)及式(5-19)合并，可得到当不考虑土重力时，埋置深度为 d 的条形基础的极限承载力公式。

$$p_u = qN_q + cN_c \tag{5-20}$$

上述普朗特尔及雷斯诺导得的公式，均是假定土的重度$\gamma=0$，但由于土的强度很小，同时土的内摩擦角φ又不等于零，因此不考虑土的重力作用是不妥当的。若考虑土的重力作用，普朗特尔导得的滑动面Ⅱ区中的$\overset{\frown}{CD}$、$\overset{\frown}{CE}$就不再是对数螺线了，其滑动面形状很复杂，目前尚无法按极限平衡理论求得其解析解，只能采用数值计算方法求得。

3. 泰勒对普朗特尔公式的补充

普朗特尔-雷斯诺公式是假定土的重度$\gamma=0$时，按极限平衡理论解得的极限承载力公式。若考虑土体的重力，目前虽无法得到其解析解，但许多学者在普朗特尔公式的基础上做了一些近似计算。泰勒(Taylor，1948)提出：考虑土体重力时，假定其滑动面与普朗特尔公式相同，那么图5.27中的滑动土体$ABGECDFA$的重力，将使滑动面$GECDF$上土的抗剪强度增加。泰勒假定其增加值可用一个换算黏聚力$c'=\gamma t\tan\varphi$来表示，其中γ、φ为土的厚度及内摩擦角，t为滑动土体的换算高度。假定$t=\overline{OC}=\dfrac{b}{2}\cot\alpha=\dfrac{b}{2}\tan\left(\dfrac{\pi}{4}+\dfrac{\varphi}{2}\right)$，这样用（$c+c'$）代替式(5-20)中的$c$，即得到考虑滑动土体重力时的普朗特尔极限承载力公式。

$$\begin{aligned}p_u &= qN_q+\left(c+c'\right)N_c = qN_q+cN_c+c'N_c\\ &= qN_q+cN_c+\gamma\frac{b}{2}\tan\left(\frac{\pi}{4}+\frac{\varphi}{2}\right)\left[e^{\pi\tan\varphi}\tan^2\left(\frac{\pi}{4}+\frac{\varphi}{2}\right)-1\right]\\ &= \frac{1}{2}\gamma bN_\gamma+qN_q+cN_c\end{aligned} \tag{5-21}$$

其中，承载力系数$N_\gamma=\tan\left(\dfrac{\pi}{4}+\dfrac{\varphi}{2}\right)\left[e^{\pi\tan\varphi}\tan^2\left(\dfrac{\pi}{4}+\dfrac{\varphi}{2}\right)-1\right]=\left(N_q-1\right)\tan\left(\dfrac{\pi}{4}+\dfrac{\varphi}{2}\right)$，可按$\varphi$值由表5-4查得。

5.6.2 斯肯普顿地基极限承载力公式

对于饱和软黏土地基（$\varphi=0$），连续滑动面Ⅱ区的对数螺线蜕变成圆弧（$r=r_0e^{\theta\tan\varphi}=r_0$），其滑动面形状如图5.28所示，其中$\overset{\frown}{CD}$及$\overset{\frown}{CE}$为圆周弧长。取$OCDI$为隔离体，$OA$面上作用着极限荷载$p_u$，$OC$面上受到的主动土压力为

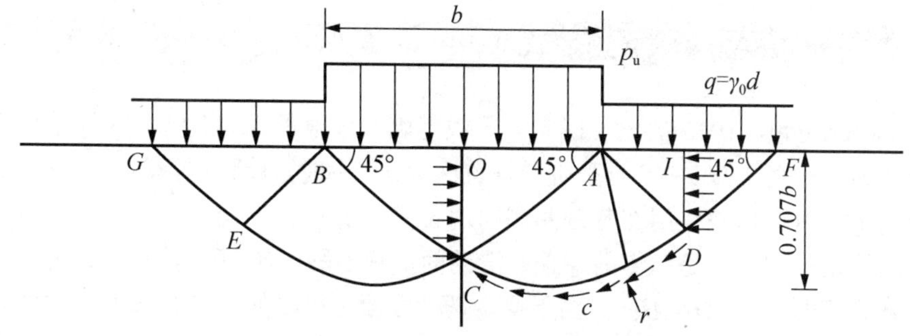

图5.28 斯肯普顿公式的滑动面形状

$$p_a = p_u \tan^2\left(\frac{\pi}{4}-\frac{\varphi}{2}\right) - 2c\tan\left(\frac{\pi}{4}-\frac{\varphi}{2}\right) = p_u - 2c$$

DI 面上受到的被动土压力为

$$p_p = p_u \tan^2\left(\frac{\pi}{4}+\frac{\varphi}{2}\right) + 2c\tan\left(\frac{\pi}{4}+\frac{\varphi}{2}\right) = p_u + 2c$$

在上述计算主动、被动土压力时，没有计及地基土重力的影响，因为$\varphi = 0$时主动土压力和被动土压力系数均为 1，土体重力在 OC 和 DI 面上产生的主动、被动土压力大小和作用点相同、方向相反，对地基的稳定没有影响。

CD 面上还有黏聚力 c，各力对 A 点取力矩，由图 5.28 可得

$$p_a\frac{(\overline{OC})^2}{2} + p_p\frac{(\overline{OA})^2}{2} = c(\overline{CD}) + p_p\frac{(\overline{CD})^2}{2} + \frac{q}{2}(\overline{AI})^2$$

或

$$(p_u - 2c)\frac{1}{2}\left(\frac{b}{2}\right)^2 + p_p\frac{1}{2}\left(\frac{b}{2}\right)^2 = c\frac{\sqrt{2}}{4}\pi b\frac{\sqrt{2}}{4}b + (q+2c)\frac{1}{2}\left(\frac{b}{2}\right)^2 + \frac{q}{2}\left(\frac{b}{2}\right)^2$$

最终解得

$$p_u = (\pi + 2)c + q = 5.14c + q = 5.14c + \gamma_0 d \tag{5-22}$$

以上是斯肯普顿(Skempton，1952)得出的饱和软黏土地基在条形荷载作用下的极限承载力公式，是普朗特尔-雷斯诺公式在$\varphi = 0$时的特例。

对于矩形基础，参考前人的研究成果，斯肯普顿给出的地基极限承载力公式为

$$p_u = 5c\left(1+\frac{b}{5l}\right)\left(1+\frac{d}{5b}\right) + \gamma_0 d \tag{5-23}$$

式中 c——地基土黏聚力(kPa)，取基础底面以下 0.707b 深度范围内的平均值；考虑饱和黏性土与粉土在不排水条件下的短期承载力时，黏聚力应采用土的不排水抗剪强度c_u。

b，l——基础的宽度和长度(m)。

γ_0——基础埋置深度 d 范围内土的重度(kN/m^3)。

工程实践证明，用斯肯普顿公式计算的软土地基承载力与实际情况是比较接近的，安全系数 K 可取 1.10～1.30。

5.6.3 太沙基地基极限承载力公式

太沙基(Terzaghi，1943)提出了确定条形浅基础的极限承载力公式。太沙基认为从实用考虑，当基础的长宽比$l/b \geqslant 5$且基础的埋置深度$d \leqslant b$时，就可视为是条形浅基础；基础底面以上的土体可看作是作用在基础两侧的均布荷载$q = \gamma_0 d$。

太沙基假定基础底面是粗糙的，地基滑动面形状如图 5.29 所示，也可以分成三个区：Ⅰ区为在基础底面下的土楔 ABC，由于假定基础底面是粗糙的，具有很大的摩擦力，因此 AB 不会发生剪切位移，Ⅰ区内土体不是处于朗肯主动状态，而是处于弹性压密状态，它与基础底面一起移动；太沙基假定滑动面 AC(或 BC)与水平面成φ角。Ⅱ区的假定与普朗特

尔公式一样，滑动面一组是通过 AB 点的辐射线，另一组是对数螺线 $\overset{\frown}{CD}$、$\overset{\frown}{CE}$。前面已经指出，如果考虑土体的重度时，滑动面就不会是对数螺线，但目前尚不能求得两组滑动面的解析解，因此，太沙基假定忽略了土体的重度对滑动面形状的影响，是一种近似解。由于滑动面 AC 与 CD 间的夹角应该等于$(90^\circ+\varphi)$，因此对数螺线在 C 点的切线是竖直的。Ⅲ区是朗肯被动状态区，滑动面 AD 及 DF 与水平面成$(45^\circ-\dfrac{\varphi}{2})$角。

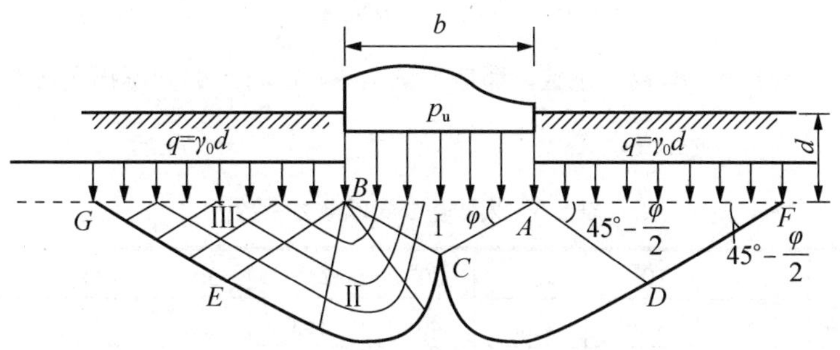

图 5.29　太沙基公式的滑动面形状

若作用在基础底面的极限荷载为 p_u，假设此时发生整体剪切破坏，那么基础底面下的弹性压密区(Ⅰ区)ABC 将贯入土中，向两侧挤压土体 $ACDF$ 及 $BCEG$ 达到被动破坏。因此，在 AC 及 BC 面上将作用被动力 E_p，E_p 与作用面的法线方向成 δ 角，已知摩擦角 $\delta=\varphi$，故 E_p 是竖向的，如图 5.30 所示。取脱离体 ABC，考虑单位长度基础，根据平衡条件有

$$p_u b=2c_1\sin\varphi+2E_p-W \tag{5-24}$$

式中　b——基础宽度；

c_1——AC 及 BC 面上土黏聚力的合力，$c_1=c\overline{AC}=\dfrac{cb}{2\cos\varphi}$；

W——土楔体 ABC 的重力，$W=\dfrac{1}{2}\gamma Hb=\dfrac{1}{4}\gamma b^2\tan\varphi$。

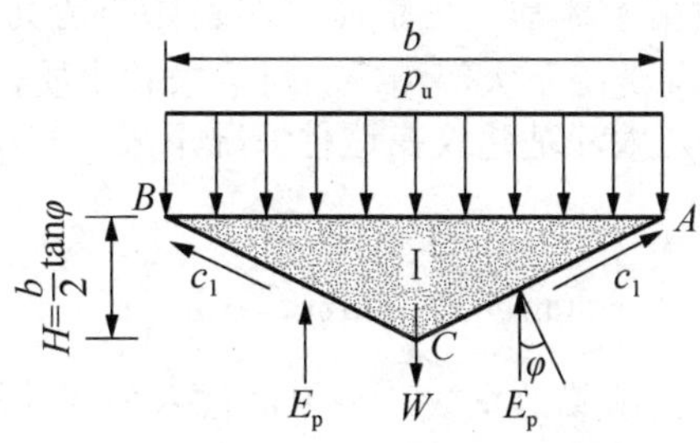

图 5.30　土楔体 ABC

由此，式(5-24)可写成

$$p_u=c\tan\varphi+\frac{2E_p}{b}-\frac{1}{4}\gamma b\tan\varphi \tag{5-25}$$

被动力 E_p 是由土的重度 γ、黏聚力 c 及超载 $q=\gamma_m d$ (d 为基础埋置深度)三种因素引起

的总值，很难精确地确定。太沙基认为从工程精度实际需求出发，可以用下述简化方法分别计算由三种因素引起的被动力的总和：①土是无质量的，有黏聚力和内摩擦角，没有超载，即$\gamma=0$，$c\neq0$，$\varphi\neq0$，$q=0$；②土是无质量的，没有黏聚力，有内摩擦角、有超载，即$\gamma=0$，$c=0$，$\varphi\neq0$，$q\neq0$；③土是有质量的，没有黏聚力，但有内摩擦角，没有超载，即$\gamma\neq0$，$c=0$，$\varphi\neq0$，$q=0$。最后代入式(5-25)可得太沙基的极限承载力公式为

$$p_{\mathrm{u}}=\frac{1}{2}\gamma bN_{\gamma}+qN_{\mathrm{q}}+cN_{\mathrm{c}} \tag{5-26}$$

式中　N_{γ}、N_{q}、N_{c}——承载力系数，都是无量纲数，仅与土的内摩擦角φ有关，可由表 5-5 查得。

表 5-5　太沙基公式承载力系数

φ	0°	5°	10°	15°	20°	25°	30°	35°	40°	45°
N_{γ}	0	0.51	1.20	1.80	4.00	11.0	21.8	45.4	125	326
N_{q}	1.00	1.64	2.69	4.45	7.42	12.1	22.5	41.4	81.3	173.3
N_{c}	5.71	7.32	9.58	12.9	17.6	25.1	37.2	57.7	95.1	172.2

式(5-26)只适用于条形基础，在应用于圆形或矩形基础时，计算结果偏于安全。由于圆形或方形基础属于三维问题，因数学上的困难至今尚未能导得其分析解，因此，太沙基提出了以下半经验的极限承载力公式。

(1) 圆形基础为

$$p_{\mathrm{u}}=0.6\gamma RN_{\gamma}+qN_{\mathrm{q}}+1.2cN_{\mathrm{c}} \tag{5-27}$$

式中　R——圆形基础的半径；

其余符号意义同前。

(2) 方形基础为

$$p_{\mathrm{u}}=0.4\gamma bN_{\gamma}+qN_{\mathrm{q}}+1.2cN_{\mathrm{c}} \tag{5-28}$$

式(5-26)～式(5-28)只适用于地基土是整体剪切破坏的情况，即地基土较密实，其 p-s 曲线有明显的转折点，破坏前沉降不大等情况。对于松软土质，地基破坏是局部剪切破坏，沉降较大，其极限荷载较小。太沙基建议在这种情况下采用较小的φ'、c'值代入以上公式计算极限承载力，即令

$$\tan\varphi'=\frac{2}{3}\tan\varphi\text{，}\quad c'=\frac{2}{3}c \tag{5-29}$$

根据φ值从表 5-5 中查出承载力系数，并用c'代入公式计算。用太沙基极限承载力公式计算地基承载力时，其安全系数应取为 3。

【例 5-3】 某路堤如图 5.31 所示，试验算路堤下地基地下承载力是否满足要求。采用太沙基公式计算地基极限承载力(取安全系数 K=3)，计算时要求按下述两种施工情况进行分析。

(1) 路堤填土填筑速度很快，比荷载在地基中所引起的超孔隙水压力的消散速率更快。

(2) 路堤填土施工速度很慢，地基土中不引起超孔隙水压力。

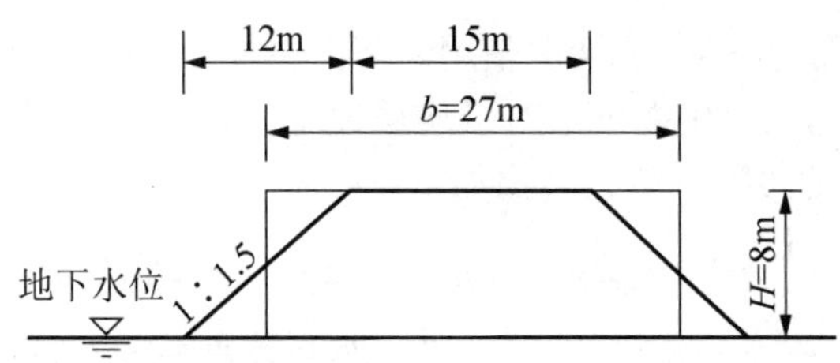

图 5.31 路堤下地基承载力验算

已知路堤填土$\gamma_1 = 18.8\text{kN/m}^3$，$c_1 = 33.4\text{kPa}$，$\varphi_1 = 20°$；地基土(饱和黏土)$\gamma_2 = 15.7\text{kN/m}^3$。土的不排水抗剪强度指标为$c_u = 22\text{kPa}$，$\varphi_u = 0$；土的固结排水抗剪强度指标为$c_d = 4\text{kPa}$，$\varphi_d = 22°$。

【解】 将梯形断面路堤折算成等面积和等高度的矩形断面，求得其换算路堤宽度b=27m，地基土的浮重度$\gamma_2' = \gamma_2 - 9.81 = 15.7 - 9.81 \approx 5.9(\text{kN/m}^3)$。

用太沙基公式(5-26)计算极限承载力。

施工情况（1）：$\varphi_u = 0$，由表5-5查得承载力系数为$N_\gamma = 0$，$N_q = 1.00$，$N_c = 5.71$，已知$\gamma_2' = 5.9\text{kN/m}^3$, $c = c_u = 22\text{kPa}$, $d = 0$, $q = \gamma_1 d = 0$, $b = 27\text{m}$，代入式(5-26)得

$$p_u = \frac{1}{2} \times 5.9 \times 27 \times 0 + 0 \times 1 + 22 \times 5.71 = 125.62(\text{kPa})$$

路堤填土压力为

$$p = \gamma_1 H = 18.8 \times 8 = 150.4(\text{kPa})$$

地基承载力安全系数$K = \dfrac{p_u}{p} = \dfrac{125.62}{150.4} \approx 0.83 < 3$，故路堤下的地基承载力不能满足需求。

施工情况（2）：$\varphi_d = 22°$，由表5-5通过内插法求得承载力系数为$N_\gamma = 6.8$，$N_q = 9.17$，$N_c = 20.2$，此外$c = c_d = 4\text{kPa}$，代入式(5-26)可得

$$p_u = \frac{1}{2} \times 5.9 \times 27 \times 6.8 + 0 + 4 \times 20.2 = 541.62 + 80.8 = 622.42(\text{kPa})$$

则地基承载力安全系数$K = \dfrac{p_u}{p} = \dfrac{622.42}{150.4} \approx 4.1 > 3$，故地基承载力满足需求。

从上述计算可知，当路堤填土填筑速度较慢，允许地基土中的超孔隙水压力充分消散时，可使地基承载力得到满足。

5.6.4 考虑其他因素影响时的地基极限承载力计算公式

前面所介绍的普朗特尔、雷斯诺、斯肯普顿及太沙基等的极限承载力公式，都只适用于中心竖向荷载作用时的条形基础，同时不考虑基础底面以上土的抗剪强度的作用。因此，若基础上作用的荷载是倾斜的或有偏心，基础底面的形状为矩形或圆形，基础的埋置深度较深或土中有地下水时，计算时就需要考虑基础底面以上土的抗剪强度的影响，就不能直接应用前述极限承载力公式。要得出全面地考虑这么多影响因素的极限承载力公式是很困难的，许多学者做了一些对比试验研究，提出了对上述极限承载力公式(如普朗特尔-雷斯

诺公式)进行修正的公式，可供一般情况使用。下面主要介绍汉森地基极限承载力公式。

汉森(Hansen，1961，1970)提出，对于均质地基，在中心倾斜荷载作用下，不同基础形状及不同埋置深度时的极限承载力公式如下。

$$p_u = \frac{1}{2}\gamma b N_\gamma i_\gamma s_\gamma d_\gamma g_\gamma b_\gamma + qN_q i_q s_q d_q g_q b_q + cN_c i_c s_c d_c g_c b_c \tag{5-30}$$

式中　N_γ、N_q、N_c——承载力系数。其中 N_q、N_c 值与普朗特尔-雷斯诺公式相同，见式(5-20)，或由表 5-4 查得；N_γ 值汉森建议按 $N_\gamma = 1.8(N_q - 1)$ 计算。

i_γ、i_q、i_c——荷载倾斜系数，其表达式见表 5-6。

g_γ、g_q、g_c——地面倾斜系数，其表达式见表 5-6。

b_γ、b_q、b_c——基础底面倾斜系数，其表达式见表 5-6。

s_γ、s_q、s_c——基础形状系数，其表达式见表 5-6。

d_γ、d_q、d_c——深度系数，其表达式见表 5-6。

其余符号意义同前。

表 5-6　汉森公式的承载力修正系数

系数	公式	说明
荷载倾斜系数	$i_\gamma = \left[1 - \frac{(0.7 - \eta/450^\circ)H}{P + cA\cot\varphi}\right]^5 > 0$ $i_q = \left(1 - \frac{0.5H}{P + cA\cot\varphi}\right)^5 > 0$ $i_c = \begin{cases} 0.5 - 0.5\sqrt{1 - \frac{H}{cA}} (\varphi = 0) \\ i_q - \frac{1 - i_q}{N_q - 1} (\varphi > 0) \end{cases}$	P、H——作用在基础底面的竖向荷载及水平荷载； A——基础底面面积，$A = bl$(偏心荷载作用时为有效面积 $A = b'l'$)； η——倾斜基础底面与水平面的夹角(°)
基础形状系数	$s_\gamma = 1 - 0.4 i_\gamma K$ $s_q = 1 + i_q K \sin\varphi$ $s_c = 1 + 0.2 i_c K$	矩形基础 $K = \frac{b}{l}$； 方形或圆形基础 $K = 1$； 偏心荷载作用时，表中 b、l 采用有效宽度 b' 和有效长度 l'
深度系数	$d_\gamma = 1$ $d_q = \begin{cases} 1 + 2\tan\varphi(1 - \sin\varphi)^2 \left(\frac{d}{b}\right) (d \leqslant b) \\ 1 + 2\tan\varphi(1 - \sin\varphi)^2 \arctan\left(\frac{d}{b}\right) (d > b) \end{cases}$ $d_c = \begin{cases} 1 + 0.4\left(\frac{d}{b}\right) (d \leqslant b) \\ 1 + 0.4\arctan\left(\frac{d}{b}\right) (d > b) \end{cases}$	偏心荷载作用时，表中 b 采用有效宽度 b'

续表

系数	公式	说明
地面倾斜系数	$g_c = 1 - \beta / 147°$ $g_q = g_\gamma = (1 - 0.5\tan\beta)^5$	底面或基础底面本身倾斜，均对承载力产生影响。若底面与水平面的倾角 β 及基础底面与水平面的倾角 η 为正值，且满足 $\eta + \beta \leqslant 90°$ 时，两者的影响可按左栏中近似公式确定
基础底面倾斜系数	$b_c = 1 - \eta / 147°$ $b_q = \exp(-2\eta\tan\varphi)$ $b_\gamma = \exp(-2.7\eta\tan\varphi)$	

从式(5-30)可知，汉森公式考虑的承载力影响因素是比较全面的，下面对其应用做简单说明。

(1) 荷载偏心及倾斜的影响。如果作用在基础底面的荷载是竖直偏心荷载，那么计算极限承载力时，可引入假想的基础有效宽度 $b' = b - 2e_b$ 来代替基础的实际宽度 b，其中 e_b 为荷载偏心距。这个修正方法对基础长度方向的偏心荷载也同样适用，即用有效长度 $l' = l - 2e_l$ 代替基础实际长度 l。

如果作用的荷载是倾斜的，汉森建议把中心竖向荷载作用时的极限承载力公式中的各项分别乘以荷载倾斜系数 i_γ、i_q、i_c (表 5-6)，作为考虑荷载倾斜的影响。

(2) 基础底面形状及埋置深度的影响。矩形或圆形基础的极限承载力计算在数学上求解比较困难，目前都是根据各种形状基础所做的对比载荷试验，提出将条形基础极限承载力公式进行逐项修正的公式。在表 5-6 中给出了汉森提出的基础形状系数 s_γ、s_q、s_c 的表达式。

前述的极限承载力计算公式，都忽略了基础底面以上土的抗剪强度的影响，也即假定滑动面发展到基础底面水平面为止。这对基础埋置深度较浅或基础底面以上土层较弱时是适用的，但当基础埋置深度较大，或基础底面以上土层的抗剪强度较大时，就应该考虑这一范围内土的抗剪强度的影响。汉森建议用深度系数 d_γ、d_q、d_c 对前述极限承载力公式进行逐项修正，具体见表 5-6。

(3) 地下水的影响。式(5-30)的第一项中的 γ 是基础底面下最大滑动深度范围内地基土的重度，而第二项($q = \gamma D$)中的 γ 则是基础底面以上地基土的重度。在进行承载力计算时，水下的土均应采用有效重度；如果在各自范围内的地基由重度不同的多层土组成，则应按层厚加权平均取值。

【例 5-4】 有一矩形基础如图 5.32 所示。已知 $b = 5\text{m}$，$l = 15\text{m}$，埋置深度 d=3m; 地基为饱和软黏土，饱和重度 $\gamma_{sat} = 19\text{kN/m}^3$，土的抗剪强度指标为 $c = 4\text{kPa}$，$\varphi = 20°$，地下水位在地面下 2m 处；作用在基础底面的竖向荷载 $p = 10000\text{kN}$，其偏心距 $e_b = 0.4\text{m}$，$e_l = 0$，水平荷载 H=200kN。试求其极限承载力。

【解】 当 $\varphi = 20°$ 时，由表 5-4 查得 $N_q = 6.4$，$N_c = 14.8$，则可计算得

$$N_\gamma = 1.8(N_q - 1)\tan\varphi = 1.8 \times (6.4 - 1) \times \tan 20° \approx 3.54$$

(1) 基础的有效面积计算。基础的有效宽度及有效长度分别为

$$b' = b - 2e_b = 5 - 2 \times 0.4 = 4.2\ (\text{m})$$

$$l' = l - 2e_l = 15\text{m}$$

基础的有效面积为

$$A = b'l' = 4.2 \times 15 = 63(\text{m}^2)$$

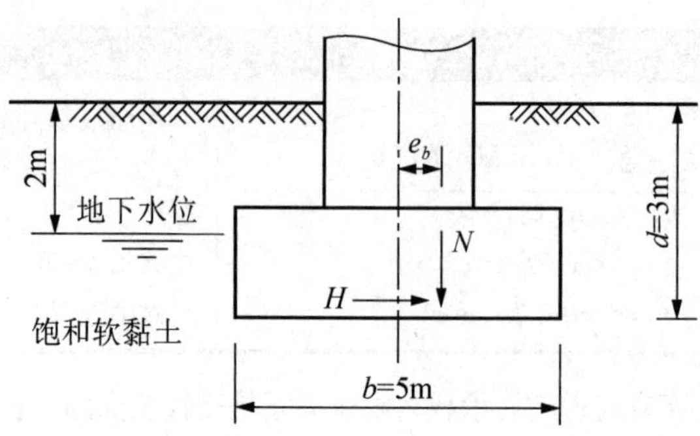

图 5.32 例 5-4 图

(2) 荷载倾斜系数计算。按表 5-6 中公式计算得

$$i_\gamma = \left(1 - \frac{0.7H}{P + Ac\cot\varphi}\right)^5 = \left(1 - \frac{0.7\times200}{10000 + 63\times4\times\cot20^\circ}\right)^5 \approx 0.94$$

$$i_q = \left(1 - \frac{0.5H}{P + Ac\cot\varphi}\right)^5 = \left(1 - \frac{0.5\times200}{10000 + 63\times4\times\cot20^\circ}\right)^5 \approx 0.95$$

$$i_c = i_q - \frac{1 - i_q}{N_q - 1} = 0.95 - \frac{1 - 0.95}{6.4 - 1} \approx 0.94$$

(3) 基础形状系数计算。按表 5-6 中公式计算得

$$s_\gamma = 1 - 0.4 i_\gamma \frac{b'}{l'} = 1 - 0.4\times0.94\times\frac{4.2}{15} \approx 0.895$$

$$s_q = 1 + i_q \frac{b'}{l'}\sin\varphi = 1 + 0.95\times\frac{4.2}{15}\times\sin20^\circ \approx 1.091$$

$$s_c = 1 + 0.2 i_c \frac{b'}{l'} = 1 + 0.2\times0.94\times\frac{4.2}{15} \approx 1.053$$

(4) 深度系数计算。按表 5-6 中公式计算得

$$d_\gamma = 1$$

$$d_q = 1 + 2\tan\varphi(1 - \sin\varphi)^2\left(\frac{d}{b'}\right) = 1 + 2\tan20^\circ(1 - \sin20^\circ)^2\left(\frac{3}{4.2}\right) \approx 1.23$$

$$d_c = 1 + 0.4\left(\frac{d}{b'}\right) = 1 + 0.4\times\frac{3}{4.2} \approx 1.29$$

(5) 超载 q 计算。

水下土的浮重度为

$$\gamma' = \gamma_{sat} - \gamma_w = 19 - 9.81 = 9.19(\text{kN/m}^3)$$

则作用在基地两侧的超载为

$$q = \gamma(d - z) + \gamma' z = 19\times(3 - 1) + 9.19\times1 = 47.19(\text{kPa})$$

(6) 极限承载力 p_u 计算。按式(5-30)计算得

$$
\begin{aligned}
p_u &= \frac{1}{2}\gamma b' N_\gamma i_\gamma s_\gamma d_\gamma + qN_q i_q s_q d_q + cN_c i_c s_c d_c \\
&= \frac{1}{2}\times 9.19\times 4.2\times 3.54\times 0.94\times 0.895\times 1 + 47.19\times 6.4\times 0.95\times 1.091\times \\
&\quad 1.23 + 4\times 14.8\times 0.94\times 1.053\times 1.29 \\
&\approx 518.2(\text{kPa})
\end{aligned}
$$

本章小结

(1) 本章介绍了土的抗剪强度基本概念和土的极限平衡条件(莫尔-库仑强度理论)、抗剪强度规律 $\tau_f = c + \sigma\tan\varphi$。

(2) 抗剪强度指标的测定方法包括室内试验和原位测试，室内试验有直接剪切试验、三轴剪切试验及无侧限抗压强度试验等，原位测试有十字板剪切试验等。

(3) 地基承载力是指地基土单位面积上所能承受荷载的能力，一般可分为允许承载力和极限承载力。

(4) 典型 p-s 曲线由三个阶段组成，即压密阶段、剪切阶段和破坏阶段。地基破坏有整体剪切破坏、局部剪切破坏、刺入剪切破坏三种形式，具体地基破坏形式受加载速率、地基土性质、基础形式等因素的影响。

(5) 地基土的荷载主要包括临塑荷载、临界荷载和极限荷载三种。极限荷载主要涉及普朗特尔、斯肯普顿、太沙基、汉森等理论公式，要注意以上几种理论的假设条件及适用条件，重点掌握太沙基和汉森极限承载力公式的应用。

思考题与习题

1. 土的抗剪强度是不是一个定值？
2. 解释土的内摩擦角和黏聚力的含义。
3. 土中一点达到极限平衡状态时，是否地基已经破坏？
4. 直接剪切试验与三轴剪切试验的实际使用情况如何？
5. 为什么直接剪切试验要分快剪、固结快剪及慢剪？这三种试验结果有何差别？
6. 土体中发生剪切破坏的平面为什么不是剪应力值最大的平面？
7. 地基变形的三个阶段各有什么特点？地基的不同破坏形式分别在什么情况下容易发生？
8. 临塑荷载、临界荷载及极限荷载三者有什么关系？

9. 几个极限承载力公式各有何特点？其适用条件是什么？

10. 某条形基础下地基土中一点的应力为$\sigma_z = 250\text{kPa}$，$\sigma_x = 100\text{kPa}$，$\tau_{xz} = 40\text{kPa}$，已知土的$\varphi = 30^\circ$，$c = 0$，问该点是否会发生破坏？

11. 设砂土地基中一点的大小主应力分别为500kPa和180kPa，其内摩擦角$\varphi = 36^\circ$。

(1) 请问该点最大剪应力是多少？最大剪应力面上的法向应力为多少？

(2) 此点是否已达到极限平衡状态？为什么？

(3) 如果此点未达到平衡状态，令最大主应力不变，而改变最小主应力，使该点达到极限平衡状态，这时最小主应力应为多少？

第6章 土压力及土坡稳定

内容提要

土压力计算与土坡稳定性分析是建立在土的抗剪强度基础之上的，而土压力是挡土墙、堤坝、基坑及各类边坡稳定性计算中的重要荷载之一。本章主要介绍各种工况下的朗肯和库仑土压力计算方法，以及无黏性和黏性边坡的稳定性分析常用方法。

能力要求

掌握朗肯土压力理论，无黏性土土坡在干坡及渗流作用下的稳定性分析方法，黏性土土坡稳定性分析方法中的瑞典圆弧法和瑞典条分法；熟悉库仑土压力理论、毕肖普条分法及普遍条分法。

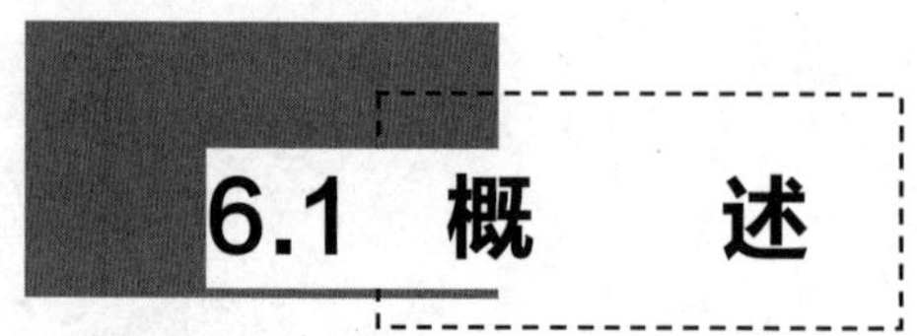

6.1 概　　述

在房屋建筑、铁路桥梁及水利工程中，地下室的外墙、重力式码头的岸壁、桥梁驳岸的桥台及地下硐室的侧墙等都支持着侧向土体。这些用来支持侧向土体的结构物统称为挡土墙，而被支持的土体作用于挡土墙上的侧向压力称为土压力。因此，掌握土压力的分布规律对挡土墙的设计十分重要。

6.1.1 挡土墙的类型

挡土墙是一种用来防止土体下滑或截断土坡延伸的构筑物，在土木工程中应用很广。图 6.1 所示为挡土墙在工程中的常用类型。

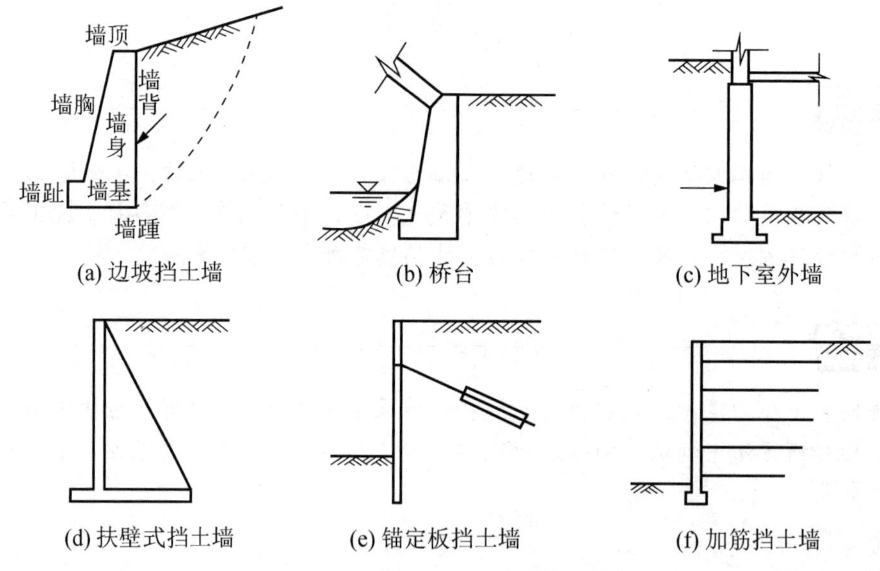

图 6.1　挡土墙在工程中的常用类型

6.1.2 土压力

土压力是土的自重和作用在土体上的外力一起对结构物所产生的侧向压力。由于挡土墙通常是条形结构，故土压力可以按平面问题计算，即取单位长度的墙，求该长度墙背上土压力的大小、方向、分布规律及合力作用点。土压力的大小和分布与墙后土的性质、墙本身的材料、所受荷载、墙体的位移、地表形状等因素有关，其中墙体的位移是影响土压力性质的关键因素。

太沙基为研究作用于墙背上的土压力，曾做过模型试验，试验结果如图 6.2 所示。

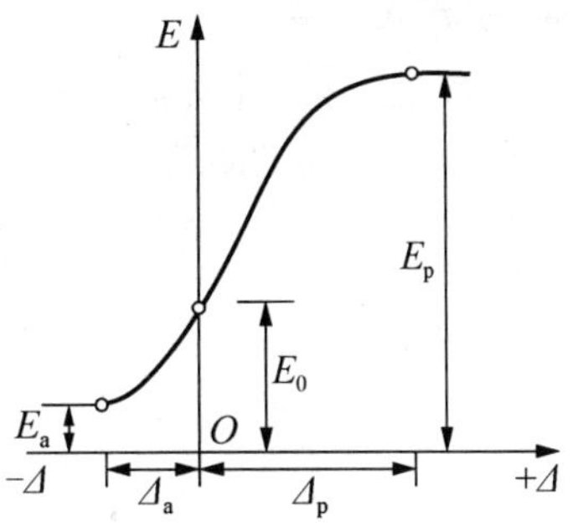

图 6.2 墙位移与土压力的关系

从图中可以看出，根据挡土墙发生位移的方向，土压力可以分为以下三种。

(1) 静止土压力。当挡土墙在土压力作用下，墙后土体没有破坏，而处于弹性平衡状态，不向任何方向转动或移动时，作用在墙背上的土压力称为静止土压力，用 E_0 表示。

(2) 主动土压力。当挡土墙沿墙趾向离开填土方向转动或平行移动时，墙后土压力逐渐减小，这是因为墙后土体有随墙的运动而下滑的趋势，为阻止其下滑，土内沿潜在滑动面上的剪应力增加，从而使墙背上的土压力减小；当位移达到一定量时，滑动面上的剪应力等于土的抗剪强度，墙后土体达到主动极限平衡状态，填土中开始出现滑动面。这时作用在挡土墙上的土压力减至最小，称为主动土压力，用 E_a 表示。

【主动土压力】

(3) 被动土压力。当挡土墙在外力(如拱桥的桥台)作用下向墙后填土方向转动或移动时，墙挤压土，墙后土体有向上滑动的趋势，土压力逐渐增大；当位移达到一定值时，潜在滑动面上的剪应力等于土的抗剪强度，墙后土体达到被动极限平衡状态，填土内也开始出现滑动面。这时作用在挡土墙上的土压力增至最大，称为被动土压力，用 E_p 表示。

【被动土压力】

三种土压力的大小关系见表 6-1。

表 6-1 三种土压力的大小关系

土压力类型	墙位移方向	墙后土体状态	大小关系
静止土压力	不向任何方向转动或移动	弹性平衡状态	$E_a < E_0 < E_p$
主动土压力	沿墙趾向离开填土方向转动或平行移动	主动极限平衡状态	
被动土压力	在外力(如拱桥的桥台)作用下向墙后填土方向转动或移动	被动极限平衡状态	

主动土压力和被动土压力是特定条件下的土压力，仅当墙有足够大的位移或转动时才能产生。另外，当墙和填土都相同时，产生被动土压力所需位移比产生主动土压力所需位移要大得多。

6.2 静止土压力

静止土压力强度 p_0 可按半空间直线变形体在土的自重作用下无侧向变形时的水平侧向

应力 σ_h 来计算。

图 6.3 表示半无限土体中深度为 z 处土单元的应力状态，设想用一挡土墙代替单元体左侧的土体，挡土墙墙背光滑，则墙后土体的应力状态并没有变化，仍处于侧限应力状态。

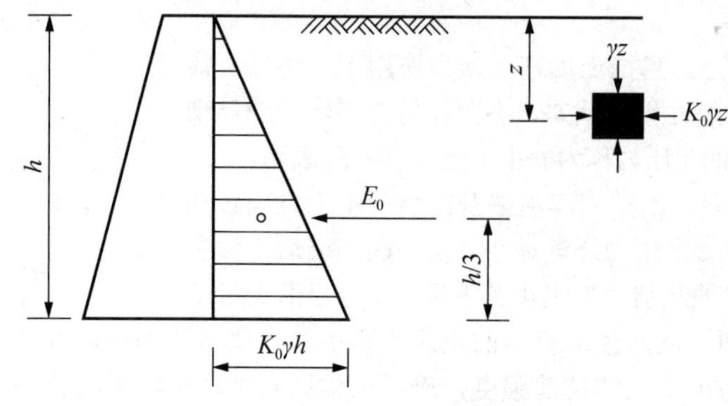

图 6.3　静止土压力示意

竖向应力为自重应力，其值为

$$\sigma_z = \gamma h \tag{6-1}$$

水平向应力为原来土体内部应力变成的土对墙的应力，即为静止土压力强度 p_0。

$$p_0 = K_0 \gamma h \tag{6-2}$$

式中　K_0——静止土压力系数；

γ——土的重度(kN/m^3)；

h——挡土墙高度(m)；

p_0——静止土压力强度(kPa)。

静止土压力系数 K_0 理论上满足 $K_0 = \dfrac{\upsilon}{1-\upsilon}$，$\upsilon$ 为土的泊松比。实际的静止土压力系数 K_0 可用室内土工试验测定，也可用原位试验测得。在缺乏试验资料时，还可用下述经验公式来估算：砂性土 $K_0=1-\sin\varphi'$，黏性土 $K_0=0.95-\sin\varphi'$，对于超固结黏性土，则有

$$K_0=(\text{OCR})^m(1-\sin\varphi')$$

式中　φ'——土的有效内摩擦角；

OCR——土的超固结比；

m——经验系数，一般可取 0.4～0.5。

研究表明，黏性土的 K_0 值随塑性指数 I_P 的增大而增大，阿班(Alpan，1967)给出的估算公式为 $K_0=0.19+0.233\lg I_P$。此外，K_0 值与土的超固结比 OCR 也有密切的关系，对于 OCR 较大的土，K_0 值甚至可以大于 1.0。

我国 JTG D60—2015《公路桥涵设计通用规范》给出了静止土压力系数 K_0 的参考值：砾石、卵石为 0.20，砂土为 0.25，粉土为 0.35，粉质黏土为 0.45，黏土为 0.55。

静止土压力沿墙高呈三角形分布，作用于墙背面单位长度上的总静止土压力为

$$E_0 = \int_0^h p_0 \mathrm{d}h = \frac{1}{2}\gamma h^2 K_0 \tag{6-3}$$

E_0 的作用点在离墙底面 $h/3$ 处，E_0 的单位为 kN/m。

【例 6-1】 如图 6.4(a)所示，挡土墙后作用有无限均布荷载 q，填土的物理力学性质指标为 γ=18kN/m^3，γ_{sat}=19kN/m^3，c=0，φ'=30°。试计算作用在挡土墙上的静止土压力分布值及合力 E_0、静止水压力合力 p_w，并绘出静止土压力及水压力的分布图。

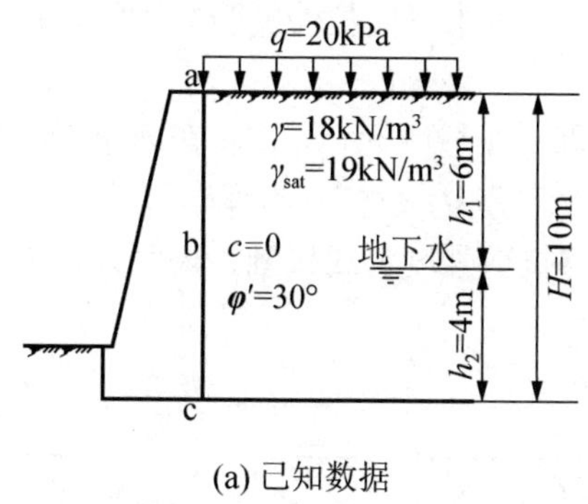

(a) 已知数据

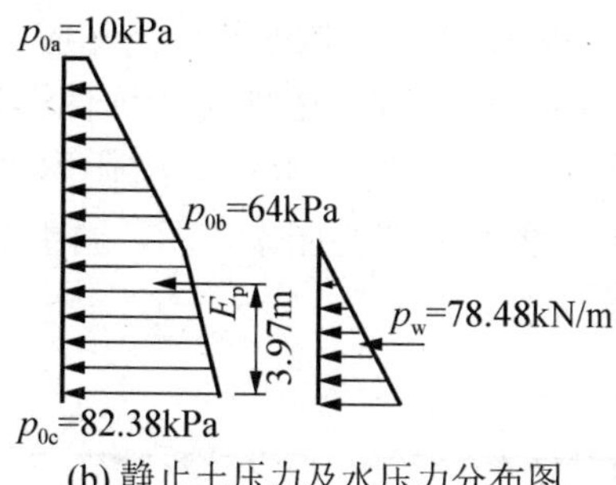

(b) 静止土压力及水压力分布图

图 6.4 例 6-1 图

【解】 静止土压力系数为 $K_0=1-\sin\varphi'=1-\sin30°=0.5$，土中各点静止土压力强度值分别计算如下。

a 点：$p_{0a}=K_0q=0.5\times 20=10(\text{kPa})$。

b 点：$p_{0b}=K_0(q+\gamma h_1)=0.5\times(20+18\times6)=64(\text{kPa})$。

c 点：$p_{0c}=K_0(q+\gamma h_1+\gamma' h_2)=0.5\times[20+18\times6+(19-9.81)\times4]=82.38(\text{kPa})$。

于是可得静止土压力合力为

$$E_0=(p_{0a}+p_{0b})h_1/2+(p_{0b}+p_{0c})h_2/2$$
$$=(10+64)\times6/2+(64+82.38)\times4/2=514.76(\text{kN/m})$$

静止土压力 E_0 的作用点距墙底的距离为

$$d=\frac{1}{E_0}\left[p_{0a}h_1\left(\frac{h_1}{2}+h_2\right)+\frac{1}{2}(p_{0b}-p_{0a})h_1\left(h_2+\frac{h_1}{3}\right)+p_{0b}\times\frac{h_2^2}{2}+\frac{1}{2}(p_{0c}-p_{0b})\frac{h_2^2}{3}\right]$$
$$=\frac{1}{514.76}\left[10\times6\times7+\frac{1}{2}\times54\times6\times\left(4+\frac{6}{3}\right)+64\times\frac{4^2}{2}+\frac{1}{2}(82.38-64)\times\frac{4^2}{3}\right]\approx3.79(\text{m})$$

作用在墙上的静止水压力合力为

$$p_w=\frac{1}{2}\gamma_w h_2^2=\frac{1}{2}\times9.81\times4^2=78.48(\text{kN/m})$$

静止土压力及水压力的分布如图 6.4(b)所示。

6.3 朗肯土压力理论

朗肯土压力理论是土力学中的古典理论之一。英国学者朗肯(Rankine，1857)研究弹性半空间体内的应力状态，根据土的极限平衡理论得出计算土压力的方法，又称极限应力法。根据朗肯的假设，该理论的适用条件为：①挡土墙是刚性的，墙背直立；②墙后土体表面水平；③墙背光滑，墙背与填土之间没有摩擦力。

根据墙的位移方向和大小，可设想半无限土体中产生水平向拉伸膨胀与压缩，以致产生主动和被动两种极限平衡状态相应的土压力。

如图 6.5(a)所示，在半无限弹性土体中深度 z 处取一个微单元体，作用在微单元体顶面上的应力为 $\sigma_1=\sigma_z=\gamma h$，作用在微单元体侧面的应力为 $\sigma_3=\sigma_x$，此时应力状态可以用图 6.6 中的莫尔应力圆来表示，由于莫尔应力圆未与抗剪强度包线接触，表明该点处于弹性平衡状态。

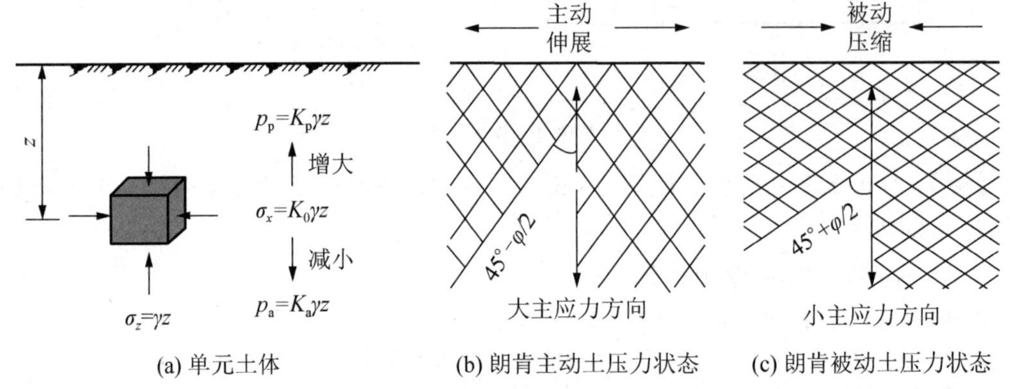

图 6.5　朗肯应力条件

假设土体在水平方向均匀地伸展，如图 6.5(b)所示，则 σ_z 不变，σ_x 将逐渐变小，直至达到极限平衡状态为止，此时莫尔应力圆与抗剪强度包线相切，土体处于朗肯主动土压力状态。假设土体在水平方向均匀地压缩，如图 6.5(c)所示，则 σ_z 不变，σ_x 将逐渐变大，直至达到极限平衡状态为止，此时莫尔应力圆与抗剪强度包线相切，土体处于朗肯被动土压力状态。

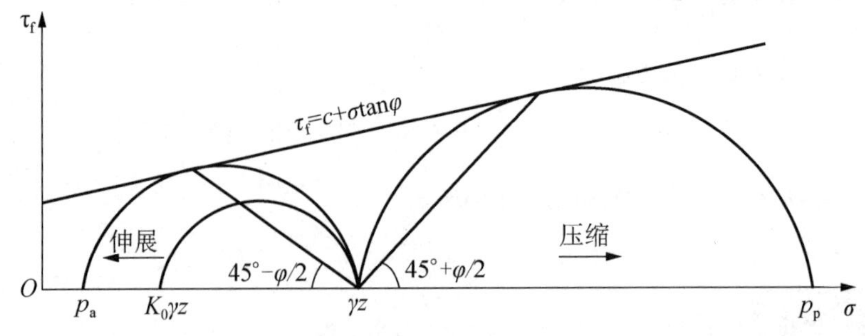

图 6.6　朗肯应力条件及破裂面

6.3.1 主动土压力计算

(1) 对于无黏性土，如图 6.7(a)所示，当土体达到主动极限平衡状态时，有

$$\sigma_3 = \sigma_1 \tan^2\left(45^\circ - \frac{\varphi}{2}\right) \tag{6-4}$$

令 $\sigma_3 = p_a$ 为主动土压力强度，$\sigma_1 = \gamma z$ 为土的自重应力，则可得到主动土压力强度的计算公式为

$$p_a = \gamma z \tan^2\left(45^\circ - \frac{\varphi}{2}\right) = \gamma z K_a \tag{6-5}$$

式中　p_a——沿深度分布的主动土压力强度(kPa)；

K_a——主动土压力系数，$K_a = \tan^2\left(45^\circ - \frac{\varphi}{2}\right)$；

γ——填土的重度(kN/m^3)；

φ——填土的内摩擦角(°)；

z——计算点离填土表面的距离(m)。

无黏性土主动土压力强度 p_a 的作用方向垂直于墙背，沿墙高呈三角形分布，如图 6.7(b)所示。若墙高为 h，则作用于单位墙长度上的总主动土压力为

$$E_a = \frac{1}{2}\gamma h^2 K_a \tag{6-6}$$

E_a 的作用点在离墙底面 $h/3$ 处。

(2) 黏性土的土压力强度由两部分组成：一部分为由土的自重引起的土压力 $\gamma z K_a$，随深度 z 呈三角形变化；另一部分为由黏聚力 c 引起的土压力 $2c\sqrt{K_a}$，为一负值，不随深度变化。两者叠加的结果如图 6.7(c)所示，图中 ade 部分为负侧压力。由于墙背光滑，土对墙背产生的拉力会使土脱离墙，出现深度为 z_0 的裂隙，因此，略去这部分土压力后，实际土压力分布为 abc 部分。

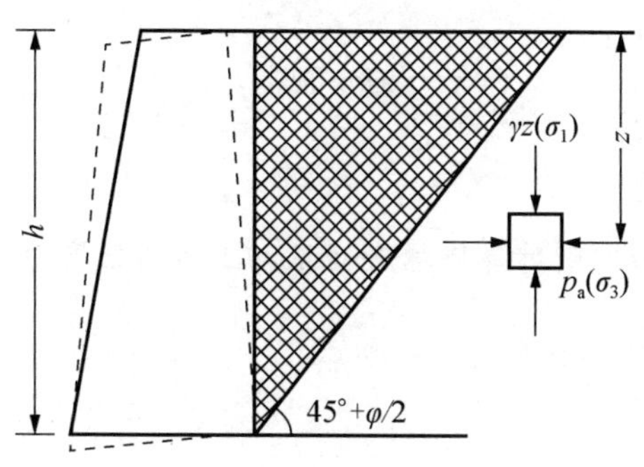

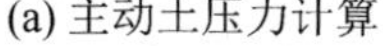

(a) 主动土压力计算

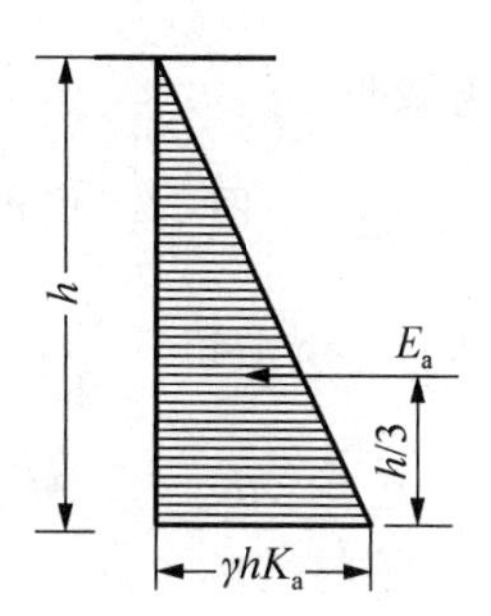

(b) 无黏性土的主动土压力分布

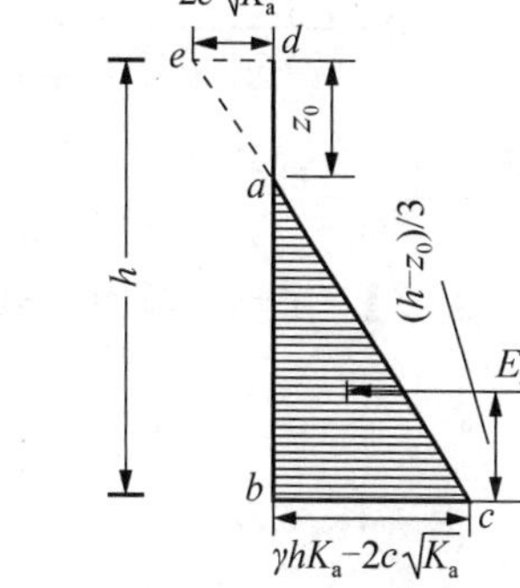

(c) 黏性土的主动土压力分布

图 6.7　主动土压力强度分布图

当土体达到主动极限平衡状态时，有

$$\sigma_3 = \sigma_1 \tan^2\left(45^\circ - \frac{\varphi}{2}\right) - 2c\tan\left(45^\circ - \frac{\varphi}{2}\right) \tag{6-7}$$

令 $\sigma_3 = p_a$ 为主动土压力强度，$\sigma_1 = \gamma z$ 为土的自重应力，则可得到主动土压力的计算公式为

$$p_a = \gamma z \tan^2\left(45° - \frac{\varphi}{2}\right) - 2c\tan\left(45° - \frac{\varphi}{2}\right) = \gamma z K_a - 2c\sqrt{K_a} \tag{6-8}$$

式中　c——填土的黏聚力(kPa)；

其余符号意义同前。

图 6.7(c)中 z_0 称为临界深度，可由 $p_a = 0$ 求得。

$$z_0 = 2c / (\gamma\sqrt{K_a}) \tag{6-9}$$

则黏性土总主动土压力为

$$E_a = \frac{1}{2}(h - z_0)(\gamma h K_a - 2c\sqrt{K_a}) = \frac{1}{2}K_a\gamma h^2 - 2ch\sqrt{K_a} + \frac{2c^2}{\gamma} \tag{6-10}$$

E_a 的作用点在离墙底面$(h-z_0)/3$ 处。

【例 6-2】 有一挡土墙高 6m，墙背直立、光滑，墙后填土面水平。填土为黏性土，其重度、黏聚力、内摩擦角如图 6.8(a)所示。试求主动土压力及其作用点，并绘出主动土压力分布图。

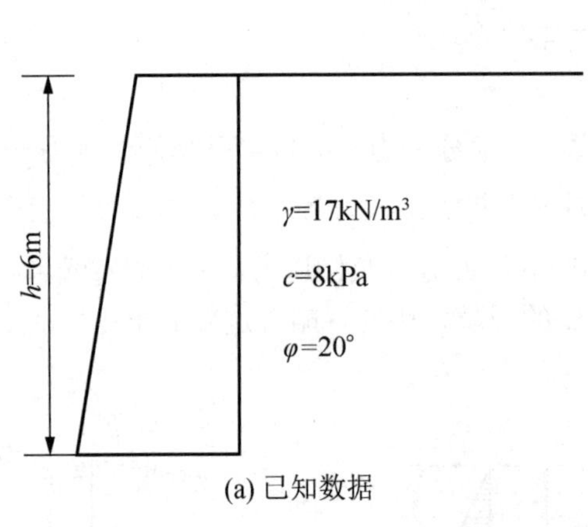

(a) 已知数据

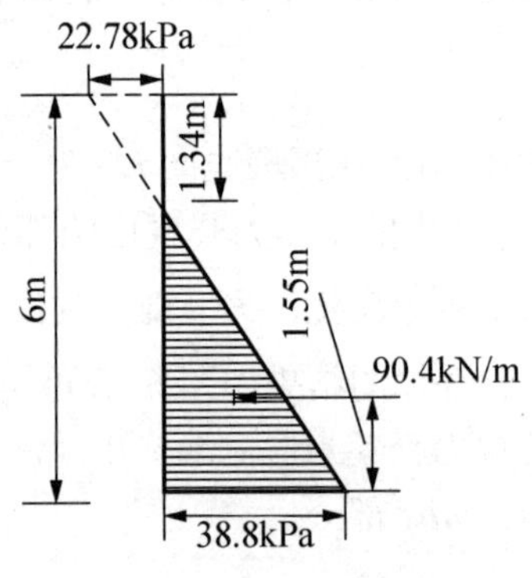

(b) 土压力分布图

图 6.8　例 6-2 图

【解】 主动土压力系数 $K_a = \tan^2\left(45° - \frac{\varphi}{2}\right) \approx 0.49$，则计算得墙底处主动土压力强度为

$$p_a = \gamma h K_a - 2c\sqrt{K_a} \approx 38.8\text{kPa}$$

临界深度为

$$z_0 = 2c / (\gamma\sqrt{K_a}) \approx 1.34\text{m}$$

主动土压力为

$$E_a = \frac{1}{2}(h - z_0)(\gamma h K_a - 2c\sqrt{K_a}) \approx 90.4\text{kN / m}$$

主动土压力的作用点离墙底面的距离为

$$(h - z_0) / 3 \approx 1.55\text{m}$$

相应的主动土压力分布如图 6.8(b)所示。

6.3.2 被动土压力计算

计算被动土压力时根据极限平衡理论。如图 6.9(a)所示，当墙移向土体的位移达到朗肯被动土压力状态时，在深度 z 处任意一点的被动土压力强度 p_p 的表达式如下。

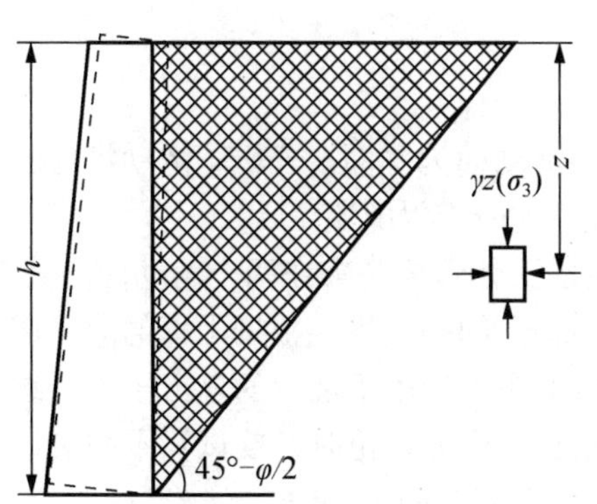

(a) 被动土压力计算

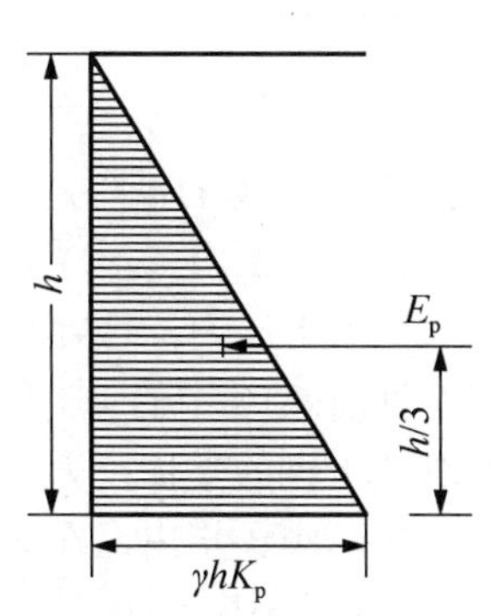

(b) 无黏性土的被动土压力分布

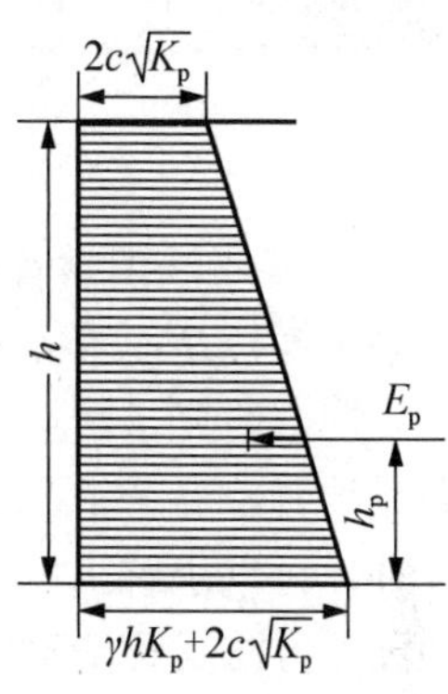

(c) 黏性土的被动土压力分布

图 6.9 被动土压力强度分布图

(1) 对于无黏性土，当土体达到被动极限平衡状态时，有

$$\sigma_1 = \sigma_3 \tan^2\left(45° + \frac{\varphi}{2}\right) \tag{6-11}$$

令 $\sigma_1 = p_p$ 为被动土压力强度，$\sigma_3 = \gamma z$ 为土的自重应力，$K_p = \tan^2\left(45° + \frac{\varphi}{2}\right)$ 为被动土压力系数，则被动土压力强度计算公式为

$$p_p = \gamma z K_p \tag{6-12}$$

无黏性土的被动土压力分布呈三角形，如图 6.9(b)所示。单位墙长度总被动土压力为

$$E_p = \frac{1}{2}\gamma h^2 K_p \tag{6-13}$$

E_p 的作用点在离墙底面 $h/3$ 处。

(2) 对于黏性土，当土体达到被动极限平衡状态时，有

$$\sigma_1 = \sigma_3 \tan^2\left(45° + \frac{\varphi}{2}\right) + 2c\tan\left(45° + \frac{\varphi}{2}\right) \tag{6-14}$$

令 $\sigma_1 = p_p$ 为被动土压力强度，$\sigma_3 = \gamma z$ 为土的自重应力，$K_p = \tan^2\left(45° + \frac{\varphi}{2}\right)$ 为被动土压力系数，则被动土压力强度计算公式为

$$p_p = \gamma z K_p + 2c\sqrt{K_p} \tag{6-15}$$

黏性土的被动土压力分布呈梯形，如图 6.9(c)所示。单位墙长度总被动土压力为

$$E_p = \frac{1}{2}\gamma h^2 K_p + 2ch\sqrt{K_p} \tag{6-16}$$

E_p 的作用点位置通过梯形分布图形的形心。

6.4 库仑土压力理论

1776年法国学者库仑根据极限平衡的概念，并假定滑动面为平面，分析了滑动楔体的力系平衡，从而求算出挡土墙上的土压力，形成著名的库仑土压力理论。

库仑研究了回填砂土挡土墙的土压力，把挡土墙后的土体看成是夹在两个滑动面(一个面是墙背，另一个面在土中，见图6.10中的AB和BC面)之间的土楔。根据土楔的静平衡条件，可以求解出挡土墙对滑动土楔的支撑反力，从而求解出作用于墙背的总土压力。这种计算方法又称滑动土楔平衡法。应该指出，在应用库仑土压力理论时，要试算不同的滑动面，只有最危险滑动面AB对应的土压力才是土楔作用于墙背的E_a或E_p。

如图6.10(a)所示，库仑土压力理论的基本假设如下。

(1) 墙后填土为均匀的无黏性土(c=0)，填土表面倾斜($\beta>0$)。

(2) 挡土墙是刚性的，墙背倾斜，倾角为ε。

(3) 墙背粗糙，墙背与土体之间存在摩擦力($\delta>0$)。

(4) 滑动破裂面为通过墙踵的平面。

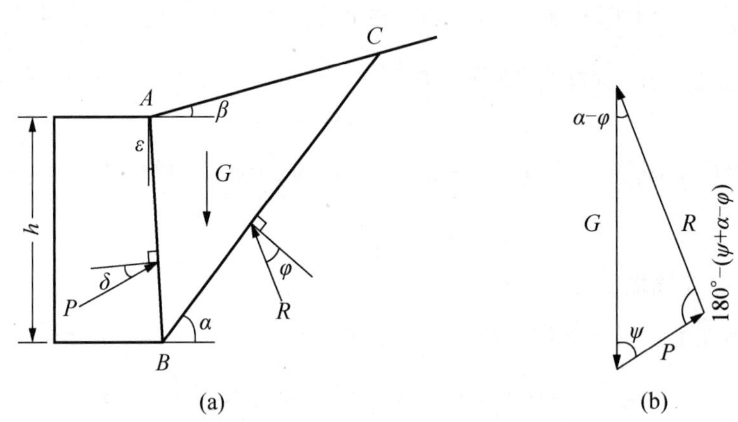

图6.10 库仑主动土压力计算图式

6.4.1 主动土压力

如图6.10(a)所示，设墙背与垂直线的夹角为ε，填土表面倾角为β，墙高为h，填土与墙背之间的摩擦角为δ，土的内摩擦角为φ，土的黏聚力$c=0$。假定滑动面BC通过墙踵，滑动面与水平面的夹角为α，取滑动土楔ABC作为隔离体进行受力分析。土楔上作用有以下三个力。

(1) 土楔 ABC 的自重 G，由几何关系可计算出 G，方向向下。

(2) 破裂滑动面 BC 上的反力 R，大小未知，作用方向与 BC 面的法线的夹角等于土的内摩擦角 φ，在法线的下侧。

(3) 墙背 AB 对土楔体的反力 P(挡土墙土压力的反力)，该力大小未知，作用方向与墙面 AB 的法线的夹角为 δ，在法线的下侧。

土楔体 ABC 在以上三个力的作用下处于极限平衡状态，则由该三力构成的力的矢量三角形必然闭合。已知 G 的大小和方向及 R、P 的方向，可给出如图 6.10(b)所示的力三角形。按正弦定理可求得

$$\frac{P}{\sin(\alpha-\varphi)}=\frac{G}{\sin[180^\circ-(\psi+\alpha-\varphi)]}$$

$$P=\frac{G\sin(\alpha-\varphi)}{\sin(\psi+\alpha-\varphi)} \tag{6-17}$$

其中，$\psi=90^\circ-(\delta+\varepsilon)$。

求其最大值(即取 $\mathrm{d}P/\mathrm{d}\alpha=0$)，可得主动土压力为

$$E_{\mathrm{a}}=\frac{1}{2}\gamma h^2K_{\mathrm{a}} \tag{6-18}$$

$$K_{\mathrm{a}}=\frac{\cos^2(\varphi-\alpha)}{\cos^2\alpha\cos(\alpha+\delta)\left[1+\sqrt{\dfrac{\sin(\varphi+\delta)\sin(\varphi-\beta)}{\cos(\alpha+\delta)\cos(\alpha-\beta)}}\right]^2} \tag{6-19}$$

式中　K_{a}——库仑主动土压力系数。

沿墙高度分布的主动土压力强度 p_{a} 可通过对式(6-18)微分求得，即

$$p_{\mathrm{a}}=\frac{\mathrm{d}E_{\mathrm{a}}}{\mathrm{d}z}=\frac{\mathrm{d}}{\mathrm{d}z}\left(\frac{1}{2}\gamma z^2K_{\mathrm{a}}\right)=\gamma zK_{\mathrm{a}} \tag{6-20}$$

由此可知，主动土压力强度沿墙高呈三角形分布，其图形如图 6.11 所示。主动土压力合力作用点在离墙底面 $h/3$ 高度处，作用方向与墙面的法线成 δ 角，与水平面成 $\delta+\varepsilon$ 角。

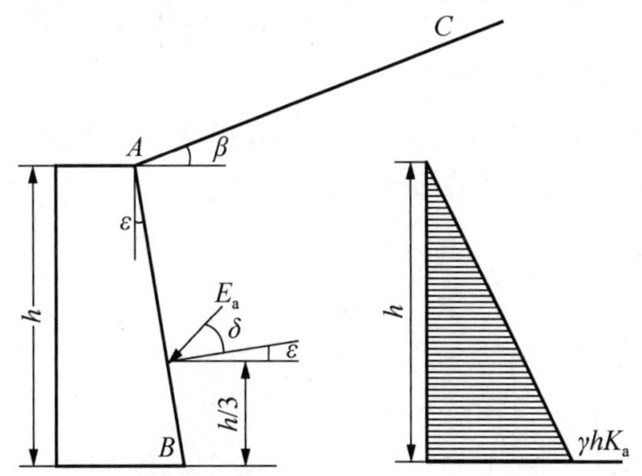

图 6.11　库仑主动土压力强度分布图

【例 6-3】 某挡土墙高 4.5m，墙背俯斜，填土为砂土，γ=17.5kN/m^3，φ=30°，填土坡角、填土与墙背摩擦角等指标如图 6.12 所示，试按库仑土压力理论求主动土压力 E_{a} 及其作用点。

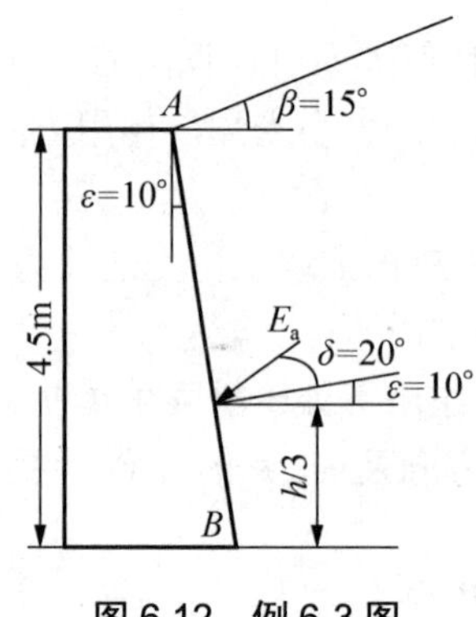

图 6.12　例 6-3 图

【解】由 $\varepsilon=10°$、$\beta=15°$、$\varphi=30°$、$\delta=20°$ 按式(6-19)计算得到 $K_a\approx0.480$，则可按式(6-18)计算得

$$E_a=\frac{1}{2}\gamma h^2K_a\approx85.1\text{kN/m}$$

主动土压力作用点在离墙底面 $h/3=1.5$m 处。

6.4.2 被动土压力

当墙身受外力作用被推向填土，使填土达到被动极限平衡状态时，如图 6.13 所示，土楔将沿着某个滑动面向上滑动。这时，土楔对于墙身移动的阻力就是土楔施加于墙身的被动土压力。

与主动土压力的原理相似，由力的三角形的平衡可推导出总的被动土压力为

$$E_p=\frac{1}{2}\gamma h^2K_p \tag{6-21}$$

$$K_p=\frac{\cos^2(\varphi+\varepsilon)}{\cos^2\varepsilon\cos(\varepsilon-\delta)\left[1-\sqrt{\dfrac{\sin(\varphi+\delta)\sin(\varphi+\beta)}{\cos(\varepsilon-\delta)\cos(\varepsilon-\beta)}}\right]^2} \tag{6-22}$$

式中　K_p——库仑被动土压力系数。

被动土压力强度沿墙高呈三角形分布，如图 6.13 所示。被动土压力合力作用点在离墙底面 $h/3$ 高度处，作用方向与墙面的法线成 δ 角。

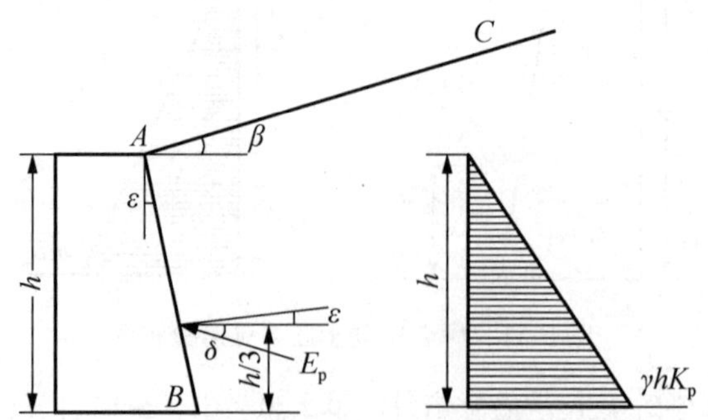

图 6.13　库仑被动土压力强度分布图

6.4.3 朗肯土压力理论与库仑土压力理论的比较

朗肯土压力理论和库仑土压力理论根据不同的假设，以不同的分析方法计算土压力，只有在最简单的情况(ε、δ、β均为0)下，这两种理论计算结果才相同。

朗肯土压力理论是基于土单元体的应力极限平衡条件建立的，采用墙背竖直、光滑、填土表面水平的假定，与实际情况存在误差，计算出的主动土压力偏大，被动土压力偏小。

而库仑土压力理论是基于滑动块体的静力平衡条件建立的，采用破坏面为平面的假定，与实际情况也存在一定差距(尤其是当墙背与填土间摩擦角较大时)。通常情况下，采用库仑土压力理论计算主动土压力时偏差为2%～10%，基本能满足工程精度要求；但在计算被动土压力时，由于破裂面接近于对数螺线，因此计算结果偏差较大，有时可达2～3倍，甚至更大，不宜使用。

6.5 几种常见情况的土压力理论

6.5.1 墙后填土表面上有无限均布荷载作用时的土压力计算

当墙背垂直，墙后填土表面水平并有无限均布荷载q作用时，如图6.14所示，常将均布荷载换算成同等当量的土重，即用假想的一定高度的土层代替均布荷载。当填土表面水平时，当量土层厚度为

$$H=\frac{q}{\gamma} \tag{6-23}$$

式中　γ——填土的重度(kN/m^3)。

这样，以$h+H$为墙高，可按表面无荷载的情况计算土压力。以无黏性土为例，深度z处微单元体的水平面上受有垂直应力为

$$\sigma_x=\gamma z+q \tag{6-24}$$

垂直墙面上的土压力强度为

$$p_{\mathrm{a}}=(\gamma z+q)K_{\mathrm{a}} \tag{6-25}$$

所以在墙顶A点处$p_{\mathrm{a}A}=qK_{\mathrm{a}}$，墙底$B$点处$p_{\mathrm{a}B}=(\gamma h+q)K_{\mathrm{a}}$，则总主动土压力为

$$E_{\mathrm{a}}=\frac{1}{2}K_{\mathrm{a}}\gamma h^2+qhK_{\mathrm{a}} \tag{6-26}$$

土压力分布如图6.14所示，合力作用方向通过梯形形心。

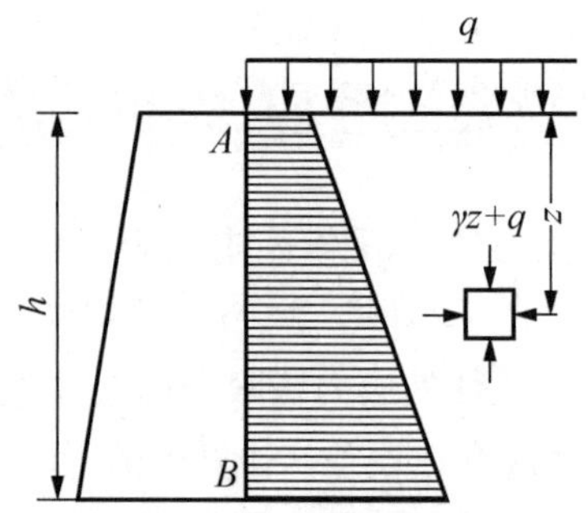

图 6.14　墙后填土表面有无限均布荷载作用时的土压力计算

6.5.2 墙后填土成层时的土压力计算

当墙后填土由几层不同物理力学性质的水平土层组成时，应先求出计算点的垂直应力 σ_z，然后用该点所处土层的 φ 值求出土压力系数，并用土压力公式计算土压力强度和总土压力。

下面以图 6.15 中三层无黏性土为例说明计算过程。

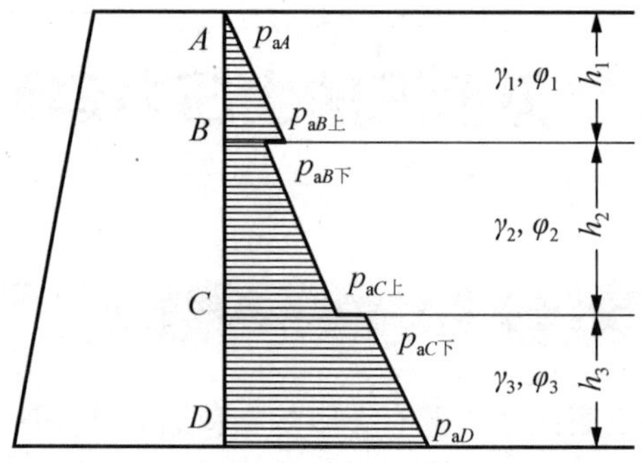

图 6.15　墙后填土成层时的土压力计算

A 点：$p_{aA}=0$。

B 点上界面：$p_{aB上}=\gamma_1 h_1 K_{a1}$。

B 点下界面：$p_{aB下}=\gamma_1 h_1 K_{a2}$。

C 点上界面：$p_{aC上}=(\gamma_1 h_1+\gamma_2 h_2)K_{a2}$。

C 点下界面：$p_{aC下}=(\gamma_1 h_1+\gamma_2 h_2)K_{a3}$。

D 点：$p_{aD}=(\gamma_1 h_1+\gamma_2 h_2+\gamma_3 h_3)K_{a3}$。

根据图 6.15 中的土压力分布，可计算出总的主动土压力为

$$E_a=\frac{\gamma_1 h_1 K_{a1}}{2}+\frac{\gamma_1 h_1 K_{a2}+(\gamma_1 h_1+\gamma_2 h_2)K_{a2}}{2}+\frac{(\gamma_1 h_1+\gamma_2 h_2)K_{a3}+(\gamma_1 h_1+\gamma_2 h_2+\gamma_3 h_3)K_{a3}}{2} \tag{6-27}$$

6.5.3 墙后填土中有地下水时的土压力计算

挡土墙后填土常会有地下水存在，此时挡土墙除承受侧向土压力作用之外，还受到水压力的作用。对地下水位以下部分的水土压力，考虑水的浮力作用一般有“水土分算”和

“水土合算”两种基本思路。对砂性土或粉土，可按水土分算的原则进行计算，即先分别计算出土压力和水压力，然后再将两者叠加；而对于黏性土，可根据现场情况和工程经验，按水土分算或水土合算进行计算。现简单介绍水土分算或水土合算的基本方法。

1. 水土分算法

采用有效重度γ'计算土压力，按静压力计算水压力，然后将两者叠加为总的侧压力，如图 6.16 所示。

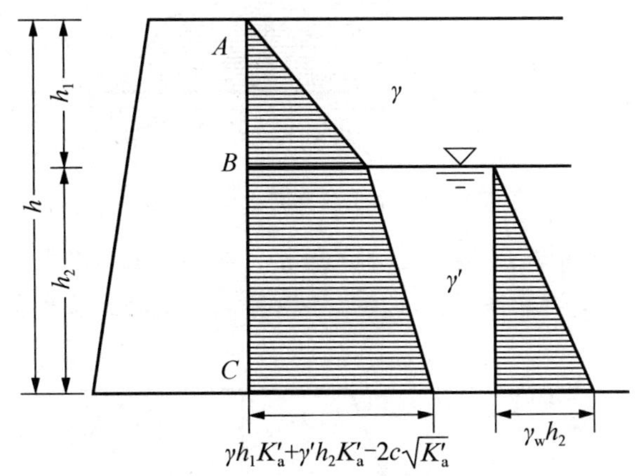

图 6.16 水土分算时土压力计算

对于黏性土，相应公式为

$$p_{\mathrm{a}} = \gamma h_1 K'_{\mathrm{a}} + \gamma' h_2 K'_{\mathrm{a}} - 2c'\sqrt{K'_{\mathrm{a}}} + \gamma_{\mathrm{w}} h_2 \tag{6-28}$$

对于砂性土，相应公式为

$$p_{\mathrm{a}} = \gamma h_1 K'_{\mathrm{a}} + \gamma' h_2 K'_{\mathrm{a}} + \gamma_{\mathrm{w}} h_2 \tag{6-29}$$

式中 γ'——土的有效重度(kN/m^3)；

K'_{a}——按有效应力强度指标计算的主动土压力系数，$K'_{\mathrm{a}} = \tan^2\left(45° - \dfrac{\varphi'}{2}\right)$；

h——挡土墙高度(m)；

c'——有效黏聚力(kPa)；

φ'——有效内摩擦角(°)；

γ_{w}——水的重度(kN/m^3)；

h_2——从墙底起算的地下水位高度(m)。

在实际使用时，上述公式中的有效强度指标c'、φ'常用总应力强度指标c、φ代替。

2. 水土合算法

如图 6.17 所示，对于地下水位以下的黏性土，可用土的饱和重度γ_{sat}计算总的水土压力，即

$$p_{\mathrm{a}} = \gamma h_1 K_{\mathrm{a}} + \gamma_{\mathrm{sat}} h_2 K_{\mathrm{a}} - 2c\sqrt{K_{\mathrm{a}}} \tag{6-30}$$

式中 γ_{sat}——土的饱和重度(kN/m^3)，地下水位以下可近似采用天然重度；

K_{a}——按总应力强度指标计算的主动土压力系数，$K_{\mathrm{a}} = \tan^2\left(45° - \dfrac{\varphi}{2}\right)$。

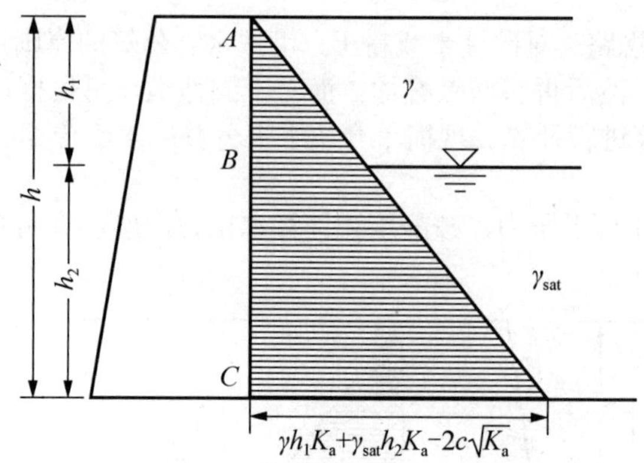

图 6.17　水土合算时土压力计算

【例 6-4】 某挡土墙高 7m，墙背竖直、光滑，墙后填土面水平，各填土层物理力学性质指标如图 6.18 所示。试计算作用在该挡土墙墙背上的主动土压力合力，并绘出主动土压力分布图。

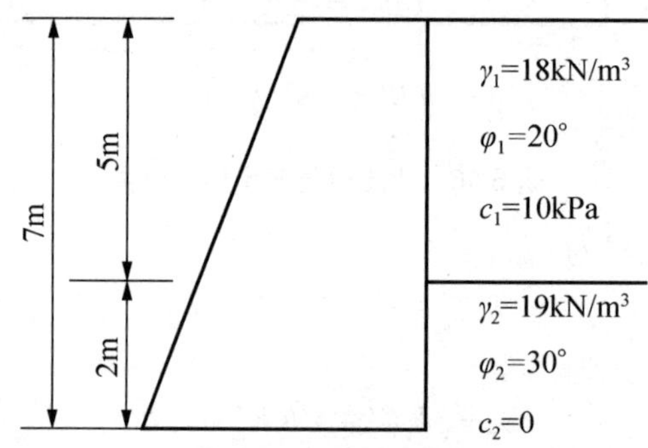

图 6.18　例 6-4 图

【解】 因为墙背竖直、光滑，墙后填土面水平，符合朗肯土压力条件，故可得主动土压力系数为

$$K_{a1}=\tan^2\left(45°-\frac{\varphi_1}{2}\right)=\tan^2\left(45°-\frac{20°}{2}\right)\approx 0.49$$

$$K_{a2}=\tan^2\left(45°-\frac{\varphi_2}{2}\right)=\tan^2\left(45°-\frac{30°}{2}\right)=\frac{1}{3}$$

填土表面的土压力强度为

$$p_{a0}=-2c_1\sqrt{K_{a1}}=-2\times 10\times 0.7=-14\ (\text{kPa})<0$$

设临界深度为 z_0，则可得

$$z_0=\frac{2c_1}{\gamma_1\sqrt{K_{a1}}}=\frac{2\times 10}{18\times 0.7}\approx 1.59\ (\text{m})$$

第一层底部土压力强度为

$$p_{a1上}=\gamma_1 h_1 K_{a1}-2c_1\sqrt{K_{a1}}=18\times 5\times 0.49-2\times 10\times 0.7=30.1\ (\text{kPa})$$

第二层顶部土压力强度为

$$p_{a1下} = \gamma_1 h_1 K_{a2} = 18 \times 5 \times \frac{1}{3} = 30\ (\text{kPa})$$

第二层底部土压力强度为

$$p_{a2} = (\gamma_1 h_1 + \gamma_2 h_2) K_{a2} = (18 \times 5 + 19 \times 2) \times \frac{1}{3} \approx 42.67\ (\text{kPa})$$

主动土压力合力为

$$E_a = \frac{1}{2} \times 30.1 \times (5 - 1.59) + \frac{1}{2} \times (30 + 42.67) \times 2 \approx 124\ (\text{kN/m})$$

主动土压力分布如图 6.19 所示。

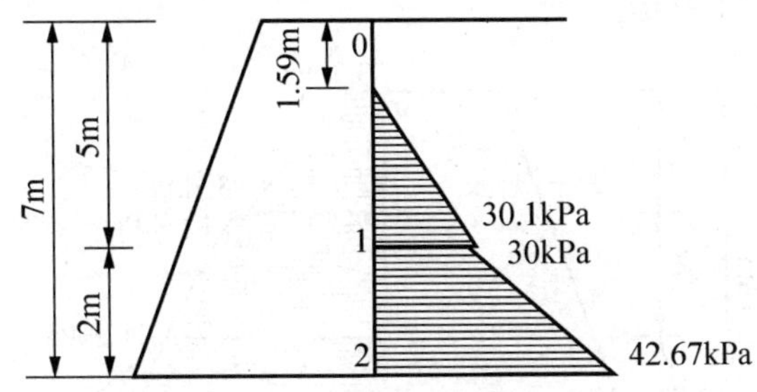

图 6.19 主动土压力分布图

【例 6-5】某挡土墙墙背竖直、光滑，墙后填土面水平，各填土层物理力学性质指标如图 6.20 所示。试计算作用在该挡土墙墙背上的主动土压力和水压力合力，并绘出侧压力分布图。

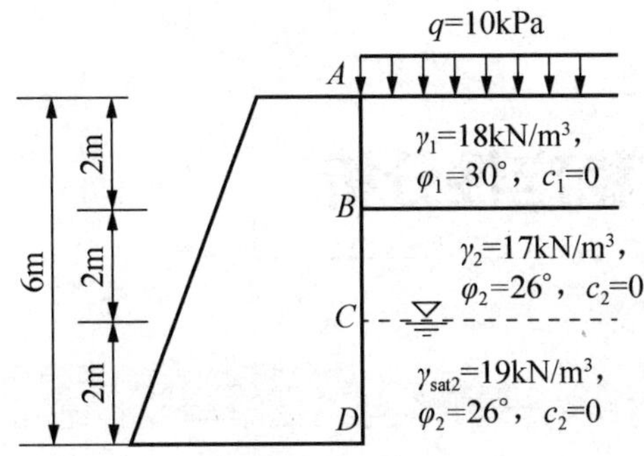

图 6.20 例 6-5 图

【解】 (1) 第一层土计算。

A 点：$p_{aA} = qK_{a1} = 10 \times \tan^2\left(45° - \dfrac{30°}{2}\right) \approx 3.3(\text{kPa})$。

B 点：$p_{aB1} = (q + \gamma_1 h_1) K_{a1} = (10 + 18 \times 2) \times \tan^2\left(45° - \dfrac{30°}{2}\right) \approx 15.3(\text{kPa})$。

(2) 第二层土计算。

B 点：$p_{aB2} = (q + \gamma_1 h_1) K_{a2} = (10 + 18 \times 2) \times \tan^2\left(45° - \dfrac{26°}{2}\right) \approx 17.9(\text{kPa})$。

C 点：$p_{aC} = (q + \gamma_1 h_1 + \gamma_2 h_2) K_{a2} = (10 + 18 \times 2 + 17 \times 2) \times \tan^2\left(45° - \dfrac{26°}{2}\right) \approx 31.2(\text{kPa})$。

(3) 第三层土计算。

D 点：$p_{aD}=(q+\gamma_1 h_1+\gamma_2 h_2+\gamma_3' h_3)K_{a3}$

$$=(10+18\times2+17\times2+9\times2)\tan^2\left(45°-\frac{26°}{2}\right)\approx38.2(\text{kPa})$$

$$p_{wD}=\gamma_w h_3=10\times2=20(\text{kPa})$$

主动土压力和水压力合力分别为

$$E_a=(3.3+15.3)\times2/2+(17.9+31.2)\times2/2+(31.2+38.2)\times2/2=137.1(\text{kN/m})$$

$$E_w=10\times2^2/2=20(\text{kN/m})$$

侧压力分布如图 6.21 所示。

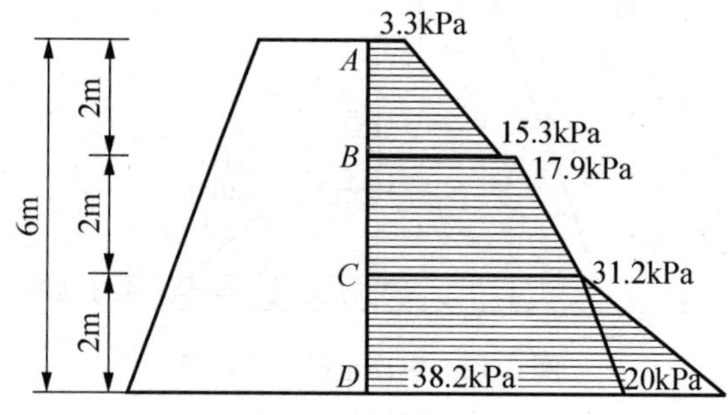

图 6.21　侧压力分布

6.6　土坡稳定性分析

6.6.1　概述

土坡就是由土体构成、具有倾斜坡面的土体。图 6.22 所示为土坡各部位名称。

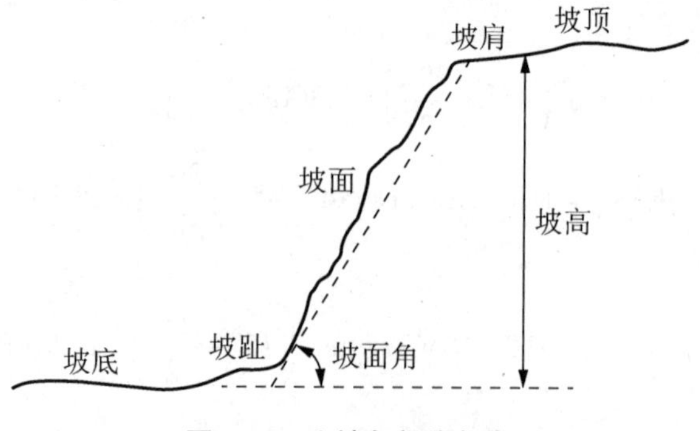

图 6.22　土坡各部位名称

一般而言，土坡有两种类型：由自然地质作用形成的土坡称为天然土坡，如山坡、江河岸坡等；由人工开挖或回填形成的土坡称为人工土(边)坡，如基坑、土坝、路堤等的边坡。土坡在各种内力和外力的共同作用下，有可能产生剪切破坏和土体的移动，如果靠坡面处剪切破坏的面积很大，则将产生一部分土体相对于另一部分土体滑动的现象，称为滑坡。土体的滑动一般系指土坡在一定范围内整体地沿某一滑动面向下和向外移动而丧失其稳定性。除设计或施工不当可能导致土坡的失稳外，外界的不利因素影响也可能触发和加剧土坡的失稳，一般涉及以下几种原因。

【滑坡实例1】

(1) 土坡所受的作用力发生变化，如在土坡顶部堆放材料或建造建筑物而使坡顶受荷，或打桩振动、车辆行驶、爆破、地震等引起振动而使土坡原来的平衡状态改变。

(2) 土体抗剪强度降低，如由于土体中含水率或超静水压力的增加。

【滑坡实例2】

(3) 静水压力的作用，如雨水或地面水流入土坡中的竖向裂缝，对土坡产生侧向压力，促进土坡产生滑动。因此，黏性土土坡产生裂缝常常是影响土坡稳定性的不利因素，也是滑坡的先兆之一。

在土木工程建筑中，如果土坡失去稳定造成塌方，不仅会影响工程进度，有时还会危及人的生命安全，造成工程事故和巨大的经济损失。因此，土坡稳定性问题在工程设计和施工中必须引起足够的重视。

天然的斜坡、填筑的堤坝及基坑放坡开挖等工程，都要验算斜坡的稳定性，即比较可能滑动面上的剪应力与抗剪强度。这种工作称为稳定性分析。土坡稳定性分析是土力学中重要的稳定性分析问题。土坡失稳的类型比较复杂，大多是土体的塑性破坏，而土体塑性破坏的分析方法有极限平衡法、极限分析法和有限元法等。在边坡稳定性分析中，极限分析法和有限元法都还不够成熟，因此，目前工程实践中基本上都采用极限平衡法。极限平衡法分析的一般步骤是：假定斜坡破坏是沿着土体内某一确定的滑动面滑动，根据滑动土体的静力平衡条件和莫尔-库仑强度理论，可以计算出沿该滑动面滑动的可能性，即土坡稳定安全系数的大小或破坏概率的高低；然后系统地选取许多个可能的滑动面，用同样的方法计算其稳定安全系数或破坏概率；稳定安全系数最低或破坏概率最高的滑动面，就是可能性最大的滑动面。

6.6.2 无黏性土土坡稳定性分析

无黏性土土坡即是由粗颗粒土所堆筑的土坡。无黏性土土坡的滑动一般为浅层平面型滑动，其稳定性分析比较简单，可以分为下面两种情况进行讨论。

1. 均质的干坡和水下坡

均质的干坡系指由一种土组成，完全在地下水位以上的无黏性土土坡。水下坡亦是由一种土组成，但完全在地下水位以下、没有渗透水流作用的无黏性土土坡。在上述两种情况下，只要土坡坡面上的土粒在重力作用下能够保持稳定，那么整个土坡就是稳定的。

在无黏性土土坡表面取一小块土体来进行分析，如图6.23所示，设该小块土体的重力为 W，其法向分力 N 产生摩擦阻力 R(称为抗滑力)来阻止土体下滑，则有

$$R = N\tan\varphi = W\cos\alpha\tan\varphi \tag{6-31}$$

重力 W 的切向分力 T 是促使小块土体下滑的滑动力，由图可得

$$T = W\sin\alpha \tag{6-32}$$

则土体的稳定安全系数 F_s 为

$$F_s = \frac{抗滑力}{滑动力} = \frac{R}{T} = \frac{W\cos\alpha}{W\sin\alpha}\tan\varphi = \frac{\tan\varphi}{\tan\alpha} \tag{6-33}$$

式中　φ——土的内摩擦角(°)；

α——土坡坡角(°)。

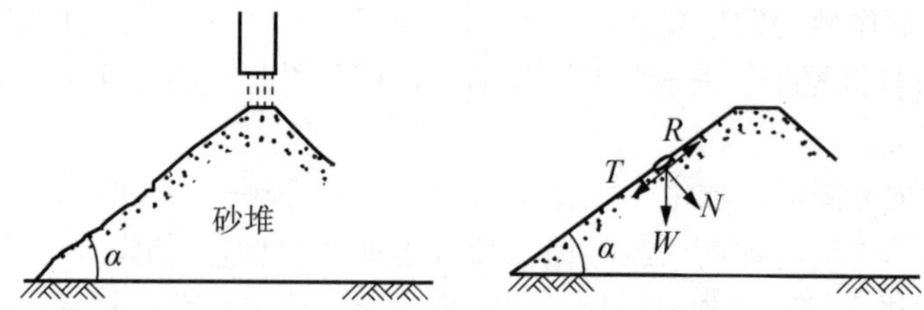

图 6.23　无黏性土土坡稳定性分析

由式(6-33)可见，当 $\varphi=\alpha$ 时，$F_s=1$，即其抗滑力等于滑动力，土坡处于极限平衡状态，此时的 α 就称为天然休止角。当 $\alpha<\varphi$ 时，土坡就是稳定的。为了使土坡具有足够的安全储备，一般取 F_s＝1.1～1.5。

2. 有渗透水流的均质土坡

如图 6.24 所示，在浸润线以下的土体除了受到重力作用外，还受到由于水的渗流而产生的渗透力作用，因而使下游边坡的稳定性降低。

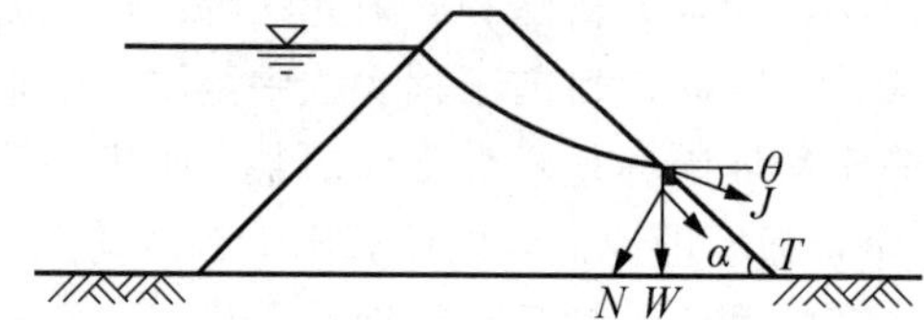

图 6.24　渗透水流逸出的土坡

渗透力可用绘制流网的方法求得，做法是先绘制流网，求滑弧范围内每一个流网网格的平均水力梯度 i，从而求得作用在网格上的渗透力为

$$J_i = \gamma_w i A_i \tag{6-34}$$

式中　γ_w——水的重度；

A_i——网格 i 的面积。

求出每一个网格上的渗透力 J_i 后，便可求得滑弧范围内渗透力的合力 T_J。将此力作为滑弧范围内的外力(滑动力)进行计算，即在滑动力矩中增加下面一项。

$$\Delta M_s = T_J l_J \tag{6-35}$$

式中　l_J——T_J 距圆心的距离。

如果水流方向与水平面呈夹角 θ，则沿水流方向的渗透力 $j=\gamma_w i$。在坡面上取土体 V 中的土骨架为隔离体，其有效重力为 $\gamma' V$。分析这块土骨架的稳定性，作用在土骨架上的渗透力为 $J=jV=\gamma_w iV$。因此，沿坡面的全部滑动力(包括重力和渗透力)为

$$T = \gamma' V \sin\alpha + \gamma_w i V \cos(\alpha - \theta) \tag{6-36}$$

坡面的正压力为

$$N = \gamma' V \cos\alpha - \gamma_w i V \sin(\alpha - \theta) \tag{6-37}$$

则土体沿坡面滑动的稳定安全系数为

$$F_s = \frac{N\tan\varphi}{T} = \frac{[\gamma' V \cos\alpha - \gamma_w i V \sin(\alpha - \theta)]\tan\varphi}{\gamma' V \sin\alpha + \gamma_w i V \cos(\alpha - \theta)} \tag{6-38}$$

式中 i——渗透坡降；

γ'——土的浮重度(kN/m^3)；

γ_w——水的重度(kN/m^3)；

φ——土的内摩擦角(°)。

若水流在溢出段顺着坡面流动，即$\theta=\alpha$，这时可得土坡的稳定安全系数为

$$F_s = \frac{\gamma' \cos\alpha}{\gamma_{sat} \sin\alpha}\tan\varphi = \frac{\gamma' \tan\varphi}{\gamma_{sat} \tan\alpha} \tag{6-39}$$

由此可见，当溢出段为顺坡渗流时，土坡稳定安全系数降低$\frac{\gamma'}{\gamma_{sat}}$。

【例 6-6】 有一均质无黏性土土坡，其饱和重度γ_{sat}=20.0kN/m^3，内摩擦角 φ=30°，若要求该土坡的稳定安全系数为 1.20，试问在干坡或完全浸水情况下及坡面有顺坡渗流时其坡角应为多少度？

【解】 (1) 在干坡及湿坡情况时有

$$F_s = \frac{\tan\varphi}{\tan\alpha} = \frac{\tan 30^\circ}{\tan\alpha} = 1.20$$

解得$\alpha \approx 24^\circ$。

(2) 在顺坡渗流时有

$$F_s = \frac{\gamma' \tan\varphi}{\gamma_{sat} \tan\alpha} = \frac{10\tan 30^\circ}{20\tan\alpha} = 1.20$$

解得$\alpha \approx 13.5^\circ$。

6.6.3 黏性土土坡稳定性分析

一般而言，黏性土土坡由于剪切而破坏的滑动面大多数为一曲面，一般在破坏前坡顶先有张拉裂缝发生，继而沿某一曲线产生整体滑动。为了简化计算，在黏性土土坡的稳定性分析中，常假设滑动面为圆弧面。

【土坡稳定性分析的几个问题】

1. 整体圆弧滑动法

瑞典学者彼得森(K.E.Petterson)于 1915 年采用圆弧滑动法分析了边坡的稳定性，其理论被称为整体圆弧滑动法(也称瑞典圆弧法)。

图 6.25 所示为一个均质的黏性土土坡，它可能沿圆弧面 AC 滑动。土坡失去稳定就意味着滑动土体绕圆心 O 发生转动。若把滑动土体当成一个刚体，则可求得下滑力矩为

$$M_s = Wd \tag{6-40}$$

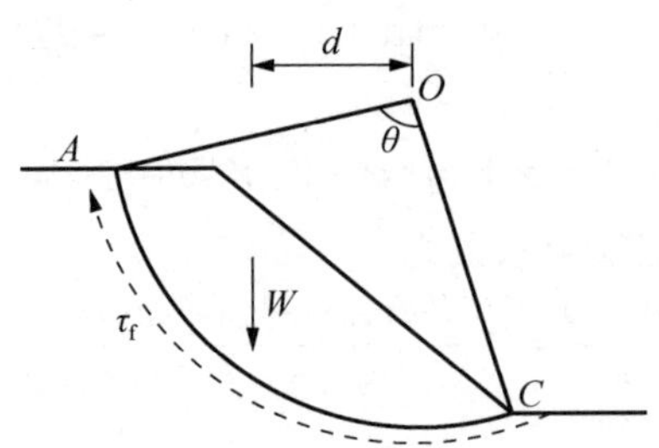

图 6.25　整体圆弧滑动受力示意

抗滑力矩为

$$M_R = R\int_0^L \tau_f dl = R\int_0^L (c+\sigma_n \tan\varphi)dl = Rc\overset{\frown}{AC} + R\int_0^L \sigma_n \tan\varphi dl \tag{6-41}$$

当 $\varphi=0$ (黏土不排水强度)时有

$$M_R = Rc\overset{\frown}{AC} \tag{6-42}$$

这时黏性土土坡的稳定安全系数为

$$F_s = \frac{抗滑力矩}{滑动力矩} = \frac{M_R}{M_s} = \frac{Rc\overset{\frown}{AC}}{Wd} \tag{6-43}$$

【例 6-7】 某饱和黏性土土坡，其重力 W=650kN/m，距离圆弧圆心水平距离 d=2.4m，圆弧上的黏聚力 c=30kPa，内摩擦角 $\varphi=0°$，半径 R=8m，$\theta=80°$。试计算该土坡的稳定安全系数。

【解】

$$F_s = \frac{抗滑力矩}{滑动力矩} = \frac{M_R}{M_s} = \frac{Rc\overset{\frown}{AC}}{Wd}$$

$$\overset{\frown}{AC} = \frac{80°}{180°} \times \pi \times 8 \approx 11.2(\text{m})$$

则可得

$$F_s = \frac{Rc\overset{\frown}{AC}}{Wd} = \frac{8\times30\times11.2}{650\times2.4} \approx 1.72$$

2. 瑞典条分法

瑞典条分法是费伦纽斯(W.Fellenius)于 1927 年提出的，是土坡稳定性分析中的一种基本方法。该方法是将滑动土体竖直分成若干个土条，把土条看成是刚体，分别求出作用于各个土条上的力对圆心的滑动力矩和抗滑力矩，然后按式(6-43)求出土坡的稳定安全系数。

把滑动土体分成若干个土条后，土条的两个侧面分别存在着土条间的作用力，如图 6.26 所示。作用在土条 i 上的力，除了重力 W_i 外，还有作用在土条侧面 ac 和 bd 上的法向力 P_i、P_{i+1} 和切向力 H_i、H_{i+1}，法向力的作用点至滑动弧面的距离为 h_i、h_{i+1}；滑弧段 cd 的长度为 l_i，其上作用着法向力 N_i 和切向力 T_i，T_i 包括黏聚阻力 c_il_i 和摩擦阻力 $N_i\tan\varphi_i$。考虑到土条的宽度不大，W_i 和 N_i 可以看成作用于 cd 弧段的中点。在所有的作用力中，P_i、H_i 在分析前一土条时已经出现，可视为已知量，因此待定的未知量有 P_{i+1}、H_{i+1}、h_{i+1}、N_i 和 T_i 5 个。每个土条可以建立 3 个静力平衡方程，即 $\sum F_{xi}=0$、$\sum F_{zi}=0$ 和 $\sum M_i=0$，以及一个极限平衡方程 $T_i=(N_i\tan\varphi_i+c_il_i)/F_s$。

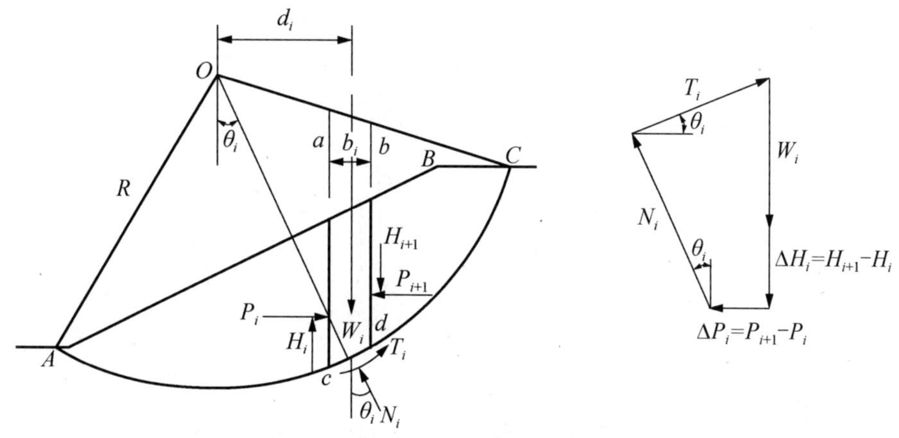

图 6.26 瑞典条分法滑动受力示意图

如果把滑动土体分成 n 个土条，则 n 个土条之间的分界面就有$(n-1)$个。分界面上的未知量为 $3(n-1)$，滑动面上的未知量为 $2n$ 个，还有待求的安全系数 F_s，未知量总个数为 $5n-2$ 个，可以建立的静力平衡方程和极限平衡方程为 $4n$ 个，待求未知量与方程数之差为 $n-2$ 个。而一般条分法中的 n 在 10 以上，因此这是一个高次的超静定问题。为使问题得以求解，必须进行简化。

瑞典条分法假定滑动面是一个圆弧面，并忽略土条间的作用力(图 6.27)。取土条 i 进行分析，由于不考虑土条间的作用力，根据径向力的静力平衡条件有

$$N_i = W_i \cos\theta_i \tag{6-44}$$

根据滑动弧面上的极限平衡条件有

$$T_{\mathrm{f}i} = \frac{c_i l_i + N_i \tan\varphi_i}{F_{\mathrm{s}}} = \frac{c_i l_i + W_i \cos\theta_i \tan\varphi_i}{F_{\mathrm{s}}} \tag{6-45}$$

式中 $T_{\mathrm{f}i}$——土条 i 在滑动面上的抗剪强度；

F_{s}——滑动圆弧的稳定安全系数。

另外，按照滑动土体的整体力矩平衡条件，外力对圆心力矩之和为零。在土条的 3 个作用力中，法向力 N_i 通过圆心不产生力矩，重力 W_i 产生的滑动力矩为

$$\sum W_i d_i = \sum W_i \sin\theta_i R \tag{6-46}$$

滑动面上抗滑力产生的抗滑力矩为

$$\sum T_i R = \frac{\sum (c_i l_i + W_i \cos\theta_i \tan\varphi_i)}{F_{\mathrm{s}}} R \tag{6-47}$$

滑动土体的整体力矩平衡，即滑动力矩等于抗滑力矩，故由式(6-46)和式(6-47)可推导出 F_{s} 为

$$F_{\mathrm{s}} = \frac{\sum (c_i l_i + W_i \cos\theta_i \tan\varphi_i)}{\sum W_i \sin\theta_i} \tag{6-48}$$

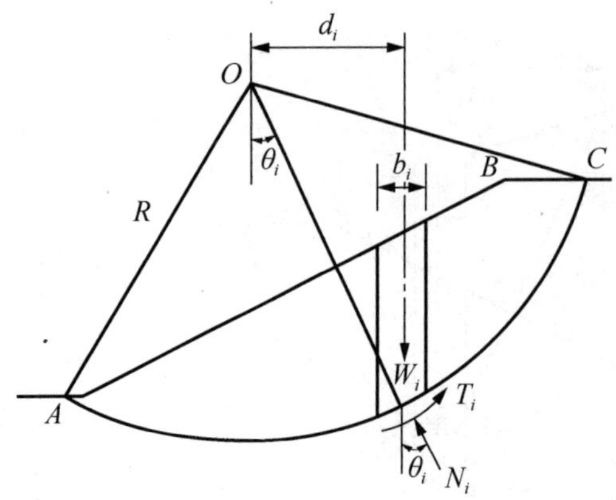

图 6.27　瑞典条分法土条作用力分析

3. 毕肖普条分法

毕肖普(A.N.Bishop)于 1955 年提出一个考虑土条间侧面力的土坡稳定性分析方法，称为毕肖普条分法。此法仍然属于圆弧滑动条分法。

在图 6.28 中，从圆弧滑动体内取出土条 i 进行分析。作用在土条 i 上的力，除了重力 W_i 外，还有作用在滑动面上的切向力 T_i 和法向力 N_i，以及土条侧面的法向力 P_i、P_{i+1} 和切向力 H_i、H_{i+1}。假设土条处于静力平衡状态，根据竖向力的平衡条件应有 $\sum F_z = 0$，即

$$\left.\begin{aligned} W_i + \Delta H_i = N_i \cos\theta_i + T_i \sin\theta_i \\ N_i \cos\theta_i = W_i + \Delta H_i - T_i \sin\theta_i \end{aligned}\right\} \tag{6-49}$$

根据满足土坡稳定安全系数 F_s 的极限平衡条件有

$$T_i = (c_i l_i + N_i \tan\varphi_i) / F_s \tag{6-50}$$

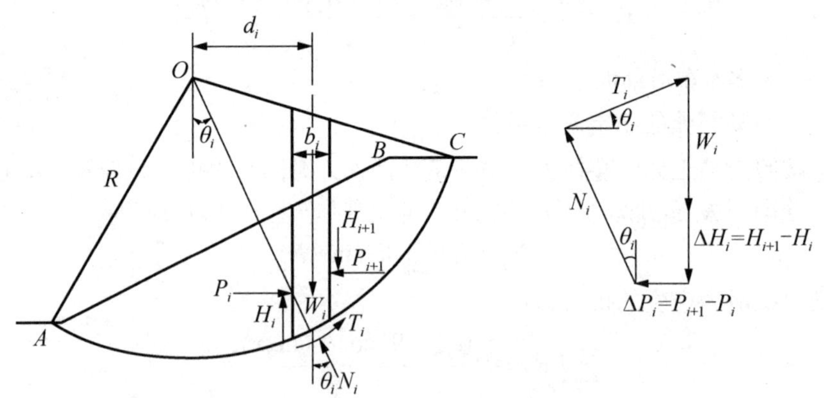

图 6.28　毕肖普条分法土条作用力分析

将式(6-50)代入式(6-49)，整理后得

$$N_i = \frac{W_i + \Delta H_i - \dfrac{c_i l_i}{F_s}\sin\theta_i}{\cos\theta_i + \dfrac{\sin\theta_i \tan\varphi_i}{F_s}} = \frac{1}{m_{\theta i}}\left(W_i + \Delta H_i - \frac{c_i l_i}{F_s}\sin\theta_i\right) \tag{6-51}$$

$$m_{\theta i}=\cos\theta_i+\frac{\sin\theta_i\tan\varphi_i}{F_s} \tag{6-52}$$

考虑整个滑动土体的整体力矩平衡条件，各个土条的作用力对圆心的力矩之和为零。这时土条之间的力 P_i 和 H_i 成对出现，大小相等、方向相反，相互抵消，对圆心不产生力矩；滑动面上的正压力 N_i 通过圆心，也不产生力矩。因此，只有重力 W_i 和滑动面上的切向力 T_i 对圆心产生力矩。由平衡条件可得

$$\sum W_i d_i=\sum T_i R \tag{6-53}$$

即

$$\sum W_i R\sin\theta_i=\sum\frac{1}{F_s}(c_i l_i+N_i\tan\varphi_i)R \tag{6-54}$$

将 N_i 值代入式(6-54)，简化后得

$$F_s=\frac{\sum\frac{1}{m_{\theta i}}[c_i b_i+(W_i+\Delta H_i)\tan\varphi_i]}{\sum W_i\sin\theta_i} \tag{6-55}$$

这就是毕肖普条分法计算土坡稳定安全系数 F_s 的一般公式。式中的 $\Delta H_i=H_{i+1}-H_i$，仍然是未知量。如果不引进其他的简化假定，式(6-55)仍然不能求解。毕肖普进一步假定 $\Delta H_i=0$，实际上也就是认为土条间只有水平作用力 P_i 而不存在切向作用力 H_i，于是式(6-55)可进一步简化为

$$F_s=\frac{\sum\frac{1}{m_{\theta i}}\left(c_i b_i+W_i\tan\varphi_i\right)}{\sum W_i\sin\theta_i} \tag{6-56}$$

式(6-56)称为简化的毕肖普公式。式中的参数 $m_{\theta i}$ 包含有稳定安全系数 F_s，因此不能直接求出土坡的稳定安全系数 F_s，而需要采用试算的办法，迭代求算 F_s 值。为了便于迭代计算，人们已编制出 m_θ-θ 关系曲线，如图 6.29 所示。

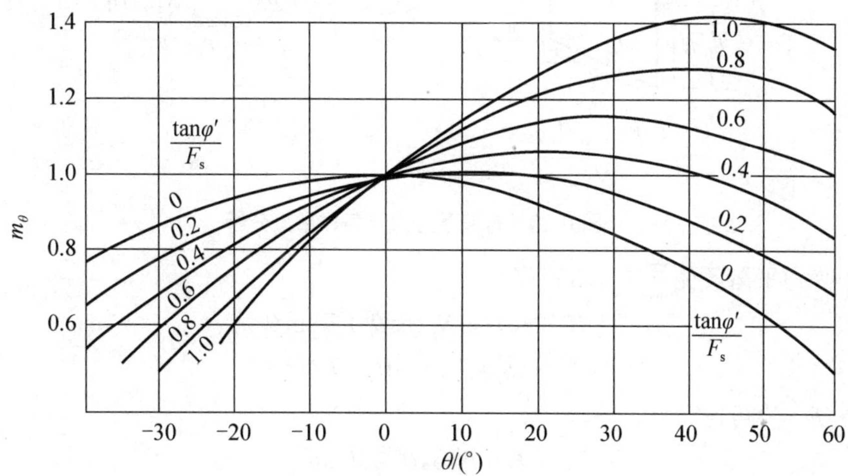

图 6.29　m_θ-θ 关系曲线

试算时，可以先假定 $F_s=1.0$，由图 6.29 查出各个 θ_i 所相应的 $m_{\theta i}$ 值，将其代入式(6-56)中，求得边坡的稳定安全系数 F_s'；若 F_s' 与 F_s 之差大于规定的误差，用 F_s' 查 $m_{\theta i}$，再次计算出稳定安全系数 F_s''；如此反复迭代计算，直至前后两次计算的稳定安全系数非常接近，满足规定精度的要求为止。通常迭代总是收敛的，一般只要试算 3～4 次就可以满足迭代精度的要求。

与瑞典条分法相比，毕肖普条分法是在不考虑土条间切向力的前提下，满足力的多边形闭合条件，也就是说，虽然在公式中水平作用力并未出现，但隐含着土条间有水平力的作用。所以它的特点是：①满足整体力矩平衡条件；②满足各个土条力的多边形闭合条件，但不满足土条的力矩平衡条件；③假设土条间作用力只有法向力而没有切向力；④满足极限平衡条件。由于考虑了土条间水平力的作用，得到的稳定安全系数较瑞典条分法略高一些。很多工程计算表明，毕肖普条分法与严格的极限平衡分析法即满足全部静力平衡条件的方法(如下述的普遍条分法)相比，结果甚为接近。由于计算过程不很复杂，精度也比较高，因此，毕肖普条分法是目前工程中很常用的一种方法。

4. 普遍条分法

普遍条分法又称简布(N.Janbu)法，其特点是假定土条间水平作用力的位置。在这一假定的前提下，每个土条都满足全部的静力平衡条件和极限平衡条件，滑动土体的整体力矩平衡条件也自然得到满足。以下从滑动土体中取任意土条 i 进行静力分析，如图 6.30(a)所示，作用在土条上的力及其作用点如图 6.30(b)所示。

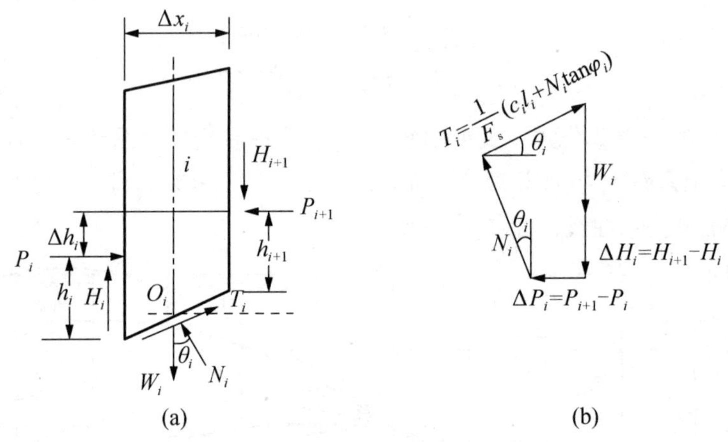

图 6.30 普遍条分法土条作用力分析

按照静力平衡条件 $\sum F_z=0$ 可得

$$\left.\begin{aligned} W_i+\Delta H_i=N_i\cos\theta_i+T_i\sin\theta_i \\ N_i\cos\theta_i=W_i+\Delta H_i-T_i\sin\theta_i \end{aligned}\right\} \tag{6-57}$$

由 $\sum F_x=0$ 可得

$$\Delta P_i=T_i\cos\theta_i-N_i\sin\theta_i \tag{6-58}$$

将式(6-58)代入式(6-57)整理后得

$$\Delta P_i = T_i\left(\cos\theta_i + \frac{\sin^2\theta_i}{\cos\theta_i}\right) - (W_i + \Delta H_i)\tan\theta_i \tag{6-59}$$

根据极限平衡条件，考虑土坡稳定安全系数F_s有

$$T_i = \frac{1}{F_s}(c_i l_i + N_i \tan\varphi_i) \tag{6-60}$$

由式(6-57)得

$$N_i = \frac{1}{\cos\theta_i}(W_i + \Delta H_i - T_i \sin\theta_i) \tag{6-61}$$

将式(6-61)代入式(6-60)，整理后得

$$T_i = \frac{\dfrac{1}{F_s}\left[c_i l_i + \dfrac{1}{\cos\theta_i}(W_i + \Delta H_i \tan\varphi_i)\right]}{1 + \dfrac{\tan\theta_i \tan\varphi_i}{F_s}} \tag{6-62}$$

将式(6-62)代入式(6-59)得

$$\Delta P_i = \frac{1}{F_s} \times \frac{\sec^2\theta_i}{1 + \dfrac{\tan\theta_i \tan\varphi_i}{F_s}}[c_i l_i \cos\theta_i + (W_i + \Delta H_i)\tan\theta_i] - (W_i + \Delta H_i)\tan\theta_i \tag{6-63}$$

图 6.31 所示为作用在土条侧面的法向力 P，显然有 $P_1=\Delta P_1$，$P_2=P_1+\Delta P_2=\Delta P_1+\Delta P_2$，依此类推有

$$P_i = \sum_{j=1}^{i} \Delta P_j \tag{6-64}$$

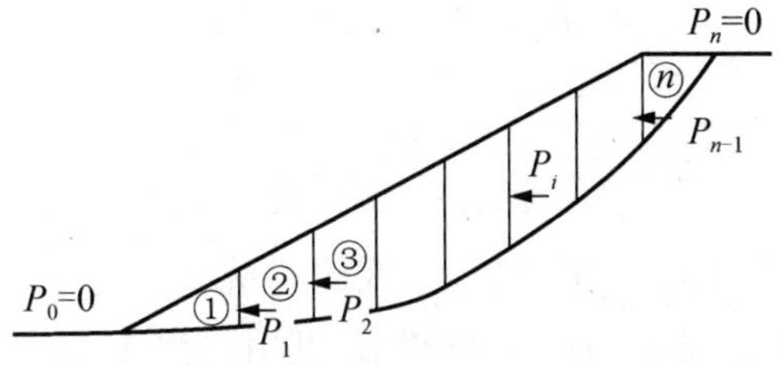

图 6.31　作用在土条侧面的法向力 P

若全部土条的总数为 n，则有

$$P_n = \sum_{i=1}^{n} \Delta P_i = 0 \tag{6-65}$$

将式(6-63)代入式(6-65)，得

$$\sum \frac{1}{F_s} \times \frac{\sec^2\theta_i}{1 + \dfrac{\tan\theta_i \tan\varphi_i}{F_s}}[c_i l_i \cos\theta_i + (W_i + \Delta H_i)\tan\varphi_i] - \sum (W_i + \Delta H_i)\tan\theta_i = 0 \tag{6-66}$$

整理后得

$$F_s=\frac{\sum[c_il_i\cos\theta_i+(W_i+\Delta H_i)\tan\varphi_i]\dfrac{\sec^2\theta_i}{1+\tan\theta_i\tan\varphi_i/F_s}}{\sum(W_i+\Delta H_i)\tan\theta_i}$$

$$=\frac{\sum[c_ib_i+(W_i+\Delta H_i)\tan\varphi_i]\dfrac{1}{m_{\theta i}}}{\sum(W_i+\Delta H_i)\sin\theta_i} \tag{6-67}$$

式(6-67)即简布公式。比较毕肖普公式和简布公式，可以看出两者很相似，但分母有差别。这是因为毕肖普公式是根据滑动面为圆弧面、滑动土体满足整体力矩平衡条件推导出的，而简布公式则是利用力的多边形闭合和极限平衡条件，最后从$\sum_{i=1}^{n}\Delta P_i=0$推导出的，显然这些条件适用于任何形式的滑动面而不仅仅局限于圆弧面，在公式中ΔH_i仍然是待定的未知量。毕肖普没有解出ΔH_i，而直接假定$\Delta H_i=0$，从而成为简化的毕肖普公式；而普遍条分法则利用了土条的力矩平衡条件，因而整个滑动土体的整体力矩平衡也自然得到满足。将作用在土条上的力对土条滑弧段中点O_i取矩，并让$\sum M_{Oi}=0$。重力W_i和滑弧段上的力N_i和T_i均通过O_i，不产生力矩；土条间力的作用点位置已确定，故有

$$H_i\frac{\Delta x_i}{2}+(H_i+\Delta H_i)\frac{\Delta x_i}{2}-(P_i+\Delta P_i)\left(h_i+\Delta h_i-\frac{1}{2}\Delta x_i\tan\theta_i\right)+P_i\left(h_i-\frac{1}{2}\Delta x_i\tan\theta_i\right)=0 \tag{6-68}$$

略去高阶微量整理后得

$$H_i\Delta x_i-P_i\Delta h_i-\Delta p_ih_i=0$$

即

$$H_i=P_i\frac{\Delta h_i}{\Delta x_i}+\Delta P_i\frac{h_i}{\Delta x_i} \tag{6-69}$$

此外有

$$\Delta H_i=H_{i+1}-H_i \tag{6-70}$$

式(6-69)即表示土条间切向力与法向力之间的关系。

由式(6-63)、式(6-64)、式(6-67)～式(6-70)，利用迭代法可以求得普遍条分法的边坡稳定安全系数F_s，步骤如下。

(1) 假定$\Delta H_i=0$，利用式(6-67)，迭代求第一次近似的边坡稳定安全系数F_{s1}。

(2) 将F_{s1}和$\Delta H_i=0$代入式(6-63)，求相应的ΔP_i(对每一土条，从1到n)。

(3) 用式(6-64)求土条间的法向力P_i(对每一土条，从1到n)。

(4) 将P_i和ΔP_i代入式(6-69)和式(6-70)，求土条间的切向作用力H_i(对每一土条，从1到n)和ΔH_i。

(5) 将ΔH_i重新代入式(6-67)，迭代求新的稳定安全系数F_{s2}。

如果$F_{s2}-F_{s1}>\Delta$(Δ为规定的计算精度)，重新按上述步骤(2)～(5)进行第二轮计算；如此反复进行，直至$F_{s(k+1)}-F_{s(k)}\leqslant\Delta$，则$F_{s(kH)}$就是该假定滑动面的稳定安全系数。求边坡真正的稳定安全系数，还要计算很多滑动面进行比较，找出最危险的滑动面，其对应的边坡稳定

安全系数才是真正的安全系数。这种计算工作量相当浩大，一般在计算机上进行。用普遍条分法计算一个滑动面的稳定安全系数的流程如图 6.32 所示。

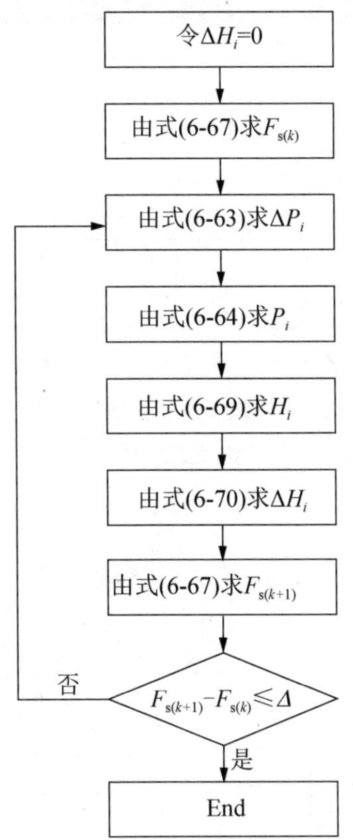

图 6.32　普遍条分法计算一个滑动面的稳定安全系数的流程

5. 最危险滑动面的确定方法

以上介绍的是计算某个位置已经确定的滑动面的稳定安全系数的几种方法。但这一稳定安全系数并不代表边坡真正的稳定性，因为该滑动面是任意选取的。假设了边坡的一个滑动面，就可计算其相应的安全系数。真正代表边坡稳定程度的那个稳定安全系数应该是其中的最小值。相应于边坡最小的稳定安全系数的滑动面称为最危险滑动面，它才对应了土坡真正的滑动面。

确定土坡最危险滑动面圆心的位置和半径大小是稳定分析中最烦琐、工作量最大的工作，需要通过多次的计算才能完成。这方面由费伦纽斯提出的经验方法，对于较快地确定土坡的最危险滑动面很有帮助。

费伦纽斯认为，对于均匀黏性土土坡，其最危险的滑动面一般通过坡趾。在$\varphi=0$的边坡稳定分析中，最危险滑动面圆心的位置可以由图 6.33(a)中夹角β_1和β_2的交点确定。β_1、β_2的值与坡角α大小的关系可由表 6-2 查用。

表 6-2 各种坡角对应的β_1、β_2值

坡角α	坡度 1∶m	β_1	β_2
60°	1∶0.58	29°	40°
45°	1∶1.0	28°	37°
33°41′	1∶1.5	26°	35°
26°34′	1∶2.0	25°	35°
18°26′	1∶3.0	26°	35°
14°02′	1∶4.0	25°	36°
11°19′	1∶5.0	25°	39°

对于$\varphi>0$的土坡，最危险滑动面的圆心位置如图 6.33(b)所示。首先按图 6.33(b)中所示的方法确定 DE 线；自 E 点向 DE 延长线上取圆心 O_1、O_2 ⋯，通过坡趾 A 分别作圆弧 AC_1、AC_2 ⋯，并求出相应的边坡稳定安全系数 F_{s1}、F_{s2} ⋯。

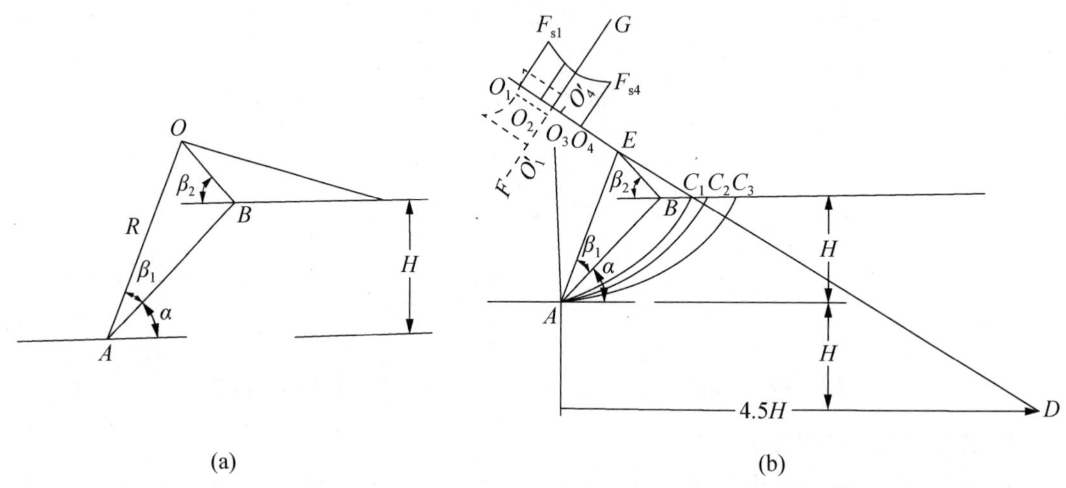

图 6.33 最危险滑动圆心的确定方法

然后用适当的比例尺将 F_{si} 标在相应的圆心点上，并且连接成安全系数 F_s 随圆心位置的变化曲线；曲线的最低点即圆心在 DE 线上时安全系数的最小值。但真正的最危险滑弧圆心并不一定在 DE 线上。为此，通过这个最低点引 DE 的垂直线 FG；在 FG 线上，在 DE 延长线的最小值前后再定几个圆心 O_1'、O_2'⋯，用类似步骤确定 FG 线上对应于最小安全系数的圆心，这个圆心才被认为是通过坡趾滑出时最危险滑动圆弧的中心。

但当地基土层性质比填土软弱，或坝坡不是单一的土坡，或坝体填土种类不同、强度互异时，最危险的滑动面就不一定从坡趾滑出。这时寻找最危险滑动面位置就更为烦琐。实际上，对于非均质的、边界条件较为复杂的土坡，用上述方法寻找最危险滑动面的位置将是十分困难的。随着计算机技术的发展和普及，目前可以采用最优化方法，通过随机搜索来寻找最危险滑动面的位置。国内已有这方面的程序可供使用。

本章小结

(1) 挡土墙在土压力作用下，其本身不发生变形和任何位移，土体处于弹性平衡状态，此时作用在挡土结构上的土压力称为静止土压力；当挡土墙沿墙趾向离开填土方向转动或平行移动时，墙后土压力逐渐减小，当位移达到一定量时，墙后土体达到主动极限平衡状态，这时作用在挡土墙上的土压力称为主动土压力；当挡土墙在外力作用下向墙背填土方向转动或移动时，墙后土体有向上滑动的趋势，土压力逐渐增大，当位移达到一定值时，墙后土体达到被动极限平衡状态，这时作用在挡土墙上的土压力称为被动土压力。

(2) 朗肯土压力理论的假设为：挡土墙是刚性的，墙背直立；墙后土体表面水平；墙背光滑，墙背与填土之间没有摩擦力。

(3) 库仑土压力理论的假设为：墙后土体为均匀的、各向同性的无黏性土；滑裂面为通过墙踵的平面；将滑动土楔视为刚体。

(4) 无黏性土土坡是由粗颗粒土所堆筑的土坡。无黏性土土坡的滑动一般为浅层平面型滑动，其稳定性分析比较简单。无黏性土土坡的稳定性只要坡角不超过其内摩擦角，坡高可不受限制；对于有渗流情况的无黏性土土坡，其稳定性会降低。

(5) 黏性土土坡稳定性分析方法众多，有瑞典圆弧法和瑞典条分法等。瑞典圆弧法是认为土坡失稳时，将沿一曲面滑动，并将这个曲面简化为圆弧，该方法适用于土的内摩擦角为 0 的情况；瑞典条分法是针对在瑞典圆弧法中出现未知函数的问题提出的，为解决在稳定性分析中的超静定问题，提出了不同的假设条件，以约减未知量，使超静定问题变成静定问题。

思考题与习题

1. 什么是静止土压力、主动土压力和被动土压力？试举出几个工程实例。

2. 试述三种典型土压力发生的条件及其相互关系。

3. 朗肯土压力理论与库仑土压力理论的基本原理和假定有什么不同？它们在什么条件下才可以得出相同的结果?

4. 如何理解主动土压力是主动极限平衡状态时的最大值，而被动土压力是被动极限平衡状态时的最小值?

5. 试比较说明朗肯土压力理论和库仑土压力理论的优缺点。

6. 控制边坡稳定性的因素有哪些？

7. 为什么说所有计算安全系数的极限平衡分析方法都是近似方法？由它计算的安全系数与实际值相比，假设抗剪强度指标是真值，则计算结果是偏高还是偏低？

8. 毕肖普条分法与瑞典条分法的主要差别是什么？为什么对同一问题，用毕肖普条分法计算的安全系数比瑞典条分法大？

9. 某挡土墙高 5m，墙背竖直光滑，填土面水平，$\gamma = 18\text{kN/m}^3$，$\varphi = 22°$，c=15kPa。①试计算该挡土墙主动土压力分布、合力大小及其作用点位置；②若该挡土墙在外力作用下，朝填土方向产生较大的位移，试计算作用在墙背的土压力合力大小及其作用点位置。

10. 某挡土墙高 6m，墙背直立、光滑，墙后填土面水平，填土分两层，第一层为砂土，第二层为黏性土，各层土的物理力学性质指标如图 6.34 所示。试求其主动土压力强度。

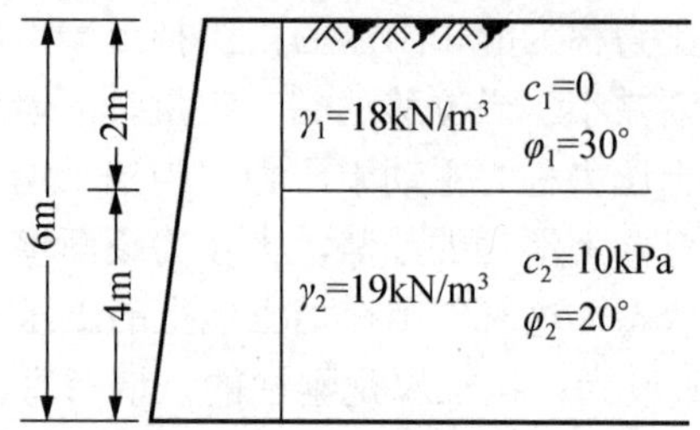

图 6.34　习题 10 图

11. 图 6.35 所示挡土墙高 4m，墙背直立、光滑，墙后填土面水平。试求总侧压力(主动土压力与水压力之和)的大小和作用位置。

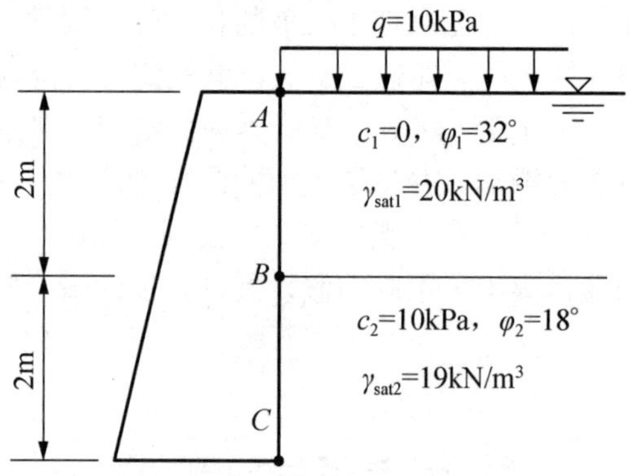

图 6.35　习题 11 图

12. 高度为 6m 的挡土墙，墙背直立、光滑，墙后填土面水平，其上作用有均布荷载 q=20kPa。填土分为两层：上层填土厚 2.5m，$\gamma_1 = 16\text{kN/m}^3$，$\varphi_1 = 20°$，$c_1$=12kPa，地下水位在填土表面下 2.5m 处与下层填土面齐平；下层填土 γ_{sat} =20kN/m^3，$\varphi_2 = 35°$，c_2=10kPa。试求作用在墙背上的总侧压力合力的大小和作用点位置。

第7章 浅 基 础

内容提要

浅基础是基础工程设计的主要内容之一。本章介绍天然地基上浅基础的设计，主要包括地基基础设计的基本规定、对地基变形控制的要求、基础埋置深度的确定、地基承载力的确定方法、软弱下卧层的验算、确定基础底面积的方法，以及扩展基础、柱下条形基础、柱下十字交叉基础、筏形基础和箱形基础的构造要求和内力计算方法。

能力要求

掌握基础埋置深度、地基承载力、基础底面积的确定和基础的结构设计方法，能够独立完成扩展基础的设计；了解柱下条形基础、筏形基础和箱形基础的设计计算方法。

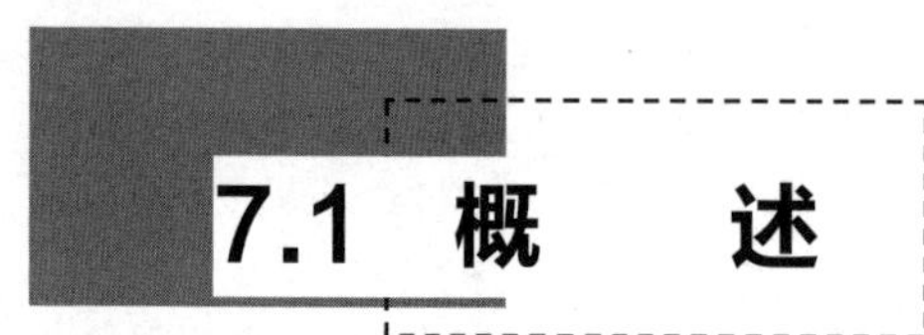

7.1 概　述

依据 GB 50007—2011《建筑地基基础设计规范》，基础是指“将结构所承受的各种作用传递到地基上的结构组成部分”，地基是指“支撑基础的土体或岩体”。建筑物的上部结构荷载是通过基础传递给地基的，基础具有承上启下的作用。一方面，在上部结构荷载和地基反力的共同作用下，基础要承受由此而产生的内力(弯矩、剪力和轴力等)；另一方面，基础底面的反力反过来作为地基土上的荷载，使地基产生应力和变形。因此，地基基础设计的主要目的，即在保证地基稳定的前提下，让基础有足够的强度和刚度，通过选择合理的基础方案，使地基的反力和沉降控制在允许的范围内。

常见的基础方案，有天然地基上的浅基础，人工地基上的浅基础、深基础及深浅结合的基础(如桩筏基础、桩箱基础等)。基础方案应根据建筑物的用途、设计等级、建筑布局和上部结构类型，充分考虑建筑场地和地基岩土条件，结合施工条件、工期及造价等各方面要求合理进行选择。一般情况下，天然地基上的浅基础方案因具有技术简单、施工方便、节省材料和造价较低等优点而被优先采用。

本章主要对天然地基上的浅基础进行讲解。

7.1.1 浅基础设计方法

1. 允许承载力设计方法

建筑物的上部结构荷载通过基础传递到地基岩土上，作用在基础底面单位面积上的压力称为基础底面压力。在设计过程中，基础底面压力不能超过地基的极限承载力，而且要有一定的安全度；同时基础底面附加应力引起的地基变形，不能超过建筑物的允许变形值。

最早的地基允许承载力是根据工程师的经验或建设者参考建筑场地附近建筑物地基的承载状况来确定的。随着工程经验的积累，人们不断总结允许承载力与地基土的性状的关系，用规范的形式给出地基的允许承载力与土的种类及其某些物理力学性质指标(如孔隙比 e、液性指数 I_L 等)或原位测试指标(如标准贯入试验锤击数、动力触探试验锤击数等)的关系。也就是说，可以从地基规范的允许承载力表中直接查出地基的允许承载力；有了地基的允许承载力，地基基础设计就容易进行。但由于地基允许承载力设计方法本身的局限性，其安全性还难以得到足够的保障，因此这种方法尚需要改进。

2. 极限状态设计方法

随着建筑技术的发展，建筑结构不断更新、体型日益复杂，且新型和大型建筑结构对沉降更为敏感。允许承载力设计方法未必能保证新型建筑结构的安全使用，因此对复杂一些的建筑结构，往往还需要单独进行地基变形验算。这样允许承载力设计方法就无法满足要求了。实际上地基承载力和变形允许值是对地基的两种不同要求，要充分发挥地基的效用，并不能简单用一个地基承载力概括。更好的做法应该是对其分别验算，了解控制因素的薄弱环节，采取必要的工程措施，才能真正充分发挥地基的承载力，在保证安全可靠的前提下达到最为经济的目的，这也是极限状态设计方法的本质。按极限状态设计方法，地基必须满足如下两种极限状态的要求：①承载能力极限状态，目的是让地基土最大限度地发挥承载能力，荷载超过此限度时，地基土即发生强度破坏而丧失稳定，或发生其他形式的危及建筑物安全的破坏；②正常使用极限状态或变形极限状态，目的是让地基承载后的变形小于建筑物地基的允许变形。

3. 可靠度设计方法

可靠度设计方法也称以概率理论为基础的极限状态设计方法，所以实际上也属于承载能力极限状态设计方法。

前面所讲的两种设计方法，都是把荷载和抗力当成一个确定量，衡量建筑物安全度的安全系数也是一个确定值。但无论是荷载还是抗力，实际上都存在很大的不确定性，很难确定其准确的数值，属于随机变量；随机变量并不是变化莫测、毫无规律的，同一层土的基本性质应该大致相同，其变化应服从于某一统计规律。其次，工程上对安全系数的确定仅是根据以往的工程经验，比较粗略，而且不同方法之间要求也不尽相同；用确定数量的荷载和抗力以单一安全系数所表征的设计方法，有不够科学之处。于是另一种新的分析方法即可靠度设计方法就逐渐发展起来。

按可靠度设计方法，必须先对作用于建筑物上的全部荷载或荷载效应及所有的抗力进行统计分析，得到总荷载的均值和标准差，以及全部抗力的均值和标准差；在此基础上，建立功能函数的概率密度函数表达式，然后才据以确定结构的可靠度。显然，这种方法的精度取决于分析的诸多变量概率分布的规律性和试验点的数量，概率分布规律越简明，参与统计的试验点数越多，精度就越高。在工程所涉及的荷载和抗力中，很多都属于简单的正态分布，但也有少数属于非正态分布，必须通过概率理论进行转换。

目前，基础工程可靠度研究成果已经纳入设计规范，进入实用阶段，有些国家已建立了地基按半经验半概率的分项系数极限状态标准执行设计的规范。在我国，随着结构设计使用极限状态设计方法，在地基设计中采用极限状态设计的工作也纳入正轨。1992 年原建设部颁布了 GB 50153—1992《工程结构可靠度设计统一标准》，2008 年住建部对该标准进行了补充修订，颁布了 GB 50153—2008《工程结构可靠性设计统一标准》，原 GB 50153—1992 同时废止；2001 年原建设部颁布了 GB 50068—2001《建筑结构可靠度设计统一标准》，2018 年住建部对该标准进行了补充修改，颁布了 GB 50068—2018《建筑结构可靠性设计统一标准》，原 GB 50068—2001 同时废止。至此，可靠度设计已经成为我国建筑结构设计的统一依据。

7.1.2 地基基础设计的原则

1. 地基基础设计等级的划分

GB 50007—2011《建筑地基基础设计规范》规定：地基基础设计应根据地基复杂程度、

建筑物规模和功能特征，以及由于地基问题可能造成建筑物破坏或影响正常使用的程度分为三个设计等级，设计时应根据具体情况，按表 7-1 选用。

表 7-1　地基基础设计等级

设计等级	建筑和地基类型
甲级	重要的工业与民用建筑物； 30 层以上的高层建筑； 体型复杂，层数相差超过 10 层的高低层连成一体的建筑物； 大面积的多层地下建筑物(如地下车库、商场、运动场等)； 对地基变形有特殊要求的建筑物； 复杂地质条件下的坡上建筑物(包括高边坡)； 对原有工程影响较大的新建建筑物； 场地和地基条件复杂的一般建筑物； 位于复杂地质条件及软土地区的二层及二层以上地下室的基坑工程； 开挖深度大于 15m 的基坑工程； 周边环境条件复杂、环境保护要求高的基坑工程
乙级	除甲级、丙级以外的工业与民用建筑物； 除甲级、丙级以外的基坑工程
丙级	场地和地基条件简单、荷载分布均匀的七层及七层以下民用建筑及一般工业建筑； 次要的轻型建筑物； 非软土地区且场地地质条件简单、基坑周边环境条件简单、环境保护要求不高且开挖深度小于 5m 的基坑工程

2. 地基基础设计应符合的规定

根据建筑物地基基础设计等级及长期荷载作用下地基变形对上部结构的影响程度，地基基础设计应符合下列规定。

(1) 所有建筑物的地基计算均应满足承载力计算的有关规定。

(2) 设计等级为甲级、乙级的建筑物，均应按地基变形设计。

(3) 设计等级为丙级的建筑物有下列情况之一时，应做变形验算。

① 地基承载力特征值小于 130kPa，且体型复杂的建筑物；

② 在基础上及其附近有地面堆载或相邻基础荷载差异较大，可能引起地基产生过大的不均匀沉降时；

③ 软弱地基上的建筑物存在偏心荷载时；

④ 相邻建筑物距离近，可能发生倾斜时；

⑤ 地基内有厚度较大或厚薄不均的填土，其自重固结未完成时。

(4) 对经常受水平荷载作用的高层建筑、高耸结构和挡土墙等，以及建造在斜坡上或边坡附近的建筑物和构筑物，尚应验算其稳定性。

(5) 基坑工程应进行稳定性验算。

(6) 建筑地下室或地下构筑物存在上浮问题时，尚应进行抗浮验算。

3. 不做地基变形验算的建筑物范围

表 7-2 所列范围内设计等级为丙级的建筑物可不做地基变形验算。

表 7-2　可不做地基变形验算的设计等级为丙级的建筑物

地基主要受力层情况	地基承载力特征值 f_{ak}/kPa			$80\leqslant f_{ak}<100$	$100\leqslant f_{ak}<130$	$130\leqslant f_{ak}<160$	$160\leqslant f_{ak}<200$	$200\leqslant f_{ak}<300$
地基主要受力层情况	各土层坡度/%			≤5	≤10	≤10	≤10	≤10
建筑类型	砌体承重结构、框架结构/层数			≤5	≤5	≤6	≤6	≤7
建筑类型	单层排架结构(6m 柱距)	单跨	吊车额定起重量/t	10～15	15～20	20～30	30～50	50～100
建筑类型	单层排架结构(6m 柱距)	单跨	厂房跨度/m	≤18	≤24	≤30	≤30	≤30
建筑类型	单层排架结构(6m 柱距)	多跨	吊车额定起重量/t	5～10	10～15	15～20	20～30	30～75
建筑类型	单层排架结构(6m 柱距)	多跨	厂房跨度/m	≤18	≤24	≤30	≤30	≤30
建筑类型	烟囱		高度/m	≤40	≤50	≤75		≤100
建筑类型	水塔		高度/m	≤20	≤30	≤30		≤30
建筑类型	水塔		容积/m^3	50～100	100～200	200～300	300～500	500～1000

注：1. 地基主要受力层，系指条形基础底面下深度为 $3b$(b 为基础底面宽度)、独立基础下为 $1.5b$，且厚度均不小于 5m 的范围(二层以下一般的民用建筑除外)。

2. 地基主要受力层中如有承载力特征值小于 130kPa 的土层时，表中砌体承重结构的设计，应符合 GB 50007—2011《建筑地基基础设计规范》中第 7 章的有关要求。

3. 表中砌体承重结构和框架结构均指民用建筑，对于工业建筑可按厂房高度、荷载情况折合成与其相当的民用建筑层数。

4. 表中吊车额定起重量、烟囱高度和水塔容积的数值系指最大值。

4. 作用效应与相应的抗力限值的规定

地基基础设计时，所采用的作用效应与相应的抗力限值应符合下列规定。

(1) 按地基承载力确定基础底面面积及埋置深度或按单桩承载力确定桩数时，传至基础或承台底面上的作用效应应按正常使用极限状态下作用的标准组合。相应的抗力应采用地基承载力特征值或单桩承载力特征值。

(2) 计算地基变形时，传至基础底面上的作用效应应按正常使用极限状态下作用的准永久组合，不应计入风荷载和地震作用。相应的限值应为地基变形允许值。

(3) 计算挡土墙、地基或滑坡稳定性及基础抗浮稳定性时，作用效应应按承载能力极限状态下作用的基本组合，但其分项系数均为 1.0。

(4) 在确定基础或桩基础承台高度、支挡结构截面，计算基础或支挡结构内力，确定配筋和验算材料强度时，上部结构传来的作用效应和相应的基础底面反力、挡土墙土压力及滑坡推力，应按承载能力极限状态下作用的基本组合，采用相应的分项系数。当需要验算基础裂缝宽度时，应按正常使用极限状态作用的标准组合。

(5) 基础设计安全等级、结构设计使用年限、结构重要性系数应按有关规范的规定采用，但结构重要性系数 γ_0 不应小于 1.0。

5. 作用组合的效应设计值的规定

地基基础设计时，作用组合的效应设计值应符合下列规定。

(1) 正常使用极限状态下，标准组合的效应设计值 S_k 应按下式确定。

$$S_k = S_{Gk} + S_{Q1k} + \psi_{c2}S_{Q2k} + \cdots + \psi_{cn}S_{Qnk} \tag{7-1}$$

式中 S_{Gk}——永久作用标准值(G_k)的效应；

S_{Qik}——第 i 个可变作用标准值(Q_{ik})的效应；

ψ_{ci}——第 i 个可变作用(Q_i)的组合值系数，按现行国家标准 GB 50009—2012《建筑结构荷载规范》的规定取值。

(2) 准永久组合的效应设计值 S_k 应按下式确定。

$$S_k = S_{Gk} + \psi_{q1}S_{Q1k} + \psi_{q2}S_{Q2k} + \cdots + \psi_{qn}S_{Qnk} \tag{7-2}$$

式中 ψ_{qi}——第 i 个可变作用的准永久值系数，按 GB 50009—2012《建筑结构荷载规范》的规定取值。

(3) 承载能力极限状态下，由可变作用控制的基本组合的效应设计值 S_d 应按下式确定。

$$S_d = \gamma_G S_{Gk} + \gamma_{Q1}S_{Q1k} + \gamma_{Q2}\psi_{c2}S_{Q2k} + \cdots + \gamma_{Qn}\psi_{cn}S_{Qnk} \tag{7-3}$$

式中 γ_G——永久作用的分项系数，按 GB 50009—2012《建筑结构荷载规范》的规定取值；

γ_{Qi}——第 i 个可变作用的分项系数，按 GB 50009—2012《建筑结构荷载规范》的规定取值。

(4) 对由永久作用控制的基本组合，也可采用简化规则，其效应设计值 S_d 可按下式确定。

$$S_d = 1.35S_k \tag{7-4}$$

式中 S_k——标准组合的作用效应设计值。

7.1.3 浅基础设计内容

天然地基上浅基础的设计必须遵循安全适用、技术先进、经济合理、确保质量和保护环境的原则，一般包括如下内容。

(1) 搜集拟建建筑上部结构的类型，荷载的性质、大小和分布，工程地质及水文地质，施工工艺及拟建基础对于周围环境影响等资料。

(2) 选择基础的材料、类型，进行基础平面布置。

(3) 选择基础持力层，确定基础的埋置深度。

(4) 确定地基承载力。

(5) 确定基础底面尺寸，必要时进行地基变形计算和地基稳定性验算，当地基受力层范围内存在软弱下卧层时，须对软弱下卧层进行验算。

(6) 进行基础结构设计和构造设计。

(7) 当有深基坑开挖时，应考虑基坑开挖的支护和排水、降水问题。

(8) 绘制基础施工图，提出施工说明。

上述浅基础设计的各项内容是相互关联的。设计时可按如上顺序进行设计和计算，如发现前面的选择不妥，则须修改设计，直至各项计算符合要求且前后一致为止。

7.2 浅基础的类型

【基础施工流程图片】

浅基础根据结构形式，可分为无筋扩展基础、扩展基础、柱下条形基础、筏形基础、箱形基础、独立基础等；根据所选用材料的性能，可分为无筋基础和钢筋混凝土基础。

7.2.1 无筋扩展基础

无筋扩展基础又称刚性基础，系指由砖、毛石、灰土、三合土和混凝土等材料组成且无须配置钢筋的墙下条形基础或柱下独立基础。有关材料介绍如下。

(1) 砖：抗冻性差，适用于干燥较温暖的地区，不宜用于寒冷和潮湿的地区。其组砌在地下水位以上可用混合砂浆，水下则只能用水泥砂浆。由于砖具有就地取材、烧制方便、施工简单和价格低廉的优点，因此用砖砌筑基础较为广泛，是常用的基础材料。

(2) 毛石：其强度和抗冻性优于砖，施工方便，价格较低，是最常用的基础材料。

(3) 灰土：由石灰与土料配置而成。石灰宜用块状生石灰，经消化 1～2d 后过筛立即使用；土料宜用塑性指数较低的粉土或粉质黏土，放入基槽内分层夯实。灰土虽然抗剪强度较低、抗水性能差，但因其取材容易、施工简便、价格便宜，所以常用作干燥土层上的基础，广泛用于我国华北和西北地区。

(4) 三合土：由石灰、砂、骨料加水均匀拌和，分层夯实而成。三合土具有取材方便、施工简单、价格较低的优点，但因其抗剪强度较低，不宜用于荷载较大的建筑基础。

(5) 混凝土：抗压强度、耐久性和抗冻性都很好，而且可做成任何形状，又便于机械化施工。为节省水泥用量，常在混凝土中掺入占体积 25%～30%的毛石做成毛石混凝土基础。

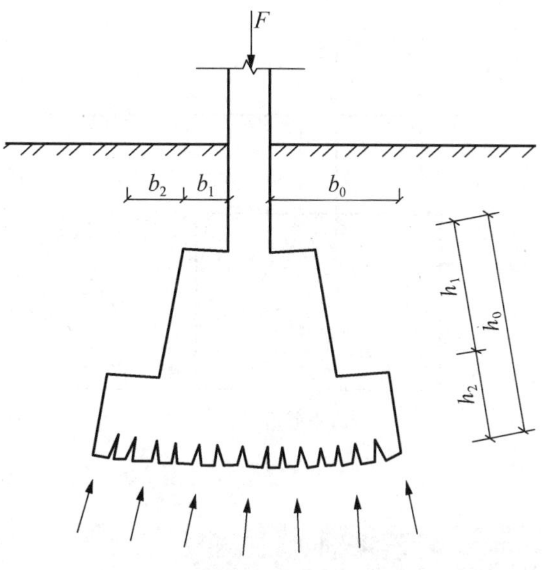

图 7.1 无筋扩展基础弯曲破坏

无筋扩展基础工作条件像一个倒置的两边外伸的悬臂梁，受力后在靠墙、柱边或断面突变处发生弯曲破坏(图 7.1)和剪切破坏。由于无筋扩展基础所用的材料抗拉、抗剪强度较差，设计时为了防止基础的弯曲破坏，保证基础内的拉应力和剪应力不超过其相应的材料强度设计值，通常是通过基础的构造限制来实现的：基础的每个台阶的宽度与其高度之比都不得超过相应的允许值，如图 7.2 所示，即应满足公式 $H_0 \geqslant \dfrac{b-b_0}{2\tan\alpha}$。在这样的限制下，基础的相对高度比较大，并具有足够的刚度，几乎不发生挠曲变形，因而不需要再做抗弯、抗剪验算。

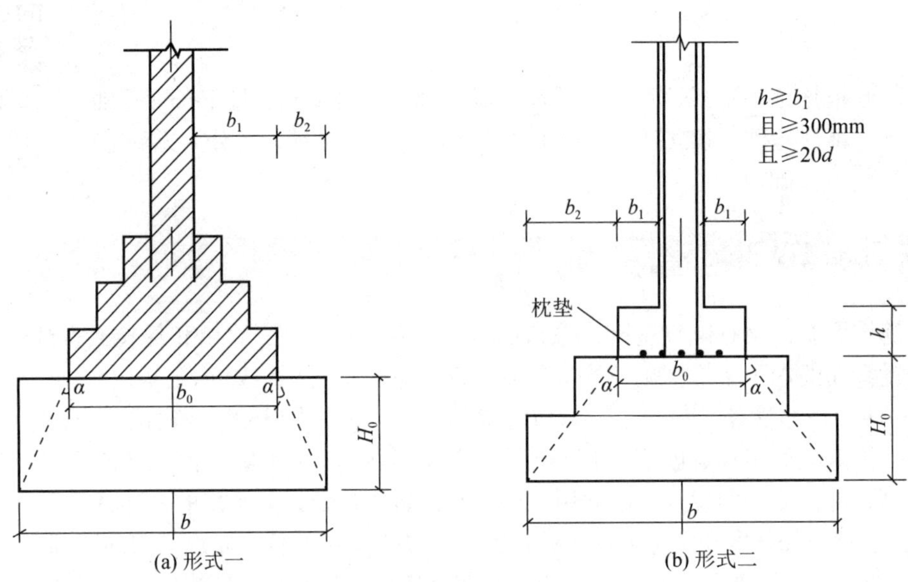

(a) 形式一　　(b) 形式二

图 7.2　无筋扩展基础构造示意

无筋扩展基础截面的基本形状是矩形[图 7.3(a)]，但为节省基础材料常做成锥形[图 7.3(b)]，为便于施工多做成阶梯形[图 7.3(c)]。无筋扩展基础常用于多层民用建筑和轻型厂房。

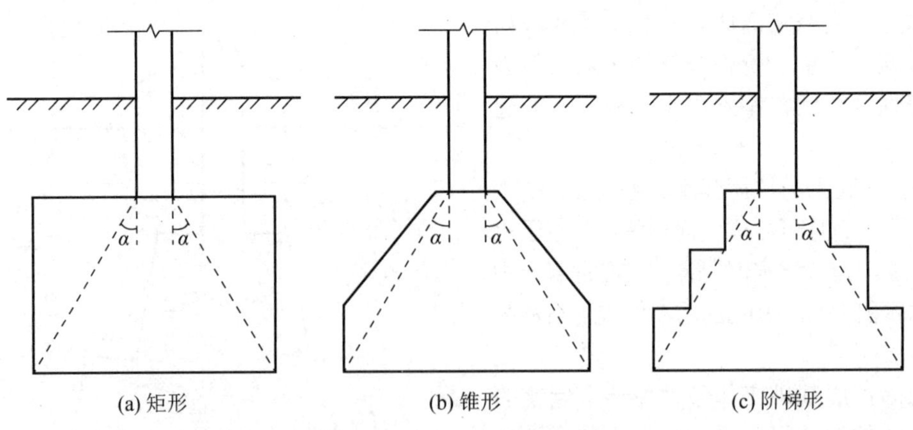

(a) 矩形　　(b) 锥形　　(c) 阶梯形

图 7.3　无筋扩展基础的截面形状

7.2.2 扩展基础

当基础的高度不能满足刚性角要求时，可以做成钢筋混凝土基础，用钢筋承受基础底部的拉应力，以保证基础不发生断裂，这样的基础称为扩展基础。扩展基础分为柱下钢筋混凝土独立基础和墙下钢筋混凝土条形基础。

1. 柱下钢筋混凝土独立基础

柱下钢筋混凝土独立基础的截面形状，一般多做成锥形[图 7.4(a)]，有时为便于施工也可做成阶梯形[图 7.4(b)]；对于预制柱下钢筋混凝土独立基础，还可做成杯形[图 7.4(c)]。它们的基础底面形状一般均为矩形，长宽比为 1～3。

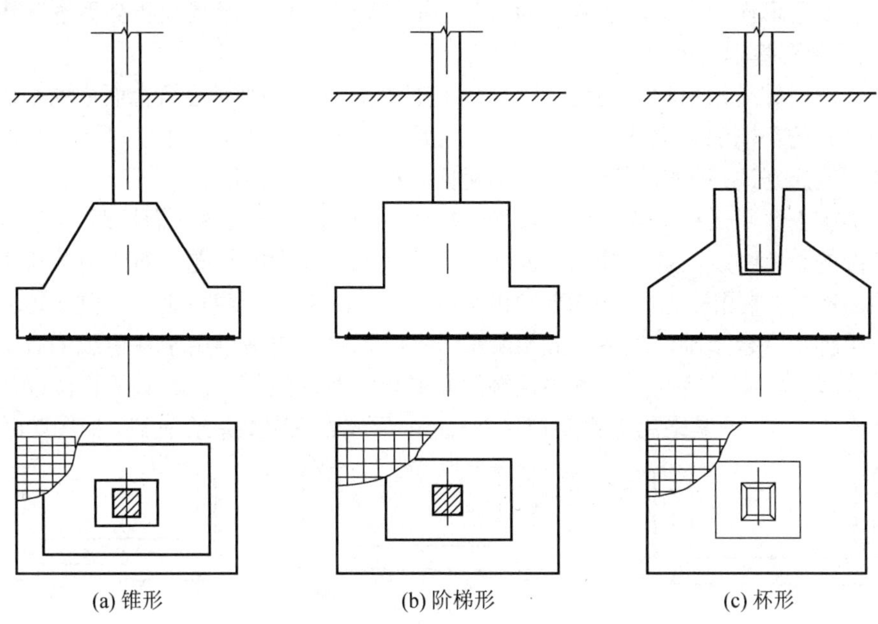

图 7.4 柱下钢筋混凝土独立基础

2. 墙下钢筋混凝土条形基础

墙下钢筋混凝土条形基础截面形状常为梯形，如图 7.5 所示。墙下钢筋混凝土条形基础一般采用无肋的条形基础[图 7.5(a)]，如地基不均匀，为增强基础的整体性和抗弯能力，也可采用有肋的条形基础[图 7.5(b)]。由于这种基础的高度可以很小，故适宜于需要“宽基浅埋”的情况。

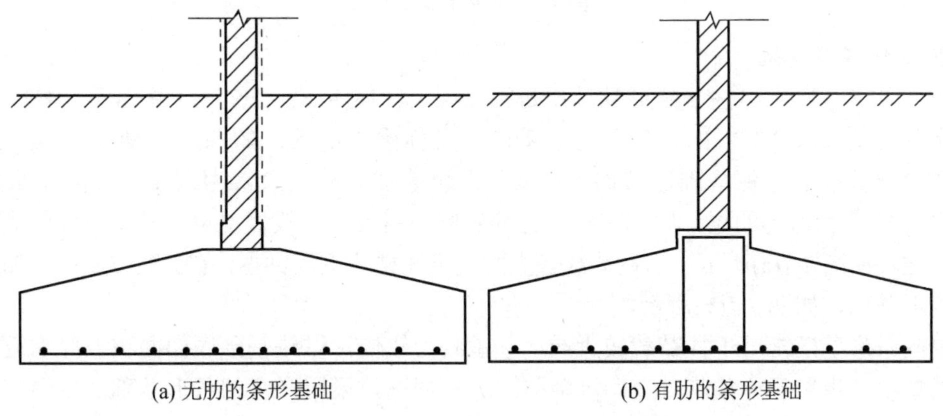

图 7.5 墙下钢筋混凝土条形基础

当软弱地基的表层具有一定厚度的所谓“硬壳层”，可利用该层作为持力层时，便可以考虑采用此种基础形式。

7.2.3 柱下条形基础

柱下条形基础是由两个或两个以上的柱下钢筋混凝土独立基础，在基础底面部分连接组合而成的长条形连续基础，通常分为局部条形基础、单向条形基础和交叉条形基础。

1. 局部条形基础

局部条形基础是指由相邻的两个柱下钢筋混凝土独立基础连接组合而成的基础，也是相邻两柱公共的钢筋混凝土基础，故又称双柱联合基础。这种基础不仅可增大基础底面面积，而且还能起到调整不均匀沉降、防止两柱间相向倾斜的作用。

此类基础主要用于柱荷载大而地基又较软弱，一柱靠近建筑界限而柱距又较小的情况。为加强基础的整体刚度，解决基础底面面积不足或偏心过大的问题，对于荷载较小柱一侧场地受限的情况，常用矩形联合基础，如图 7.6(a)所示；对于荷载较大柱一侧场地受限的情况，则可用梯形联合基础，如图 7.6(b)所示。有时也将此类基础用于柱荷载偏心、柱距较大且地基承载力较高的情况。为解决柱端偏心或防止两柱倾斜，没有必要把两柱基础底面面积完全连在一起，而是采用连系梁连接两柱基，形成连系梁式联合基础，如图 7.6(c)所示。

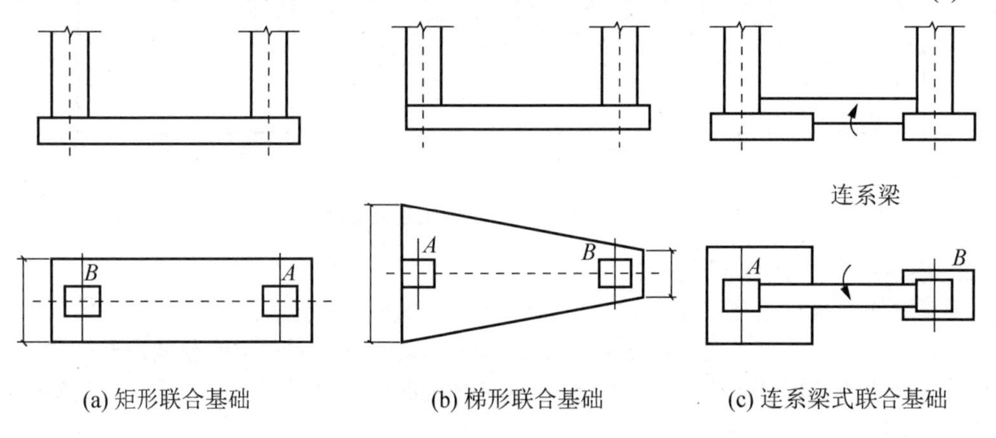

(a) 矩形联合基础　　(b) 梯形联合基础　　(c) 连系梁式联合基础

图 7.6　局部条形基础

2. 单向条形基础

单向条形基础常称柱下条形基础，是指在同一轴线(或同一方向)上由若干个柱下钢筋混凝土独立基础联合组成的长条形连续基础，又称梁式基础，如图 7.7 所示。为了加强基础的整体刚度，这种基础通常均有肋梁，因而基础的横截面常为倒 T 形。倒 T 形截面中部高度较大者即为肋梁，底部有横向外伸者则为翼板。一般情况下，常用等截面式单向条形基础，如图 7.7(a)所示；当柱荷载较大时，可在柱两侧局部增高(加腋)做成柱位加腋式单向条形基础，如图 7.7(b)所示。

单向条形基础常用于柱荷载较大或地基承载力较低，以致基础底面面积彼此靠近甚至连接的情况；也用于单独基础之间沉降差过大的情况，采用联合的条形基础，以调整其不均匀沉降。

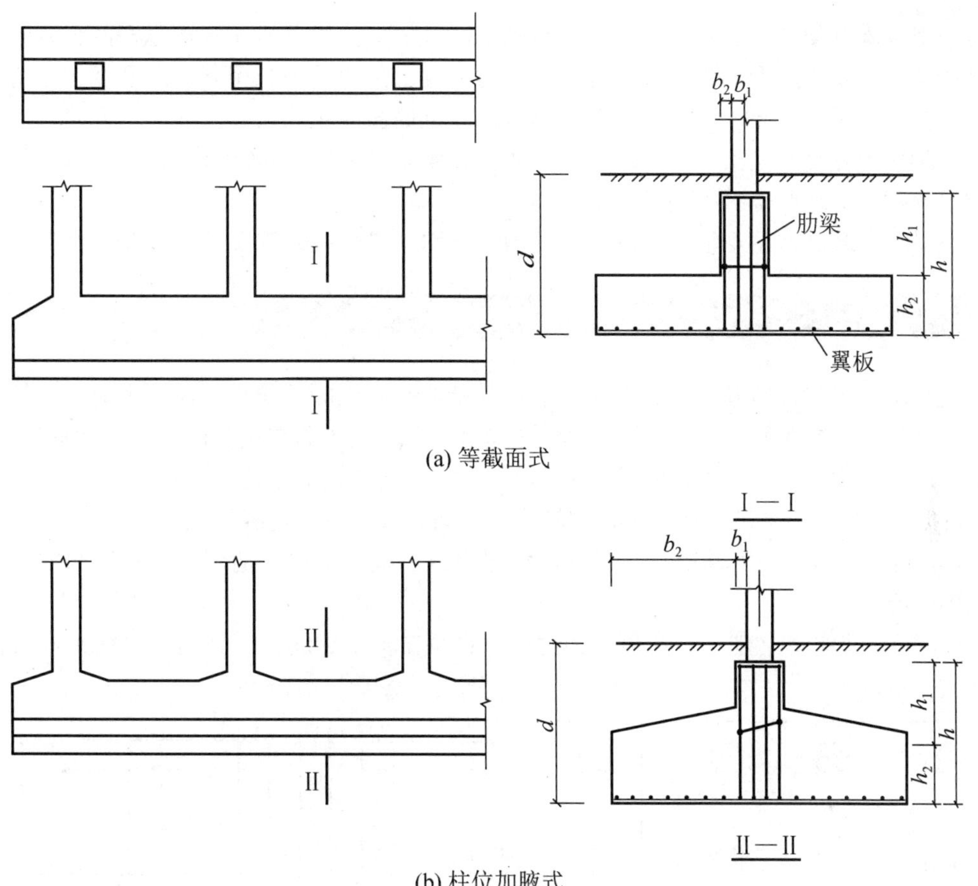

(a) 等截面式

(b) 柱位加腋式

图 7.7 单向条形基础

3. 交叉条形基础

交叉条形基础又称十字形基础，是在柱网下纵横两个方向用条形基础(或一个方向用条形基础而另一个方向用连梁)连接组合而成的十字交叉连续基础，如图 7.8 所示。两个方向

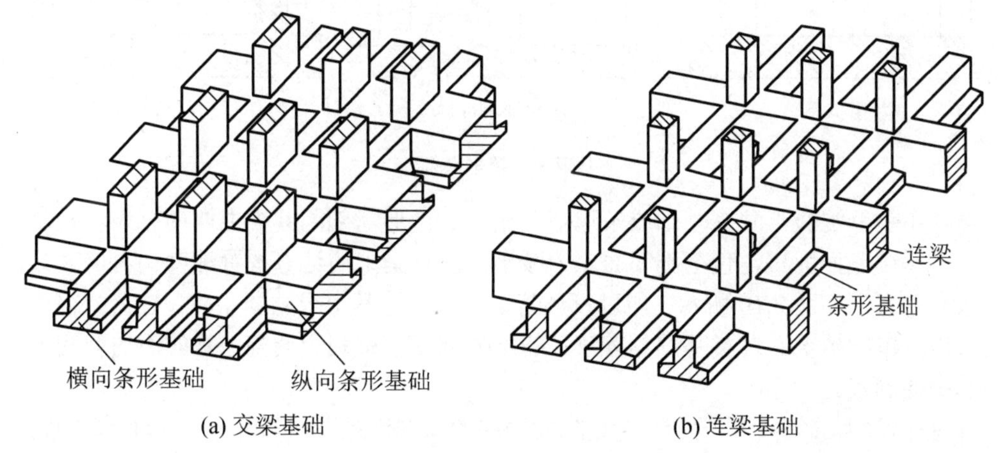

(a) 交梁基础

(b) 连梁基础

图 7.8 交叉条形基础

都是条形基础的交叉条形基础称为交梁基础[图 7.8(a)]，这种基础不仅用纵横两个方向的条形基础扩大了基础底面面积以满足地基承载力的要求，而且还利用其空间刚度起着调整不均匀沉降的作用；如果一个方向上条形基础的基础底面面积已足够，另一个方向只需采用有一定刚度和强度的连梁，则其组成的交叉条形基础称为连梁基础[图 7.8(b)]，这种基础利用有足够刚度的连梁来减少基础之间的不均匀沉降。

交叉条形基础常用于地基土软弱且压缩性不均，或柱荷载较大又分布不均的情况。

7.2.4 筏形基础

筏形基础又称片筏基础，是在交叉条形基础的基础底面面积仍不能满足地基承载力的要求时，在建筑物的柱、墙下面做一块整体的钢筋混凝土连续板作为基础，故此种基础也称连续板基础，俗称满堂红基础，如图 7.9 所示。根据不同的构造，这类基础可分为以下三种。

(1) 平板式筏形基础，适用于柱网较均匀且间距较小或墙荷载较大的情况。

(2) 局部加厚式筏形基础，可在板上加厚也可在板下加厚，适用于柱网较均匀但柱距较大的情况。

(3) 梁板式筏形基础，可在板上加肋梁，也可在板下加肋梁，适用于柱网不均匀且柱距较大的情况。

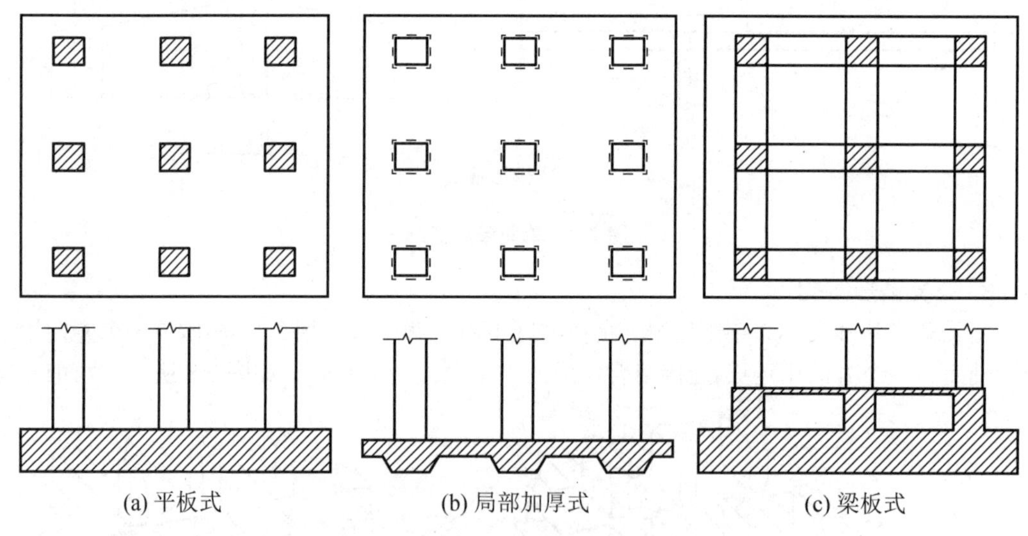

图 7.9 筏形基础

与柱下钢筋混凝土独立基础或条形基础相比，筏形基础因其板上四周有墙体封闭，不仅扩大了基础底面面积，使基础底面压力减小，而且基础的计算埋置深度相对增大，使地基承载力加大，如图 7.10 所示。所以筏形基础常用于地基土很软弱，墙、柱荷载很大，特别是有地下室的情况。这类基础具有较大的整体刚度，有利于调整地基的不均匀变形和跨越地基中的洞穴。

具有比较均匀(包括人工处理形成的)硬壳层的软弱地基，可采用墙下浅埋(或不埋)筏形基础，但其仅适用于 6 层及 6 层以下横墙较密的民用建筑。

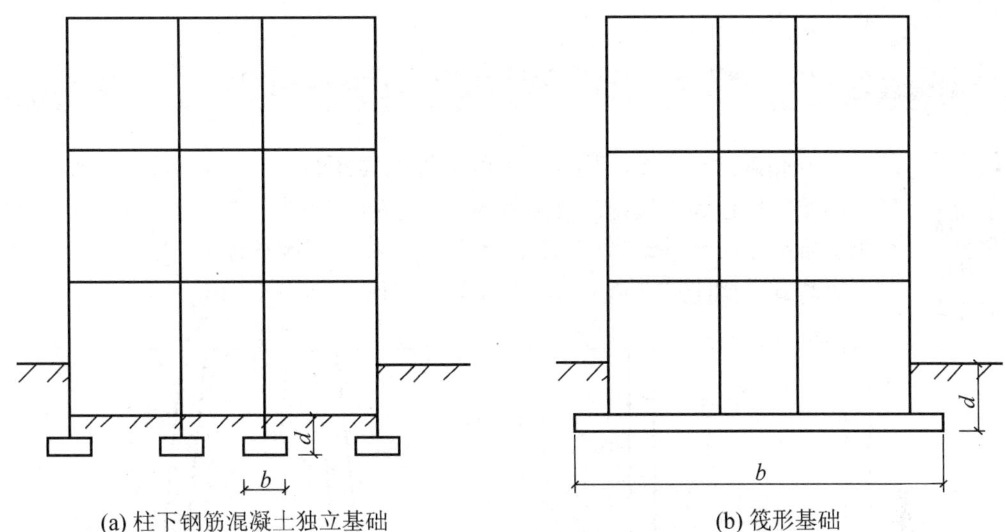

(a) 柱下钢筋混凝土独立基础　　(b) 筏形基础

图 7.10　柱下钢筋混凝土独立基础与筏形基础的比较

7.2.5 箱形基础

箱形基础是筏形基础的进一步发展，它是由顶板、若干纵横墙体和筏形基础(底板)构成的整体现浇钢筋混凝土结构，如图 7.11 所示。此类基础不仅具有很大的刚度，可调整地基的不均匀变形，而且挖去了大量的土，可减小基础底面的附加压力；如果地下水接近地表，存在水的浮力，也可因该基础的形式进一步减小基础底面的附加压力，同时箱体内有较大的空间，可用作地下室等。箱形基础常用于地基特别软弱、土层厚度较大、上部结构荷载很大、建筑平面紧凑、面积较小、形状比较简单的高层建筑物，也用于某些对不均匀沉降有严格要求的构筑物。

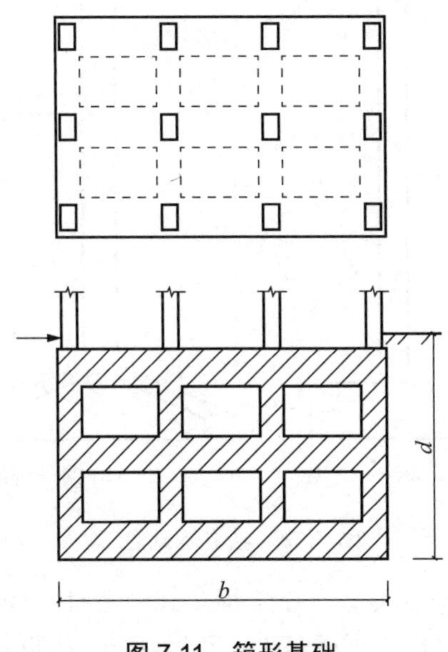

图 7.11　箱形基础

7.2.6 独立基础

【独立基础施工演示】

独立基础是在整个结构物之下的刚性或柔性的单个基础，常用于烟囱、水塔、高炉、贮仓等构筑物，故又称构筑物基础，如图 7.12 所示。这类基础通常有钢筋混凝土圆环基础[图 7.12(a)]和钢筋混凝土圆板基础[图 7.12(b)]，以及混凝土大块式基础[图 7.13(a)]和钢筋混凝土壳体基础[图 7.13(b)]。

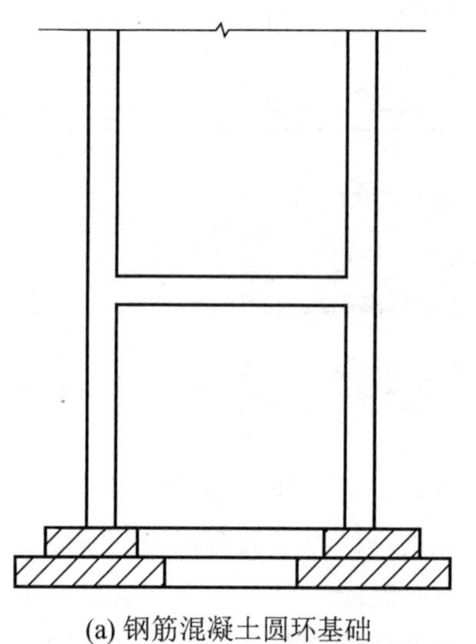
(a) 钢筋混凝土圆环基础

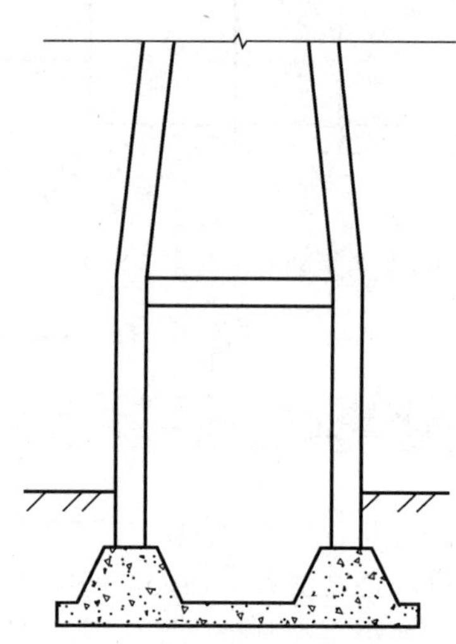
(b) 钢筋混凝土圆板基础

图 7.12　独立基础之一

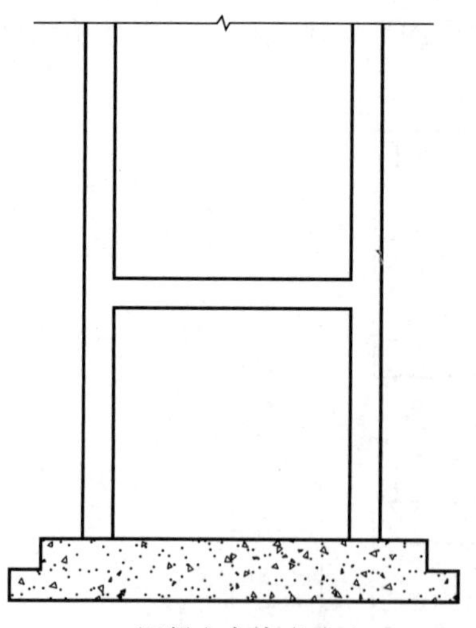
(a) 混凝土大块式基础

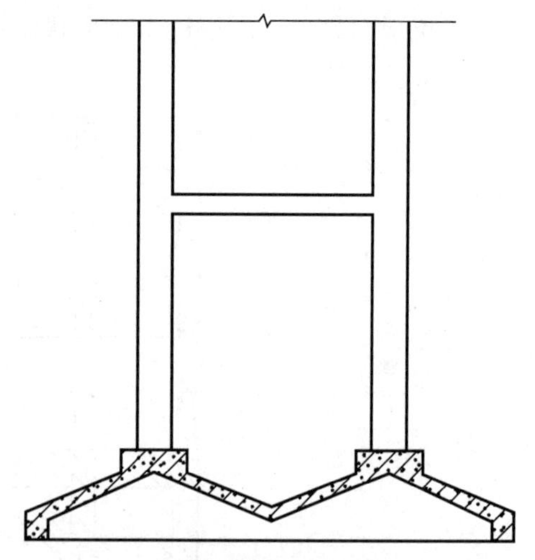
(b) 钢筋混凝土壳体基础

图 7.13　独立基础之二

上面介绍了几种常用的基础类型。在工程实践中还有不少其他形式的浅基础，如为了节约基础材料而出现的壳体基础、折板基础、肋板基础、拱形基础和空心基础等轻型基础。

7.3 基础埋置深度的选择

基础的埋置深度，一般是指设计地面到基础底面之间的垂直距离。为了保证基础安全，同时减小基础的尺寸，应尽量把基础放置在良好的土层上，但是基础埋置过深不但施工不方便，并且会提高基础的造价，因此，应该根据实际情况选择一个合理的埋置深度。原则是：在保证基础稳定和满足变形要求的前提下，应尽量浅埋。但除岩石地基外，基础埋置深度不宜小于 0.5m，因为表土一般较松软，易受雨水、植被和外界影响，不宜作为基础持力层。另外，基础顶面应不低于设计地面 100mm 以上，以避免基础外露，遭受外界的破坏。影响基础埋置深度的因素很多，可按以下方面综合确定。

1. 建筑物本身的情况

(1) 建筑物的用途和结构类型。

建筑物的用途是选择基础埋置深度首先应考虑的问题。如有地下室、设备基础和地下设施等的建筑物，其基础就需要整体或局部加深。若基础局部加深，应将基础做成台阶形，逐渐由浅过渡到深，其台阶宽高比(或刚性角)一般为 1∶2，地基条件较好的可为 1∶1。

建筑物结构的类型不同，其刚度也不同，对不均匀沉降的适应能力(或敏感程度)也不同，因而对地基的要求和基础的埋置深度也不同。对于刚度较大的敏感性结构(如框架结构)，需将基础埋在较好的土层上，一般可能较深；对于刚度极小的不敏感结构(如简支结构)，就可以将基础埋在较差的土层上，一般可能较浅。基础结构的类型也影响其埋置深度。对于无筋扩展基础，在基础底面面积确定之后，其高度和埋置深度便由台阶宽高比的构造要求决定；钢筋混凝土基础的埋置深度则不受台阶宽高比的限制，而由其他条件决定。

(2) 作用在地基上的荷载大小与性质。

建筑物荷载的性质，也影响基础的埋置深度。对于承受以轴向压力为主的基础(一般墙、柱基础)，其埋置深度仅需满足地基承载力和变形要求；对于承受较大水平力的基础(如拱结构基础)，应有足够的埋置深度以保证其稳定性；对于承受有上拔力的基础(如输电塔基础)，应加大埋置深度以提供所需的抗拔力；对于地震区或有振动荷载的基础，不宜将基础浅埋或放在易液化的土(饱和疏松的细、粉砂)层上，而应适当加大埋置深度，把基础放在抗液化的地基上。

2. 工程地质与水文地质情况

一般情况下基础底面应设置在坚实土层上，而不要设置在耕植土、淤泥等软弱土层上。如果承载力高的土层在地基土的上部，则基础宜浅埋，并验算软弱下卧层强度。如果承载力高的土层在地基土的下部，则应视上部软弱土层厚度，综合考虑施工难易、材料消耗、工程造价来决定基础埋置深度：当软弱土层较薄，厚度小于 2m 时，应将软弱土层挖掉，将基础置于下部的好土层上；当软弱土层较厚，达 3～5m 时，若加深基础不经济，则可改

用人工地基或采取其他结构措施。当地基下有软弱下卧层时，持力层的厚度不宜太薄，一般应大于基础底面宽度的 1/4，其最小厚度应大于 2m。此外在确定基础埋置深度时，还应考虑地基在水平方向是否均匀，必要时同一建筑可以分段采取不同的埋置深度。

基础底面宜埋置在地下水位以上，以免施工时排水困难，并可减轻地基的冰冻危害。当必须埋置在地下水位以下时，应采取措施，保证地基土在施工时不受扰动。当地下水有侵蚀性时，应对基础采取防护措施。

3. 相邻基础的影响

当存在相邻建筑物时，新建建筑物的基础埋置深度不宜大于原有建筑物基础。当埋置深度必须大于原有建筑物基础时，两基础应保持一定的净距，其数值应根据荷载大小和土质情况而定，一般取相邻建筑物基础底面高差的 1～2 倍。当上述要求不能满足时，应采取分段施工、设临时加固支撑或加固原有建筑物地基等措施。

4. 地基土冻胀和融陷的影响

土中水分冻结后，土体体积增大的现象称为冻胀；冻土融化后产生的沉陷称为融陷。季节性冻土在冻融过程中，会反复地产生冻胀和融陷。如果基础埋置在这种冻结深度内，由于冻胀和融陷的不均匀性，建筑物易开裂或产生不均匀沉降。

(1) 地基土的冻胀性分类。

根据地基土的类别、冻前土的天然含水率、地下水位、平均冻胀率等因素，可将地基土的冻胀性分为不冻胀、弱冻胀、冻胀、强冻胀、特强冻胀五类，见表 7-3。

表 7-3　地基土的冻胀性分类

土的名称	冻前土的天然含水率 w/%	冻结期间地下水位距冻结面的最小距离 h_w/m	平均冻胀率 η/%	冻胀等级	冻胀类别
碎(卵)石，砾砂、粗砂、中砂(粒径小于 0.075mm 颗粒的含量大于 15%)，细砂(粒径小于 0.075mm 颗粒的含量大于 10%)	$w \leqslant 12$	＞1.0	$\eta \leqslant 1$	Ⅰ	不冻胀
		≤1.0	$1 < \eta \leqslant 3.5$	Ⅱ	弱胀冻
	$12 < w \leqslant 18$	＞1.0			
		≤1.0	$3.5 < \eta \leqslant 6$	Ⅲ	胀冻
	$w > 18$	＞0.5			
		≤0.5	$6 < \eta \leqslant 12$	Ⅳ	强胀冻
粉砂	$w \leqslant 14$	＞1.0	$\eta \leqslant 1$	Ⅰ	不冻胀
		≤1.0	$1 < \eta \leqslant 3.5$	Ⅱ	弱胀冻
	$14 < w \leqslant 19$	＞1.0			
		≤1.0	$3.5 < \eta \leqslant 6$	Ⅲ	胀冻
	$19 < w \leqslant 23$	＞1.0			
		≤1.0	$6 < \eta \leqslant 12$	Ⅳ	强胀冻
	$w > 23$	不考虑	$\eta > 12$	Ⅴ	特强胀冻

续表

<table>
<tr><th>土的名称</th><th>冻前土的天然含水率 w/%</th><th>冻结期间地下水位距冻结面的最小距离 h_w/m</th><th>平均冻胀率 η/%</th><th>冻胀等级</th><th>冻胀类别</th></tr>
<tr><td rowspan="9">粉土</td><td rowspan="2">$w \leqslant 19$</td><td>>1.5</td><td>$\eta \leqslant 1$</td><td>Ⅰ</td><td>不冻胀</td></tr>
<tr><td>$\leqslant 1.5$</td><td rowspan="2">$1<\eta \leqslant 3.5$</td><td rowspan="2">Ⅱ</td><td rowspan="2">弱胀冻</td></tr>
<tr><td rowspan="2">$19<w \leqslant 22$</td><td>>1.5</td></tr>
<tr><td>$\leqslant 1.5$</td><td rowspan="2">$3.5<\eta \leqslant 6$</td><td rowspan="2">Ⅲ</td><td rowspan="2">胀冻</td></tr>
<tr><td rowspan="2">$22<w \leqslant 26$</td><td>>1.5</td></tr>
<tr><td>$\leqslant 1.5$</td><td rowspan="2">$6<\eta \leqslant 12$</td><td rowspan="2">Ⅳ</td><td rowspan="2">强胀冻</td></tr>
<tr><td rowspan="2">$26<w \leqslant 30$</td><td>>1.5</td></tr>
<tr><td>$\leqslant 1.5$</td><td rowspan="2">$\eta>12$</td><td rowspan="2">Ⅴ</td><td rowspan="2">特强胀冻</td></tr>
<tr><td>$w>30$</td><td>不考虑</td></tr>
<tr><td rowspan="9">黏性土</td><td rowspan="2">$w \leqslant w_P+2$</td><td>>2.0</td><td>$\eta \leqslant 1$</td><td>Ⅰ</td><td>不冻胀</td></tr>
<tr><td>$\leqslant 2.0$</td><td rowspan="2">$1<\eta \leqslant 3.5$</td><td rowspan="2">Ⅱ</td><td rowspan="2">弱胀冻</td></tr>
<tr><td rowspan="2">$w_P+2<w \leqslant w_P+5$</td><td>>2.0</td></tr>
<tr><td>$\leqslant 2.0$</td><td rowspan="2">$3.5<\eta \leqslant 6$</td><td rowspan="2">Ⅲ</td><td rowspan="2">胀冻</td></tr>
<tr><td rowspan="2">$w_P+5<w \leqslant w_P+9$</td><td>>2.0</td></tr>
<tr><td>$\leqslant 2.0$</td><td rowspan="2">$6<\eta \leqslant 12$</td><td rowspan="2">Ⅳ</td><td rowspan="2">强胀冻</td></tr>
<tr><td rowspan="2">$w_P+9<w \leqslant w_P+15$</td><td>>2.0</td></tr>
<tr><td>$\leqslant 2.0$</td><td rowspan="2">$\eta>12$</td><td rowspan="2">Ⅴ</td><td rowspan="2">特强胀冻</td></tr>
<tr><td>$w>w_P+15$</td><td>不考虑</td></tr>
</table>

注：1. w_P 为塑限含水率(%)，w 为在冻土层内冻前土的天然含水率的平均值(%)。
2. 盐渍化冻土不在表列。
3. 塑性指数大于 22 时，冻胀性降低一级。
4. 粒径小于 0.005mm 颗粒的含量大于 60%时，为不冻胀土。
5. 碎石类土当充填物大于全部质量的 40%时，其冻胀性按充填物土的类别判断。
6. 碎石土、砾砂、粗砂、中砂(粒径小于 0.075mm 颗粒的含量不大于 15%)、细砂(粒径小于 0.075mm 颗粒的含量不大于 10%)均按不冻胀考虑。

(2) 冻胀性土地基的设计冻深。

冻胀性土地基的设计冻深应按下式计算。

$$z_d = z_o \varphi_{zs} \varphi_{zw} \varphi_{ze} \tag{7-5}$$

式中 z_d——设计冻深，若当地有多年实测资料时，也可取 $z_d = h' - \Delta z$，h' 和 Δz 分别为实测冻土厚度和地表冻胀量；

z_o——标准冻深，采用在地表平坦、裸露、城市之外的空旷场地中不少于 10 年实测最大冻深的平均值，当无实测资料时，按 GB 50007—2011《建筑地基基础设计规范》附录 F 采用；

φ_{zs}——土的类别对冻深的影响系数，按表 7-4 采用；

φ_{zw}——土的冻胀性对冻深的影响系数，按表 7-5 采用；

φ_{ze}——环境对冻深的影响系数，按表 7-6 采用。

表 7-4 土的类别对冻深的影响系数

土的类别	影响系数 φ_{zs}	土的类别	影响系数 φ_{zs}
黏性土	1.00	中砂、粗砂、砾砂	1.30
细砂、粉砂、粉土	1.20	碎石土	1.40

表 7-5 土的冻胀性对冻深的影响系数

冻胀性	影响系数 φ_{zw}	冻胀性	影响系数 φ_{zw}
不冻胀	1.00	强冻胀	0.85
弱冻胀	0.95	特强冻胀	0.80
冻胀	0.90		

表 7-6 环境对冻深的影响系数

周围环境	影响系数 φ_{ze}	周围环境	影响系数 φ_{ze}
村、镇、旷野	1.00	城市市区	0.90
城市近郊	0.95		

注：环境影响系数一项，当城市市区人口为 20 万～50 万时，按城市近郊取值；当城市市区人口大于 50 万、小于或等于 100 万时，按城市市区取值；当城市市区人口超过 100 万时，按城市市区取值，5km 以内的郊区应按城市近郊取值。

(3) 冻胀性土基础埋置深度。

当建筑基础底面之下允许有一定厚度的冻土层时，可用下式计算基础的最小埋置深度。

$$d_{\min} = z_{\mathrm{d}} - h_{\max} \tag{7-6}$$

式中 $h_{\max}$——基础底面下允许残留冻土层的最大厚度，按表 7-7 采用。

表 7-7 建筑基础底面下允许残留冻土层的最大厚度 $h_{\max}$ 单位：m

冻胀性	基础形式	采暖情况	底面平均压力/kPa					
			110	130	150	170	190	210
弱冻胀土	方形基础	采暖	0.90	0.95	1.00	1.10	1.15	1.20
		不采暖	0.70	0.80	0.95	1.00	1.05	1.10
	条形基础	采暖	>2.50	>2.50	>2.50	>2.50	>2.50	>2.50
		不采暖	2.20	2.50	>2.50	>2.50	>2.50	>2.50
冻胀土	方形基础	采暖	0.65	0.70	0.75	0.80	0.85	—
		不采暖	0.55	0.60	0.65	0.70	0.75	—
	条形基础	采暖	1.55	1.80	2.00	2.20	2.50	—
		不采暖	1.15	1.35	1.55	1.75	1.95	—

注：1. 本表只计算法向冻胀力，如果基侧存在切向冻胀力，应采取防切向冻胀力措施。
2. 基础宽度小于 0.6m 时不适用，矩形基础取短边尺寸按方形基础计算。
3. 表中数据不适用于淤泥、淤泥质土和欠固结土。
4. 计算基础底面平均压力时取永久作用的标准组合值乘以 0.9，可以内插。

当有充分依据时，基础底面下允许残留冻土层厚度也可根据当地经验确定。当冻深范围内地基由不同冻胀性土层组成时，基础的最小埋置深度也可按下层土确定，但不得浅于下层土的顶面。

满足最小埋置深度是防止基础冻害的一个基本要求，在冻胀较大的地基上，还应根据情况采取相应的防冻措施。

(4) 冻胀性地基的防冻害措施。

对于冻胀、强冻胀、特强冻胀地基土，应采用下列防冻害措施。

① 对在地下水位以上的基础，基础侧面应回填非冻胀性的中砂或粗砂，其厚度不应小于100mm；对在地下水位以下的基础，可采用桩基础、自锚式基础(冻土层下有扩大板或扩大底短桩)或采取其他有效措施。

② 宜选择地势高、地下水位低、地表排水良好的建筑场地。对低洼场地，宜在建筑四周向外一倍冻深距离范围内，使室外地坪至少高出自然地面300～500mm。

③ 防止雨水、地表水、生产废水、生活污水侵入建筑地基，应设置排水设施。在山区应设置截水沟，在建筑物下应设置暗沟，以排走地表水和潜水流。

④ 在强冻胀性和特强冻胀性地基上，其基础结构应设置钢筋混凝土圈梁和基础梁，并控制上部建筑的长高比，增强房屋的整体刚度。

⑤ 当独立基础连系梁下或桩基础承台下有冻土时，应在连系梁或承台下留有相当于该土层冻胀量的空隙，以防止因土的冻胀将连系梁或承台拱裂。

7.4 地基承载力

地基承载力是地基所具有的承受荷载的能力。影响地基承载力特征值的因素较多，不仅与地基土的形成条件和性质有关，而且与基础的类型、尺寸、刚度和埋置深度，上部结构的类型、刚度、荷载性质与大小、变形要求及施工速度等因素密切相关。

地基承载力有如下三种确定方法。

1. 现场载荷试验的确定方法

现场载荷试验有浅层平板载荷试验和深层平板载荷试验两种。依据GB 50007—2011《建筑地基基础设计规范》，浅层平板载荷试验适用于浅部地基土层的承压板下应力主要影响范围内的承载力和变形参数，承压板面积不应小于0.25m^2，对于软土不应小于0.5m^2；试验基坑宽度不应小于承压板宽度或直径的3倍，且应保持试验土层的原状结构和天然湿度；宜在拟试压表面用中砂或粗砂层找平，其厚度不应超过20mm。深层平板载荷试验适用于确定深部地基土层及大直径桩桩端土层在承压板下应力主要影响范围内的承载力和变形参数；承压板采用直径为0.8m的刚性板，紧靠承压板周围外侧的土层高度应不小于80cm。

现场载荷试验采用分级加载、逐级稳定直到破坏的试验步骤进行。试验完毕后，根据各级荷载与其相应的沉降稳定的观测值，采用适当比例尺绘制荷载p与沉降s的关系曲线，

【浅层平板载荷试验】

根据 p-s 曲线(图 7.14)确定地基承载力特征值 f_{ak}，具体规定如下。

(1) 当 p-s 曲线上有比例界限时，取该比例界限所对应的荷载值。

(2) 当极限荷载小于对应比例界限荷载值的 2 倍时，取极限荷载值的一半。

(3) 若不能按上述两款要求确定，当承压板面积为 0.25～0.50m^2 时，可取 s/b=0.01～0.015 所对应的荷载，但其值不应大于最大加载量的一半。

(4) 同一土层参加统计的试验点数不应少于 3 点，各试验实测值的极差不得超过其平均值的 30%，取此平均值作为该土层的地基承载力特征值 f_{ak}。

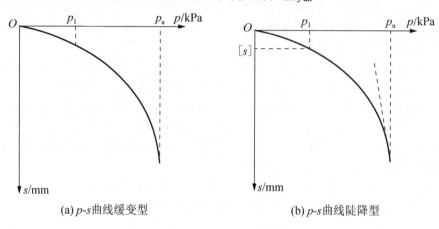

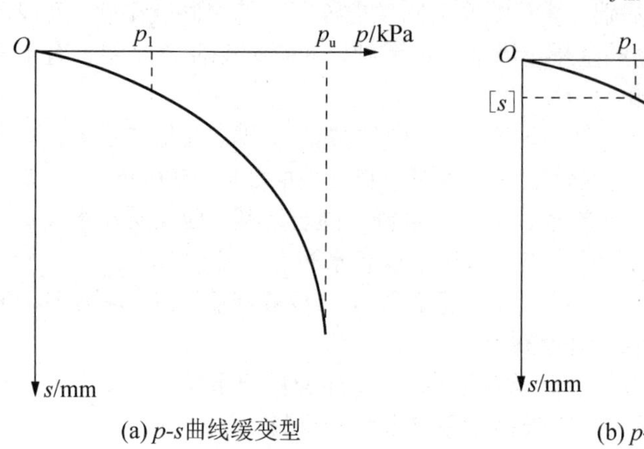

(a) p-s曲线缓变型　　(b) p-s曲线陡降型

图 7.14　用现场载荷试验确定地基承载力特征值

2. 现行规范的经验公式计算方法

我国各地区规范给出了按野外鉴别结果，室外物理、力学指标，或现场动力触探试验锤击数查取地基承载力特征值 f_a 的表格，这些表格是将各地区现场载荷试验资料经回归分析并结合经验编制的。表 7-8 给出的是砂土的承载力特征值。

表 7-8　砂土的承载力特征值　　单位：kPa

土类	标准贯入试验锤击数 N			
	10	15	30	50
中砂、粗砂	180	250	340	500
粉砂、细砂	140	180	250	340

【有关地基承载力深宽修正的总结】

GB 50007—2011《建筑地基基础设计规范》中，对房屋建筑基础给出了地基承载力的计算公式。当基础宽度大于 3m 或埋置深度大于 0.5m 时，从现场载荷试验或其他原位测试、经验值等方法确定的地基承载力特征值，尚应按下式修正。

$$f_a = f_{ak} + \eta_b \gamma (b-3) + \eta_d \gamma_m (d-0.5) \tag{7-7}$$

式中　f_a——修正后的地基承载力特征值(kPa)。

f_{ak}——地基承载力特征值(kPa)。

η_b、η_d——基础宽度和埋置深度的地基承载力修正系数，按基础底面下土的类别查表7-9取值。

γ——基础底面以下土的重度(kN/m^3)，地下水位以下取浮重度。

b——基础底面宽度(m)，当基础底面宽度小于3m时按3m取值，大于6m时按6m取值。

γ_m——基础底面以上土的加权平均重度(kN/m^3)，位于地下水位以下的土层取有效重度。

d——基础埋置深度(m)，宜自室外地面标高算起。在填方整平地区，可自填土地面标高算起，但填土在上部结构施工后完成时，应从天然地面标高算起。对于地下室，当采用箱形基础或筏形基础时，基础埋置深度应从室外地面标高算起；当采用独立基础或条形基础时，应从室内地面标高算起。

表7-9　地基承载力修正系数

土的类别		η_b	η_d
淤泥和淤泥质土		0	1.0
人工填土		0	1.0
e或I_L大于或等于0.85的黏性土			
红黏土	含水比α_w>0.8	0	1.2
	含水比$\alpha_w \leqslant 0.8$	0.15	1.4
大面积压实填土	压实系数大于0.95、黏粒含量$\rho_c \geqslant 10\%$的粉土	0	1.5
	最大干密度大于2100kg/m^{3}的级配砂石	0	2.0
粉土	黏粒含量$\rho_c \geqslant 10\%$的粉土	0.3	1.5
	黏粒含量$\rho_c < 10\%$的粉土	0.5	2.0
e及I_L均小于0.85的黏性土		0.3	1.6
粉砂、细砂(不包括很湿与饱和时的稍密状态)		2.0	3.0
中砂、粗砂、砾砂和碎石土		3.0	4.4

注：1. 强风化和全风化的岩石，可参照所风化成的相应土类取值，其他状态下的岩石不修正。

2. 地基承载力特征值按深层平板载荷试验确定时η_d取0。

3. 含水比是指土的天然含水率与液限的比值。

4. 大面积压实填土是指填土范围大于两倍基础宽度的填土。

3. 根据土的抗剪强度指标由理论公式计算的确定方法

GB 50007—2011《建筑地基基础设计规范》规定，当偏心距e小于或等于0.033倍基础底面宽度时，根据土的抗剪强度指标确定的地基承载力特征值可按下式计算，并应满足变形要求。

$$f_a = M_b \gamma b + M_d \gamma_m d + M_c c_k \tag{7-8}$$

式中　f_a——由土的抗剪强度指标确定的地基承载力特征值(kPa)；

M_b、M_d、M_c——承载力系数，按表7-10确定；

b——基础底面宽度(m)，大于6m时按6m取值，对于砂土小于3m时按3m取值；

c_k——基础底面下一倍短边宽度的深度范围内土的黏聚力标准值(kPa)。

在式(7-8)中，地基土的抗剪强度指标c_k、φ_k可采用原状土的室内剪切试验、无侧限抗压强度试验、现场剪切试验、十字板剪切试验等方法测定。对于黏性地基土，当采用原状土的室内剪切试验时，宜选用三轴压缩的不固结不排水试验；经过预压固结的地基，可采用固结不排水试验。对于砂土和碎石土，应采用有效应力强度指标φ'，φ'可根据标准贯入试验或重型动力触探试验由经验推算确定。

表 7-10　承载力系数 M_b、M_d、M_c

土的内摩擦角标准值φ_k/(°)	M_b	M_d	M_c
0	0	1.00	3.14
2	0.03	1.12	3.32
4	0.06	1.25	3.51
6	0.10	1.39	3.71
8	0.14	1.55	3.93
10	0.18	1.73	4.17
12	0.23	1.94	4.42
14	0.29	2.17	4.69
16	0.36	2.43	5.00
18	0.43	2.72	5.31
20	0.51	3.06	5.66
22	0.61	3.44	6.04
24	0.80	3.87	6.45
26	1.10	4.37	6.90
28	1.40	4.93	7.40
30	1.90	5.59	7.95
32	2.60	6.35	8.55
34	3.40	7.21	9.22
36	4.20	8.25	9.97
38	5.00	9.44	10.80
40	5.80	10.84	11.73

注：φ_k为基础底面下一倍短边宽度的深度范围内土的内摩擦角标准值(°)。

4. 岩石地基承载力的确定

岩石地基的承载力也可以用现场载荷试验确定，当无条件进行基岩载荷试验时，对完整程度较好的岩石(岩石包括完整、较完整和较破碎三类)，可以根据岩石的饱和单轴抗压强度按下式计算岩石地基的承载力。

$$f_a = \phi_r f_{rk} \tag{7-9}$$

式中　f_a——岩石地基承载力特征值(kPa)。

f_{rk}——岩石的饱和单轴抗压强度标准值(kPa)。

ϕ_r——折减系数，根据岩体的完整程度及结构面的间距、宽度、产状和组合，由地区经验确定；无地区经验时，对完整岩体可取 0.5，对较完整岩体可取 0.2～0.5，对较破碎岩体可取 0.1～0.2。

对于黏土质岩，经过饱和处理后，强度会大幅度降低，因此工程中，若能确保施工期间和使用期间该基岩不致遭水浸泡，也可以采用天然湿度的岩样进行单轴抗压强度试验，求出单轴抗压强度标准值 f_{rk}。

【岩石饱和单轴抗压强度试验要求】

【例 7-1】 某场地地基土层为中砂，厚度为 2.0m，$\gamma = 18.7\,kN/m^3$，标准贯入试验锤击数 N=13；中砂层之下为粉质黏土，$\gamma = 18.2\,kN/m^3$，$\gamma_{sat} = 19.1\,kN/m^3$，抗剪强度指标标准值 φ_k=21°、c_k=10kPa，地下水位在地表下 2.1m 处。若修建的基础地面尺寸为 2.0m × 2.8m，试确定基础埋置深度分别为 1m 和 2.1m 时持力层的承载力特征值。

【解】(1) 基础埋置深度为 1.0m。

这时地基持力层为中砂，根据 N=13 查表 7-8 得

$$f_{ak} = 180 + \frac{13-10}{15-10} \times (250-180) = 222\ (kPa)$$

因为埋置深度 d=1.0m > 0.5m，故还需对 f_{ak} 进行修正。查表 7-9，得承载力修正系数 $\eta_b = 3.0$、$\eta_d = 4.4$，代入式(7-7)，得修正后的地基承载力特征值为

$$\begin{aligned} f_a &= f_{ak} + \eta_b\gamma(b-3) + \eta_d\gamma_m(d-0.5) \\ &= 222 + 3.0 \times 18.7 \times (3-3) + 4.4 \times 18.7 \times (1.0-0.5) \\ &\approx 263(kPa) \end{aligned}$$

(2) 基础埋置深度为 2.1m。

这时地基持力层为粉质黏土，根据题目条件，可以采用规范推荐的理论公式来确定地基承载力特征值。由 φ_k=21° 查表 7-10，并采用内插法求得 M_b=0.56、M_d=3.25、M_c=5.85。因基础底面与地下水位平齐，故 γ 取有效重度 γ'，计算得

$$\gamma' = \gamma_{sat} - \gamma_w = 19.1 - 10.0 = 9.1\ (kPa)$$

此外有

$$\gamma_m = (18.7 \times 2.0 + 18.2 \times 0.1) / 2.1 \approx 18.7\ (kN/m^3)$$

按式(7-8)，地基持力层的承载力特征值为

$$\begin{aligned} f_a &= M_b\gamma b + M_d\gamma_m d + M_c c_k \\ &= 0.56 \times 9.1 \times 2.0 + 3.25 \times 18.7 \times 2.1 + 5.85 \times 10 \\ &\approx 196(kPa) \end{aligned}$$

7.5 基础底面尺寸的确定及地基验算

浅基础设计时，通常根据地基持力层的承载力计算初步确定基础底面的尺寸。如果地基沉降计算深度范围内存在着承载力显著低于持力层的下卧层，所初定的基础底面尺寸还应满足软弱下卧层承载力验算的要求。所以，地基的承载力计算，一般包括持力层

承载力计算和软弱下卧层承载力验算。此外，必要时还应对地基变形或地基稳定性进行验算。

7.5.1 持力层承载力计算

1. 轴心荷载作用

当基础上的所有荷载的合力与基础的形心重合时，可认为基础受到轴心荷载作用，在基础底面形成基础底面压力，且通常视为均匀分布。在轴心荷载作用下，按地基持力层承载力计算基础底面尺寸时，要求基础底面压力满足下式要求。

$$p_k \leqslant f_a \tag{7-10}$$

其中

$$p_k = (F_k + G_k)/A \tag{7-11}$$

式中 f_a——修正后的地基持力层承载力特征值(kPa)。

p_k——相应于荷载效应标准组合时，基础底面处的平均压力值(kPa)。

A——基础底面面积(m^2)。

F_k——相应于荷载效应标准组合时，上部结构传至基础顶面的竖向力值(kN)。

G_k——基础自重和基础上的土重(kN)；对一般实体基础，可近似地取 $G_k = \gamma_G A\bar{d}$ (γ_G 为基础及回填土的平均重度，可取 γ_G =20kN/m^3，$\bar{d}$ 为基础平均埋置深度)，但在地下水位以下部分应扣去浮力，即 $G_k = \gamma_G A\bar{d} - \gamma_w A h_w$ (h_w 为地下水位至基础底面的距离)。

将式(7-11)代入式(7-10)并结合 G_k 的表达式，即得基础底面面积计算公式如下。

$$A \geqslant F_k / (f_a - \gamma_G \bar{d}) \tag{7-12}$$

在轴心荷载作用下，柱下钢筋混凝土独立基础一般采用方形，其边长为

$$b \geqslant \sqrt{\frac{F_k}{f_a - \gamma_G \bar{d}}} \tag{7-13}$$

对于墙下钢筋混凝土条形基础，可沿基础长度方向取单位长度(1m)进行计算，荷载也为相应的线荷载(kN/m)，则基础宽度为

$$b \geqslant F_k / (f_a - \gamma_G \bar{d}) \tag{7-14}$$

在上面的计算中，因基础尺寸尚未确定，所以地基承载力特征值 f_{ak} 一般先不进行宽度修正，而是先进行深度修正，待基础底面尺寸确定完毕之后，再根据基础底面的宽度 b 考虑是否需要对 f_{ak} 进行宽度修正。如需要，则修正后重新计算基础底面尺寸，如此反复计算一两次即可。最终确定的基础底面尺寸 b 和 l 均应为 100mm 的整数倍。

【例 7-2】 某黏性土重度 $\gamma_m = 18.2\text{kN/m}^3$，孔隙比 e=0.7，液性指数 I_L=0.75，地基承载力特征值 $f_{ak} = 220\text{kPa}$。现修建一柱下方形基础，作用在基础顶面的轴心荷载 F_k=830kN，基础埋置深度(自室外地面起算)为 1.0m，室内地面高出室外地面 0.3m，试确定柱下方形基础底面宽度。

【解】 先进行地基承载力深度修正。自室外地面起算的基础埋置深度 $d = 1.0\text{m}$，查表 7-9 得 η_d=1.6，由式(7-7)得修正后的地基承载力特征值为

$$f_a = f_{ak} + \eta_d \gamma_m (d-0.5) = 220 + 1.6 \times 18.2 \times (1.0-0.5) \approx 235(\text{kPa})$$

计算基础平均埋置深度 $\bar{d} = (1.0+1.3)/2 = 1.15(\text{m})$。由于埋置深度范围内没有地下水，$h_w=0$，由式(7-13)得基础底面宽度为

$$b \geqslant \sqrt{\frac{F_k}{f_a - \gamma_G \bar{d}}} = \sqrt{\frac{830}{235 - 20 \times 1.15}} \approx 1.98(\text{m})$$

取 b=2m。因 $b<3\text{m}$，故不必进行承载力宽度修正。

2. 偏心荷载作用

对偏心荷载作用下的基础，除应满足式(7-10)的要求外，尚应满足以下附加条件。

$$p_{k,max} \leqslant 1.2 f_a \tag{7-15}$$

式中 $p_{k,max}$——相应于荷载效应标准组合时，按直线分布假设计算的基础底面边缘处的最大压力值(kPa)；

f_a——修正后的地基承载力特征值(kPa)。

对常见的单向偏心矩形基础，当偏心距 $e \leqslant \dfrac{l}{6}$ 时，基础底面最大和最小压力可按以下公式计算。

$$p_{k,max} = \frac{F_k + G_k}{A} + \frac{M_k}{W} = \frac{F_k}{bl} + \gamma_G + \frac{6M_k}{bl^2} = p_k\left(1 + \frac{6e}{l}\right) \tag{7-16}$$

$$p_{k,min} = \frac{F_k + G_k}{A} - \frac{M_k}{W} = \frac{F_k}{bl} + \gamma_G - \frac{6M_k}{bl^2} = p_k\left(1 - \frac{6e}{l}\right) \tag{7-17}$$

$$M_k = \left(F_k + G_k\right)e \tag{7-18}$$

式中 l——偏心方向的基础边长(m)，一般为基础长边边长；

b——垂直于偏心方向的基础边长(m)，一般为基础短边边长；

M_k——相应于荷载效应标准组合时，基础所有荷载对基础底面形心的合力矩(kN·m)；

e——合力在基础底面的偏心距(m)；

W——基础底面的抵抗矩(m^3)；

其余符号意义同前。

当偏心距 $e > \dfrac{l}{6}$ 时，$p_{k,min} < 0$，基础一侧底面与地基土脱开，这种情况下基础底面的压力分布如图 7.15 所示。此时 $p_{k,max}$ 可采用下式计算。

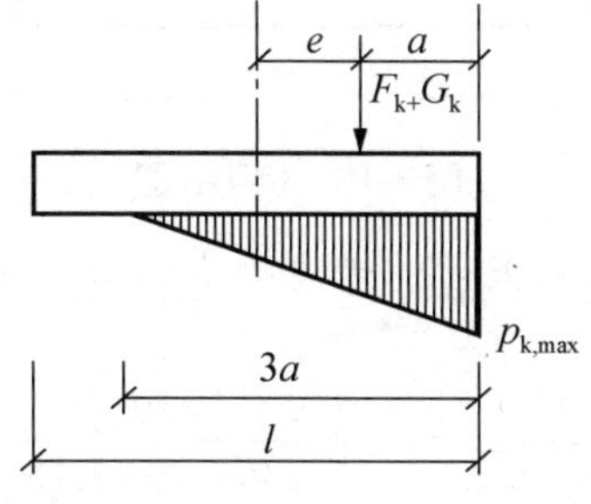

图 7.15 偏心荷载作用下 $e > \dfrac{l}{6}$ 时基础底面压力分布

$$p_{k,\max} = \frac{2\left(F_k + G_k\right)}{3ba} \tag{7-19}$$

式中　l——垂直于力矩作用方向的基础底面边长(m)；

a——合力作用点至基础底面最大压力边缘的距离(m)。

确定矩形基础底面尺寸时，为了同时满足式(7-10)、式(7-15)和 $e<l/6$ 的条件，一般可按下述步骤进行选择。

(1) 进行深度修正，初步确定修正后的地基承载力特征值。

(2) 根据荷载偏心情况，将按轴心荷载作用计算得到的基础底面面积增大 10%～40%，即取

$$A=(1.1\sim1.4)\frac{F_k}{f_a-\gamma_G\bar{d}} \tag{7-20}$$

(3) 选取基础底面长边 l 与短边 b 的比值 n(一般取 $n\leqslant2$)，于是有

$$b=\sqrt{A/n} \tag{7-21}$$

$$l=nb \tag{7-22}$$

(4) 考虑是否应对地基承载力进行宽度修正。如需要，在承载力修正后，重复上述(2)、(3)两步，使所取宽度前后一致。

(5) 计算偏心距 e 和基础底面最大压力 $p_{k,\max}$，并验算其是否满足式(7-15)和 $e<l/6$ 的要求。

(6) 若 b、l 取值不适当(太大或太小)，可调整尺寸再进行验算，如此反复几次，便可确定合适的尺寸。

【例 7-3】 条件同例 7-2，但作用在基础顶面处的荷载还有力矩 200kN·m 和水平荷载 20kN，如图 7.16 所示。试确定矩形基础底面尺寸。

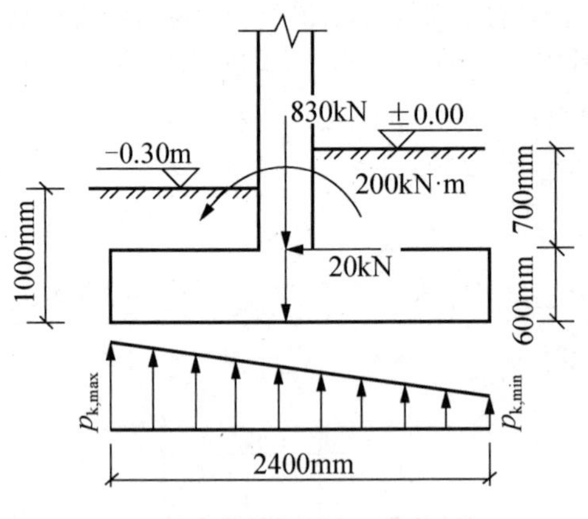

图 7.16　例 7-3 图

【解】 (1) 初步确定基础底面尺寸。考虑荷载偏心，将基础底面面积初步增大 20%，由式(7-20)得

$$A=1.2\frac{F_k}{f_a-\gamma_G\bar{d}}=1.2\times\frac{830}{235-20\times1.15}\approx4.7(\text{m}^2)$$

取基础底面长短边之比 $n=l/b=2$，于是可得

$$b=\sqrt{A/n}=\sqrt{4.7/2}\approx 1.5(\text{m})$$

$$l=nb=2\times 1.5=3.0\,(\text{m})$$

因 $b=1.5\text{m}<3\text{m}$，故 f_a 无需做宽度修正。

(2) 验算荷载偏心距 e。

基础底面处的总竖向力 $F_k+G_k=830+20\times 1.5\times 3.0\times 1.15=933.5(\text{kN})$

基础底面处的总力矩 $M_k=200+20\times 0.6=212(\text{kN}\cdot\text{m})$

荷载偏心距 $e=M_k/(F_k+G_k)=212/933.5\approx 0.227(\text{m})<l/6=0.5\text{m}$

符合要求。

(3) 验算基础底面最大压力 $p_{k,\max}$。由相关公式计算得

$$p_{k,\max}=\frac{F_k+G_k}{bl}\left(1+\frac{6e}{l}\right)=\frac{933.5}{1.5\times 3}\times\left(1+\frac{6\times 0.227}{3}\right)\approx 301.6(\text{kPa})$$

$$>1.2\,f_a=282\text{kPa}$$

表明不符合要求。

(4) 调整基础底面尺寸再验算。取 $b=1.6\text{m}$，$l=3.2\text{m}$，则可得

$$F_k+G_k=830+20\times 1.6\times 3.2\times 1.15\approx 947.8(\text{kPa})$$

$$e=M_k/(F_k+G_k)=212/947.8\approx 0.224(\text{m})$$

$$p_{k,\max}=\frac{F_k+G_k}{bl}\left(1+\frac{6e}{l}\right)=\frac{947.8}{1.6\times 3.2}\times\left(1+\frac{6\times 0.224}{3.2}\right)$$

$$\approx 262.9(\text{kPa})<1.2f_a=282\text{kPa}$$

经验算符合要求，所以基础底面尺寸可取为 1. 6m×3.2m。

7.5.2 软弱下卧层承载力验算

【软弱下卧层验算总结】

在持力层以下，存在的地基承载力和模量明显低于持力层的土层，称为软弱下卧层。基础的底面尺寸确定好以后，若持力层下面存在软弱下卧层，则需要验算软弱下卧层的承载力，否则地基仍有失效的可能。当地基受力层范围内有软弱下卧层时，应按下式验算软弱下卧层的地基承载力。

$$p_z+p_{cz}\leqslant f_{az} \tag{7-23}$$

式中 p_z——相应于作用的标准组合时，软弱下卧层顶面处的附加应力值(kPa)；

p_{cz}——软弱下卧层顶面处土的自重应力值(kPa)；

f_{az}——软弱下卧层顶面处经深度修正后的地基承载力特征值(kPa)。

计算附加应力 p_z 时，一般采用简化方法，即参照双层地基中附加应力分布的理论解答按压力扩散角的概念计算，如图 7.17 所示。对条形基础和矩形基础，式(7-23)中的 p_z 值可分别按下列公式简化计算。

条形基础为

$$p_z=\frac{b(p_k-p_c)}{b+2z\tan\theta} \tag{7-24}$$

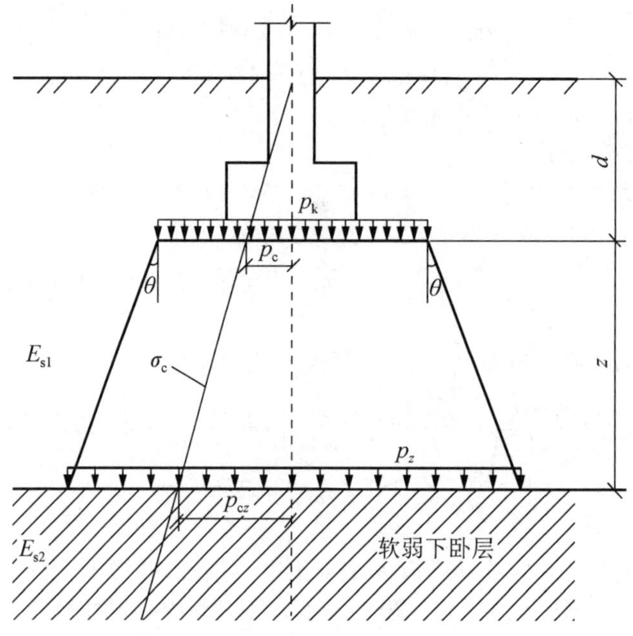

图 7.17　软弱下卧层验算

矩形基础为

$$p_z = \frac{lb(p_k - p_c)}{(l + 2z\tan\theta)(b + 2z\tan\theta)} \tag{7-25}$$

式中　b——条形基础或矩形基础的底边宽度(m)；

l——矩形基础的底边长度(m)；

p_k——相应于作用的标准组合时，基础底面处的平均压力值(kPa)；

p_c——基础底面处土的自重应力值(kPa)；

z——基础底面至软弱下卧层顶面的距离(m)；

θ——地基的压力扩散角(°)，可按表 7-11 采用。

表 7-11　地基的压力扩散角 θ

E_{s1}/E_{s2}	z/b	
	0.25	0.50
3	6°	23°
5	10°	25°
10	20°	30°

注：1. E_{s1} 为上层土压缩模量，E_{s2} 为下层土压缩模量。

2. z/b <0.25 时取 θ=0°，必要时宜由试验确定；z/b>0.50 时 θ 值不变。

3. z/b 在 0.25 与 0.50 之间可插值使用。

【例 7-4】 图 7.18 中的柱下矩形基础底面尺寸为 5.4m×2.7m，试根据图中各项资料验算持力层和软弱下卧层的承载力是否满足要求。

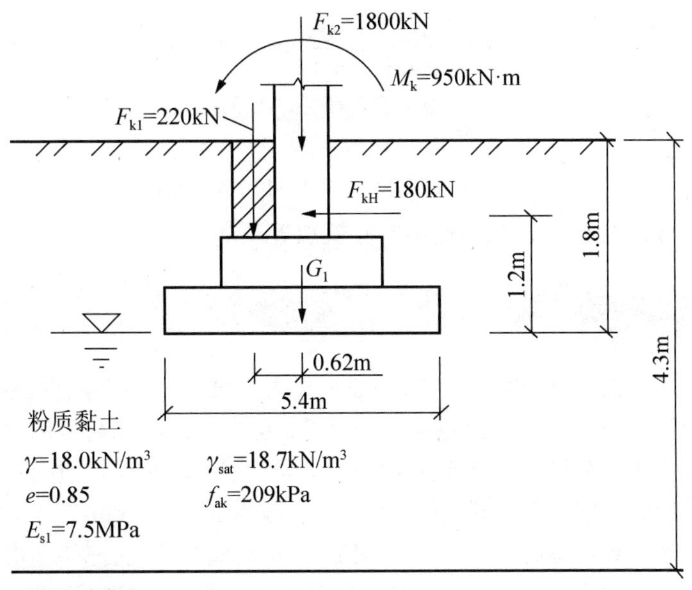

图 7.18 例 7-4 图

【解】(1) 持力层承载力验算。

先对持力层承载力特征值 f_{ak} 进行修正。查表 7-9 得 $\eta_b=0$ 、$\eta_d=1.0$，由式(7-7)得

$$f_a=209+1.0\times18.0\times(1.8-0.5)=232.4\,(\text{kPa})$$

基础底面处的总竖向力：$F_k+G_k=1800+220+20\times2.7\times5.4\times1.8\approx2545(\text{kN})$。

基础底面处的总力矩：$M_k=950+180\times1.2+220\times0.62\approx1302(\text{kN}\cdot\text{m})$。

基础底面的平均压力：$p_k=\dfrac{F_k+G_k}{A}=\dfrac{2545}{2.7\times5.4}\approx174.6(\text{kPa})<f_a=232.4\text{kPa}$ (符合要求)。

偏心距：$e=\dfrac{M_k}{F_k+G_k}=\dfrac{1302}{2545}\approx0.512(\text{m})<\dfrac{l}{6}=0.9\text{m}$ (符合要求)。

基础底面最大压力：$p_{k,\max}=p_k\left(1+\dfrac{6e}{l}\right)=174.6\times\left(1+\dfrac{6\times0.512}{5.4}\right)\approx273.9(\text{kPa})$

$<1.2f_a=278.9\text{ kPa}$(符合要求)。

(2) 软弱下卧层承载力验算。

由 E_{s1}/E_{s2}=7.5/2.5=3，z/b=2.5/2.7>0.5，查表 7-11 得 θ=23°，$\tan\theta$=0.424，则软弱下卧层顶面处的附加应力为

$$p_z=\frac{lb(p_k-p_c)}{(l+2z\tan\theta)(b+2z\tan\theta)}=\frac{5.4\times2.7\times(174.6-18.0\times1.8)}{(5.4+2\times2.5\times0.424)\times(2.7+2\times2.5\times0.424)}\approx57.2(\text{kPa})$$

软弱下卧层顶面处的自重应力为

$$p_{cz}=18.0\times1.8+(18.7-10)\times2.5\approx54.2(\text{kPa})$$

软弱下卧层承载力特征值计算如下。

$$\gamma_m = \frac{p_{cz}}{d+z} = \frac{54.2}{4.3} \approx 12.6(\text{kN/m}^3)$$

$$f_{az} = 75 + 1.0 \times 12.6 \times (4.3 - 0.5) \approx 122.9(\text{kPa})$$

验算结果为

$$p_{cz} + p_z = 54.2 + 57.2 = 111.4(\text{kPa}) < f_{az}$$

符合式(7-23)。经验算，基础地面尺寸及埋置深度满足要求。

7.5.3 地基变形验算

【基础变形图片及原因分析】

按前述方法确定的地基承载力特征值虽然已能保证建筑物在防止地基剪切破坏方面具有足够的安全度，但在上部结构荷载的作用下，地基土会产生压缩变形，使建筑物产生沉降，从而引入新的不安全因素，因此需对此进行相应的考虑。在常规设计方法中，一般的步骤是先确定持力层的承载力特征值，然后确定基础底面的尺寸，最后(必要时)验算地基的变形。根据 GB 50007—2011《建筑地基基础设计规范》的规定，建筑物地基变形计算值不应大于地基变形允许值，即应满足下列条件。

$$s \leqslant [s] \tag{7-26}$$

式中 s——地基变形计算值，注意传至基础上的荷载 F_k 应选取正常使用极限状态下荷载效应的准永久组合(不应计入风荷载和地震作用)；

$[s]$——地基变形允许值，查表 7-12。

地基特征变形允许值 $[s]$ 的确定涉及的因素很多，与对地基不均匀沉降反应的敏感性、结构强度的储备、建筑物的具体使用要求等条件有关，很难全面准确地把握。GB 50007—2011《建筑地基基础设计规范》综合分析了国内外各类建筑物的有关资料，提出了表 7-12 所列的数据供设计时采用。对表中未包括的其他建筑物的地基变形允许值，可根据上部结构对地基变形的适应能力和使用要求确定。

表 7-12 建筑物的地基变形允许值

变形特征		地基土类别	
		中、低压缩性土	高压缩性土
砌体承重结构基础的局部倾斜值		0.002	0.003
工业与民用建筑相邻柱基的沉降差	框架结构	0.002l	0.003l
	砌体墙填充的边排柱	0.0007l	0.001l
	当基础不均匀沉降时不产生附加应力的结构	0.005l	0.005l
单层排架结构(柱距为 6m)柱基的沉降量/mm		(120)	200
桥式吊车轨面的倾斜值(按不调整轨道考虑)	纵 向	0.004	
	横 向	0.003	

续表

变形特征		地基土类别	
		中、低压缩性土	高压缩性土
多层和高层建筑的整体倾斜值	$H_g \leqslant 24$	0.004	
	$24 < H_g \leqslant 60$	0.003	
	$60 < H_g \leqslant 100$	0.0025	
	$H_g > 100$	0.002	
体型简单的高层建筑基础的平均沉降量/mm		200	
高耸结构基础的倾斜值	$H_g \leqslant 20$	0.008	
	$20 < H_g \leqslant 50$	0.006	
	$50 < H_g \leqslant 100$	0.005	
	$100 < H_g \leqslant 150$	0.004	
	$150 < H_g \leqslant 200$	0.003	
	$200 < H_g \leqslant 250$	0.002	
高耸结构基础的沉降量/mm	$H_g \leqslant 100$	400	
	$100 < H_g \leqslant 200$	300	
	$200 < H_g \leqslant 250$	200	

注：1. 本表数值为建筑物地基实际最终变形允许值。

2. 有括号者仅适用于中压缩性土。

3. l 为相邻柱基的中心距离(mm)，H_g 为自室外地面起算的建筑物高度(m)。

地基特征变形验算结果如果不满足式(7-26)的条件，可以先适当调整基础底面尺寸或埋置深度，如仍不满足要求，再考虑从建筑、结构、施工等方面采取有效措施，以防止不均匀沉降对建筑物的损害，或改用其他地基基础设计方案。

地基变形特征一般分为沉降量、沉降差、倾斜值和局部倾斜值。

(1) 沉降量——指基础某点的沉降值。

对于单跨排架结构，在低压缩性地基上一般不会因沉降而损坏，但在中高压缩性地基上，应该限制柱基沉降量，尤其是要限制多跨排架中受荷较大的中排柱基的沉降量不宜过大，以免支承于其上的相邻屋架发生相对倾斜而使端部相碰。

(2) 沉降差——一般指相邻柱基中点的沉降量之差。

框架结构主要因柱基的不均匀沉降而使结构受剪扭曲而损坏，也称敏感性结构。斯肯普顿(1956)曾得出敞开式框架结构柱基能经受大至 $l/150$(l 为柱距)的沉降差而不损坏的结论。通常认为：填充墙框架结构的相邻柱基沉降差按不超过 $0.002l$ 设计时是安全的。

对于开窗面积不大的墙砌体所填充的边排柱，尤其是房屋端部抗风柱之间的沉降差，应予以特别注意。

(3) 倾斜值——指基础倾斜方向两端点的沉降差与其距离的比值。

对于高耸结构及长高比很小的高层建筑，其地基变形的主要特征是建筑物的整体倾斜。高耸结构的重心高，基础倾斜使重心侧向移动引起偏心力矩荷载，不仅会使基础底面边缘压力增加而影响抗倾覆稳定性，还会导致高烟囱等筒体结构的附加弯矩。因此，高耸结构基础的倾斜允许值随结构高度的增加而递减。一般而言，地基土层的不均匀分布及邻近建筑物的影响是高耸结构产生倾斜的重要原因；如果地基的压缩性比较均匀，且无邻近荷载的影响，对高耸结构而言，只要基础中心沉降量不超过表 7-12 的允许值，可不做倾斜验算。

高层建筑横向整体倾斜允许值主要取决于对人们视觉的影响，高大的刚性建筑物倾斜值达到明显可见的程度时大致为 $l/250$，而结构损坏大致当倾斜值达到 $l/150$ 时才开始。

对于有吊车的工业厂房，还应验算桥式吊车轨面沿纵向或横向的倾斜值，以免因倾斜而导致吊车自动滑行或卡轨。

(4) 局部倾斜值——指砌体承重结构沿纵向 6～10m 内基础两点的沉降差与其距离的比值。

一般砌体承重结构房屋的长高比不太大，因地基沉降所引起的损坏，最常见的是房屋外纵墙由于相对挠曲引起的拉应变所形成的裂缝，包括裂缝呈现正八字形的墙体正向挠曲(下凹)和呈倒八字形的墙体反向挠曲(凸起)。但墙体的相对挠曲不易计算，一般以沿纵墙一定距离范围(6～10m)内基础两点的沉降量计算局部倾斜值，作为砌体承重墙结构的主要变形特征。

7.5.4 地基稳定性验算

经常承受水平荷载作用的建筑物，如高层建筑物、高耸建筑物及建造在斜坡的边坡附近的建筑物或构筑物，往往地基的稳定性成为设计中的主要问题，必须进行地基稳定性验算。

【圆弧滑动法】

地基在水平荷载和竖直荷载作用下，一般可能导致整体滑动破坏。这种地基破坏可采用圆弧滑动法进行验算。最危险的滑动面上诸力对滑动中心所产生的抗滑力矩与滑动力矩应符合下式的要求。

$$K = M_R / M_S \geqslant 1.2 \tag{7-27}$$

式中 K——地基稳定安全系数；

M_S——滑动力矩(kN·m)；

M_R——抗滑力矩(kN·m)。

对土坡顶上建筑物的地基稳定问题，首先要核定土坡本身是否稳定；若土坡本身稳定，再考虑修建建筑物后地基的稳定性。如图 7.19 所示，对于条形基础或矩形基础，当垂直于坡顶边缘线的基础底面边长小于或等于 3m 时，其基础底面外边缘线至坡顶的水平距离应符合下列公式要求，且不得小于 2.5m。

条形基础为

$$a \geqslant 3.5b - d/\tan\beta \tag{7-28}$$

矩形基础为

$$a \geqslant 2.5b - d/\tan\beta \tag{7-29}$$

式中 a——基础底面外边缘线至坡顶的水平距离(m)；

b——垂直于坡顶边缘线的基础底面边长(m)；

d——基础埋置深度(m)；

β——边坡坡角(°)。

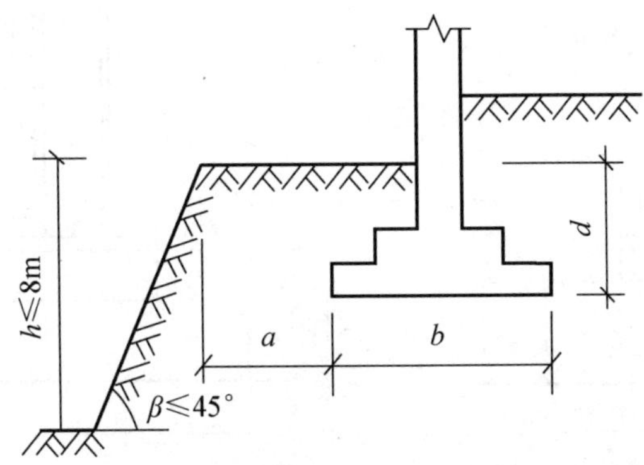

图 7.19　基础底面外边缘线至坡顶的水平距离计算示意

满足式(7-28)和式(7-29)，则土坡坡面附近由基础所引起的附加压力不影响土坡的稳定性。当基础底面外边缘至坡顶的水平距离不满足上述要求时，可根据基础底面平均压力按圆弧滑动面法进行土坡稳定性验算，以确定基础距坡顶边缘的恰当距离和基础埋置深度。

7.6 无筋扩展基础和扩展基础设计

7.6.1 无筋扩展基础设计

GB 50007—2011《建筑地基基础设计规范》中的无筋扩展基础，其所用材料的抗压强度较高，抗拉、抗剪强度低，需要控制基础内的拉应力和剪应力，使其不超过材料的相应强度值，保证基础不因受拉或受剪而破坏。无筋扩展基础的结构计算，就在于基础台阶宽高比(或刚性角)的验算。

图 7.20 为无筋扩展基础构造示意，设计时需要每个台阶的宽高比都满足一定的刚度和强度要求，即

$$H_0 \geqslant \frac{b-b_0}{2\tan\alpha} \tag{7-30}$$

式中　b——基础台阶宽度；

b_0——基础宽度；

H_0——基础高度；

$\tan\alpha$——基础台阶宽高比的允许值，见表 7-13，其中 α 为基础的刚性角。

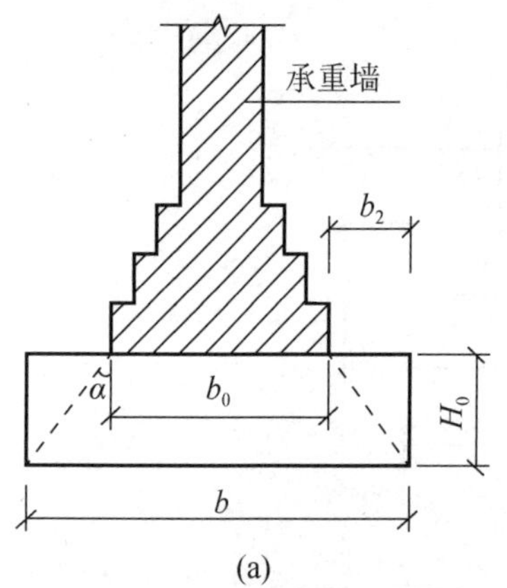

(a)

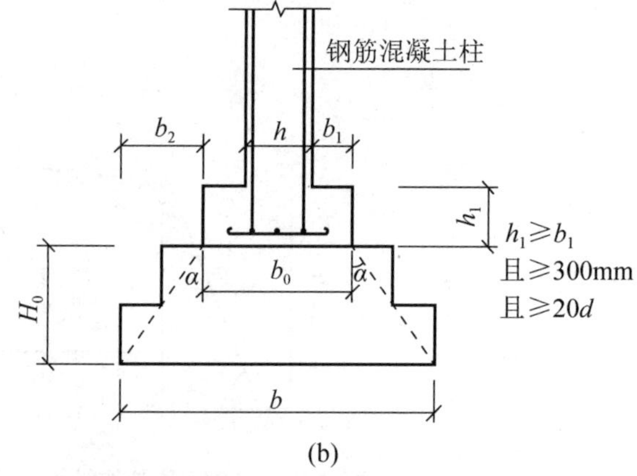

(b)

图 7.20　无筋扩展基础构造示意

表 7-13　无筋扩展基础台阶宽高比的允许值

基础材料	质量要求	台阶宽高比的允许值 $\tan\alpha$		
		$p_k \leqslant 100$kPa	100kPa$< p_k \leqslant 200$kPa	200kPa$< p_k \leqslant 300$kPa
混凝土基础	C15 混凝土	1∶1.00	1∶1.00	1∶1.25
毛石混凝土基础	C15 混凝土	1∶1.00	1∶1.25	1∶1.50
砖基础	砖不低于 MU10、砂浆不低于 M5	1∶1.50	1∶1.50	1∶1.50
毛石基础	砂浆不低于 M5	1∶1.25	1∶1.50	—
灰土基础	体积比为 3∶7 或 2∶8 的灰土，其最小干密度如下：粉土 1550kg/m^3，粉质黏土 1500kg/m^3，黏土 1450kg/m^3	1∶1.25	1∶1.50	—
三合土基础	体积比 1∶2∶4～1∶3∶6(石灰∶砂∶骨料)，每层约虚铺 220mm，夯至 150mm	1∶1.50	1∶2.00	—

注：1. p_k 为作用标准组合时的基础底面处的平均压力值(kPa)。

2. 阶梯形毛石基础的每阶伸出宽度不宜大于 200mm。

3. 当基础由不同材料叠合组成时，应对接触部分做抗压验算。

4. 混凝土基础单侧扩展范围内基础底面处的平均压力值超过 300kPa 时，尚应进行抗剪验算；对基础底面反力集中于立柱附近的岩石地基，应进行局部受压承载力验算。

采用无筋扩展基础的钢筋混凝土柱，其柱脚高度 h_1 不得小于 b_1(图 7.20)，并不应小于 300mm 及 20d(d 为柱中纵向受力钢筋的最大直径)。当柱中纵向钢筋在柱脚内的竖向锚固长度不满足锚固要求时，可沿水平方向弯折，弯折后的水平锚固长度不应小于 10d，但也不应大于 20d。

7.6.2 扩展基础设计

扩展基础分为墙下钢筋混凝土条形基础和柱下钢筋混凝土独立基础。在进行扩展基础的结构计算，确定基础配筋和验算材料强度时，上部结构传来的荷载效应组合应按承载能力极限状态下荷载效应的基本组合；当需要验算基础裂缝宽度时，应按正常使用极限状态荷载效应标准组合。

1. 墙下钢筋混凝土条形基础设计

墙下钢筋混凝土条形基础的截面设计包括确定基础高度和基础底板配筋。在这些计算中，可不考虑基础及其上面土的重力，因为由这些重力所产生的那部分地基反力将与重力相抵消。仅由基础顶面的荷载所产生的地基反力，称为地基净反力，以 p_j 表示，计算时，通常沿墙长度方向取 1m 作为计算单元。

【地基净反力】

(1) 构造要求。

① 锥形基础的边缘高度不宜小于 200mm，且两个方向的坡度不宜大于 1∶3；阶梯形基础的每阶高度宜为 300～500mm。

② 垫层的厚度不宜小于 70mm，垫层混凝土强度等级不宜低于 C15。

③ 扩展基础受力钢筋最小配筋率不应小于 0.15%，底板受力钢筋的最小直径不应小于 10mm，间距不应大于 200mm，也不应小于 100mm。墙下钢筋混凝土条形基础纵向分布钢筋的直径不应小于 8mm，间距不应大于 300mm；每延米分布钢筋的面积不应小于受力钢筋面积的 15%。当有垫层时，钢筋保护层的厚度不应小于 40mm；无垫层时，不应小于 70mm。

④ 混凝土强度等级不应低于 C20。

⑤ 当墙下钢筋混凝土条形基础的宽度大于或等于 2.5m 时，底板受力钢筋的长度可取边长或宽度的 0.9 倍，并宜交错布置，如图 7.21 所示。

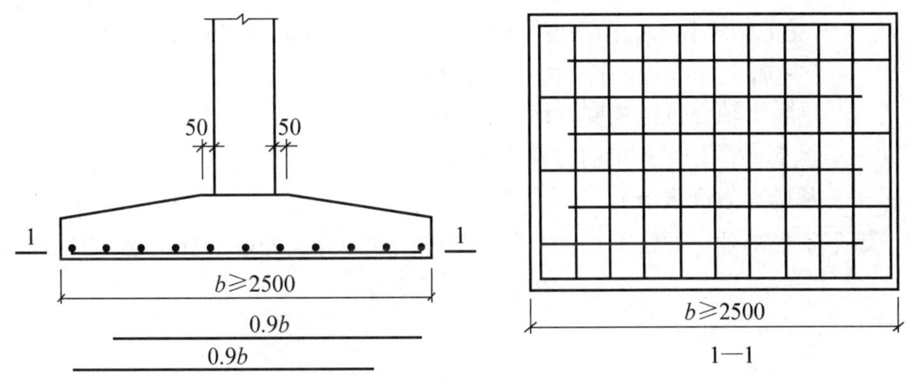

图 7.21 墙下钢筋混凝土条形基础底板受力钢筋布置(单位：mm)

⑥ 墙下钢筋混凝土条形基础底板在 T 形及十字形交接处，底板横向受力钢筋仅沿一个主要受力方向通长布置，另一个方向的横向受力钢筋可布置到主要受力方向底板宽度的 1/4 处，而在拐角处底板横向受力钢筋应沿两个方向布置，如图 7.22 所示。

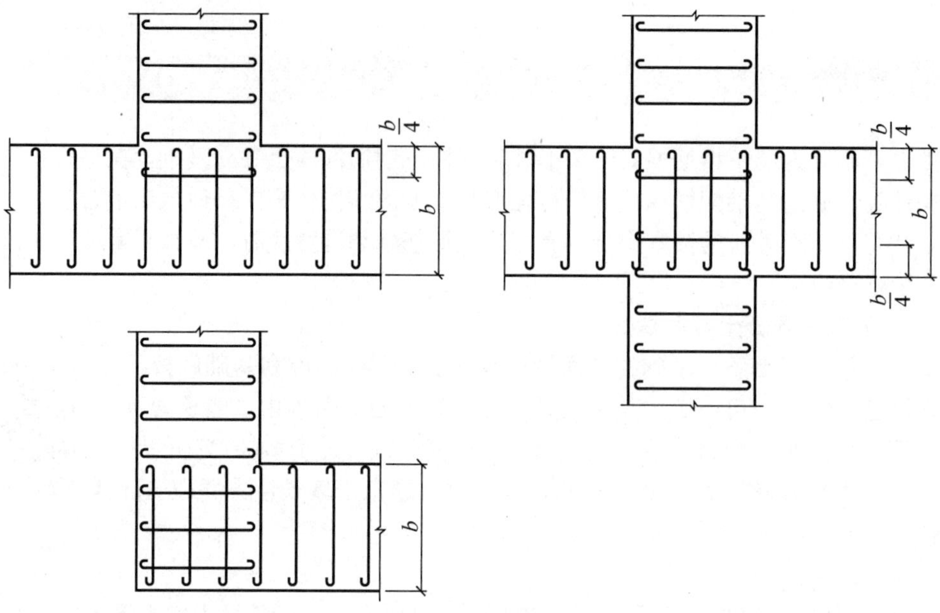

图 7.22　墙下钢筋混凝土条形基础纵横交叉处底板受力钢筋布置

⑦ 当地基软弱时，为了减少不均匀沉降的影响，基础截面可采用带肋的板，肋的纵向钢筋按经验确定。

(2) 基础高度。

基础内不配箍筋和弯起筋，故基础高度由混凝土的受剪承载力确定，相关公式为

$$V_s \leqslant 0.7\beta_{hs} f_t A_0 \tag{7-31}$$

$$\beta_{hs} = \left(\frac{800}{h_0}\right)^{\frac{1}{4}} \tag{7-32}$$

式中　V_s——柱与基础交接处的剪力设计值(kN)。

β_{hs}——受剪切承载力截面高度影响系数。公式中当 $h_0 < 800$mm 时，取 $h_0 = 800$mm；当 $h_0 > 2000$mm 时，取 $h_0 = 2000$mm。

f_t——混凝土轴心抗拉强度设计值(kPa)。

A_0——验算截面处基础的有效截面积(m^2)。

h_0——基础有效高度(m)。

对于墙下条形基础，通常沿长度方向取单位长度计算，即取 l=1m，则式(7-31)成为

$$p_j b_1 \leqslant 0.7\beta_{hs} f_t h_0$$

于是可得

$$h_0 \geqslant \frac{p_j b_1}{0.7\beta_{hs} f_t} \tag{7-33}$$

$$p_j = \frac{F}{b} \tag{7-34}$$

式中　F——相应于作用的基本组合时，上部结构荷载传至基础顶面的竖向力设计值(kN)。

b——基础宽度(m)。

b_1——基础悬臂部分计算截面的挑出长度(m)，如图 7.23 所示。当墙体材料为混凝土时，b_1为基础边缘至墙脚的距离；当为砖墙且放脚不大于 1/4 砖长时，b_1为基础边缘至墙脚距离加上 1/4 砖长。

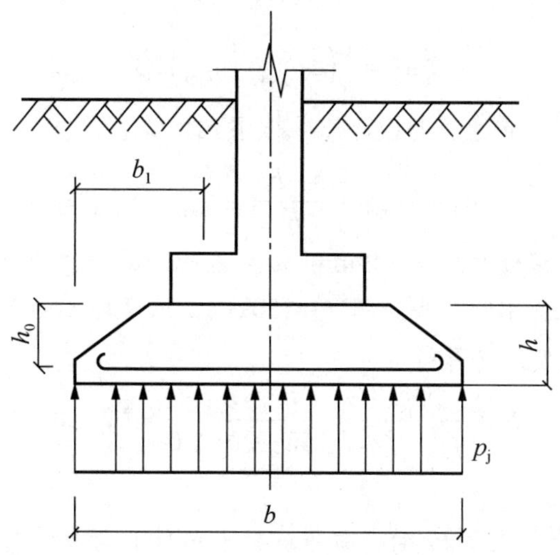

图 7.23 墙下钢筋混凝土条形基础尺寸

(3) 基础底板配筋。

悬臂根部的最大弯矩设计值 M 为

$$M = \frac{1}{2} p_j b_1^2 \tag{7-35}$$

各符号意义与式(7-33)同。

基础每延米长度的受力钢筋截面积为

$$A_s = \frac{M}{0.9 f_y h_0} \tag{7-36}$$

式中 A_s——钢筋截面积(mm^2)；

f_y——钢筋抗拉强度设计值(N/mm^2)；

h_0——基础有效高度(mm)，$0.9h_0$ 为截面内力臂的近似值。

将各个数值代入式(7-36)计算时，单位宜统一换为 N 和 mm。

(4) 偏心荷载作用。

在偏心荷载作用下，基础边缘处的最大和最小净反力设计值为

$$\begin{matrix} p_{j,\max} \\ p_{j,\min} \end{matrix} = \frac{F}{b} \pm \frac{6M}{b^2} \tag{7-37}$$

或

$$\begin{matrix} p_{j,\max} \\ p_{j,\min} \end{matrix} = \frac{F}{b}\left(1 \pm \frac{6e_0}{b}\right) \tag{7-38}$$

式中 M——相应于作用的基本组合时，作用于基础底面的力矩设计值(kN·m)；

e_0——荷载的净偏心距(m)，$e_0 = M/F$。

基础的高度和配筋仍按式(7-33)和式(7-36)计算，但剪力和弯矩设计值应改按下列公式计算。

$$V_s = \frac{1}{2}\left(p_{j,max} + p_{jI}\right)b_1 \tag{7-39}$$

$$M = \frac{1}{6}\left(2p_{j,max} + p_{jI}\right)b_1^2 \tag{7-40}$$

式中　p_{jI}——计算截面处的净反力设计值，按下式计算。

$$p_{jI} = p_{j,min} + \frac{b-b_1}{b}\left(p_{j,max} - p_{j,min}\right) \tag{7-41}$$

【例 7-5】已知某住宅楼外墙厚 240mm，传至基础顶面的竖向荷载标准值 F_k=288kN/m，基础埋置深度 1.0m，地基承载力特征值 f_a=150kPa。试设计该墙下钢筋混凝土条形基础。

【解】(1) 求基础宽度。计算得

$$b \geqslant \frac{F_k}{f_a - \gamma_G \bar{d}} = \frac{288}{150-20\times1.0} \approx 2.22\ (\text{m})$$

故可取基础宽度 b=2.3m。

(2) 荷载和内力计算。按式(7-4)，由荷载标准值计算荷载设计值，荷载综合分项系数取 1.35，因此，计算时上部结构传至基础顶面的竖向荷载设计值 F 可简化计算为

$$F = 1.35F_k = 1.35\times288 \approx 389(\text{kN})$$

地基净反力设计值为

$$p_j = \frac{F}{b} = \frac{389}{2.3} \approx 169.1(\text{kPa})$$

基础边缘至砖墙计算截面的距离为

$$b_1 = \frac{1}{2}\times(2.3-0.24) = 1.03\ (\text{m})$$

墙脚剪力设计值为

$$V = p_j b_1 = 169.1\times1.03 \approx 174.2\ (\text{kN})$$

弯矩设计值为

$$M = \frac{1}{2}p_j b_1^2 = \frac{1}{2}\times169.1\times1.03^2 \approx 89.7(\text{kN}\cdot\text{m})$$

(3) 基础抗剪验算。选用 C25 混凝土，f_t=1.27N/mm^2，则基础有效高度为

$$h_0 = \frac{V}{0.7\beta_{hs}f_t} = \frac{174.2\times10^3}{0.7\times1.0\times1.27\times1000} \approx 196(\text{mm})$$

取基础高度 $h = 300$ mm，则实际上基础有效高度 $h_0 = 300 - 40 - \frac{20}{2}$=250(mm) > 196mm (按有垫层并暂按 20mm 底板筋直径计)，可行。

(4) 底板配筋计算。选用 HPB300 钢筋，$f_y = 210\text{N/mm}^2$，则钢筋截面积为

$$A_s = \frac{M}{0.9h_0 f_y} = \frac{89.7\times10^6}{0.9\times250\times210} \approx 1898(\text{mm}^2)$$

按计算结果配筋，选用Φ20@150(实配 A_s =2093 mm^2)，分布钢筋选Φ8@250。基础剖面如图7.24所示。

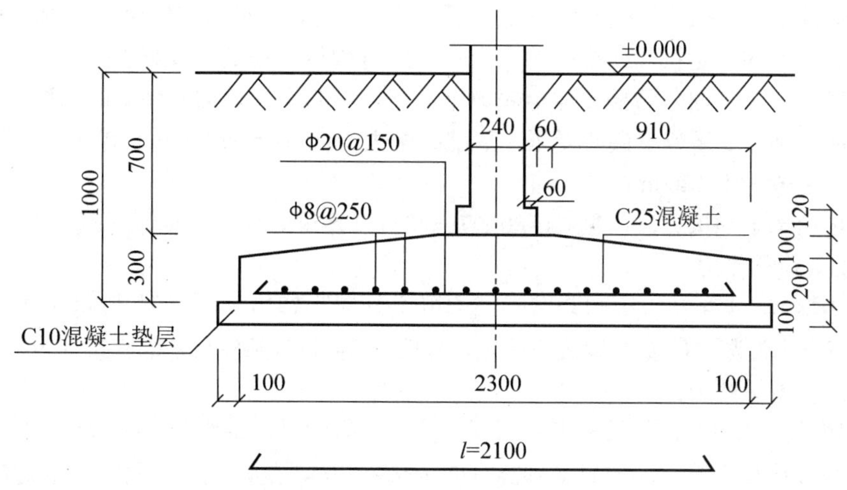

图 7.24　例 7-5 图(单位：mm)

2. 柱下钢筋混凝土独立基础设计

(1) 构造要求。

柱下钢筋混凝土独立基础，除应满足上述墙下钢筋混凝土条形基础的要求外，尚应满足其他一些要求，如图7.25所示。阶梯形基础每阶高度一般为300～500mm，当基础高度大于或等于600mm而小于900mm时，阶梯形基础分两级；当基础高度大于或等于900mm时，阶梯形基础则分三级。当采用锥形基础时，其边缘高度不宜小于200mm，顶部每边应沿柱边放出50mm。

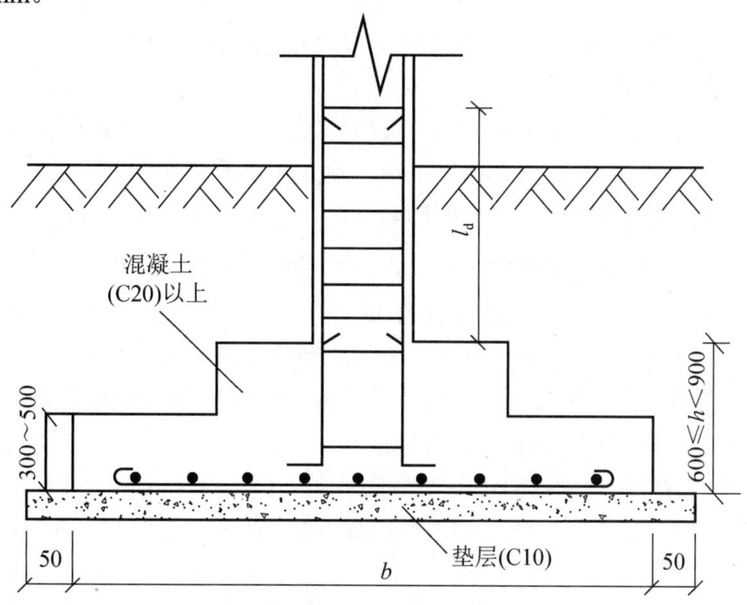

图 7.25　柱下钢筋混凝土独立基础的构造(单位：mm)

柱下钢筋混凝土独立基础的受力筋应双向配置。现浇柱的纵向钢筋可通过插筋锚入基础中。插筋的数量、直径及钢筋种类应与柱内纵向钢筋相同。插入基础的钢筋，上下至少应有两道箍筋固定。插筋与柱的纵向受力钢筋的连接方法，应按 GB 50010—2010《混凝土结构设计规范》的规定执行。插筋的下端宜做成直钩放在基础底板钢筋网上。当符合下列条件之一时，可仅将四角的插筋伸至底板钢筋网上，其余插筋伸入基础的长度按锚固长度确定：①柱为轴心受压或小偏心受压，基础高度大于或等于 1200mm；②柱为大偏心受压，基础高度大于或等于 1400mm。

有关杯口基础的构造，详见 GB 50007—2011《建筑地基基础设计规范》。

(2) 轴心荷载作用。

① 基础高度计算。当基础宽度小于或等于柱宽加两倍基础有效高度(即 $b \leqslant b_c + 2h_0$)时，基础高度由混凝土的受剪承载力确定，应按式(7-31)验算柱与基础交接处及基础变阶处基础截面的受剪承载力。

当冲切破坏锥体落在基础底面以内(即 $b \geqslant b_c + 2h_0$)时，基础高度由混凝土受冲切承载力确定。在柱荷载作用下，如果基础高度(或阶梯高度)不足，则基础将沿柱周边(或阶梯高度变化处)产生冲切破坏，形成 45°斜裂面的角锥体，如图 7.26 所示。因此，由冲切破坏锥体以外的地基净反力所产生的冲切力应小于冲切面处混凝土的抗冲切能力。矩形基础一般沿柱短边一侧先产生冲切破坏，所以只需根据短边一侧的冲切破坏条件来确定基础高度，即应满足如下要求。

$$F_l \leqslant 0.7\beta_{hp} f_t b_m h_0 \tag{7-42}$$

式(7-42)右边部分为混凝土抗冲切能力，左边部分为冲切力，其计算公式为

$$F_l = p_j A_l \tag{7-43}$$

式中 p_j——扣除基础自重及其上土重后相应于作用的基本组合时的地基土单位面积净反力(kPa)，对偏心受压基础可取基础边缘处最大地基土单位面积净反力，$p_j = F/(bl)$。

b_m——冲切破坏锥体斜裂面上、下(顶、底)边长 b_t、b_b 的平均值(m)，见图 7.27。

A_l——冲切力的作用面积(m)，见图 7.28(b)中的斜线面积。

β_{hp}——受冲切承载力截面高度影响系数。当 h 不大于 800mm 时，β_{hp} 取 1.0；当 h 大于或等于 2000mm 时，β_{hp} 取 0.9；其间按线性内插法取用。

f_t——混凝土轴心抗拉强度设计值(kPa)。

h_0——基础有效高度(m)，取两个方向配筋的有效高度平均值。

设计时一般先按经验假定基础高度，得出 h_0，再代入式(7-42)进行验算，直至抗冲切力(该式右边项)稍大于冲切力(该式左边项)为止。

如柱截面长边、短边分别用 a_c、b_c 表示，则沿柱边产生冲切时，有

$$b_t = b_c,\quad b_b = b_c + 2h_0$$

于是有

$$b_m = (b_t + b_b)/2 = b_c + h_0$$

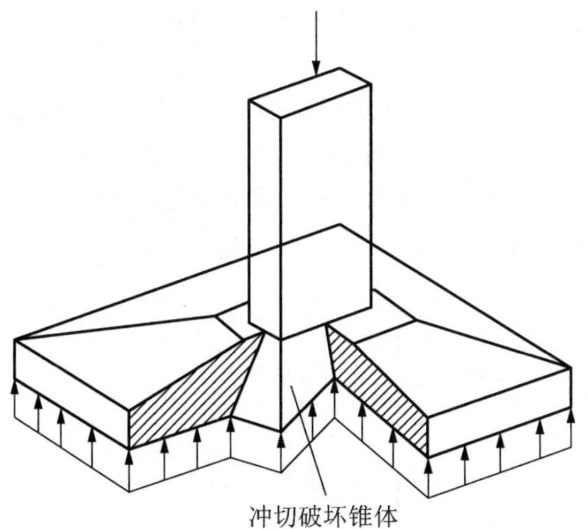

图 7.26　基础冲切破坏示意

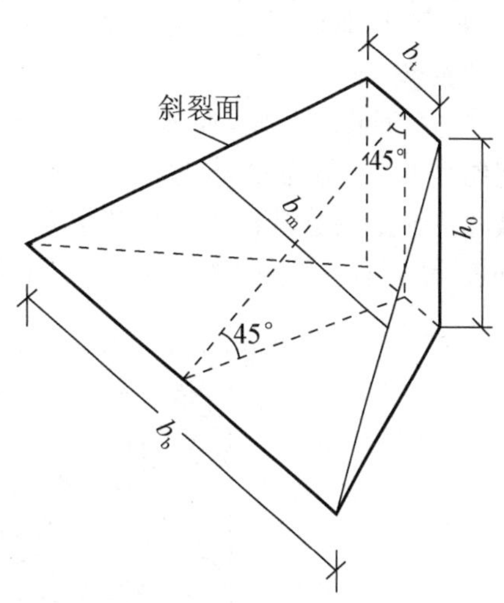

图 7.27　冲切斜裂面边长

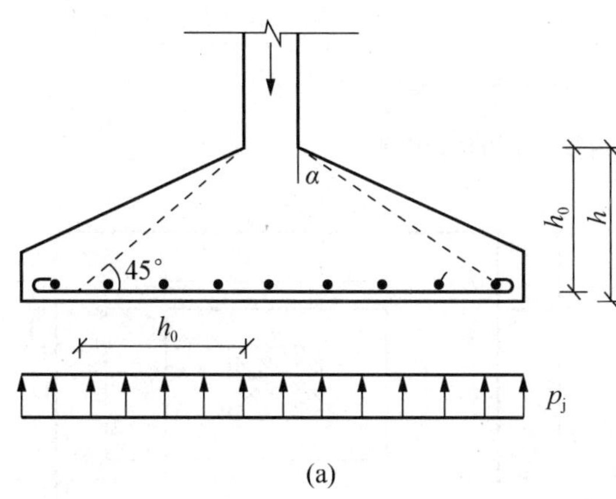

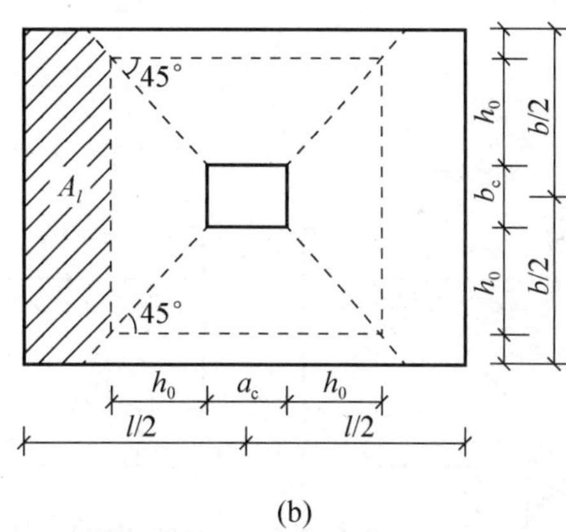

图 7.28　基础冲切计算图

$$b_m h_0 = (b_c + h_0) h_0$$

$$A_l = \left(\frac{l}{2} - \frac{a_c}{2} - h_0\right) b - \left(\frac{b}{2} - \frac{b_c}{2} - h_0\right)^2$$

而式(7-42)成为

$$p_j \left[\left(\frac{l}{2} - \frac{a_c}{2} - h_0\right) b - \left(\frac{b}{2} - \frac{b_c}{2} - h_0\right)^2\right] \leqslant 0.7 \beta_{hp} f_t (b_c + h_0) h_0 \tag{7-44}$$

对于阶梯形基础，例如分成两级的阶梯形基础，除了应对柱边进行抗冲切验算外，还应对上一阶底边变阶处进行下阶的抗冲切验算。验算方法与上面柱边抗冲切验算相同，只是在使用式(7-44)时，a_c、b_c 应分别换为上阶的长边 l_1 和短边 b_1(图 7.29)，h_0 换为下阶的有效高度 h_{01}(图 7.30)。

当基础底面全部落在 45°冲切破坏锥体底边以内时，则成为无筋扩展基础，无须进行抗冲切验算。

② 底板配筋计算。在地基净反力作用下，基础沿柱的周边向上弯曲。一般矩形基础的长宽比小于 2，故为双向受弯。当弯曲应力超过了基础的抗弯强度时，就会发生弯曲破坏。其破坏特征是裂缝沿柱角至基础角将基础底面分裂成四块梯形面积。故计算配筋时，可将基础板看成四块固定在柱边的梯形悬臂板，如图 7.29 所示。

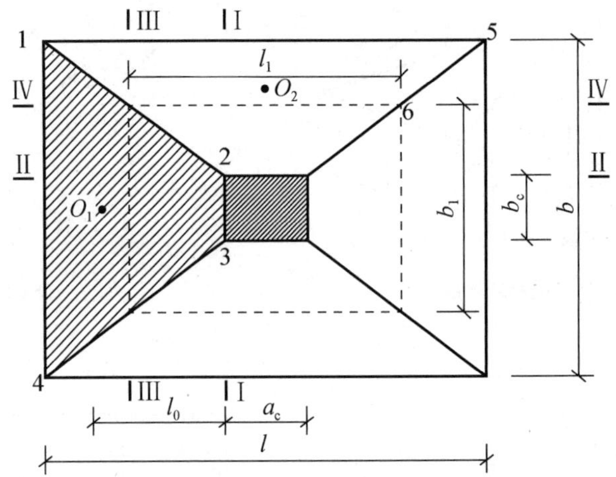

图 7.29　产生弯矩的地基净反力作用面积

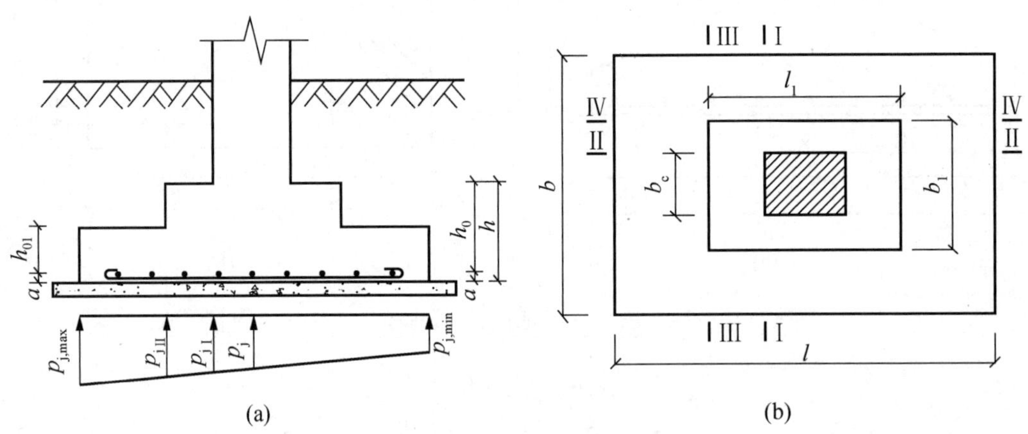

图 7.30　偏心荷载作用下的独立基础

当基础台阶宽高比 $\tan\alpha \leqslant 2.5$ 时[图 7.30(a)]，可认为基础底面反力呈线性分布，底板弯矩设计值可按下述方法计算。

地基净反力 p_j 对柱 I—I 截面产生的弯矩为(图 7.29)

$$M_I = p_j A_{1234} l_0$$

式中　A_{1234}——梯形 1234 的面积，计算公式为

$$A_{1234} = \frac{1}{4}(b + b_c)(l - a_c)$$

l_0——梯形 1234 的形心 O_1 至柱边的距离，计算公式为

$$l_0=\frac{(l-a_c)(b_c+2b)}{6(b_c+b)} \tag{7-45}$$

于是可得

$$M_{\text{I}}=\frac{1}{24}p_j(l-a_c)^2(2b+b_c) \tag{7-46}$$

平行于 l 方向(垂直于Ⅰ—Ⅰ截面)的受力筋面积可按下式计算。

$$A_{s\text{I}}=\frac{M_{\text{I}}}{0.9f_y h_0} \tag{7-47}$$

同理，由面积 1265 上的净反力可得柱边Ⅱ—Ⅱ截面的弯矩为

$$M_{\text{II}}=\frac{1}{24}p_j(b-b_c)^2(2l+a_c) \tag{7-48}$$

钢筋面积为

$$A_{s\text{II}}=\frac{M_{\text{II}}}{0.9f_y h_0} \tag{7-49}$$

阶梯形基础在变阶处也是抗弯的危险截面，按式(7-46)～式(7-49)可以分别计算上阶底边Ⅲ—Ⅲ和Ⅳ—Ⅳ截面的弯矩 M_{III}、钢筋面积 $A_{s\text{III}}$ 和 M_{IV}、$A_{s\text{IV}}$，只要把各式中的 a_c、b_c 换成上阶的长边 l_1 和短边 b_1，把 h_0 换为下阶的有效高度 h_{01} 便可。然后按 $A_{s\text{I}}$ 和 $A_{s\text{III}}$ 中的大值配置平行于 l 边方向的钢筋，并放置在下层；按 $A_{s\text{II}}$ 和 $A_{s\text{IV}}$ 中的大值配置平行于 b 边方向的钢筋，并放置在上排。

当基坑和柱截面均为正方形时，$M_{\text{I}}=M_{\text{II}}$，$M_{\text{III}}=M_{\text{IV}}$，这时只需计算一个方向即可。

对于基础底面长短边之比 n 大于或等于 2、小于或等于 3 的独立柱基，基础底板短向钢筋应按下述方法布置：将短向全部钢筋面积乘以$(1-n/6)$后求得的钢筋，均匀分布在与柱中心线重合的宽度等于基础短边的中间带范围内，其余的短向钢筋则均匀分布在中间带宽的两侧。长边钢筋应均匀分布在基础全宽范围内。

当基础的混凝土强度等级小于柱的混凝土强度等级时，尚应验算柱下基础顶面的局部受压承载力。

(3) 偏心荷载作用(图 7.30)。

如果只在矩形基础长边方向产生偏心，则当荷载偏心距 $e\leqslant l/6$ 时，基础底面净反力设计值的最大值和最小值为

$$\begin{matrix}p_{j,\max}\\p_{j,\min}\end{matrix}=\frac{F}{b}\pm\frac{6M}{b^2} \tag{7-50}$$

或

$$\begin{matrix}p_{j,\max}\\p_{j,\min}\end{matrix}=\frac{F}{b}\left(1\pm\frac{6e_0}{b}\right) \tag{7-51}$$

① 计算基础高度。可按式(7-44)或式(7-42)计算，但应以 $p_{j,\max}$ 代替式中的 p_j。

② 计算底板配筋。仍可按式(7-47)和式(7-49)计算钢筋面积，但式(7-47)中的 M_{I} 应按下式计算。

$$M_{\mathrm{I}}=\frac{1}{48}\left[\left(p_{\mathrm{j,max}}+p_{\mathrm{jI}}\right)\left(2b+b_{\mathrm{c}}\right)+\left(p_{\mathrm{j,max}}-p_{\mathrm{jI}}\right)b\right]\left(l-a_{\mathrm{c}}\right)^{2} \tag{7-52}$$

$$p_{\mathrm{jI}}=p_{\mathrm{j,min}}+\frac{l+a_{\mathrm{c}}}{2l}\left(p_{\mathrm{j,max}}-p_{\mathrm{j,min}}\right) \tag{7-53}$$

式中　p_{jI}——Ⅰ—Ⅰ截面处的净反力设计值。

符合构造要求的杯口基础，在与预制柱结合形成整体后，其性能与现浇柱基础相同，故其高度和底板配筋仍按柱边和高度变化处的截面进行计算。

【例 7-6】 试设计图 7.31 所示的柱下钢筋混凝土独立基础。已知相应于作用的基本组合时的柱荷载 $F=700\,\mathrm{kN}$，$M=87.8\,\mathrm{kN}$，柱截面尺寸为 300mm×400mm，基础底面尺寸为 1.6m×2.4m。

【解】 采用 C20 混凝土，HPB300 级钢筋，查得 $f_{\mathrm{t}}=1.10\,\mathrm{N/mm^2}$，$f_{\mathrm{y}}=270\,\mathrm{N/mm^2}$。垫层采用 C10 混凝土。

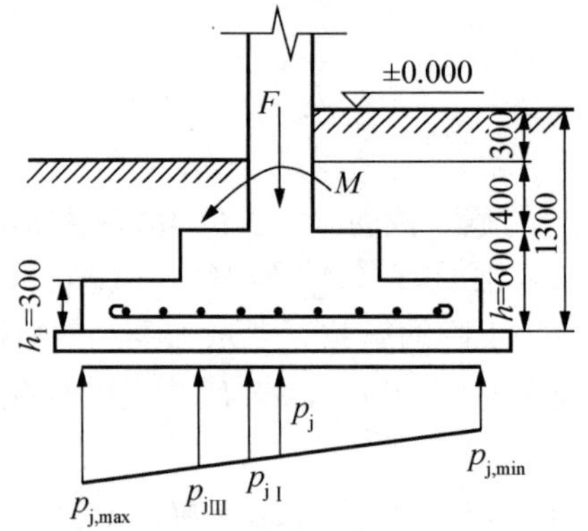

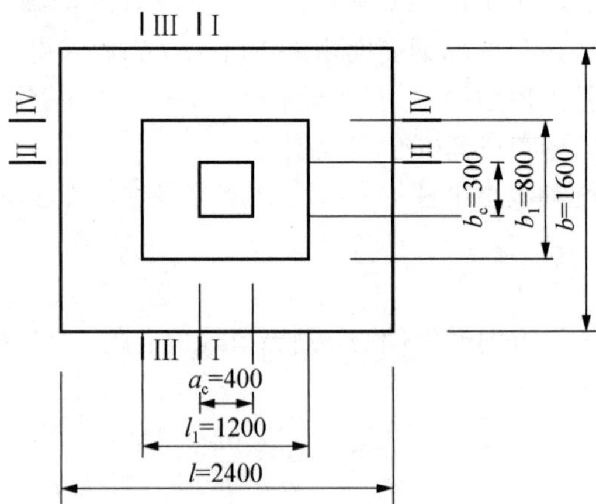

图 7.31　例 7-6 图(单位：mm)

(1) 计算基础底面净反力设计值。计算得

$$p_{\mathrm{j}}=\frac{F}{bl}=\frac{700}{1.6\times 2.4}\approx 182.3\,(\mathrm{kPa})$$

净偏心距为

$$e_{0}=M/F=87.8/700\approx 0.125\,(\mathrm{m})$$

则基础底面最大和最小净反力设计值为

$$\begin{matrix} p_{j,max} \\ p_{j,min} \end{matrix} = \frac{F}{lb}\left(1 \pm \frac{6e_0}{l}\right) = 182.3 \times \left(1 \pm \frac{6 \times 0.125}{2.4}\right) \approx \begin{matrix} 239.3 \\ 125.3 \end{matrix} \text{(kPa)}$$

(2) 确定基础高度。

① 柱边截面。取 h=600mm，$h_0 = 600 - 40 - 10 = 550$ (mm)(取两个方向的有效高度平均值)，则可得

$$b_c + 2h_0 = 0.3 + 2 \times 0.55 = 1.4 \text{ (mm)} < b = 1.6\text{m}$$

故应按式(7-44)验算受冲切承载力。因偏心受压，计算时 p_j 取 $p_{j,max}$。该式左边为

$$\begin{aligned} & p_{j,max}\left[\left(\frac{l}{2} - \frac{a_c}{2} - h_0\right)b - \left(\frac{b}{2} - \frac{b_c}{2} - h_0\right)^2\right] \\ & = 239.3 \times \left[\left(\frac{2.4}{2} - \frac{0.4}{2} - 0.55\right) \times 1.6 - \left(\frac{1.6}{2} - \frac{0.3}{2} - 0.55\right)^2\right] \\ & \approx 169.9\text{(kN)} \end{aligned}$$

该式右边为

$$\begin{aligned} & 0.7\beta_{hp}f_t\left(b_c + h_0\right)h_0 \\ & = 0.7 \times 1.0 \times 1100 \times (0.3 + 0.55) \times 0.55 \\ & \approx 360\text{(kN)} \end{aligned}$$

360kN＞169.9kN，表明符合要求。基础分两级，下阶 h_1=300mm，h_{01}=250mm，取 l_1=1.2m，b_1=0.8m。

② 变阶处截面。计算得

$$b_1 + 2h_{01} = 0.8 + 2 \times 0.25 = 1.3 \text{ (m)} < 1.6\text{m}$$

冲切力为

$$\begin{aligned} & p_{j,max}\left[\left(\frac{l}{2} - \frac{a_c}{2} - h_0\right)b - \left(\frac{b}{2} - \frac{b_c}{2} - h_0\right)^2\right] \\ & = 239.3 \times \left[\left(\frac{2.4}{2} - \frac{1.2}{2} - 0.25\right) \times 1.6 - \left(\frac{1.6}{2} - \frac{0.8}{2} - 0.25\right)^2\right] \\ & \approx 128.6\text{(kN)} \end{aligned}$$

抗冲切力为

$$\begin{aligned} & 0.7\beta_{hp}f_t\left(b_c + h_0\right)h_0 \\ & = 0.7 \times 1.0 \times 1100 \times (0.8 + 0.25) \times 0.25 \\ & = 202.1\text{(kN)} \end{aligned}$$

202.1kN＞128.6kN，表明符合要求。

(3) 配筋计算。先计算基础长边方向的弯矩设计值。对 I — I 截面(图 7.31)可得

$$\begin{aligned} p_{jI} &= p_{j,min} + \frac{l + a_c}{2l}\left(p_{j,max} - p_{j,min}\right) \\ &= 125.3 + \frac{2.4 + 0.4}{2 \times 2.4} \times (239.3 - 125.3) \approx 191.8\text{(kPa)} \end{aligned}$$

$$M_{\mathrm{I}}=\frac{1}{48}\left[\left(p_{\mathrm{j,max}}+p_{\mathrm{jI}}\right)\left(2b+b_{\mathrm{c}}\right)+\left(p_{\mathrm{j,max}}-p_{\mathrm{jI}}\right)b\right]\left(l-a_{\mathrm{c}}\right)^2$$
$$=\frac{1}{48}\left[\left(239.3+191.8\right)\left(2\times1.6+0.3\right)+\left(239.3-191.8\right)\times1.6\right]\times\left(2.4-0.4\right)^2$$
$$\approx132.1(\mathrm{kN\cdot m})$$

$$h_0=600-40-5=555(\mathrm{mm})$$

$$A_{\mathrm{sI}}=\frac{M_{\mathrm{I}}}{0.9f_{\mathrm{y}}h_0}=\frac{132.1\times10^6}{0.9\times270\times555}\approx979(\mathrm{mm}^2)$$

对Ⅲ—Ⅲ截面可得

$$p_{\mathrm{jIII}}=125.3+\frac{2.4+1.2}{2\times2.4}\times\left(239.3-125.3\right)=210.8(\mathrm{kPa})$$

$$M_{\mathrm{III}}=\frac{1}{48}\left[\left(p_{\mathrm{j,max}}+p_{\mathrm{jIII}}\right)\left(2b+b_1\right)+\left(p_{\mathrm{j,max}}-p_{\mathrm{jIII}}\right)b\right]\left(l-l_1\right)^2$$
$$=\frac{1}{48}\left[\left(239.3+210.8\right)\left(2\times1.6+0.8\right)+\left(239.3-210.8\right)\times1.6\right]\left(2.4-1.2\right)^2$$
$$\approx55.4(\mathrm{kN\cdot m})$$

$$A_{\mathrm{sIII}}=\frac{M_{\mathrm{III}}}{0.9f_{\mathrm{y}}h_{01}}=\frac{55.4\times10^4}{0.9\times270\times255}\approx894(\mathrm{mm}^2)$$

比较 A_{sI} 和 A_{sIII}，应按 A_{sI} 配筋。现于 1.6m 宽度范围内配 9 ϕ12，$A_{\mathrm{s}}=1017\mathrm{mm}^2>979\mathrm{mm}^2$，实际配筋率 $\rho=1017/\left(255\times1600+300\times800\right)\approx0.157\%>\rho_{\min}$，可知满足要求。

再计算基础短边方向的弯矩。对Ⅱ—Ⅱ截面，前已算得 $p_{\mathrm{j}}=182.3\,\mathrm{kPa}$，按式(7-48)可得

$$M_{\mathrm{II}}=\frac{1}{24}p_{\mathrm{j}}\left(b-b_{\mathrm{c}}\right)^2\left(2l+a_{\mathrm{c}}\right)$$
$$=\frac{1}{24}\times182.3\times\left(1.6-0.3\right)^2\times\left(2\times2.4+0.4\right)$$
$$\approx66.8(\mathrm{kN\cdot m})$$

$$A_{\mathrm{sII}}=\frac{M_{\mathrm{II}}}{0.9f_{\mathrm{y}}h_0}=\frac{66.8\times10^6}{0.9\times270\times\left(555-12\right)}\approx506(\mathrm{mm}^2)$$

对Ⅳ—Ⅳ截面可得

$$M_{\mathrm{IV}}=\frac{1}{24}p_{\mathrm{j}}\left(b-b_1\right)^2\left(2l+l_1\right)$$
$$=\frac{1}{24}\times182.3\times\left(1.6-0.8\right)^2\times\left(2\times2.4+1.2\right)$$
$$\approx29.2(\mathrm{kN\cdot m})$$

$$A_{\mathrm{sIV}}=\frac{M_{\mathrm{IV}}}{0.9f_{\mathrm{y}}h_{01}}=\frac{29.2\times10^6}{0.9\times270\times\left(255-12\right)}\approx495(\mathrm{mm}^2)$$

经比较后按构造要求配13ϕ12，$A_{\mathrm{s}}=1470\mathrm{mm}^2$，配筋率 $\rho=1470/\left(243\times2400+300\times1200\right)\approx0.156\%>\rho_{\min}$，可知满足要求。

7.7 柱下条形基础设计

柱下条形基础是常用于软弱地基上框架或排架结构的一种基础类型，具有刚度大、调整不均匀沉降能力强等优点，但造价高。因此在一般情况下，柱下应优先考虑设置扩展基础，如遇下述特殊情况，可以考虑采用柱下条形基础。

① 当地基较软弱，承载力较低，而荷载较大时，或地基压缩性不均匀(如地基中有局部软弱夹层、土洞等)时。

② 当荷载分布不均匀、有可能导致较大的不均匀沉降时。

③ 当上部结构对基础沉降比较敏感，有可能产生较大的次应力或影响使用功能时。

7.7.1 构造要求

柱下条形基础一般采用倒T形截面，由肋梁和翼板组成，如图7.32所示。为了具有较大的抗弯刚度以便调整不均匀沉降，肋梁高度不宜太小，一般为柱距的1/8～1/4，并应满足受剪承载力计算的要求。当柱荷载较大时，可在柱两侧局部增高(加腋)，如图7.32(b)所示。一般肋梁沿纵向取等截面，梁每侧比柱至少宽出50mm，当柱垂直于肋梁轴线方向的截面边长大于400mm时，可仅在柱位处将肋部加宽，如图7.33所示。翼板厚度不应小于200mm。当翼板厚度为200～250mm时，宜用变厚度翼板，其坡度小于或等于1∶3。

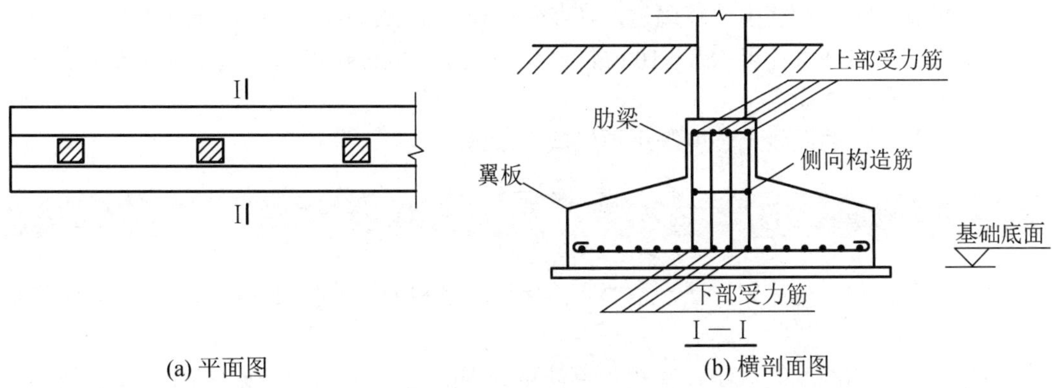

(a) 平面图　　(b) 横剖面图

图7.32 柱下条形基础

为了调整基础底面形心位置，使基础底面压力分布较为均匀，并使各柱下弯矩与跨中弯矩趋于均衡以利配筋，条形基础端部应沿纵向从两端边柱外伸，外伸长度宜为边跨跨距的0.25～0.30倍。当荷载不对称时，两端伸出长度可不相等，以使基础底面形心与荷载合力作用点重合。但也不宜伸出太多，以免基础梁在柱位处正弯矩太大。

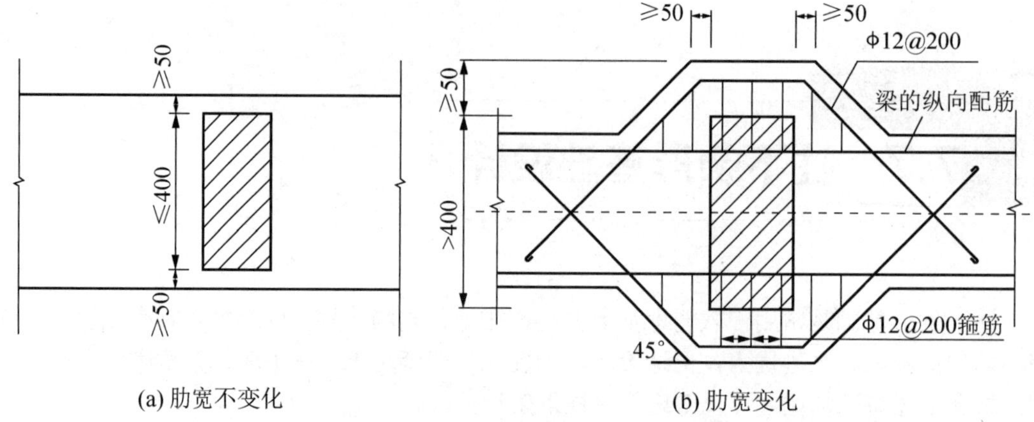

(a) 肋宽不变化　　(b) 肋宽变化

图 7.33　现浇柱与肋梁的平面连接和构造配筋(单位：mm)

基础肋梁的纵向受力钢筋、箍筋和弯起筋应按弯矩图和剪力图配置。柱位处的纵向受力钢筋布置在肋梁底面，而跨中的纵向受力钢筋则布置在顶面。底面纵向受力钢筋的搭接位置宜在跨中，而顶面纵向受力钢筋的搭接位置则宜在柱位处，其搭接长度应满足要求。考虑到柱下条形基础可能出现整体弯曲，且其内力分析往往不很准确，故顶面的纵向受力钢筋宜全部通长配置，底面通长钢筋的面积不应少于底面受力钢筋总面积的 1/3。

当基础梁的截面积的腹板高度大于或等于 450mm 时，在梁的两侧面应沿高度配置纵向构造钢筋，每侧构造钢筋面积不应小于腹板截面积的 0.1%，且其间距不宜大于 200mm。梁两侧的纵向构造钢筋宜用拉筋连接，拉筋直径与箍筋相同，间距为 500～700mm，一般为两倍的箍筋间距。箍筋应采用封闭式，其直径一般为 6～12mm，对高度大于 800mm 的梁，其箍筋直径不宜小于 8mm，箍筋间距按有关规定确定。当梁宽小于或等于 350mm 时，采用双肢箍筋；梁宽为 350～800mm 时，采用四肢箍筋；梁宽大于 800mm 时，采用六肢箍筋。

翼板的横向受力钢筋由计算确定，但直径不应小于 10mm，间距为 100～200mm。非肋部分的纵向分布钢筋直径可为 8～10mm，间距不大于 300mm。其余构造要求可参照钢筋混凝土扩展基础的有关规定。

柱下条形基础的混凝土强度等级不应低于 C20。

7.7.2 内力计算

柱下条形基础内力计算方法，主要有简化计算法和弹性地基梁法两种。以下介绍简化计算法。

根据上部结构刚度的大小，简化计算法可分为静定分析法(静定梁法)和倒梁法两种。这两种方法均假设基础底面反力为直线(平面)分布。为满足这一假定，要求柱下条形基础具有足够的相对刚度。当柱距相差不大时，通常要求基础上的平均柱距 l_m 满足下列条件。

$$l_m \leqslant 1.75\left(\frac{1}{\lambda}\right) \tag{7-54}$$

式中　$1/\lambda$ ——文克勒地基上梁的特征长度，$\lambda=\sqrt[4]{kb/(4EI)}$。

对一般柱距及中等压缩性的地基，按上述条件进行分析，条形基础的高度应不小于平均柱距的 1/6。

当上部结构的刚度很小(如单层排架结构)时，宜采用静定分析法。计算时先按直线分布假定求出基础底面净反力，然后将柱荷载直接作用在基础梁上。这样，基础梁上所有作用力都已确定，故可按静定力平衡条件计算出任一截面 i 上的弯矩 M_i 和剪力 V_i，如图 7.34 所示。由于静定分析法假定上部结构为柔性结构，即不考虑上部结构刚度的有利影响，因此在荷载作用下基础梁将产生整体弯曲。与其他方法比较，这样计算所得的基础最不利截面上的弯矩绝对值可能偏大很多。

倒梁法假定上部结构是绝对刚性的，各柱之间没有沉降差异，因而可以把柱脚视为条形基础的铰支座，对基础梁按倒置的普通连续梁(采用弯矩分配法或弯矩系数法)计算，而荷载则为直线分布的基础底面净反力 bp_{j}(kN/m)及除去柱的竖向集中力所余下的各种作用(包括柱传来的力矩)，如图 7.35 所示。这种计算方法只考虑出现于柱间的局部弯曲，而略去沿基础全长发生的整体弯曲，因而所得的弯矩图正负弯矩最大值较为均衡，基础不利截面的弯矩最小。倒梁法适用于上部结构刚度很大的情况。

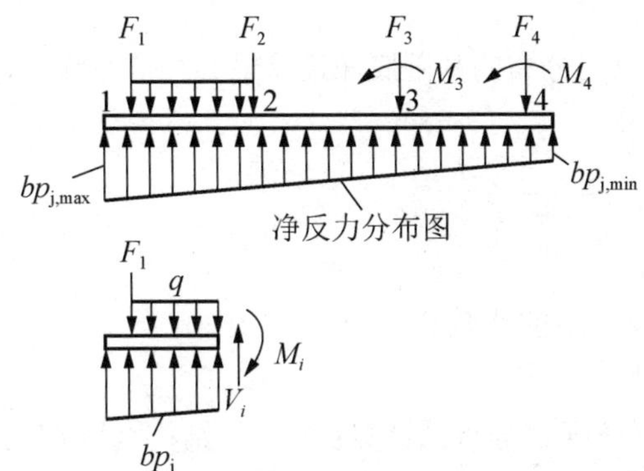

图 7.34 按静定力平衡条件计算柱下条形基础的内力

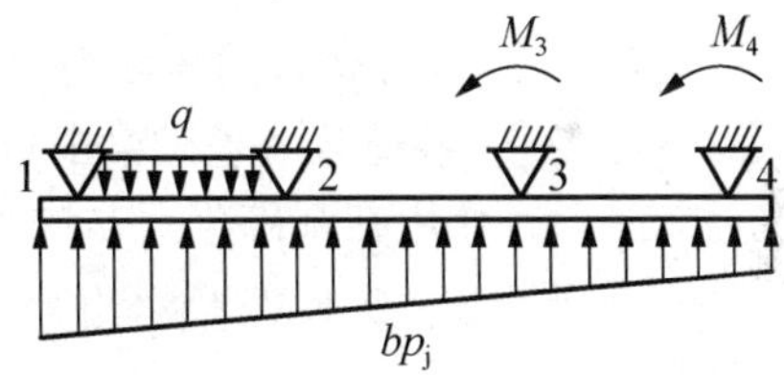

图 7.35 倒梁法计算简图

综上所述，在较均匀的地基上，当上部结构刚度较好，荷载分布和柱距较均匀(如相差不超过 20%)且条形基础梁的高度不小于 1/6 柱距时，基础底面反力可按直线分布，基础梁的内力可按倒梁法计算。

当条形基础的相对刚度较大时，由于基础的架越作用，其两端边跨的基础底面反力会有所增大，故两边跨的跨中弯矩及第一内支座的弯矩值宜乘以 1.2 的增大系数。需要指出的是，当荷载较大、土的压缩性较高或基础埋置深度较浅时，随着端部基础底面下塑性区的开展，架越作用将减弱、消失，甚至出现基础底面反力从端部向内转移的现象。

柱下条形基础的计算步骤如下。

(1) 确定基础底面尺寸。

将柱下条形基础视为一狭长的矩形基础，其长度 l 主要按构造要求决定(只要决定伸出边柱的长度)，并尽量使荷载的合力作用点与基础底面形心相重合。

当轴心荷载作用时，基础底面宽度 b 为

$$b \geqslant \frac{\sum F_{\mathrm{k}} + G_{\mathrm{wk}}}{\left(f_{\mathrm{a}} - 20d + 10h_{\mathrm{w}}\right)l} \tag{7-55}$$

当偏心荷载作用时，先按式(7-55)初定基础宽度并适当增大，然后按式(7-56)验算基础边缘最大压力是否满足要求。

$$p_{k,max} \leqslant 1.2 f_a \tag{7-56}$$

式中　$\sum F_k$——相应于作用的标准组合时，各柱传来的竖向力之和(kN)。

G_{wk}——作用在基础梁上墙的自重(kN)。

d——基础平均埋置深度(m)。

h_w——当基础埋置深度范围内有地下水时，基础底面至地下水位的距离(m)；无地下水时，$h_w = 0$。

f_a——修正后的地基承载力特征值。

(2) 基础底板计算。

柱下条形基础底板的计算方法与墙下钢筋混凝土条形基础相同。在计算基础底面净反力设计值时，荷载沿纵向和横向的偏心都要予以考虑。当各跨的净反力相差较大时，可依次对各跨底板进行计算，净反力可取本跨内的最大值。

(3) 基础梁内力计算。

① 计算基础底面净反力设计值。沿基础纵向分布的基础底面边缘最大和最小线性净反力设计值可按下式计算。

$$bp_{j,min}^{j,max} = \frac{\sum F + G_w}{l} \pm \frac{6\sum M}{l^2} \tag{7-57}$$

式中　$\sum F$——各柱传来的竖向力设计值之和；

$\sum M$——各荷载对基础梁中点的力矩设计值的代数和；

G_w——作用在基础梁上非均布的墙自重设计值。

② 内力计算。当上部结构刚度很小时，可按静定分析法计算；当上部结构刚度较大时，则按倒梁法计算。

采用倒梁法计算时，计算所得的支座反力一般不等于原有的柱子传来的轴力。这是因为假定反力呈直线分布及视柱脚为不动铰支座都可能与事实不符，另外上部结构的整体刚度对基础整体弯矩有抑制作用，使柱荷载的分布均匀化。若支座反力与相应的柱轴力相差较大(如相差 20%以上)，则可采用实践中提出的“基础底面反力局部调整法”加以调整。此法是将支座反力与柱子的轴力之差(正的或负的)均匀分布在相应支座两侧各 1/3 跨度范围内(对边支座的悬臂跨则取全部)，作为基础底面反力的调整值，然后再按反力调整值作用下的连续梁计算内力，最后与原算得的内力叠加。经调整，不平衡力将明显减小，一般调整 1～2 次即可。

肋梁的配筋计算与一般的钢筋混凝土 T 形截面梁相仿，即对跨中按 T 形截面、对支座按矩形截面计算。当柱荷载对单向条形基础有扭力作用时，应做抗扭计算。

需要特别指出的是，静定分析法和倒梁法实际上代表了两种极端情况，且有诸多前提条件。因此，在对条形基础进行截面设计时，切不可拘泥于计算结果，而应结合实际情况和设计经验，在配筋时做某些必要的调整。这一原则对下面将要讨论的其他梁板式基础也是适用的。

7.8 筏形基础设计

7.8.1 概述

高层建筑物荷载往往很大，当地基承载力较低时，需要很大的基础底面积。当采用交叉条形基础不能满足地基承载力要求或采用人工地基不经济时，可以采用钢筋混凝土满堂红基础，即筏形基础。筏形基础不仅能减少地基土的单位面积压力，还能增强基础的整体刚度，调整不均匀沉降，因而在多层和高层建筑中被广泛采用。本章采用的行业规范是 JGJ 6—2011《高层建筑筏形与箱形基础技术规范》，同时参考 GB 50007—2011《建筑地基基础设计规范》的相关内容。

筏形基础的选用原则如下。

(1) 在软土地基上，用柱下条形基础或柱下交叉条形基础不能满足上部结构对变形的要求和地基承载力的要求时，可采用筏形基础。

(2) 当建筑物的柱距较小而柱的荷载又很大，或柱的荷载相差较大将会产生较大的沉降差，需要增加基础的整体刚度以调整不均匀沉降时，可采用筏形基础。

(3) 当建筑物有地下室或大型贮液结构(如水池、油库等)时，结合使用要求，筏形基础将是一种理想的基础形式。

(4) 风荷载及地震荷载起主要作用的建筑物，当要求基础有足够的刚度和稳定性时，可采用筏形基础。

筏形基础根据其构造，又分成平板式和梁板式两种基础类型，应根据地基土质、上部结构体系柱距、荷载大小及施工条件等确定。

1. 平板式筏形基础

此种基础的底板是一块厚度相等的钢筋混凝土平板，其厚度一般为 0.5～1.5m。平板式基础适用于柱荷载不大、柱距较小且等柱距的情况。当荷载较大时，可适当加大柱下的板厚。底板的厚度可以按每一层 50mm 初步确定，然后校核抗冲切强度。底板厚度不得小于 20mm。通常对 5 层以下的民用建筑，其厚度应大于或等于 250mm；对于 6 层民用建筑，厚度应大于或等于 300mm。

平板式筏形基础如图 7.36 所示，其混凝土用量较多，但它不需要模板，施工简单、建造速度快，因而常被采用。对于框架-核心筒结构和筒中筒结构，宜采用平板式筏形基础。

2. 梁板式筏形基础

筏形基础大多采用梁板式，当柱网间距大时，可加肋梁使基础刚度增大。梁板式结构又分成单向肋和双向肋两种形式。

(1) 单向肋：是将两根或两根以上的柱下条形基础中间用底板将其联结成一个整体，以扩大基础的底面积并加强基础的整体刚度，如图 7.37(a)所示。

(2) 双向肋：在纵、横两个方向上的柱下都布置肋梁，有时也可在柱网之间再布置次肋梁以减小底板的厚度，如图 7.37(b)所示。

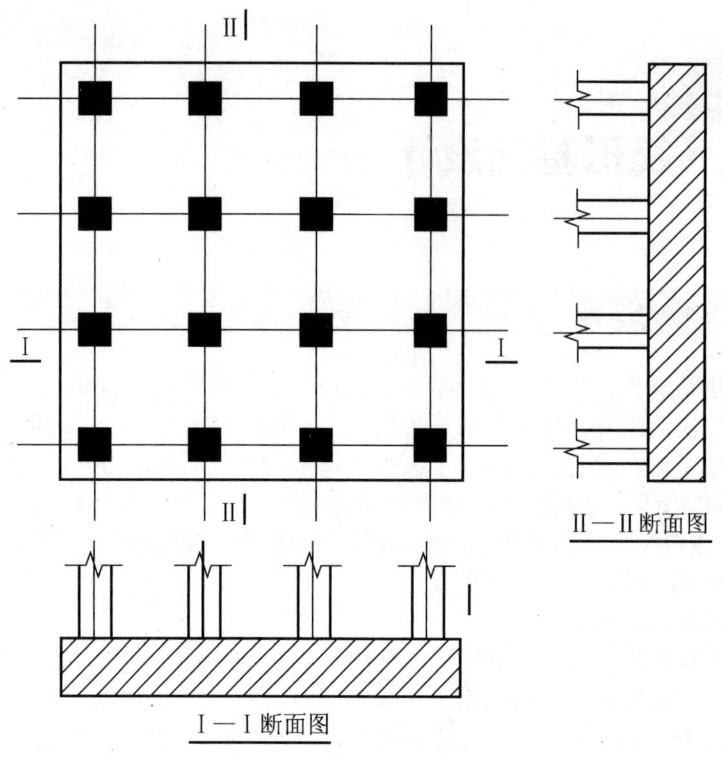

图 7.36　平板式筏形基础

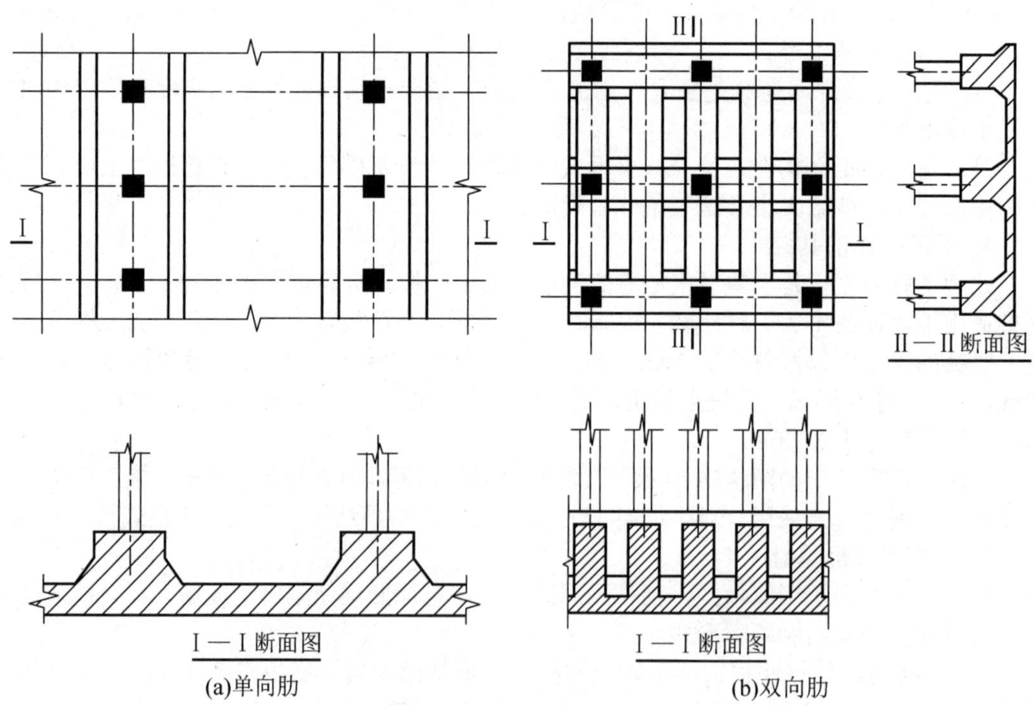

图 7.37　梁板式筏形基础

7.8.2 筏形基础的地基验算及构造要求

1. 筏形基础的地基验算

(1) 筏形基础的基础底面压力计算。

① 当轴心荷载作用时，筏形基础的基础底面压力按下式计算。

$$p_k = \frac{F_k + G_k}{A} \tag{7-58}$$

式中 p_k——相应于作用的标准组合时，基础底面处的平均压力值(kPa)。

F_k——相应于作用的标准组合时，上部结构传至基础顶面的竖向力值(kN)。

G_k——基础自重和基础上的土重之和(kN)；在稳定的地下水位以下的部分，应扣除水的浮力。

A——基础底面面积(m^2)。

② 当偏心荷载作用时，如果将坐标原点置于基础底板形心处，则筏形基础的基础底面反力可按下式计算。

$$p_k(x,\ y) = \frac{F_k + G_k}{A} \pm \frac{M_x y}{I_x} \pm \frac{M_y x}{I_y} \tag{7-59}$$

式中 M_x、M_y——竖向荷载F_k对通过基础底面形心的x轴和y轴的力矩(kN · m)；

I_x、I_y——基础底面面积对x轴和y轴的惯性矩(m^4)；

x、y——计算点的x轴和y轴的坐标(m)。

(2) 地基持力层承载力验算。

① 非地震区筏形基础地基承载力验算时，地基持力层应满足以下要求。

$$\left.\begin{aligned} p_k &\leqslant f_a \\ p_{k,max} &\leqslant 1.2 f_a \end{aligned}\right\} \tag{7-60}$$

式中 $p_{k,max}$——相应于作用的标准组合时，筏形基础底面边缘的最大压力值(kPa)；

f_a——修正后的地基承载力特征值(kPa)，根据 GB 50007—2011《建筑地基基础设计规范》的规定进行深度和宽度修正。

对于非抗震设防的高层建筑筏形基础，除满足式(7-60)之外，还要满足下式。

$$p_{k,min} \geqslant 0 \tag{7-61}$$

式中 $p_{k,min}$——相应于作用效应标准组合时，筏形基础底面边缘的最小压力值(kPa)。

应尽可能使荷载合力重心与筏形基础底面形心相重合。如果偏心较大，或者不能满足式(7-60)第二式的要求，为减小偏心距和扩大基础底面面积，可将筏板外伸悬挑。

② 对于抗震设防的建筑，筏形基础的底面压力除应符合上述要求外，尚应按下列公式验算地基抗震承载力。

$$p_k \leqslant f_{aE} \tag{7-62}$$

$$p_{k,max} \leqslant 1.2 f_{aE} \tag{7-63}$$

$$f_{aE} = \zeta_a f_a \tag{7-64}$$

式中 p_k、$p_{k,max}$——地震效应标准组合时，筏形基础底面的平均压力和最大基础底面压力(kPa)；

f_{aE}——调整后的地基抗震承载力(kPa)；

ζ_a——地基抗震承载力调整系数，按表 7-14 确定。

表 7-14 地基抗震承载力调整系数 ζ_a

岩土名称和性状	ζ_a
岩石，密实的碎石土，密实的砾砂、粗砂、中砂，$f_{ak}=300$ kPa 的黏性土和粉土	1.5
中密和稍密的碎石土，中密和稍密的砾砂、粗砂、中砂，密实和中密的细砂、粉砂，150kPa $\leqslant f_{ak}<$300kPa 的黏性土和粉土	1.3
稍密的细砂、粉砂，100kPa$\leqslant f_{ak}<$150kPa 的黏性土和粉土，新近沉积的黏性土和粉土	1.3
淤泥，淤泥质土，松散的砂、填土	1.0

注：f_{ak} 为地基承载力特征值。

③ 如有软弱下卧层，应验算软弱下卧层强度，验算方法与天然地基浅基础相同。

(3) 基础的沉降。

高层建筑筏形基础的地基变形计算值，应小于建筑物的地基变形允许值，建筑物的地基变形允许值应按地区经验确定。当无地区经验时，应按照 GB 50007—2011《建筑地基基础设计规范》的规定执行。

筏形基础底面面积大，埋置深度也大，基础底面的土由于开挖后继续加载与回填，其沉降变形包括回弹与再压缩变形及由附加应力产生的固结沉降变形两部分。

目前，计算较大埋置深度的筏形基础的沉降主要有三种方法，即 GB 50007—2011《建筑地基基础设计规范》推荐的分层总和法，JGJ 6—2011《高层建筑筏形与箱形基础技术规范》推荐的压缩模量法及变形模量法。本章主要介绍 JGJ 6—2011《高层建筑筏形与箱形基础技术规范》推荐的压缩模量法及变形模量法。

2. 筏形基础的稳定验算

(1) 抗滑移稳定验算。高层建筑在承受地质作用、风荷载或其他水平荷载时，筏形基础的抗滑移稳定性应符合下式要求。

$$K_sQ \leqslant F_1 + F_2 + (E_a + E_p)l \tag{7-65}$$

式中 K_s——抗滑移稳定安全系数，取 1.3；

Q——作用在基础顶面的风荷载、水平地震作用或其他水平荷载(kN)，风荷载、地震作用分别按 GB 50009—2012《建筑结构荷载规范》、GB 50011—2010《建筑抗震设计规范》(2016 年版)确定；

F_1——基础底面摩擦力合力(kN)；

F_2——平行于剪力方向的侧壁摩擦力合力(kN)；

E_a、E_p——垂直于剪力方向的地下结构外墙面单位长度上的主动土压力合力、被动土压力合力(kN/m)；

l——垂直于剪力方向的基础边长(m)。

(2) 抗倾覆验算。高层建筑在承受地质作用、风荷载或其他水平荷载或偏心竖向荷载时，筏形基础的抗倾覆稳定性应符合下式。

$$K_rM_c \leqslant M_r \tag{7-66}$$

式中 K_r——抗倾覆稳定系数，$K_r \geqslant 1.5$；

M_c——倾覆力矩(kN · m)；

M_r——抗倾覆力矩(kN · m)。

(3) 软弱土层、不均匀土整体抗倾覆验算，相应要求为

$$KM_s \leqslant M_R \tag{7-67}$$

式中 K——整体抗倾覆稳定系数，取 1.2；

M_s——滑动力矩(kN · m)；

M_R——抗滑动力矩(kN · m)。

(4) 抗浮稳定性验算。当建筑物地下室的一部分或全部在地下水位以下时，应进行抗浮稳定性验算，相应要求为

$$F_k + G_k \leqslant K_f F_f \tag{7-68}$$

式中 F_k——上部结构传至基础顶面的竖向永久荷载(kN)；

G_k——基础自重和基础上的土重之和(kN)；

K_f——抗浮稳定安全系数，可根据工程重要性和确定水位时统计数据的完整性取1.0～1.1；

F_f——水浮力(kN)，在建筑物使用阶段按与设计使用年限相应的最高水位计算，在施工阶段按分析地质状况、施工季节、施工方法、施工荷载等因素后确定的水位计算。

3. 筏形基础的构造

筏形基础的混凝土强度等级应不低于 C30。

(1) 筏形基础底板厚度。筏形基础底板厚度应符合抗冲切、抗弯承载力要求。等厚筏形基础底板最小厚度不应小于 500mm；筏形基础底板厚度与计算区段的最小跨度比不宜小于 1/20。有悬臂筏板，可做成一定的坡度，但边端厚度不应小于 200mm。筏形基础悬挑墙外的长度，横向不宜大于 1000mm，纵向不宜大于 600mm。如果采用不埋式筏形基础，则基础四周必须设置连梁。梁板式筏形基础底板厚度除满足抗冲切、抗弯承载力要求外，还要满足抗剪承载力的要求，且最小厚度不应小于 400mm，板厚与最大双向板格的短边净跨比尚不应小于 1/14，梁板式筏形基础梁的高跨比不宜小于 1/6。

【筏形基础施工测量】

(2) 筏形基础配筋。筏形基础配筋由计算确定，按双向配筋，并考虑下述原则。

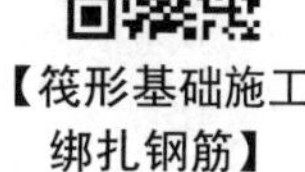

【筏形基础施工绑扎钢筋】

① 平板式筏形基础按上板带和跨中板带分别计算配筋，以柱上板带的正弯矩计算下筋，用跨中板带的负弯矩计算上筋，用柱上和跨中板带正弯矩的平均值计算跨中板带的下筋。

② 梁板式筏形基础在用四边嵌固双向板计算跨中和支座弯矩时，应适当予以折减。对肋梁取柱上板带宽度等于柱距，按 T 形梁计算，肋板也应适当地挑出(1/6～1/3)倍柱距。

配筋除满足上述计算要求外，纵横向支座配筋尚应有 0.15%的配筋率连通，跨中钢筋按实际配筋率全部连通。

筏形基础分布钢筋在板厚度小于或等于 250mm 时，取钢筋直径 d=8mm，间距 250mm；

板厚大于 250mm 时，取 d=10mm，间距 200mm。

对于双向悬臂挑出，但基础梁不外伸的筏形基础，应在板底布置放射状附加钢筋，附加钢筋直径与边跨主筋相同，间距不大于 200mm，一般为 5～7 根。

筏形基础配筋除应符合计算要求外，纵横方向支座钢筋尚应分别有 0.15%、0.10%的配筋率连通，跨中钢筋按实际配筋率全部连通。底板受力钢筋的最小直径不宜小于 8mm。当有垫层时，钢筋的保护层厚度不宜小于 35mm。

7.8.3 筏形基础内力简化计算方法

筏形基础受荷载作用后，可看成是一置于弹性地基上的弹性板，是一个空间力学问题，应用弹性理论精确求解时，计算工作繁重。在工程设计中，大多采用简化计算方法，即将筏形基础看作平面楼盖，将基础板下地基反力作为作用在筏形基础上的荷载，然后如同平面楼盖那样分别进行板、次梁及主梁的内力计算。其中，合理地确定基础底面反力分布是问题的关键。

【筏形基础施工支模】

筏形基础的计算常用简化方法，即将基础假设为绝对刚性，基础底面反力呈直线分布，并按静力学的方法确定。当相邻柱荷载和柱距变化不大时，将筏形基础划分为互相垂直的板带，板带的分界线就是相邻柱列间的中线，然后在纵横方向分别按独立的条形基础计算内力，可采用倒梁法或其他方法。这种分析方法虽然忽略了板带间剪力的影响，但计算简单方便。当框架的柱网在纵横两个方向尺寸的比值小于 2，且在柱网单元内不再布置小肋梁时，可将筏形基础近似地视为一倒置的楼盖，以地基净反力作为荷载，筏形基础底板按双向多跨连续板、肋梁按多跨连续梁计算，即刚性法，这些简化方法在实际工程中得到广泛应用。

如果上部结构和基础的刚度足够大，将筏形基础假设为绝对刚性在实际工程中可认为是合理的。但在一般情况下，筏形基础属于有限刚度板，上部结构、基础和土是共同作用的，应按共同作用的原理分析，或按弹性地基矩形板理论计算。对筏形基础的这类复杂问题，可采用有限差分法和有限单元法等数值方法分析。筏形基础常用内力计算方法分类见表 7-15。

表 7-15　筏形基础常用内力计算方法分类

计算方法	包括方法名称	适用条件	特点
刚性法	板条法、双向板法	柱荷载相对均匀(相邻柱荷载变化不超过 20%)，柱距相对比较一致(相邻柱距变化不超过 20%)，柱距小于 $1.75/\lambda$，或者具有刚性上部结构时	不考虑上部结构刚度作用，不考虑地基、基础的相互作用，假定地基反力按直线分布
弹性地基基床系数法	经典解析法、数值分析法、等代交叉弹性地基梁法	不满足刚性板发生条件时	仍不考虑上部结构刚度作用，仅考虑地基与基础(梁板)的相互作用

注：λ 为基础梁的柔度特征值。

筏形基础底板的内力计算可根据上部结构刚度及筏形基础刚度的大小，采用刚性法或弹性地基基床系数法进行。

当上部结构整体刚度较大，筏形基础下的地基土层分布均匀时，可不考虑整体弯曲而只计局部弯曲产生的内力。当持力层压缩模量 $E_s \leqslant 4\text{MPa}$ 或板厚 H 大于 1/6 墙间距离时，可以认为基础底面反力呈直线或平面分布。符合上述条件的筏形基础的内力可按刚性法计算。

当上部结构刚度与筏形基础刚度都较小时，应考虑地基基础共同作用的影响，而筏形基础内力可采用弹性地基基床系数法计算，即将筏形基础看成弹性地基上的薄板，采用数值方法计算其内力。

以下仅对刚性法做介绍。

采用刚性法时，基础底面的地基净反力可按下式计算。

$$\frac{p_{\text{j,max}}}{p_{\text{j,min}}}=\frac{\sum N}{A}\pm\frac{\sum Ne_y}{W_x}\pm\frac{\sum Ne_x}{W_y} \tag{7-69}$$

式中 $p_{\text{j,max}}$、$p_{\text{j,min}}$——基础底面的最大和最小净反力(kPa)；

$\sum N$——作用于筏形基础上的竖向荷载之和(不计基础板自重，kN)；

e_x、e_y——$\sum N$ 在 x 方向和 y 方向上与基础形心的偏心距(m)；

W_x、W_y——筏形基础底面对 x 轴、y 轴的截面抵抗矩(m^3)；

A——筏形基础底面面积(m^2)。

采用刚性法计算时，在算出基础底面地基净反力后，常使用倒楼盖法和刚性板条法计算筏形基础的内力。

1. 倒楼盖法

倒楼盖法计算基础内力的步骤是将筏形基础作为楼盖，地基净反力作为荷载，底板按连续单向板或双向板计算。采用倒楼盖法计算基础内力时，在两端第一、二开间内，应按计算增加10%～20%的配筋量且上下均匀配置。

2. 刚性板条法

框架体系下的筏形基础也可按刚性板条法计算筏形基础底板内力，其计算步骤如下。

先将筏形基础在 x、y 方向从跨中到跨中划分成若干条带，如图 7.38 所示，而后取出每一条带进行分析。设某条带的宽度为 b、长度为 L，条带内柱的总荷载为$\sum N$，条带内地基净反力平均值为 $\overline{p}_{\text{j}}$，计算两者的平均值 $\overline{p}$ 为

$$\overline{p}=\frac{\sum N+\overline{p}_{\text{j}}bL}{2} \tag{7-70}$$

计算柱荷载的修正系数 α，并按修正系数调整柱荷载。

$$\alpha=\frac{\overline{p}}{\sum N} \tag{7-71}$$

调整基础底面平均净反力，调整值为

$$\overline{p}_{\text{j}}^{*}=\alpha\overline{p}_{\text{j}} \tag{7-72}$$

最后采用调整后的柱荷载及基础底面净反力，按独立的柱下条形基础计算基础内力。

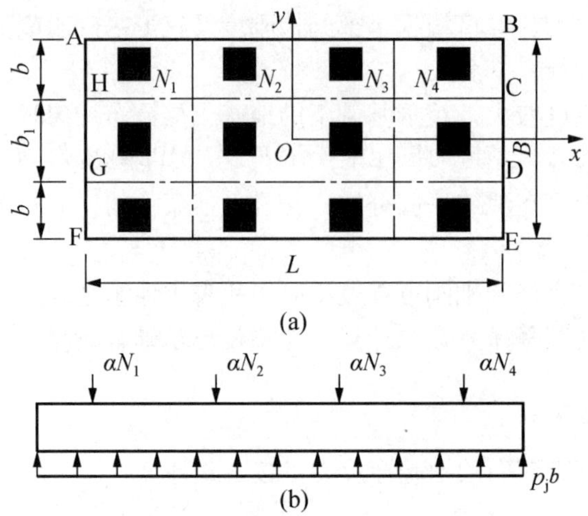

图 7.38　筏形基础的刚性板条划分图

7.9　箱形基础设计

7.9.1　概述

箱形基础是由钢筋混凝土顶板、底板和内外纵横墙体组成的具有相当大的刚度的空间整体结构，埋置于地下一定深度，能与基础底面和周围土体共同工作，从而增加建筑物的整体稳定性，并具有良好的抗震性能。有抗震、人防和地下室要求的高层建筑宜采用箱形基础。由于箱形基础体积所占空间部分挖去的土方重力比箱形基础自重大很多，减小了基础底面附加应力，高层建筑可得以建造在比较软弱的天然地基上，形成所谓的补偿性基础，从而取得较好的经济效果。箱形基础由于荷载重、埋置深、底面积大，其设计与施工较一般天然地基浅基础复杂很多。除应综合考虑地质条件、施工过程和使用要求外，还要考虑地基基础与上部结构的共同作用及相邻建筑的影响。

7.9.2　设计要点

1. 箱形基础的平面尺寸

箱形基础的平面尺寸，应根据地基承载力、地基变形允许值，以及上部结构的布局和荷载分布等条件确定。箱形基础的内外墙应沿上部结构柱网和剪力墙纵横均匀布置，墙体水平截面总面积不宜小于箱形基础外墙外包尺寸的水平投影面积的 1/10。上部结构体型应力求简单、规则，平面布局尽量对称，基础底面平面形心应尽可能与上部结构竖向荷载中心重合，必要时可调整箱形基础的平面尺寸或仅调整箱形基础的底板外伸尺寸以满足要求。当不能重合时，在荷载效应准永久组合下，偏心距 e 宜符合式(7-73)、式(7-74)的要求。对基础平面长宽比大于 4 的箱形基础，其纵墙水平截面积不得小于箱形基础外墙外包尺寸水平投影面积的 1/18。

$$p_{k,\min} \geqslant 0 \tag{7-73}$$

$$e \leqslant 0.1\frac{W}{A} \tag{7-74}$$

式中 W ——与偏心距方向一致的基础底面边缘抵抗矩(kN · m)；

A ——基础底面面积(m^2)。

2. 箱形基础的高度

箱形基础的高度应满足结构承载力、整体刚度和使用功能的要求，其值不宜小于箱形基础长度(不包括地板悬挑部分)的 1/20，并不宜小于 3m。

3. 箱形基础的埋置深度

箱形基础的埋置深度，应满足建筑物对地基承载力、基础倾覆及滑移稳定性、建筑物整体倾斜及抗震设防烈度等要求，还应考虑深基坑开挖极限深度、人工降低地下水位施工可能性及对邻近建筑物的影响等因素。高层建筑同一结构单元内不应局部采用箱形基础，且基础的埋置深度宜取一致，抗震设防区天然地基上的箱形基础的埋置深度一般不宜小于建筑物高度的 1/15。

4. 箱形基础的顶板和底板

箱形基础的顶板和底板要满足整体及局部抗弯刚度的要求。顶板厚度应根据跨度及荷载大小确定，满足抗弯、斜截面抗剪与抗冲切的要求。底板厚度应根据实际受力情况、整体刚度及防水要求确定。顶板厚度一般不应小于 180mm，底板厚度一般不应小于 300mm。如有特殊的要求应另外计算，顶板和底板应按结构特点分别考虑整体与局部抗弯计算配筋，其配筋量除满足设计要求外，纵横方向的支座钢筋尚应有 1/3～1/2 贯通全跨，且配筋率应分别不小于 0.15%、0.10%，而跨中钢筋应按实际配筋率全部贯通。顶板和底板厚度应满足受剪承载力验算的要求，底板还应满足抗冲切承载力的要求。

5. 箱形基础的内外墙

箱形基础的外墙沿建筑物四周布置，内墙一般沿上部结构柱网和剪力墙的位置纵横均匀布置。墙体的水平截面积不应小于箱形基础面积的 1/10。对基础平面长宽比大于 4 的箱形基础，其纵墙水平截面积不得小于箱形基础外墙外包尺寸的水平投影面积的 1/18。箱形基础的墙身厚度应根据实际受力情况及防水要求确定。外墙厚度一般不应小于 250mm，内墙厚度不应小于 200mm。墙体内应设置双向配筋，竖向和水平向钢筋的直径不应小于 10mm，间距不应大于 200mm。除上部为剪力墙外，内外墙的墙顶处宜配置两根直径不小于 20mm 的钢筋。门洞应尽可能开设在柱中部，洞边至上层柱中心的水平距离不宜小于 1.2m，其面积不宜大于柱距与箱形基础全高乘积的 1/6，洞口上过梁的高度不宜小于层高的 1/5，洞口四周应配筋加强。

6. 混凝土强度等级的确定

箱形基础混凝土强度等级不应低于 C20，抗渗等级不应小于 0.6MPa。

7. **箱形基础的内力计算**

箱形基础的内力计算实质上是一个求解地基、基础与上部结构相互作用的课题。由于箱形基础本身是一个复杂的空间体系，要严格分析仍有不少困难，因此，目前采用的分析方法是根据上部结构整体刚度的强弱选择不同的简化计算方法。

8. **箱形基础的地基验算**

在地基验算方面，箱形基础与筏形基础是一样的，可参考 7.8.2 节的内容。

本章小结

(1) 浅基础按结构形式，可分为无筋扩展基础、扩展基础、柱下条形基础、筏形基础、箱形基础和独立基础。确定地基基础设计方案时，要结合上部结构类型、荷载大小、地基土性质综合考虑，尽量做到安全适用、经济合理、技术先进、确保质量及保护环境。

(2) 基础的埋置深度，一般是指室外设计地面到基础底面之间的垂直距离，影响基础埋置深度的因素较多，本章列出了四种主要影响因素。在选定合适的持力层后，基础埋置深度一般由冻融条件确定。

(3) 基础底面面积的大小由地基承载力确定，底面确定后，如有软弱下卧层，还需验算软弱下卧层顶面的承载力。

(4) 无筋扩展基础抗弯能力较差，一般由刚性角控制基础的高度，在实际工程中，当基础有一定的埋置深度且荷载较小时可以采用，否则应设计为扩展基础。扩展基础包括墙下钢筋混凝土条形基础和柱下钢筋混凝土独立基础。扩展基础的设计内容包括确定基础底面尺寸、基础高度和基础配筋。

(5) 柱下条形基础根据上部结构刚度的大小，简化计算法可分为静定分析法和倒梁法两种方法，这两种方法均假设基础底面反力为直线分布。

(6) 筏形基础根据构造分为两类，即平板式筏形基础和梁板式筏形基础。筏形基础应进行承载能力极限状态和地基变形计算，并应使荷载合力重心与筏形基础底面形心尽可能重合；若存在软弱下卧层，还应验算软弱下卧层强度。

(7) 箱形基础设计，主要包括基础埋置深度、箱形基础的构造要求和箱形基础的地基验算。

思考题与习题

1．无筋扩展基础和扩展基础采用材料有何不同？
2．地基承载力确定要满足什么要求？确定地基承载力有哪些方法？
3．确定基础埋置深度要考虑哪些因素？
4．柱下条形基础计算静定分析原理和适用条件是什么？
5．何为筏形基础？简述其优点和适用条件。
6．箱形基础的受力特点和适用范围是什么？

7．试述基坑支护结构的类型及试用条件。

8．某柱下条形基础底面宽度 b=1.8m，埋置深度 d=1.2m，地基土为黏土，内摩擦角标准值 $\phi_k = 22°$，黏聚力标准值 $c_k = 10$ kPa；地下水位与基础底面平齐，土的有效重度 γ'=9.5 kN/m^3，基础底面以上土的重度 $\gamma_m = 18.3$kN/m^3，试确定地基承载力特征值 f_a。

9．某承重墙下的条形基础已拟定埋置深度 d=1.2m，地基土为粉质黏土，其重度 $\gamma = 18$kN/m^3，孔隙比 $e = 0.65$，液性指数 $I_L = 0.44$。已知地基承载力特征值 $f_{ak} = 150$ kPa，承重墙传至地面标高处的荷载 $F_k = 210$kN/m，试确定基础宽度为多少比较合适。

10．某柱基础尺寸为 2m×2m，埋置深度 d=1m，承受柱传至地面标高处的轴心荷载 $F_k = 750$ kN。地基土有两层：上层为中砂，中密，厚 3.5m，$\gamma = 18$kN/m^3，$f_{ak} = 180$ kPa，$E_s = 7.5$ MPa；下层为淤泥质黏土，$f_{ak} = 75$ kPa，E_s=2.5MPa，厚度较大。试验算持力层和软弱下卧层的地基承载力是否满足要求。

11．某混凝土承重墙下条形基础，墙厚 0.4m，上部结构传来荷载 $F_k = 290$kN/m^2，$M_k = 10.4$kN·m，基础埋置深度 $d = 1.2$m，地基承载力特征值 $f_{ak} = 160$kN/m^2。试设计该基础。

12．某基坑深 6.0m，采用悬臂排桩支护，排桩嵌固深度为 6.0m，地面无超载，重要性系数 $\gamma_0 = 1.0$。场地内无地下水，土层为砾砂层，$\gamma = 20$kN/m^3，$c = 0$kPa，$\varphi = 30°$，厚 15.0m。问悬臂排桩嵌固稳定安全系数 K 为多少？

第8章 桩 基 础

内容提要

桩基础是当前高层建筑、桥梁及港口等工程中应用极广的一种基础类型。本章以桩基础的设计为主线，介绍桩基础设计的内容和原则、桩基础的分类、单桩承载力的确定方法、单桩和群桩在竖向荷载作用下的工作性能、承台的设计内容与计算方法等。

能力要求

掌握桩基础的类型、单桩竖向极限承载力的确定方法、桩基础及承台的设计内容及计算方法，能够独立设计桩基础；熟悉单桩的荷载传递机理和影响因素，以及群桩效应对工程的影响。

8.1 概 述

8.1.1 桩基础的特点和应用范围

桩是一种柱状细长构件，埋置于土中，能将上部结构的荷载传递至稳定性良好的岩土层。我国长江下游河姆渡遗址考古发现，早在新石器时代人们就开始利用木桩作为房屋基础。随着现代科学技术的快速发展，桩基础的种类、材料、施工机具、施工工艺、设计理论和方法等也取得了令人瞩目的提升。目前我国使用的最长桩已超过100m，最大直径可达4m以上，年用桩量居世界之首。如某银行大楼为11层框架-剪力墙结构，外立面采用全玻璃幕墙，有一层地下金库，对防水和沉降要求高。场地地质情况如下：杂填土厚度2.5m；粉砂层厚度8m，承载力100kPa，有较严重的液化现象；淤泥质黏土厚度5m；粉细砂层厚度13m，承载力280kPa，土质密实。该项目可供选择的基础工程方案有箱形基础、人工地基和桩基础。箱形基础方案只能以粉砂层为持力层，从结构本身看好像不存在问题，但隔墙较多，影响地下室的使用功能，且持力土层有液化危险，对抗震设防不利，所以箱形基础无法满足本工程的要求。如果采用人工地基处理，需要加固的范围和深度都较大，造价高，工期长。最后选择了桩基础方案，以粉细砂层为桩端持力层，工程取得了成功。

从上述实例可以看出，当天然地基浅部土层的土质不良或荷载过重、采用浅基础无法满足承载力或变形要求、考虑技术经济条件等因素不宜采用人工地基时，可选用桩基础方案。

桩基础是最常见的深基础形式，桩周围土层提供的侧向阻力和桩端土层提供的端部阻力共同平衡上部结构荷载，这是桩基础区别于浅基础的重要特点。总体上，桩基础可以分为单桩基础和群桩基础两种：单桩基础由柱与单根桩直接连接构成，柱荷载直接传给桩，再由桩传到岩土层中；群桩基础由多根桩与桩顶承台共同组成，柱或墙的荷载首先传给承台，通过承台的分配和调整再传到其下的各根单桩，最后传给地基。群桩基础中的单桩称为基桩。按照承台与地面相对位置的不同，群桩基础可分为低承台桩基础和高承台桩基础，如图8.1所示。在工业与民用建筑中，绝大多数采用低承台桩基础，高承台桩基础则多用于桥梁工程、港口工程或海洋结构工程中。

桩的主要优点如下。

(1) 竖向承载力高，适用于竖向荷载大而集中的高层建筑、重型厂房及特殊的构筑物基础。

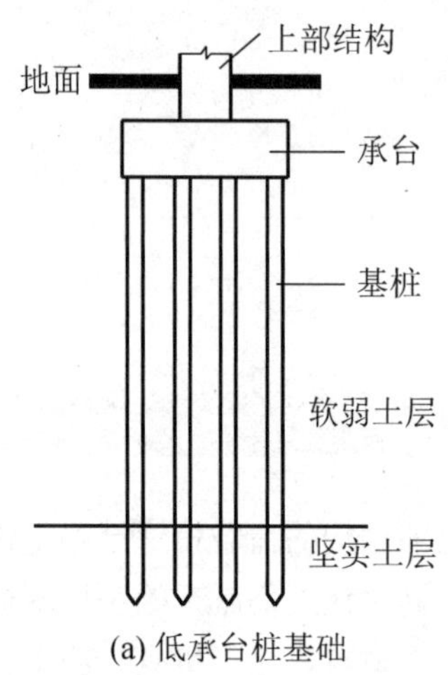

(a) 低承台桩基础

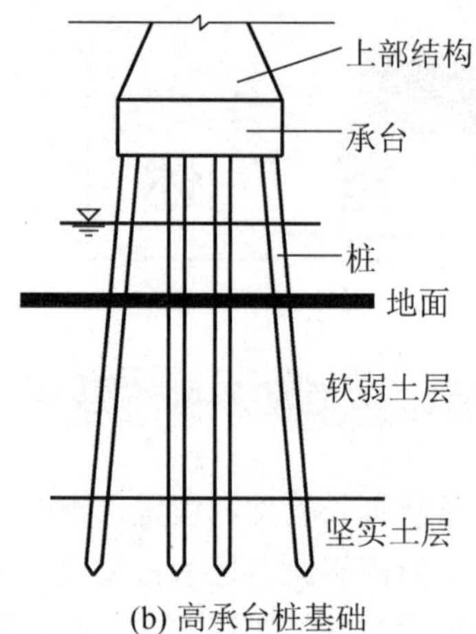

(b) 高承台桩基础

图 8.1　群桩基础示意

(2) 沉降量小，可用于对沉降要求高的建筑物或精密设备的基础。有的建筑物专门利用一定数量的桩来抵抗沉降，称为“减沉桩”。

(3) 能承受一定的水平荷载和上拔荷载，在桥梁、高结构物或支挡结构中用于承受侧向风力、波浪力、土压力或竖向上拔荷载，如“抗滑桩”和“抗拔桩”。

(4) 可提高地基基础的刚度，改变自振频率。

(5) 可提高建筑物的抗震能力。

虽然桩的优点很多，但如果不考虑具体情况而盲目采用，也并不能取得好的工程效果。如在饱和黏土层中不当地使用沉管挤土灌注桩，会引起地面隆起和桩上浮，导致桩的质量问题和上部结构开裂；在深厚的杂填土中采用桩基础，会引起较大的负摩阻力，导致施工困难。

根据工程经验，下列情况中可考虑采用桩基础方案。

(1) 采用天然地基浅基础时承载力不能满足要求的建筑物。

(2) 不允许地基有过大沉降和不均匀沉降的高层建筑物或其他重要的建筑物。

(3) 重型工业厂房和荷载过大的建筑物，如设有大吨位重级工作制吊车的车间及仓库等。

(4) 需要承受水平荷载或上拔荷载的建筑物基础工程，如烟囱、输电塔等。

(5) 需减小基础振幅、减弱基础振动对结构的影响或需要控制基础沉降和沉降速率的大型、精密设备基础。

(6) 软弱地基或某些特殊性土上的永久性建筑物，或以桩基础作为地震区结构抗震措施。

(7) 水下建筑物基础，如桥梁基础、石油钻井平台基础等。

8.1.2 桩基础的设计原则

对已有桩基础事故进行分析，可以看出绝大多数都是由于地基沉降过大或不均匀沉降引起的。桩基础的承载力受沉降变形影响，往往随沉降增加而增大，这种特点使桩的“极限承载力”难以确定。另外，为了满足建筑物的使用功能要求，在承载力还有潜力时，变形通常已经达到限值并成为控制条件。所以，与其他基础工程设计原则一样，桩基础也是按照沉降变形来控制设计的。

桩基础的承载力用特征值 R_a 表示，其含义为在发挥正常使用功能时所允许采用的桩抗力设计值，是一种允许承载力。当采用群桩基础时，宜考虑桩、土和承台的共同作用。所有桩基础的设计应满足下列基本条件。

(1) 单桩承受的荷载不应超过单桩承载力特征值。

(2) 建筑桩基础的沉降变形计算值不应大于桩基础沉降变形允许值。

(3) 位于坡地、岸边的桩基础应进行整体稳定性验算。

(4) 桩身和承台本身的承载力、变形和裂缝均应满足结构设计要求。

另外，对于特殊条件下的桩基础，应进行特别的验算，如考虑特殊土对桩基础的影响、负摩阻力对桩基础的影响、软弱下卧层验算、桩基础抗震验算或桩基础的抗拔承载力验算等。

8.1.3 桩基础的设计等级

不同建筑桩基础发生问题时，对建筑物的破坏或影响正常使用的程度是不一样的。为了区别各种建筑桩基础的重要性，综合考虑建筑物规模、体型与功能特征、场地地质与环境的复杂程度，按 JGJ 94—2008《建筑桩基技术规范》，应将桩基础设计分为表 8-1 所列的三个设计等级。

表 8-1 桩基础的设计等级

设计等级	建筑类型
甲级	(1) 重要的建筑； (2) 30 层以上或高度超过 100m 的高层建筑； (3) 体型复杂且层数相差超过 10 层的高低层(含纯地下室)连体建筑； (4) 20 层以上框架-核心筒结构及其他对差异沉降有特殊要求的建筑； (5) 场地和地基条件复杂的 7 层以上的一般建筑及坡地、岸边建筑； (6) 对相邻既有工程影响较大的建筑
乙级	除甲级、丙级以外的建筑
丙级	场地和地基条件简单、荷载分布均匀的 7 层及 7 层以下的一般建筑

桩基础的设计等级不同，对桩基础的勘察要求、试验要求、设计计算要求等也各不相同。总的来说，甲级桩基础的要求最严格，在建设费用增加的同时能获得更高的可靠性。比如，勘察时甲级桩基础要求布置三个控制性钻孔，而乙级桩基础可仅布置两个控制性钻孔；在确定单桩极限承载力时，甲级桩基础必须做单桩静载荷试验确定，而丙级桩基础则可根据原位测试和经验参数等相对简单的方法确定。

8.2 桩和桩基础的分类

桩基础的类型众多，为了了解各种桩型的受力特点和施工工艺，在实际工作中更有效地选择适用桩型，一般根据桩的承载性状、施工方法和挤土效应对桩基础进行分类。

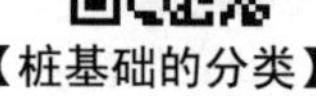

【桩基础的分类】

【中国尊桩基础及深基坑施工】

8.2.1 按桩基础的承载性状分类

桩基础的重要受力特点是桩周土与桩端土共同承受上部荷载，但随着地层条件、桩的长径比和成桩工艺的不同，桩周土的侧摩阻力与桩端土的端阻力分担的荷载比例各不相同，有的时候侧摩阻力占优势，有的时候端阻力占优势。根据侧摩阻力与端阻力所占的份额，可以将桩基础按承载性状分为端承型桩和摩擦型桩，如图 8.2 所示。

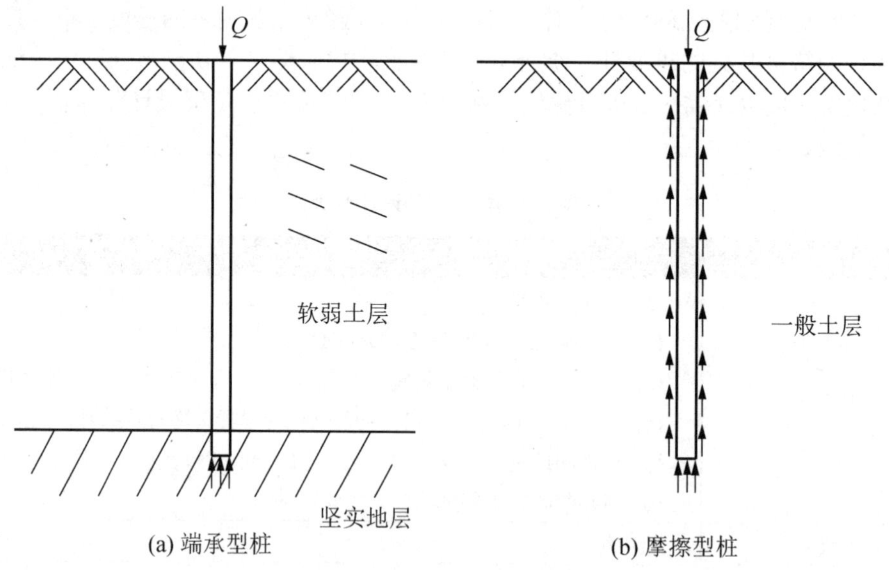

图 8.2　按桩基础的承载性状分类

1. 端承型桩

桩顶荷载全部或主要由桩端阻力承担的桩称为端承型桩，又可进一步细分为端承桩与摩擦端承桩。

(1) 端承桩：在承载能力极限状态下，桩顶竖向荷载由桩端阻力承受，桩侧摩阻力小到可忽略不计的桩。一般这类桩的长径比较小（$l/d \leqslant 10$），桩身穿越软弱土层，桩端设置在密实砂层和碎石类土层中，或支承在岩石上。此时，桩侧软弱土层提供的侧摩阻力有限，端部坚实地层提供的端阻力构成全部承载力或绝大部分承载力。

【端承型桩与摩擦型桩的区别】

(2) 摩擦端承桩：在承载能力极限状态下，桩顶竖向荷载主要由桩端阻力承受的桩。如果桩端进入中密的砂类、碎石类土层，能够提供较大的端阻力，同时桩周土不太软弱，总侧摩阻力虽然占次要地位但仍不可忽略，则形成摩擦端承桩。

2. 摩擦型桩

桩顶荷载全部或主要由桩侧摩阻力承担的桩称为摩擦型桩，又可进一步细分为摩擦桩与端承摩擦桩。

(1) 摩擦桩：在承载能力极限状态下，桩顶竖向荷载由桩侧摩阻力承受，桩端阻力可忽略不计的桩。当桩长径比很大，桩顶荷载尚未传至桩端就被侧摩阻力抵消殆尽时，不论桩端地层情况如何，都不存在端阻力；或者由于地层方面的原因，桩端没有坚实的持力层；或者由于施工方面的原因，桩端存在脱空、残渣或浮土等情况而无法提供有效的端阻力，都将形成摩擦桩。

(2) 端承摩擦桩：在承载能力极限状态下，桩顶竖向荷载主要由桩侧摩阻力承受的桩。与摩擦端承桩相反，端承摩擦桩的侧摩阻力占优势，端阻力占较小部分，但不可忽略。

嵌岩桩是一种承载性状比较特殊的桩型，当桩端置于完整的基岩面上且桩较短时，可视为端承桩；当桩端进入基岩一定深度，通常大于 $3d$(d 为桩身直径)时，基岩对嵌岩段桩侧的阻力较大，这种侧摩阻力可称为嵌固阻力，它与土层侧摩阻力和岩层端阻力一起构成很高的嵌岩桩承载力。

8.2.2 按桩基础的施工方法分类

根据施工方法的不同，桩基础可分为预制桩和灌注桩两大类。

1. 预制桩

预制桩是用钢筋混凝土、钢材或木材在现场或工厂制作后，以锤击、振动或静压等方式设置的桩。

(1) 钢筋混凝土预制桩。钢筋混凝土预制桩按截面形状可分为实心方桩、空心方桩、实心圆桩和空心圆桩等各种桩型。其中实心方桩最为常见，截面边长一般为 350～550mm。空心圆桩截面多为圆管形，通常是在工厂用离心旋转法施工的预应力高强混凝土管桩(PHC 桩)或预应力混凝土管桩(PC 桩)，直径一般为 300～1000mm，管壁厚 60～140mm。图 8.3 所示为钢筋混凝土预制管桩。桩的下端设有圆锥形或十字形桩尖(图 8.4)。当持力层为密实砂和碎石类土时，可在桩尖处包钢板桩靴以加强桩尖。现场制作的预制桩长度一般不超过 30m，工厂制作的预制桩为了方便运输，长度一般不超过 15m。如果长度不够，应在现场接桩，接头强度应不低于桩身强度。常见的连接方法有钢板焊接、法兰盘螺栓连接和机械

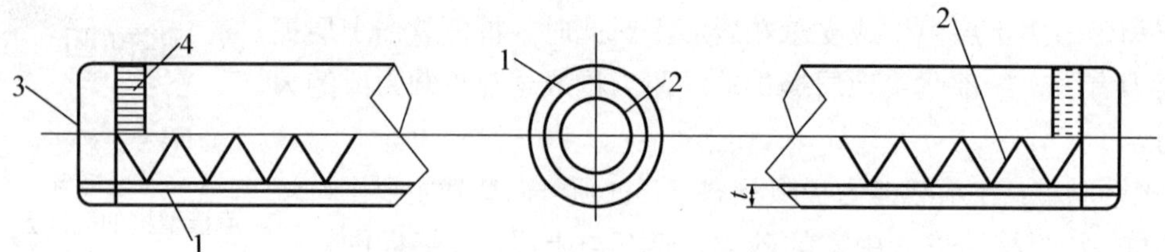

1—预应力筋；2—螺旋箍筋；3—端头板：4—钢套箍；t—壁厚

图 8.3　钢筋混凝土预制管桩

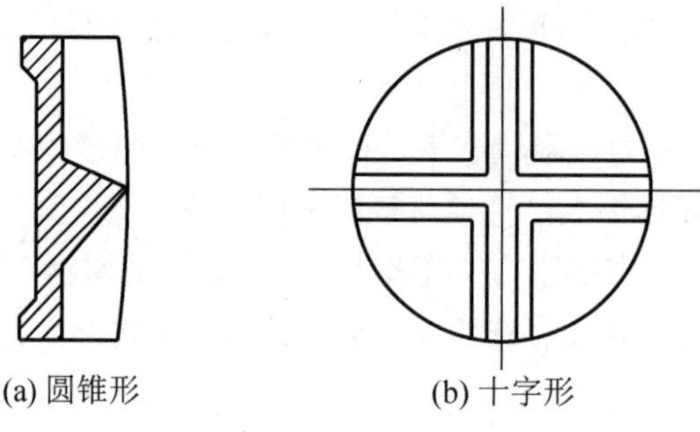

(a) 圆锥形　　(b) 十字形

图 8.4　桩尖

【桩基础工程施工】

【各种桩类型图片】

【预制桩的施工内容】

快速连接(螺纹式和啮合式)三种，接桩应严格按相关规程操作，防止沉桩时由于锤击拉应力和土体上涌导致接头拉断。如果最后一根桩有多余的长度，则需要截桩，截断至设计标高。混凝土预制桩的优点是便于机械化施工，效率较高，桩身质量容易得到保证，不受地下水位的影响。其缺点是接桩和截桩费工费料，桩身配筋受运输、起吊、沉桩等各阶段的应力控制，用钢量较大；当持力层以上有坚硬土层时，混凝土预制桩沉桩困难，往往需要通过射水和预钻孔等助沉措施才能沉桩。

(2) 钢桩。工程上常用的钢桩有管形、H 形和其他异形钢桩。钢桩的分段长度一般为 12～15m，施工时采用等强度焊接接桩。管形钢桩常称钢管桩。钢管桩的直径一般为 400～2000mm，管壁厚 9～50mm。钢管桩端部有闭口和敞口两种，闭口钢管桩可以采用平底或锥底，敞口钢管桩端部可带加强箍来增强穿透力，也可加不同数量的隔板。敞口钢管桩的承载机理比闭口钢管桩复杂，这是由于在沉桩过程中，桩端部分土将涌入管内形成“土塞”，“土塞”的高度及闭塞效果随管径、管壁厚、土性、桩进入持力层的深度等诸多因素而变化，而桩端土的闭塞程度又直接影响桩的承载性状，这种现象称为“土塞效应”。敞口钢管桩易于打入，但端部承载力较闭口钢管桩小。H 形钢桩对桩周土的扰动较小，但其刚度不如钢管桩，应注意避免失稳。钢桩的优点是材料强度高，能承受强大的冲击力，可贯穿硬夹层进入良好的持力层而获得较高的承载力，同时能较好地控制沉降，相对于混凝土预制桩，其质量较轻，装卸运输方便；其缺点是用钢量大、成本高，同时存在钢桩腐蚀问题，正常条件下的埋地钢桩，腐蚀速度并不是很快，但在地下水位波动区和地层存在腐蚀性介质时应特别注意钢桩的防腐。钢桩的防腐处理可采用表面涂防腐层、增加腐蚀余量及阴极防护等方法。

(3) 木桩。木桩常用整根圆木做成。所用木材须坚固耐久，可选杉木、松木和橡木等。木桩在淡水中是耐久的，但在干湿交替的环境中易腐蚀。使用时应将木桩打入最低地下水位以下 0.5m。桩顶应锯平加箍，桩尖应削成锥形，必要时加铁靴。木桩质量轻，便于加工、运输，但因其承载力低，耗费木材量大，现在已很少使用，只在盛产木材地区及某些应急工程中使用。

预制桩的沉桩方法按沉桩机具不同，可分为锤击法、振动法和静压法，应根据场地土的工程地质条件、施工条件、建筑环境要求、桩的类型和密集程度等综合考虑。一般来讲，锤击法和振动法沉桩的适用土层广泛，但施工噪声大，不宜在城市使用；静压法利用无噪声的机械将预制桩压入持力层，对环境影响小，适用于软弱土层。

【灌注桩的特点和质量保证措施】

2. 灌注桩

灌注桩是直接在现场设计桩位处开孔，然后在孔内放入钢筋笼，再灌注混凝土而形成的桩。灌注桩可以做成大直径桩或扩底桩。与预制钢筋混凝土桩相比，其具有如下优点：①只需按使用期桩身的内力大小配筋，含钢量较低；②桩长、桩径按实际灌注，省工省料。由于灌注桩是在地下隐蔽条件下成形的，可能产生塌孔、桩底沉淹、桩径缩小、断桩、桩身夹泥等施工质量问题，因此保证灌注桩承载力的关键在于施工时的成桩质量。对较重要的建筑物，有必要进行现场质量检测。

【桩基工程质量检测方法】

灌注桩的种类繁多，国内外有不下数十种。按其成桩方法，总体上可归纳为沉管灌注桩和成孔灌注桩两大类。

(1) 沉管灌注桩。沉管灌注桩是指用锤击、振动或振动冲击的施工方式，迫使带有预制桩尖或活瓣桩尖的钢管沉入土中，达到设计标高后，再在钢管内放入钢筋笼，并一边灌注和振捣混凝土一边拔管，待管完全拔出后所形成的桩。沉管灌注桩限于目前沉管机具所能提供的能量，其直径一般为 300～600mm，长度通常不超过 20m，可适用于黏性土、粉土和砂土地基。沉管灌注桩施工时应严格控制拔管速度，防止颈缩。颈缩是指成形后的桩身局部直径小于设计要求的质量缺陷，特别是在流塑状淤泥质土层中容易发生。为克服颈缩，在灌注混凝土拔出钢管后，可立即在原位重新沉管并第二次灌注混凝土，称为复打法。沉管灌注桩施工方便、造价低，但容易产生各种桩身质量问题，其应用范围在逐渐缩小。沉管灌注桩在施工过程中挤土明显，在软土地区只能用于多层住宅桩基础。

【沉管灌注桩和成孔灌注桩施工工艺】

【锤击沉管灌注桩】

(2) 成孔灌注桩。成孔灌注桩是指采用成孔机械或其他方法在桩位处排土成孔，然后在桩孔中放入钢筋笼，再灌注混凝土，边灌注边捣实所形成的桩。成孔灌注桩的成孔方式有钻孔、冲孔、爆孔和挖孔等。

① 钻孔灌注桩。这种桩是由各种钻孔机具成孔。桩的直径和长度随所使用钻孔机具而异，直径可小到 100mm，大到几米。钻孔灌注桩几乎不受地质条件的限制，因而应用广泛。

【螺旋桩】

施工时可用钢套管护壁法、泥浆护壁法或干作业法成孔。钢套管护壁法适用于大直径桩，泥浆护壁法适用于地下水位以下的一般土层及风化岩层，而干作业法适用于地下水位以上。其中泥浆护壁法存在泥浆排放所造成的环境污染问题。

② 冲孔灌注桩。这种桩采用冲击成孔机、振冲成孔机或冲抓锥等开孔。冲孔灌注桩的孔径与冲击能量有关，从 50mm 到 1200mm 不等。深度除冲抓锥一般不超过 6m 外，其余成孔机一般可达 50m。冲孔灌注桩的优点在于能克服其他方法在漂石、卵石或含有大块孤石的土层中钻进的困难，还可穿越旧基础、建筑垃圾填土等。

③ 爆孔灌注桩。这种桩采用炸药串爆炸成孔，桩径一般为 300～400mm，最大可达 800mm，深度常为 3～7m，适用于地下水位以上的一般黏性土、密实的砂土、碎石和风化岩。若爆炸扩大孔底，形成似球状的扩大体，这种桩称为爆扩桩，其扩大头直径可为桩身的 2～3 倍，在一般黏性土中爆扩成形较好。

④ 挖孔灌注桩。这种桩采用人工或机械挖掘开孔，其截面形状可为圆形、方形或矩形。采用人工挖孔时，其桩径不宜小于 1m；深度超过 15m 时，桩径应在 1.4m 以上。人工挖孔桩适合在低水位的非饱和土中应用，其优点是可彻底清孔并直接观察持力层情况，桩身质量容易得到保证，但在地下水位较高特别是有承压水的砂土层或厚度较大的淤泥地层中，容易产生安全和质量问题，不得使用。为保证工人安全，人工挖孔桩每开挖 1m 左右，应沿孔壁浇筑混凝土护壁。考虑施工环境条件，人工挖孔桩的深度一般在 30m 以内，施工中应注意防止孔内出现有害气体、塌孔、护壁整体滑脱等危及施工人员安全的事故。图 8.5 所示为人工挖孔桩结构示意。

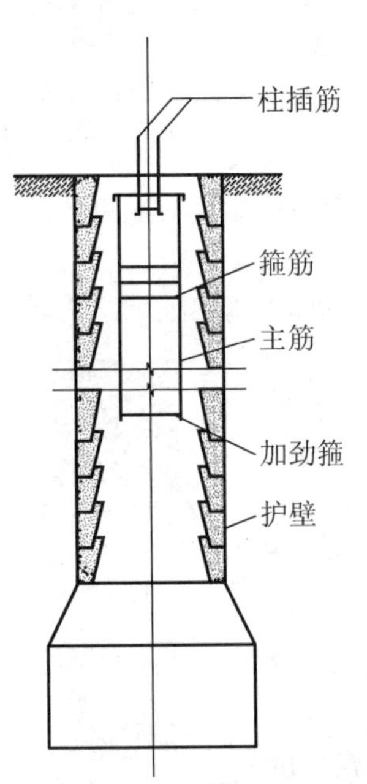

图 8.5　人工挖孔桩结构示意

灌注桩后注浆是灌注桩的一种施工工法，是在灌注桩桩体混凝土初凝后，在桩底、桩侧注入水泥浆固化沉渣(虚土)和泥皮，加固桩底和桩周一定范围的土体，使桩侧摩阻力和桩端阻力均可得到较大幅度的提高，从而提高桩的承载力，减小桩基础沉降量，同时增强桩身质量和稳定性。对于干作业的钻(挖)孔灌注桩，灌注桩后注浆工艺可使承载力提高 40%～100%，沉降量减小 20%～30%。

灌注桩桩底后注浆多采用管式单向注浆阀，实施开敞式注浆，其竖向导管可与桩身完整性声速检测兼用，注浆后可代替等面积或等强度纵向主筋；灌注桩桩侧后注浆多采用外置于桩土界面的弹性注浆管阀，可实现桩身无损注浆。其注浆装置安装简便、可靠性高、成本较低，适用于不同钻具成孔的锥形孔和平底孔。

8.2.3 按桩基础的挤土效应分类

桩的施工成形方式对桩基础的工程性能有显著影响。桩由于设置的方法不同，将产生不同的排土量，对桩周土体产生不同的排挤作用，影响到桩周土体的天然结构和应力状态，使土的性质发生变化而影响桩的承载力和沉降，这种影响称为桩的挤土效应。大量工程实践表明，挤土效应对桩的承载力和变形性质等有很大的影响，成桩过程中有无挤土效应，会影响设计选型、布桩方式和成桩过程的质量控制。

1. 挤土桩

挤土桩系采用锤击、振动等沉桩方法把桩打入土中。在沉桩过程中，由于桩自身的体积占用了土体原有的空间，使桩周的土体向四周压密或排开，桩周某一范围内的土结构受到严重扰动(重塑或土粒重新排列)，使土的工程性质发生变化，产生挤土效应。如果压桩施工方法与施工顺序不当，每天成桩数量太多、压桩速率太快，则会加剧这种效应。实心的预制桩、底端封闭的管桩、木桩和沉管灌注桩均属挤土桩。

在饱和软黏土中，挤土效应的影响是负面的：挤土效应使浅层土体隆起，深层土体横向位移；对邻近已压入的桩，可能导致桩体上浮和桩端悬空，桩身倾斜偏移，严重时还会导致桩身弯曲折断，使桩的承载力达不到设计要求；还可能因孔隙水压力消散，土层产生固结沉降，使桩产生负摩阻力，增大桩基础沉降量；还会造成周边建筑、市政管道等设施损坏，使周围开挖基坑坍塌或位移增大。在松散粗粒土和非饱和填土中，挤土效应的作用则是正面的，可起到挤密桩间土体、提高承载力的作用。

2. 部分挤土桩

部分挤土桩在沉桩时对桩周土体有部分排挤作用，但土的强度和变形性质改变不大。底端开口的管桩、H 形钢桩、预钻孔打入式预制桩和冲孔灌注桩均属于部分挤土桩。在施工过程中，部分挤土桩周围土体受到的扰动不严重，土的原始结构和工程性质变化不明显，其承载力一般较非挤土桩高。

3. 非挤土桩

非挤土桩是采用钻或挖的方法，在桩的成孔过程中将与桩同体积的土挖出，不产生对桩间土体的排挤作用。一般现场灌注的钻(挖)孔灌注桩属于非挤土桩。非挤土桩周围土体受到的扰动很少，不存在因挤土引起的不良问题，同时又具备穿越坚硬夹层、进入各类硬持力层和嵌岩的能力，桩的几何尺寸和单桩的承载力具有很大的设计灵活性，应用范围更加广泛，对高层建筑物更为合适。但非挤土桩桩侧土体易出现应力松弛现象，桩径越大，应力松弛现象越明显，单桩侧摩阻力降低幅度越大。

另外，还可以根据桩径大小对桩分类：$d \leqslant 250\text{mm}$ 为小直径桩，$250\text{mm} < d < 800\text{mm}$ 为中等直径桩，$d \geqslant 800\text{mm}$ 为大直径桩。

可见，不同类型的桩基础在承载能力、沉降控制和适用范围等方面都存在着很大不同，桩型与成桩工艺应根据建筑结构类型、荷载性质、桩的使用功能、穿越土层、桩端持力层、地下水位、施工设备、施工环境、施工经验和制桩材料供应条件等，按安全适用、经济合理的原则确定。

8.3 竖向荷载作用下单桩的工作性能

单独的一根桩称为单桩，其主要特点是没有相邻桩的影响。研究单桩工作性能的目的，是为研究单桩的承载力打下理论基础。作用在桩顶的荷载有竖向荷载、水平荷载和力矩。本节主要对竖向荷载作用下的单桩进行研究。

8.3.1 单桩在竖向荷载作用下的荷载传递

桩是怎样把桩顶竖向荷载传递到土层中去的呢？其过程如下。

(1) 当竖向荷载逐渐作用于单桩桩顶时，使得桩身材料发生压缩弹性变形，这种变形使桩与桩侧土体发生相对位移，而位移又使桩侧土体对桩身表面产生向上的桩侧摩阻力，也称正摩阻力；当桩顶竖向荷载Q_0较小时，桩顶附近的桩段压缩变形，相对位移在桩顶处最大，随着深度的增加而逐渐减小。

(2) 桩身侧表面受到向上的摩阻力后，会使桩侧土体产生剪切变形，从而使桩身荷载不断地传递到桩周土中，造成桩身的压缩变形、桩侧摩阻力和桩身轴力都随着土层深度而变小。

(3) 从桩身的静力平衡来看，桩顶受到的向下的竖向荷载与桩身侧表面的向上的摩阻力相平衡。随着桩顶竖向荷载逐渐加大，桩身压缩量和位移量逐渐增加，桩身下部的桩侧摩阻力逐渐被调动并发挥出来。当桩侧摩阻力不足以抵抗向下的竖向荷载时，就会使一部分桩顶竖向荷载一直传递到桩底(桩端)，从而使桩端持力层受压变形，产生持力层对桩端的反作用力，称为桩端阻力Q_p。此时桩的平衡状态为桩顶向下的竖向荷载Q_0等于向上的桩侧摩阻力Q_s与桩端阻力Q_p之和，即

$$Q_0 = Q_s + Q_p$$

由此可知，一般情况下，土对桩的阻力(支持力)是由桩侧摩阻力和桩端阻力两部分组成的。桩土之间的荷载传递过程，就是桩侧摩阻力与桩端阻力的发挥过程。桩侧摩阻力具有越接近桩的上部发挥得越好，而且先于桩端阻力发挥的特点。

8.3.2 桩侧摩阻力、桩身轴力与桩身位移

在竖向荷载作用下，单桩对于土层的荷载传递过程可以简单地描述为：桩身的竖向位移$S(z)$和桩身轴力$Q(z)$随着深度而减小。

1. 桩侧摩阻力

如图 8.6 所示，设桩身长度为l，桩的截面周长为u，从深度z处取一$\mathrm{d}z$的微段桩。通过力学分析可得

$$q(z) = -\frac{\mathrm{d}Q(z)}{u\mathrm{d}z} \tag{8-1}$$

式中 $Q(z)$——深度z处桩截面的轴力；

$q(z)$——深度z处单位桩侧表面上的摩阻力，简称桩侧摩阻力；

u——桩的周长。

桩侧摩阻力实质上是土沿桩身的极限抗剪强度或土与桩的黏结力问题。桩在极限荷载作用下，对于较软的土，由于剪切面一般都发生在临近桩表面的土内，极限侧摩阻力即桩周土的抗剪强度；对于较硬的土，剪切面可能发生在桩与土的接触面上，这时极限侧摩阻

力要略小于土的抗剪强度。由于土的剪应变随剪应力的增大而发展，故桩身各点侧摩阻力的发挥，主要取决于桩土间的相对位移。

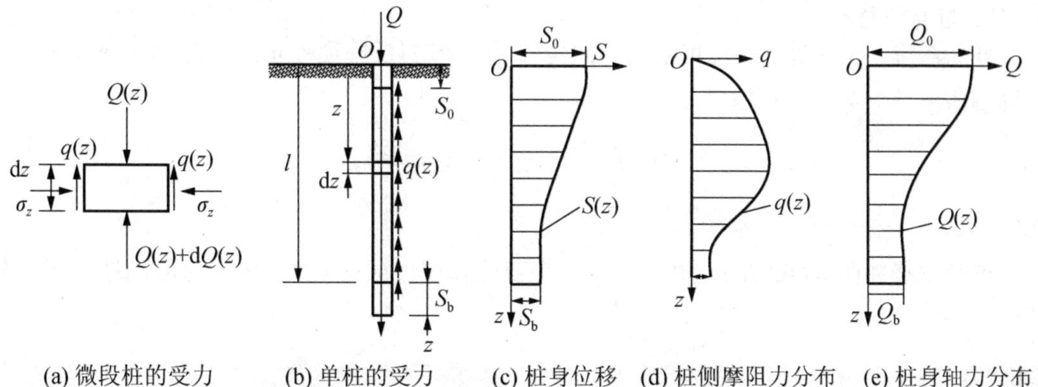

图 8.6　竖向荷载作用下单桩对于土层的荷载传递

2. 桩身轴力

下面研究微段桩的压缩变形。根据材料力学轴向拉伸及压缩变形公式，设坐标 z 处桩的轴力为$Q(z)$，则桩在任意坐标 z 处的微段桩竖向压缩变形为

$$\mathrm{d}S(z)=\frac{Q(z)\mathrm{d}z}{AE_{\mathrm{p}}} \tag{8-2}$$

即

$$Q(z)=AE_{\mathrm{p}}\frac{\mathrm{d}S(z)}{\mathrm{d}z} \tag{8-3}$$

式中　$\mathrm{d}S(z)$——深度 z 处微段桩的竖向压缩变形；

E_{p}——桩的材料弹性模量；

A——桩身横截面积。

对式(8-3)等号两端同时微分，可得

$$\frac{\mathrm{d}Q(z)}{\mathrm{d}z}=AE_{\mathrm{p}}\frac{\mathrm{d}S^2(z)}{\mathrm{d}z^2} \tag{8-4}$$

将式(8-4)代入式(8-1)可得

$$q(z)=-\frac{1}{u}AE_{\mathrm{p}}\frac{\mathrm{d}S^2(z)}{\mathrm{d}z^2} \tag{8-5}$$

式(8-5)是桩土体系荷载传递的基本微分方程。可以采用实测的方法，测出桩身位移[图 8.6(c)]，由式(8-3)可得到桩身轴力分布[图 8.6(e)]，由式(8-5)可得到桩侧摩阻力分布[图 8.6(d)]。

由式(8-1)得 $\mathrm{d}Q(z)=-uq(z)\mathrm{d}z$，对该式等号两端积分，可得任一深度 z 坐标处桩身截面的轴力 $Q(z)$ 为

$$Q(z)=Q_0-u\int_0^z q(z)\mathrm{d}z \tag{8-6}$$

桩的轴力随桩侧摩阻力而发生变化，在桩顶处轴力最大，$Q(z)=Q_0$，而在桩底处轴力

最小，$Q(z)=Q_b$，如图 8.6(e)所示。注意：只有桩侧摩阻力为零的端承桩，其轴力从桩顶到桩底才均匀不变，保持常数，即$Q(z)=Q_0$。

3. 桩身位移

任一深度 z 坐标处，桩身相应的竖向位移$S(z)$应当是桩顶竖向位移 S_0 与 z 深度范围内的桩身压缩量之差，所以有

$$S(z)=S_0-\frac{1}{E_p A}\int_0^z Q(z)\mathrm{d}z \tag{8-7}$$

式中　S_0——桩顶竖向位移值。

桩身位移如图 8.6(c)所示，由图可见，桩身位移在桩顶处最大，随着深度的增加而逐渐减小。

8.3.3 桩侧负摩阻力

当桩周土相对于桩侧有向下的位移时，将产生向下的摩阻力，称为负摩阻力。负摩阻力的存在会给桩基础带来不利的影响。桩身受到负摩阻力作用时，相当于施加在桩身上一个向下的竖向荷载，而使桩身的轴力加大，桩身的沉降量增大，桩的承载力降低。

当桩身的沉降量大于桩周土的沉降量时，桩身侧表面的摩阻力仍然是向上的摩阻力(正摩阻力)；当桩身的沉降量小于桩周土的沉降量时，桩身侧表面的摩阻力就是负摩阻力。

1. 桩侧负摩阻力的产生条件

桩侧负摩阻力产生的条件是，桩侧土体的沉降量必须大于桩身的沉降量。当土层相对于桩有向下的位移时，应考虑桩侧负摩阻力的作用。

产生负摩阻力的原因有如下几种。

(1) 桩穿越较厚松散填土、自重湿陷性黄土、欠固结土、液化土层而进入相对较硬土层。

(2) 桩周存在软弱土层，邻近桩侧地面承受局部较大的长期荷载，或地面有大面积堆载(包括填土)。

(3) 由于降低地下水位，桩周土有效应力增大，并产生显著的压缩沉降。

遇到以上类似情况，应考虑负摩阻力的作用。

2. 单桩产生负摩阻力的荷载传递

随着深度的增加，桩土之间的位移逐渐减小，使负摩阻力逐渐减小。由于桩周土层的固结是随着时间而发展的，因此土层竖向位移和桩的压缩变形量都是时间的函数。图 8.7(b)～(d)所示分别为桩身位移、桩侧摩阻力及桩身轴力的分布情况。

在某一深度 l_n 处，桩周土的沉降量与桩的压缩变形量相等，两者无相对位移。在 l_n 深度范围内，桩周土的沉降量大于桩的压缩变形量，桩周土相对于桩侧向下位移，桩侧摩阻力向下，是负摩阻力；在 l_n 深度下，桩周土的沉降量小于桩的压缩变形量，桩周土相对于桩侧向上位移，桩侧摩阻力向上，是正摩阻力。因此 l_n 是中性点的深度。由图 8.7 可见，在中性点截面，桩身轴力最大，桩侧摩阻力为零，上下摩阻力方向相反。中性点的位置与桩长、桩径、桩的刚度、桩周土的性质、桩顶荷载等有关，也与引起负摩阻力的因素有关。

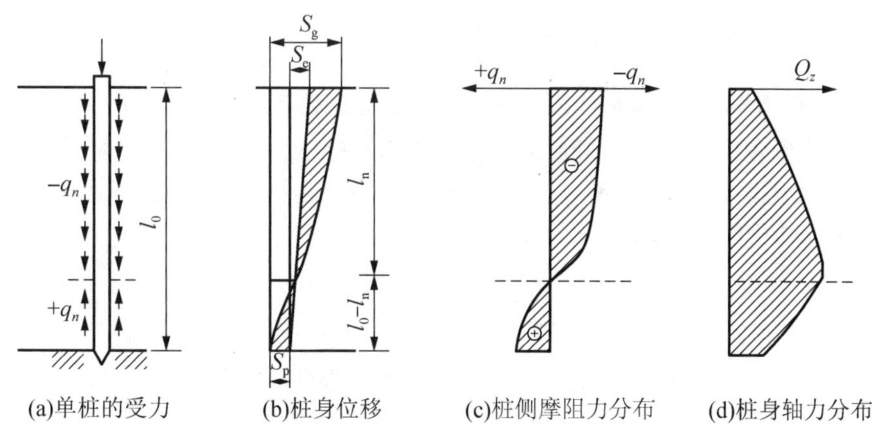

S_g —地表沉降量；S_p —桩端沉降量；l_0 —压缩土层厚度；
l_n —中性点深度；S_e —桩顶沉降量；Q_z —桩身轴向力

图 8.7 桩的负摩阻力中性点示意

确定中性点的位置即确定中性点的深度l_n，该深度按桩周土沉降与桩的沉降相等的条件确定，也可参考表 8-2 确定。

表 8-2 中性点深度比

持力层土类	黏性土、粉土	中密以上砂土	砾石、卵石	基岩
中性点深度比 l_n/l_0	0.5～0.6	0.7～0.8	0.9	1.0

注：1. l_n、l_0 分别为自桩顶算起的中性点深度和桩周沉降变形土层下限深度。
2. 桩穿越自重湿陷性黄土时，l_n 按表列值增大 10%(持力层为基岩除外)。
3. 当桩周土层固结与桩基础固结沉降同时完成时，取 $l_n=0$ 。
4. 当桩周土层计算沉降量小于 20mm 时，l_n 应按表列值乘以 0.4～0.8 折减。

3. 桩侧负摩阻力的计算和应用

(1) 单桩桩侧负摩阻力计算。单桩桩侧负摩阻力可按下式计算。

$$q_{si}^{n}=\zeta_{ni}\sigma_i \tag{8-8}$$

式中 q_{si}^{n}——桩周第 i 层土单桩桩侧负摩阻力标准值；

ζ_{ni}——桩周土负摩阻力系数；

σ_i——桩周第 i 层土平均竖向有效应力。

ζ_{ni} 可按桩周土取值，饱和软土为0.15~0.25，黏性土、粉土为0.25~0.40，砂土为0.35~0.50，自重湿陷性黄土为0.20~0.35。应注意的是：①同一类土中，打入桩或沉管灌注桩取较大值，钻(挖)孔灌注桩取较小值；②填土按土的类别取较大值；③当q_{si}^{n}计算值大于正摩阻力时，取正摩阻力值。

当降低地下水位时，$\sigma_i=\gamma_i'z_i$；当地面有均布荷载时，$\sigma_i=p+\gamma_i'z_i$。其中γ_i'为桩周土第i层底面以上按桩周土厚度计算的加权平均有效重度；z_i为从地面算起的第i层土中点的深度；p为地面均布荷载。

对于砂类土，可按下式估算单桩桩侧负摩阻力标准值。

$$q_{si}^{\mathrm{n}} = \frac{N_i}{S} + 3 \tag{8-9}$$

式中　N_i——桩周第 i 层土经钻杆长度修正后的平均标准贯入试验锤击数。

(2) 群桩桩侧负摩阻力计算。对于群桩基础，当桩距较小时，其基桩(群桩中的任意桩)的桩侧负摩阻力因群桩效应而降低，故 JGJ 94—2008《建筑桩基技术规范》推荐基桩的桩侧负摩阻力标准值 $Q_{\mathrm{g}}^{\mathrm{n}}$ 计算公式如下。

$$Q_{\mathrm{g}}^{\mathrm{n}} = \eta_{\mathrm{n}} u \sum_{i=1}^{n} q_{si}^{\mathrm{n}} l_i \tag{8-10}$$

$$\eta_{\mathrm{n}} = s_{\mathrm{ax}} s_{\mathrm{ay}} \Bigg/ \left[\pi d \left(\frac{q_{\mathrm{s}}^{\mathrm{n}}}{\gamma_{\mathrm{m}}} + \frac{d}{4} \right) \right] \tag{8-11}$$

式中　n——中性点以上土层数；

l_i——中性点以上各土层的厚度(m)；

η_{n}——负摩阻力群桩效应系数，$\eta_{\mathrm{n}} \leqslant 1$；

u——桩的周长(m)；

s_{ax}、s_{ay}——纵、横向桩的中心距(m)；

d——桩的直径(m)；

$q_{\mathrm{s}}^{\mathrm{n}}$——中性点以上桩周土层厚度加权平均负摩阻力标准值(kPa)；

γ_{m}——中性点以上桩周土层厚度加权平均有效重度(kN/m³)。

(3) 桩侧负摩阻力应用。桩侧负摩阻力主要应用于桩基础的承载力和沉降计算中。

① 对于摩擦型桩基础，桩侧负摩阻力相当于对桩体施加下拉荷载，使持力层压缩量加大，随之引起桩基础沉降。桩基础沉降一旦出现，土相对于桩的位移又会减少，反而使桩侧负摩阻力降低，直到转化为零。因此，一般情况下对摩擦型桩基础，可近似看成中性点以上桩侧负摩阻力为零来计算桩基础承载力。

② 对于端承型桩基础，由于桩端持力层较坚硬，受桩侧负摩阻力作用引起下拉荷载后不至于产生沉降或沉降量较小，此时桩侧负摩阻力将长期作用于桩身中性点以上的侧表面，因此，应计算中性点以上桩侧负摩阻力形成的下拉荷载，并将下拉荷载作为外荷载的一部分来验算桩基础的承载力。

8.4　单桩竖向承载力

单桩竖向承载力是指单桩在竖向荷载作用下，不丧失稳定性、不产生过大变形时的承载能力。单桩在竖直荷载作用下达到破坏状态前或出现不适于继续承载的变形时所对应的最大荷载，称为单桩竖向极限承载力。本节将介绍单桩竖向承载力的确定方法。

8.4.1 按土的支承能力确定单桩竖向承载力

一般情况下，桩的承载力由地基土的支承力所控制，桩身材料强度往往不能充分发挥。只有端承桩、超长桩及桩身质量有缺陷的桩，桩身材料强度才可能起控制作用。除此之外，当桩的入土深度较大、桩周土质软弱且比较均匀、桩端沉降量较大或建筑物对沉降有特殊要求时，还应限制桩的竖向沉降，按上部结构对沉降的要求来确定桩的竖向承载力。因此，单桩的竖向承载力，主要取决于地基土对桩的支承能力和桩身的材料强度。本节主要研究前一因素。

确定单桩竖向承载力的方法较多，由于地基土具有多变性、复杂性和地域性等特点，往往需要选用几种方法综合考虑和分析才能合理地确定单桩的竖向承载力。

1. 静载荷试验方法

静载荷试验是评价单桩竖向承载力最为直观和可靠的方法，除了考虑地基土的支承能力外，还考虑了桩身材料强度对承载力的影响。GB 50007—2011《建筑地基基础设计规范》规定，单桩竖向承载力特征值应通过单桩静载荷试验确定，且在同一条件下的试桩数量不宜少于总数的1%，且不应少于3根。

【静载荷试验的三种方法】

对于预制桩，打桩时土中产生的孔隙水压力有待消散，土体因打桩扰动而降低的强度有待随时间而恢复。为了使试验能真实反映桩的实际情况，要求在桩身强度满足设计要求的前提下，桩设置后开始进行静载荷试验的时间为：砂类土不少于10d，粉土和黏性土不少于15d，饱和黏性土不少于25d。

(1) 静载荷试验装置及方法。

静载荷试验装置主要由加载系统和量测系统两部分组成。静载荷试验加载方法有锚桩法和堆载法两种，如图8.8所示。桩顶的千斤顶对桩顶施加压力，千斤顶的反力由锚桩的抗拔力或压重平台的重力来平衡。安装在基准梁上的百分表或电子位移计，用于测量桩顶的沉降。试桩与锚桩(或压重平台的支墩、地锚等)之间、试桩与基准桩之间、基准桩与锚桩之间，都有一定的中心距离(表8-3)，以减少相互的影响，保证量测精度。

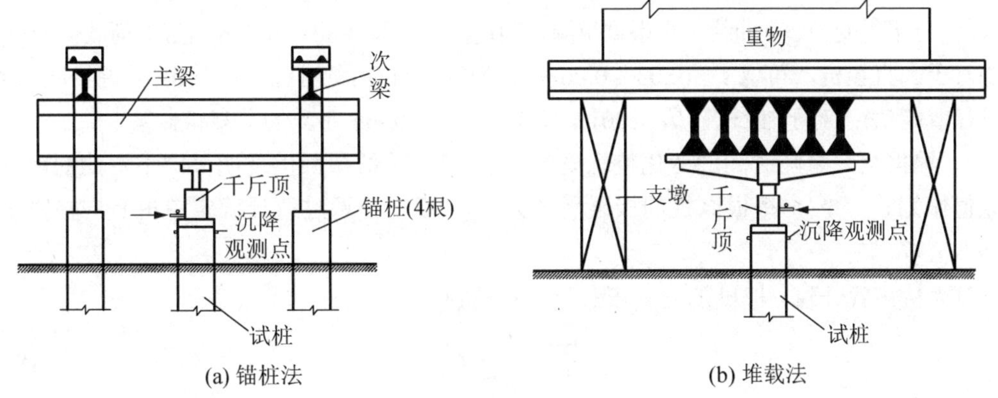

图8.8 静载荷试验加载方法

表 8-3　试桩、锚桩和基准桩之间的中心距离

反力试桩	试桩与锚桩(或压重平台的支墩、地锚等)	试桩与基准桩	基准桩与锚桩(或压重平台的支墩、地锚等)
锚桩横梁反力装置 压重平台反力装置	≥4d 且>2.0m	≥4d 且>2.0m	≥4d 且>2.0m

注：d 为试桩或锚桩的设计直径，取其较大者；当为扩底桩时，试桩与锚桩的中心距离不应小于 2 倍扩大端直径。

静载荷试验加载方式通常有慢速维持荷载法、快速维持荷载法、等贯入速率法、等时间间隔加载法及循环加载法等。工程中最常用的是慢速维持荷载法，即逐级加载，每级荷载值为预估极限荷载的 1/15～1/10，第一级荷载可加倍施加。每级加载后间隔 5min、15min、30min、45min、60min 时各测读一次，以后每隔 30min 测读一次，直至沉降稳定为止。当每小时的沉降量不超过 0.1mm 并连续出现两次时，即认为已趋稳定，可施加下一级荷载。当出现下列情况之一时即可终止加载。

① 某级荷载下，桩顶沉降量为前一级荷载下沉降量的 5 倍。

② 某级荷载下，桩顶沉降量大于前一级荷载下沉降量的 2 倍，且经 24h 尚未达到相对稳定。

③ 已达到锚桩最大抗拔力或压重平台的最大重力。

终止加载后进行卸载，每级卸载值为每级加载值的 2 倍；每级卸载后隔 15min、30min、60min 各测读一次，即可卸下一级荷载，全部卸载后，间隔 3～4h 再测读一次。

(2) 静载荷试验单桩承载力的确定。

根据静载荷试验结果，可绘制桩顶荷载-沉降量关系曲线(Q - s 曲线)和各级荷载作用下的沉降量-时间关系曲线(s - lg$t$ 曲线)。单桩静载荷试验的荷载-沉降量关系曲线，可大体分为陡降型和缓变型两种形态。单桩竖向极限承载力 Q_u 可按下述方法确定。

① 对于陡降型 Q-s 曲线，可根据沉降量随荷载的变化特征确定，取曲线发生明显陡降的起始点所对应的荷载为 Q_u。

② 对于缓变型 Q-s 曲线，可根据沉降量确定，一般取 s=40～60mm 对应的荷载值为 Q_u。其中对于大直径桩，可取 $s=(0.03\sim0.06)d$ (d 为桩端直径)所对应的荷载值(大桩径取低值，小桩径取高值)；对于细长桩(l/d >80)，可取 s =60～80mm 对应的荷载值。

③ 根据沉降量随时间的变化特征确定，取 s-lg$t$ 曲线尾部出现明显向下弯曲的前一级荷载值作为 Q_u。测出每根试桩的极限承载力值 Q_u 后，可通过统计确定单桩竖向极限承载力标准值 Q_{uk}。

首先按下式计算 n 根桩的极限承载力平均值 $\overline{Q_u}$。

$$\overline{Q_u}=\frac{1}{n}\sum_{i}^{n}Q_{ui} \tag{8-12}$$

其次计算每根试桩的极限承载力实测值与平均值之比 a_i。

$$a_i=Q_{ui}/\overline{Q_u} \tag{8-13}$$

然后算出 a_i 的标准差 σ_n。

$$\sigma_n = \sqrt{\frac{\sum_{i=1}^{n}(a_i - 1)^2}{n-1}} \tag{8-14}$$

当 $\sigma_n \leqslant 0.15$ 时，取 $Q_{uk} = \overline{Q_u}$；当 $\sigma_n > 0.15$ 时，取 $Q_{uk} = \lambda \overline{Q_u}$，其中 λ 为折减系数，可根据变量 a_i 的分布查 JGJ 94—2008《建筑桩基技术规范》确定。

2. 经验公式法

我国各现行设计规范都规定了以经验公式计算单桩竖向承载力的方法，这是一种简化计算方法。下面给出 JGJ 94—2008《建筑桩基技术规范》和 JTG D63—2007《公路桥涵地基与基础设计规范》的单桩竖向承载力取值方法。

(1) JGJ 94—2008《建筑桩基技术规范》的计算方法。

① 一般预制桩及中小直径灌注桩。一般预制桩及直径 d<800mm 的灌注桩的单桩竖向极限承载力标准值 Q_{uk} 按下式计算。

$$Q_{uk} = Q_{sk} + Q_{pk} = u_p \sum q_{sik} l_i + q_{pk} A_p \tag{8-15}$$

式中 Q_{sk}——单桩总极限侧摩阻力标准值(kN)；

Q_{pk}——单桩总极限端阻力标准值(kN)；

q_{sik}——单桩第 i 层土的极限侧摩阻力标准值(kPa)，无当地经验值时，可按表 8-4 取值；

q_{pk}——单桩极限端阻力标准值(kPa)，无当地经验值时，可按表 8-5 取值；

u_p、A_p——分别为桩身周长(m)和桩端截面积(m^2)；

l_i——桩周第 i 层土的厚度(m)。

② 大直径桩。大直径桩($d \geqslant$800mm)在荷载作用下，其受力模式与一般预制桩及中小直径灌注桩有所不同，单桩竖向承载力的取值常以沉降控制确定。单桩竖向极限承载力标准值 Q_{uk} 按下式计算。

$$Q_{uk} = Q_{sk} + Q_{pk} = u_p \sum \varphi_{si} q_{sik} l_i + \varphi_p q_{pk} A_p \tag{8-16}$$

式中 q_{sik}——单桩第 i 层土的极限侧摩阻力标准值(kPa)，无当地经验值时，可按表 8-4 取值；

q_{pk}——单桩极限端阻力标准值(kPa)，无当地经验值时，对于干作业挖孔桩，可按表 8-6 取值；

φ_{si}、φ_p——大直径桩侧摩阻力与端阻力尺寸效应系数，按表 8-7 取值；

其余符号含义同前。

表 8-4 单桩第 i 层土的极限侧摩阻力标准值 q_{sik} 单位：kPa

土的名称	土的状态	混凝土预制桩	泥浆护壁钻(冲)孔桩	干作业钻孔桩
填土	—	22～30	20～28	20～28
淤泥	—	14～20	12～28	12～28
淤泥质土	—	22～30	20～28	20～28

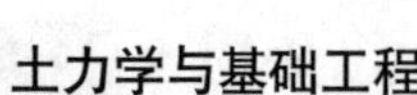

续表

土的名称	土的状态		混凝土预制桩	泥浆护壁钻(冲)孔桩	干作业钻孔桩
黏性土	流塑	$I_L>1$	24～40	21～38	21～38
	软塑	$0.75<I_L\leqslant1$	40～55	38～53	38～53
	可塑	$0.50<I_L\leqslant0.75$	55～70	53～68	53～66
	硬可塑	$0.25<I_L\leqslant0.50$	70～86	68～84	66～82
	硬塑	$0<I_L\leqslant0.25$	86～98	84～96	92～94
	坚硬	$I_L\leqslant0$	98～105	96～102	94～104
红黏土	$0.70<a_w\leqslant1$		13～32	13～30	12～30
	$0.50<a_w\leqslant0.70$		32～74	30～70	30～70
粉土	稍密	$e>0.9$	26～46	24～42	24～42
	中密	$0.75\leqslant e\leqslant0.9$	46～66	42～62	42～62
	密实	$e<0.75$	66～88	62～82	62～82
粉细砂	稍密	$10<N\leqslant15$	24～48	22～46	22～46
	中密	$15<N\leqslant30$	48～66	46～64	64～86
	密实	$N>30$	66～88	64～86	64～86
中砂	中密	$15<N\leqslant30$	54～74	53～72	53～72
	密实	$N>30$	74～95	64～86	64～86
粗砂	中密	$15<N\leqslant30$	74～95	74～95	76～98
	密实	$N>30$	95～116	95～116	98～120
砾砂	稍密	$5<N_{63.5}\leqslant30$	70～110	50～90	60～100
	中密(密实)	$N_{63.5}>15$	116～138	116～130	112～130
圆砾、角砾	中密、密实	$N_{63.5}>10$	160～200	135～150	135～150
碎石、卵石	中密、密实	$N_{63.5}>10$	200～300	140～170	150～170
全风化软质岩	—	$30<N\leqslant50$	100～120	80～100	80～100
全风化硬质岩	—	$30<N\leqslant50$	140～160	120～140	120～150
强风化软质岩	—	$N_{63.5}>10$	160～240	140～200	140～220
强风化硬质岩	—	$N_{63.5}>10$	220～300	160～240	160～260

注：1. 对于尚未完成自重固结的填土和以生活垃圾为主的杂填土，不计算其侧摩阻力。

2. I_L 为液性指数，e 为孔隙比。

3. a_w 为含水比，$a_w=w/w_L$，其中 w 为土的天然含水率，w_L 为土的液限。

4. N 为标准贯入试验锤击数，$N_{63.5}$ 为重型圆锥动力触探试验锤击数。

5. 全风化、强风化软质岩和全风化、强风化硬质岩，指其母岩分别为 $f_{rk}\leqslant15$MPa、$f_{rk}>30$MPa 的岩石。

表 8-5 单桩极限端阻力标准值 q_{pk}

单位：kPa

土名称	土的状态		桩型										
			混凝土预制桩桩长 l/m				泥浆护壁钻（冲）孔桩桩长 l/m				干作业钻孔桩桩长 l/m		
			l≤9	9<l≤16	16<l≤30	l>30	5≤l<10	10≤l<15	15≤l<30	30≤l	5≤l<10	10≤l<15	15≤l
黏性土	软塑	0.75< I_L ≤ 1	210～850	650～1400	1200～1800	1300～1900	150～250	250～300	300～450	300～450	200～400	400～700	700～950
	可塑	0.50< I_L ≤ 0.75	850～1700	1400～2200	1900～2800	2300～3600	350～450	450～600	600～750	750～800	500～700	800～1100	1000～1600
	硬可塑	0.25< I_L ≤ 0.50	1500～2300	2300～3300	2700～3600	3600～4400	800～900	900～1000	1000～1200	1200～1400	850～1100	1500～1700	1700～1900
	硬塑	0< I_L ≤ 0.25	2500～3800	3800～5500	5500～6000	6000～6800	1100～1200	1200～1400	1400～1600	1600～1800	1600～1800	2200～2400	2600～2800
粉土	中密	0.75≤e≤0.9	950～1700	1400～2100	1900～2700	2500～3400	300～500	500～650	650～750	750～850	800～1200	1200～1400	1400～1600
	密实	e<0.75	1500～2600	2100～3000	2700～3600	3600～4400	650～900	750～950	900～1100	1100～1200	1200～1700	1400～1900	1600～2100
粉砂	稍密	10<N≤15	1000～1600	1500～2300	1900～2700	2100～3000	350～500	450～600	600～700	650～750	500～950	1300～1600	1500～1700
	中密密实	N>15	1400～2200	2100～3000	3000～4500	3800～5500	600～700	750～900	900～1100	1100～1200	900～1000	1700～1900	1700～1900
细砂	中密、密实	N>15	2500～4000	3600～5000	4400～6000	5300～7000	650～850	900～1200	1200～1500	1500～1800	1200～1600	2000～2400	2400～2700
中砂			4000～2200	5500～7000	6500～8000	7500～9000	850～1050	1100～1500	1500～1900	1900～2100	1800～2400	2800～3800	3600～4400
粗砂			5700～7500	7500～8500	8500～10000	9500～11000	1500～1800	2100～2400	2400～2600	2600～2800	2900～3600	4000～4600	4600～5200
砾砂			6000～9500		9000～10500		1400～2000		2000～3200		3500～5000		
圆砾、角砾		$N_{63.5}$ >10	7000～10000		9500～11500		1800～2200		2200～3200		4000～5500		
碎石、卵石		$N_{63.5}$ >10	8000～11000		10500～13000		2000～3000		3000～4000		4500～6500		
全风化软质岩	30<N≤50		4000～6000				1000～1600				1200～2000		
全风化硬质岩	30<N≤50		5000～8000				1200～2000				1400～2400		
强风化软质岩	$N_{63.5}$ >10		6000～9000				1400～2200				1600～2600		
强风化硬质岩	$N_{63.5}$ >10		7000～11000				1800～2800				2000～3000		

注：1. 砂土和碎石类土中桩的极限端阻力取值，宜综合考虑土的密实度、桩端进入持力层的深径比 h_b/d 。土越密实， h_b/d 越大，该取值越高。

2. 预制桩的岩石极限端阻力，指桩端支承于中、微风化基岩表面或进入强风化岩、软质岩一定深度条件下的极限端阻力。

3. 全风化、强风化软质岩和全风化、强风化硬质岩，指其母岩分别为 f_{rk} ≤15MPa、 f_{rk} >30MPa 的岩石。

4. 表中各参数含义同表 8-4。

表 8-6　干作业挖孔桩(清底干净，直径 D=800mm)极限端阻力标准值 q_{pk}　　单位：kPa

土名称		状态		
黏性土		$0.25 < I_L \leq 0.75$	$0 < I_L \leq 0.25$	$I_L \leq 0$
		800~1800	1800~2400	2400 ~ 3000
粉土		—	$0.75 \leq e \leq 0.9$	$e < 0.75$
		—	1000~1500	1500~2000
砂土、碎石类土		稍密	中密	密实
	粉砂	500~700	800~1100	1200~2000
	细砂	700~1100	1200~1800	2000~2500
	中砂	1000~2000	2200~3200	3500~5000
	粗砂	1200~2200	2500~3500	4000~5500
	砾砂	1400~2400	2600~4000	5000~7000
	圆砾、角砾	1600~3000	3200~5000	6000~9000
	卵石、碎石	2000~3000	3300~5000	7000~11000

注：1. 当桩进入持力层的深度 h_b 分别为 $h_b \leq D$、$D < h_b < 4D$、$h_b < 4D$ 时，q_{pk} 可相应取低、中、高值。

2. 砂土密实度可根据标准贯入试验锤击数判断，$N \leq 10$ 为松散，$10 < N \leq 15$ 为稍密，$15 < N \leq 30$ 为中密，$N > 30$ 为密实。

3. 当桩的长径比 $l / D \leq 8$ 时，q_{pk} 宜取较低值。

4. 当对沉降要求不严时，q_{pk} 可取高值。

表 8-7　大直径灌注桩侧摩阻力与端阻力尺寸效应系数 φ_{si} 和 φ_p

土类型	黏性土、粉土	砂土、碎石类土
φ_{si}	$(0.8/d)^{1/5}$	$(0.8/d)^{1/3}$
φ_p	$(0.8/D)^{1/4}$	$(0.8/D)^{1/3}$

注：当为等直径桩时，表中 $D=d$。

③ 嵌岩桩。桩端置于完整、较完整基岩的嵌岩桩单桩竖向极限承载力，由桩周土总极限侧摩阻力和嵌岩段总极限阻力组成。当根据岩石单桩抗压强度确定单桩竖向极限承载力标准值时，可按下式计算。

$$Q_{uk} = Q_{sk} + Q_{rk} \tag{8-17}$$

$$Q_{sk} = u \sum q_{sik} l_i \tag{8-18}$$

$$Q_{rk} = \zeta_r f_{rk} A_p \tag{8-19}$$

式中　Q_{sk}、Q_{rk}——分别为土的总极限侧摩阻力标准值、嵌岩段总极限阻力标准值(kN)；

q_{sik}——桩周第 i 层土的极限侧摩阻力标准值(kPa)，无当地经验时，可根据成桩工艺按表 8-4 取值；

f_{rk}——岩石饱和单轴抗压强度标准值(kPa)，黏土岩取天然湿度单轴抗压强度标准值；

ζ_r——桩嵌岩段侧摩阻力和端阻力综合系数，与嵌岩深径比 h_r / d、岩石软硬程度和成桩工艺有关，可按表 8-8 采用[表中数值适用于泥浆护壁成桩，对于干作业成桩(清底干净)和泥浆护壁成桩后注浆，ζ_r 应取表列数值的1.2 倍]。

表 8-8 桩嵌岩段侧摩阻力和端阻力综合系数 ζ_r

嵌岩深径比 h_r/d	0	0.5	1.0	2.0	3.0	4.0	5.0	6.0	7.0	8.0
极软岩、软岩	0.60	0.80	0.95	1.18	1.35	1.48	1.57	1.63	1.66	1.70
软硬岩、坚硬岩	0.45	0.65	0.81	0.90	1.00	1.04	—	—	—	—

注：1. 极软岩、软岩指 $f_{rk} \leqslant 15\text{MPa}$，较硬岩、坚硬岩指 $f_{rk} > 30\text{MPa}$；介于二者之间可内插取值。

2. h_r 为桩身嵌岩深度，当岩面倾斜时，以坡下方嵌岩深度为准；当 h_r/d 为非表列值时，ζ_r 可内插取值。

④ 单桩竖向承载力特征值的计算。单桩竖向承载力特征值 R_a 计算公式如下。

$$R_a = \frac{1}{K}Q_{uk} \tag{8-20}$$

式中 Q_{uk}——单桩竖向极限承载力标准值(kN)；

K——安全系数，可取 $K=2$。

(2) JTG D63—2007《公路桥涵地基与基础设计规范》的计算方法。

该规范根据全国各地大量的静载荷试验资料，通过理论分析和整理，以桩的承载类型，分别给出其单桩轴向受压承载力容许值。与 JGJ 94—2008《建筑桩基技术规范》不同，该规范给出的是单桩轴向受压承载力容许值。有两点值得注意：一个是考虑如图 8.1(b)所示的桩基础可能采用斜桩，因而改称“竖向”为“轴向”；另一个是计算式中给出的是“容许值”而非“极限值”。

① 摩擦桩。由于施工方法不同，桩侧摩阻力和桩端阻力有所不同，规范区分钻(挖)孔灌注桩和沉桩，分别给出了单桩轴向受压承载力容许值的计算式。

a. 钻(挖)孔灌注桩的承载力容许值为

$$[R_a] = \frac{1}{2}u\sum_{i=1}^{n} q_{ik} l_i + A_p q_r \tag{8-21}$$

$$q_r = m_0 \lambda [[f_{a0}] + k_2 \gamma_2 (h-3)] \tag{8-22}$$

式中 $[R_a]$——单桩轴向受压承载力容许值(kN)，桩身自重与置换土重(当自重计入浮力时，置换土重也计入浮力)的差值作为荷载考虑。

u——桩身周长(m)。

A_p——桩端截面积(m^2)，对于扩底桩，取扩底截面积。

n——土的层数。

l_i——承台底面或局部冲刷线以下各土层的厚度(m)，扩孔部分不计。

q_{ik}——与 l_i 对应的各土层与桩侧的摩阻力标准值(kPa)，宜采用单桩摩阻力试验确定，当无试验条件时，按表 8-9 选用。

q_r——桩端处土的承载力容许值(kPa)。当持力层为砂土、碎石土时，若计算值超过下列值，宜按下列值采用：粉砂 1000 kPa，细砂 1150 kPa，中砂、粗砂、砾砂 1450 kPa，碎石土 2750 kPa。

$[f_{a0}]$——桩端处土的承载力基本容许值(kPa)，按 GTG D63—2007《公路桥涵地基与基础设计规范》第 3.3.3 条确定。

h——桩端的埋置深度(m)。对于有冲刷的桩基础，埋置深度由一般冲刷线算起；对无冲刷的桩基础，埋置深度由天然地面线或实际开挖后的地面线算起；h 的计算值应不大于 40m，当大于 40m 时，按 40m 计算。

k_2——容许承载力随深度的修正系数，根据桩端处持力层土类按 GTG D63—2007《公路桥涵地基与基础设计规范》表 3.3.4 选用。

γ_2——桩端以上各土层的加权平均重度 (kN/m^3)。若持力层在水位以下且不透水时，不论桩端以上土层的透水性如何，一律取饱和重度；当持力层透水时，则水中部分土层取浮重度。

λ——修正系数，按表 8-10 选用。

m_0——清底系数，按表 8-11 选用。

表 8-9　钻(挖)孔灌注桩与 l_i 对应的各土层与桩侧的摩阻力标准值 q_{ik}　　单位：kPa

土类		q_{ik}
中密炉渣、粉煤灰		40～60
黏性土	流塑 $I_L>1$	40～60
	软塑 $0.75<I_L\leqslant 1$	20～30
	可塑、硬塑 $0<I_L\leqslant 0.75$	30～50
	坚硬 $I_L\leqslant 0$	80～120
粉土	中密	30～55
	密实	55～80
粉砂、细砂	中密	35～55
	密实	55～70
中砂	中密	45～60
	密实	60～80
粗砂、砾砂	中密	60～90
	密实	90～140
圆砾、角砾	中密	120～150
	密实	150～180
碎石、卵石	中密	160～220
	密实	220～400
漂石、块石		400～600

表 8-10　修正系数 λ 值

桩端土情况	长径比 l/d		
	4～20	20～25	>25
透水性土	0.70	0.70～0.85	0.85
不透水性土	0.65	0.65～0.72	0.72

表 8-11 清底系数 m_0 值

t/d	0.3～0.1
m_0	0.7～1.0

注：1. t 为桩端沉渣厚度，d 为桩的直径。

2. 当 $d \leqslant 1.5$m 时，$t \leqslant 300$mm；当 $d > 1.5$m 时，$t \leqslant 500$mm，且 $0.1 < t/d < 0.3$。

b. 沉桩的承载力容许值为

$$[R_a] = \frac{1}{2}(u\sum_{i=1}^{n}\alpha_i l_i q_{ik} + \alpha_r A_p q_{rk}) \tag{8-23}$$

式中 q_{ik}——与 l_i 对应的各土层与桩侧的摩阻力标准值(kPa)，宜采用单桩摩阻力试验确定或通过静力触探试验测定，当无试验条件时，按表 8-12 选用。

q_{rk}——桩端处土的承载力标准值(kPa)，宜采用单桩试验确定或通过静力触探试验测定，当无试验条件时，按表 8-13 选用。

α_i、α_r——分别为振动沉桩对各土层桩侧摩阻力和桩端阻力的影响系数，按表 8-14 采用；对于锤击、静压沉桩，其值均取为 1.0。

其余符号含义同前。

表 8-12 沉桩与 l_i 对应的各土层与桩侧的摩阻力标准值 q_{ik} 单位：kPa

土类	状态	摩阻力标准值 q_{ik}
黏性土	$1.5 \geqslant I_L \geqslant 1$	15～30
	$1 > I_L \geqslant 0.75$	30～45
	$0.75 > I_L \geqslant 0.5$	45～60
	$0.5 > I_L \geqslant 0.25$	60～75
	$0.25 > I_L \geqslant 0$	75～85
	$0 > I_L$	85～95
粉土	稍密	20～35
	中密	35～65
	密实	65～80
粉、细砂	稍密	20～35
	中密	35～65
	密实	65～80
中砂	中密	55～75
	密实	75～90
粗砂	中密	70～90
	密实	90～105

注：表中土的液性指数 I_L 系按 76g 平衡锥测定的数值。

表 8-13 桩端处土的承载力标准值 q_{rk} 单位：kPa

土类	状态	桩端承载力标准值 q_{rk}		
黏性土	$I_L \geqslant 1$	1000		
	$1 > I_L \geqslant 0.65$	1600		
	$0.65 > I_L \geqslant 0.35$	2200		
	$0.35 > I_L$	3000		
		桩尖进入持力层的相对深度		
		$1 > h_c / d$	$4 > h_c / d \geqslant 1$	$h_c / d \geqslant 4$
粉土	中密	1700	2000	2300
	密实	2500	3000	3500
粉砂	中密	2500	3000	3500
	密实	5000	6000	7000
细砂	中密	3000	3500	4000
	密实	5500	6500	7500
中砂、粗砂	中密	3500	4000	4500
	密实	6000	7000	8000
圆砾石	中密	4000	4500	5000
	密实	7000	8000	9000

注：表中 h_c 为桩端进入持力层的深度(不包括桩靴)， d 为桩的直径或边长。

表 8-14 影响系数 α_i 、 α_r 值

桩径或边长 d/m	土类			
	黏土	粉质黏土	粉土	砂土
$d \leqslant 0.8$	0.6	0.7	0.9	1.1
$0.8 < d \leqslant 2.0$	0.6	0.7	0.9	1.0
$d > 2.0$	0.5	0.6	0.7	0.9

② 支承在基岩上或嵌入基岩内的钻(挖)孔桩、沉桩。此类桩的单桩轴向受压承载力容许值为

$$[R_a] = c_1 A_p f_{rk} + u\sum_{i=1}^{m} c_{2i} h_i f_{rki} + \frac{1}{2}\xi_s u \sum_{i=1}^{n} l_i q_{ik} \tag{8-24}$$

式中 c_1——根据清孔情况、岩石破碎程度等因素而定的端阻力发挥系数，按表 8-15 采用。

f_{rk}——桩端岩石饱和单轴抗压强度标准值(kPa)。黏土质岩取天然湿度单轴抗压强度标准值，当 f_{rk} <2MPa 时按摩擦桩计算(f_{rki} 为第 i 层的 f_{rk} 值)。

c_{2i}——根据清孔情况、岩石破碎程度等因素而定的第 i 层岩层的侧摩阻力发挥系数，按表 8-15 采用。

u——各土层或各岩层部分的桩身周长(m)。

h_i——桩嵌入各岩层部分的厚度(m)，不包括强风化层和全风化层。

m——岩层的层数，不包括强风化层和全风化层。

ξ_s——覆盖层土的侧摩阻力发挥系数，根据桩端 f_{rk} 确定：当 2MPa≤ f_{rk} <15MPa 时，$\xi_s = 0.8$；当 15MPa≤ f_{rk} <30MPa 时，ξ_s=0.5；当 f_{rk} >30MPa 时，ξ_s=0.2。

其余符号含义同前。

表 8-15 发挥系数 c_1 、c_{2i} 值

岩石层情况	c_1	c_{2i}
完整、较完整	0.6	0.05
较破碎	0.5	0.04
破碎、极破碎	0.4	0.03

注：1. 当入岩深度小于或等于 0.5m 时，c_1 乘以 0.75 的折减系数，c_{2i}=0。

2. 对于钻孔桩，系数 c_1 、c_{2i} 值应降低 20%采用。桩端沉渣厚度 t 应满足以下要求：当 $d \leqslant 1.5$ 时，$t \leqslant 50\text{mm}$；当 $d > 1.5\text{m}$ 时，$t \leqslant 100\text{mm}$。

3. 对于中风化层作为持力层的情况，c_1 、c_{2i} 应分别乘以 0.75 的折减系数。

8.4.2 按桩身材料强度确定单桩竖向承载力

按桩身材料强度确定单桩竖向承载力时，可按 GB 50010—2010《混凝土结构设计规范》(2015 年版)将桩视为轴心受压构件，按下式计算。

$$R = \psi_c f_c A_p + 0.9 f_y' A_s \tag{8-25}$$

式中 R——单桩竖向承载力设计值(kN)；

ψ_c——基桩成桩工艺系数(混凝土预制桩、预应力混凝土空心桩 $\psi_c = 0.85$，干作业非挤土灌注桩 $\psi_c = 0.9$，泥浆护壁和套管护壁非挤土灌注桩、部分挤土灌注桩和挤土灌注桩 $\psi_c = 0.7 \sim 0.8$，软土地区挤土灌注桩 $\psi_c = 0.6$)；

f_c——混凝土的轴心抗压强度设计值(kPa)；

f_y'——纵向主筋抗压强度设计值(kPa)；

A_p——桩身的横截面积(m²)；

A_s——纵向主筋横截面积(m²)。

8.5 群桩基础设计

群桩基础是将两根及两根以上的基桩与桩顶的混凝土承台连接成一个整体所构成的桩基础形式。理论和工程实践都证明，当群桩基础受到荷载作用时，由于承台、桩、土相互作用，群桩中的基桩与相同条件下的独立单桩在承载性能和变形性状方面都存在显著的差

【群桩效应的知识点】

异，这种现象称为群桩效应。由于群桩效应的影响，群桩的性能并不是各单桩(即基桩相应的单桩，下同)的简单相加，群桩总承载力往往不等于各单桩承载力之和。为了正确地设计群桩基础，就必须了解其工作特性、承载力和沉降的特点。

8.5.1 群桩的工作特性

为了反映群桩效应的影响，评价群桩中各单桩承载力是否充分发挥，可以将群桩的承载力和各单桩承载力之和进行比较，并将其比值定义为群桩效应系数η。

$$\eta = \frac{\text{群桩的承载力}}{\text{群桩中各单桩承载力之和}} \tag{8-26}$$

形成群桩后，如果单桩承载力下降，则$\eta < 1$；如果单桩承载力反而提高，则$\eta > 1$；也可能单桩承载力不变，则$\eta = 1$。

群桩在工作时，如果承台紧贴地面，由于桩土相对位移，承台底面的桩间土会对承台产生一定的竖向抗力，这种抗力构成桩基础竖向承载力的一部分，使承台像浅基础一样工作，此种效应称为承台效应。承台效应使承台与桩共同承载，增加群桩的承载力，这种群桩基础称为复合桩基础。群桩中的每一根基桩对应了一定的承台面积，基桩及其对应承台面积下的地基土组成了复合基桩。承台效应实际上也是一种群桩效应。

不同类型的群桩，其群桩效应不一样。对于桩基础中常用的端承型桩和摩擦型桩，其荷载传递过程不同，群桩的工作特性也不相同，同时并非所有的群桩都具有承台效应。下面首先讨论端承型和摩擦型群桩的不同特性。

1. 端承型群桩

端承型群桩中的每根桩，其荷载主要通过桩端传递到地基持力层，各桩在桩端处的压力分布面积和桩底面积相同，无明显的应力叠加现象；在更深一点的部位，因为应力扩散，可能有一定的应力叠加，但由于持力层的承载能力良好，其影响有限，如图 8.9(a)所示。可以认为，端承型群桩中各基桩的工作状态与孤立的单桩相似，群桩的承载力应为各单桩承载力之和，即群桩效应系数$\eta = 1$。当各桩的荷载相同、沉降相等且桩距大于 3～3.5 倍桩径时，群桩的沉降量几乎等于单桩的沉降量。另外，端承型群桩的桩端持力层坚硬，桩基础整体位移很小，由桩身弹性压缩引起的桩顶沉降量也不大，承台底面土的反力较小，因此不宜考虑承台效应对承载力的贡献。

2. 摩擦型群桩

摩擦型群桩在竖向荷载作用下的工作特点与孤立单桩有显著差别[图 8.9(b)]。首先假设承台底面离地，即不考虑承台效应，桩顶荷载主要通过桩土界面上的摩阻力传递，摩阻力向桩周土中扩散，引起压力扩散角α范围内桩周土中的附加应力。各桩在桩端平面土的附加应力分布面积的直径$D = d + 2l \times \tan\alpha$($d$为桩身直径，$l$为桩长)。当桩距$s < D$时，相邻基桩桩端和桩侧的土中应力均会因应力扩散区的重叠而增大，桩端和桩侧的附加应力大大超过孤立的单桩，且附加应力影响的深度和范围也比孤立的单桩大得多，如图 8.9(c)所示；群桩的桩数越多，桩距越近，这种影响越显著，群桩的沉降量也因而增大。如果不允许群桩的沉降量大于单桩的沉降量，则群桩中每一根基桩的平均承载力将小于单桩的承载力。

另外，桩间土范围内的应力重叠将使桩间土明显压缩下移，导致桩-土界面相对位移减小，从而影响桩侧摩阻力的充分发挥，削弱桩的承载力，导致群桩的承载力小于各单桩承载力之和。当桩距 $s>D$ 时，地基中的应力只可能在桩端平面下一定深度内有所叠加增大，而摩擦型群桩对桩端承载力的依赖较低，这时群桩效应不显著。由上述讨论可知，不利的群桩效应主要是针对桩距较小的摩擦型群桩。

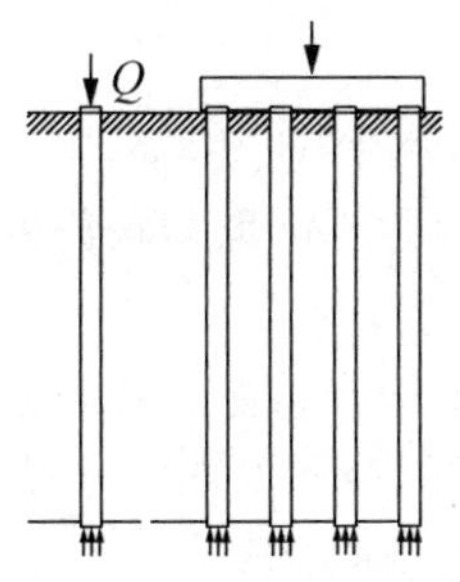

(a) 端承型群桩与单桩在桩端平面的应力

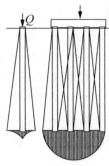

(b) 摩擦型群桩与单桩在桩端平面的应力

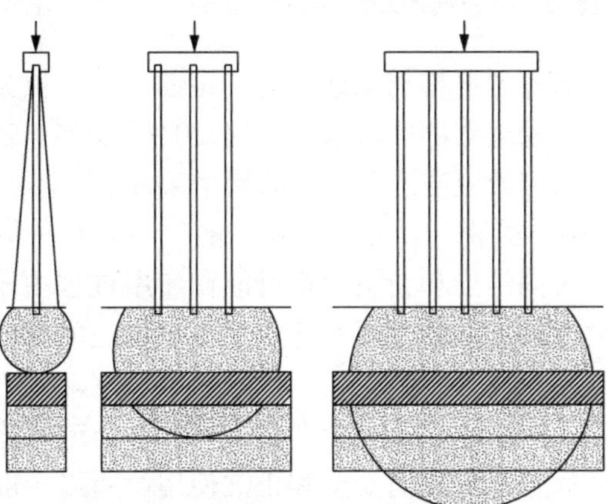

(c) 群桩与单桩的应力传递深度比较

图 8.9　群桩效应示意

实际上，工程中情况变化远比上述简化的概念分析复杂。群桩效应受桩距、土的性质、桩的长径比、桩长与承台宽度比、成桩方法等多种因素的影响而变化，其中土的性质、桩距是主要的影响因素。

大量国内外试验结果证明，影响 η 的因素很多，其中桩距的影响最大，其次是土的性质。若 $\eta=1$，说明群桩中各单桩承载力已充分发挥。但实际上，η 值也可能小于 1 或大于 1。

在非黏性土尤其是砂、砾土层中的打入桩，其 η 值往往大于 1。这是由于打桩时，砂的密实度和侧向应力有明显增加，从而使群桩内各桩的表面摩阻力增加；另外，对于非挤土桩，当桩端阻力占的比例较大时，基桩桩端土的侧向变形会受到桩端平面竖向压力约束而提高其端阻力，因此群桩承载力大于各单桩承载力之和。一般中间桩的摩阻力增量较大，

而边桩、角桩的摩阻力增量较小。

对于在黏性土中的群桩，根据试验研究η可有如下的变化规律。

(1) η值随桩距的增大而提高，桩距增大至一定值时η值增加就不明显了。当桩数$n \geq 9$，桩距在 3～4 倍桩径时，η值一般略小于 1；当桩距为 5～6 倍桩径时，才可能有$\eta=1$，有时因打桩的挤密效果也可能使$\eta>1$。但桩距过大会增加承台的面积和造价，是不经济的。

(2) 在相同桩距的情况下，η值随桩数增加而降低。

(3) 当承台面积保持不变时，η值随桩数增加(即桩距减小)而降低。因此，在不改变承台面积的条件下，一味靠增加桩数来提高桩基础的承载力并不能取得很好的效果，而优化的布桩方式和合理的排列方式可提高η值。

综上所述，为改善群桩工作性能，设计时首先应合理选择桩距，在目前工业与民用建筑桩基础设计中，当按常用桩距为 3～4.5 倍桩径考虑，桩数$n<9$时，η可取为 1。同时，应注意考虑土的性质与桩的设置效应对相邻桩承载力的影响。

8.5.2 承台效应

承台底部的土反力对摩擦型群桩的承载力有一定的贡献，根据试验与工程实测，承台底面土所发挥的承载力，可以达到群桩总承载力的 20%～35%。在设计摩擦型群桩时要正确考虑这种贡献。要发挥承台效应需满足下面的两个条件。

(1) 承台与其下的土层不能脱开。如果承台下的土层因某种原因下沉，就会造成承台底面脱空，如湿陷性土、欠固结土和新填土都可能在使用过程中发生沉降而造成承台底面脱空；可液化土和高灵敏度软土性质也很不稳定，与承台底面可能松弛脱空。这些土层都不能考虑承台效应。

(2) 承台与其下的土层要有相互挤压。要求桩基础有一定的整体沉降，且大于桩间土的沉降，但这种沉降不会危及建筑物的安全和正常使用，所以一般上部结构刚度好、体型简单或是对差异沉降不敏感的结构更容易满足这一要求。此外，承台效应还受桩距大小、承台宽度与桩长之比、桩的排列布局等多种因素影响。考虑承台效应的复合基桩竖向承载力特征值R可按下列公式计算。

$$R = R_a + \eta_c f_{ak} A_c \tag{8-27}$$

$$A_c = (A - nA_{ps}) / n \tag{8-28}$$

式中 R_a——单桩竖向承载力特征值(kN)；

η_c——承台效应系数，可按表 8-16 取值；

f_{ak}——承台下 1/2 承台宽度且不超过 5m 深度范围内各层土的地基承载力特征值按厚度加权的平均值(kPa)；

A_c——计算基桩所对应的承台底净面积(m^2)；

A_{ps}——桩身截面积(m^2)；

A——对于柱下独立基础，A为承台总面积(m^2)；

n——总桩数。

表 8-16 承台效应系数 η_c

B_c/l	$s_a/d=3$	$s_a/d=4$	$s_a/d=5$	$s_a/d=6$	$s_a/d>6$
≤0.4	0.06～0.08	0.14～0.17	0.22～0.26	0.32～0.38	0.50～0.80
0.4～0.8	0.08～0.10	0.17～0.20	0.26～0.30	0.38～0.44	
>0.8	0.10～0.12	0.20～0.22	0.30～0.34	0.44～0.50	
单排桩条形承台	0.15～0.18	0.25～0.3	0.38～0.45	0.50～0.60	

注：s_a/d 为桩中心距与桩径之比，B_c/l 为承台宽度与桩长之比。当计算基桩为非正方形排列时，$s_a=\sqrt{A/n}$，n 为总桩数。

此外，承台刚度还是影响桩、土和承台共同工作的重要因素。当刚性承台承受中心荷载作用时，由于承台基本不挠曲，其下各桩沉降趋于均匀，与弹性地基上刚性浅基础的作用相似，承台的跨越作用会使桩顶荷载由承台中部的基桩向外围各桩转移，因此刚性承台下的桩顶荷载规律一般是角桩最大、中心桩最小、边桩居中；而且桩数越多，随着承台柔度的增加，各桩的桩顶荷载分配越接近于承台上荷载的分布。

8.6 桩基础设计

桩基础的设计应力求做到安全可靠、经济合理、保护环境。为确保桩基础的安全，桩和承台应有足够的强度、刚度和耐久性；地基应有足够的承载力，各种变形特征需在允许值范围以内。桩基础设计一般按下列步骤进行。

(1) 分析工程特点，掌握必要的设计资料。

(2) 选择桩的类型、桩长及桩的截面尺寸。

(3) 确定单桩竖向和水平向承载力。

(4) 估算桩数，确定桩距和平面布置。

(5) 桩基础的验算。

(6) 承台设计和桩身结构设计。

(7) 绘制桩基础施工图。

以下就其中的某些步骤进行详细说明。

8.6.1 掌握必要的设计资料

进行桩基础设计之前，首先要分析具体工程项目的特点，通过调查研究，充分掌握一些基本的设计资料，主要包括下列方面。

(1) 工程地质与水文地质勘察资料。掌握设计所需用岩土物理学参数及原位测试参数，地下水情况，有无液化土层、特殊土层和地质灾害等。这些资料直接影响到桩型的选择、持力层的选择、施工方法、桩的承载力和变形等各个方面。

(2) 建筑场地与环境条件的有关资料。如建筑场地管线分布，相邻建筑物基础形式及埋置深度，防振、防噪声的要求，泥浆排放、弃土条件，抗震设防烈度和建筑场地类别。

(3) 上部结构特点。应注意上部结构的平面布置、结构形式、荷载分布、使用要求，特别是不同结构体系对变形特征的不同要求。

(4) 施工条件。考虑可获得的施工机械设备，制桩、运输和沉桩的条件，施工工艺对地质条件的适应性，水、电及建筑材料的供应条件，施工对环境的影响等。

(5) 地方经验。了解备选桩型在当地的应用情况，已使用的桩在类似条件下的承载力和变形情况。重视地方规范，一些计算系数特别是沉降计算经验系数，应优先考虑地方取值经验。

8.6.2 选择桩的类型、桩长及桩的截面尺寸

桩基础设计的首要问题，就是依据上述各项基本的设计资料，综合选定桩的类型、桩的截面和桩的长度。

由于桩的类型众多，各种桩型的优缺点不一，桩的合理选型是一个比较复杂的问题，需要较多的工程经验。一般来说，首先应根据地质条件、土层分布情况、上部结构的荷载大小和结构特点，以及成桩设备和技术能力等因素，选用预制桩或灌注桩；再由地基土条件和桩荷载传递性质确定桩的承载类型。

在场地土层分布比较均匀且无坚硬夹层的情况下，采用预制桩比较合理，预制桩不存在缩颈、夹泥等问题，其质量稳定性较高；但如果土层不利于挤土桩施工，也会出现接头处断桩、桩端上浮、沉降量增大等问题，另外，预制桩的桩径、桩长、单桩承载力可调范围小，难以实现复杂的优化设计。沉管挤土灌注桩无须排土、排浆，造价低，但如果地基中存在难以排水的饱和软土层，则很容易引起离析和断桩。灌注桩可以适用不均匀的地层，穿越坚硬的地层，但桩身质量容易出现问题。人工挖孔桩是桩身质量很稳定的灌注桩，但是在高地下水位地区应用困难。扩底桩用于持力层较好、桩较短的端承型灌注桩，可取得较好的技术经济效益，但如果将扩底端放置于有软弱下卧层的薄硬土层上，既无增强效应，还可能留下安全隐患。所以没有适用于一切地层的桩，具体问题需要具体分析。各种建筑桩基础的适用条件可参见 JGJ 94－2008《建筑桩基技术规范》附录 A。

桩的长度主要取决于桩端持力层的选定。由于桩端持力层对桩的承载力和沉降有重要的影响，因此桩端持力层的选择必须考虑建筑物对承载力和沉降的要求，同时还应考虑桩的制作和运输条件，以及提供相关沉桩或成孔设备的可能性。坚实土层和岩层最适宜作为桩端持力层。在施工条件容许的深度内没有坚实土层存在时，可考虑选择中等强度的土层作为持力层。

桩的长度有设计长度和施工长度之分，对于土层均匀平坦的场地，设计长度与施工长度较为接近，而当地层复杂、持力层不平时，设计长度与施工长度常不一致。桩的沉桩深度(施工长度)一般是由桩端的设计标高和桩的最后贯入度两个指标控制。按桩端的设计标高控制，是根据地勘资料和结构要求确定桩端进入持力层的深度。最后贯入度指桩最后两

三阵(以 10 击为一阵)的平均沉入量，一般采用每阵 1～3cm 为控制标准，最后贯入度通常先进行试打确定；振动沉桩以 1min 为一阵，要求最后两阵平均贯入度为 1～5cm/min。

摩擦型桩一般应以桩端设计标高为主，以最后贯入度为辅来控制施工长度；端承型桩一般以最后贯入度为主，以对照桩端设计标高为辅来控制成孔深度。

为了提高桩的承载力和减少桩的沉降，桩端进入持力层的深度应有一定的要求。一般来说，桩端进入持力层的深度，对于黏性土、粉土不宜小于 $2d$ (d 为桩径)，砂土不宜小于 $1.5d$，碎石类土不宜小于 d。为充分发挥持力层良好的承载能力，当条件允许时，桩进入持力层的深度宜达到该土层桩端阻力的临界深度。当存在软弱下卧层时，桩端以下硬持力层厚度不宜小于 $3d$，并应同时进行软弱下卧层的承载力验算。

穿越软弱土层而支承于倾斜岩面上的端承桩，当强风化层厚度小于 2 倍桩径时，桩端应嵌入微风化和未风化岩层内，全断面进入深度不宜小于 $0.4d$ 且不小于 0.5m。对倾斜度大于 30%的中风化岩，宜根据倾斜度及岩石完整性适当加大嵌岩深度，这是因为如果持力层岩面不平，桩端恰好坐落于隆起的岩坡面上时，极易产生滑动而引发工程事故；为保持桩基础的稳定，在桩端应力扩散范围以内应无岩体的任何临空面。对于嵌入平整、完整的坚硬岩和较硬岩的嵌岩桩，嵌岩深度不宜小于 $0.2d$ 且不应小于 0.2m。桩端进入岩层深度较大(大于 2～3 倍桩径)时，将出现明显的嵌岩效应，嵌岩桩承载力可以得到充分发挥。

对于承载能力很大的嵌岩桩或大直径端承桩，设计往往采用一柱一桩，应保证桩端以下 3 倍桩径范围内无软弱夹层、洞穴、断裂带和空隙。一柱一桩的桩基础破坏后果比较严重，宜对其桩孔以下一定范围的岩土条件进行仔细的施工勘察。

桩的截面尺寸，通常是由成桩设备、地质条件及上部结构的荷载分布和大小等因素确定的。选定了桩的类型和几何尺寸之后，再初步确定承台的埋置深度。承台埋置深度一般要考虑建筑结构设计要求，如果设计复合桩基础，在方便施工的前提下，还应适当选择承台的持力层，然后就可以确定单桩竖向承载力。为减少桩基础施工的成桩设备和避免施工中的布桩错误，桩的规格应力求统一，至少同一承台中的桩应为同一个规格。

8.6.3 估算桩数，确定桩距和平面布置

1. 估算桩数

桩基础中的桩数可初步按单桩竖向承载力特征值 R_a 确定。估算桩数和布桩时，应采用传至承台底面的荷载效应标准组合，相应的抗力应采用基桩或复合基桩承载力特征值。

轴心受压时，桩数 n 为

$$n \geqslant \frac{F_k + G_k}{R_a} \tag{8-29}$$

式中 F_k——相应于荷载效应标准组合时，作用于承台顶面的竖向力；

G_k——承台及承台上土的自重标准值。

由于承台的平面尺寸尚未确定，即 G_k 是未知的，故可按下式估算桩数。

$$n \geqslant \xi_G \frac{F_k}{R_a} \tag{8-30}$$

式中 ξ_G——考虑承台及上覆土重的增大系数，一般取 1.05～1.10。

偏心受压时，桩数 n 为

$$n \geqslant \xi_e \xi_G \frac{F_k}{R_a} \tag{8-31}$$

式中 ξ_e——考虑偏心荷载的增大系数，一般取 1.1～1.2。

2. 确定桩距

所谓桩距是指相邻基桩的中心距，用 s_a 表示。选择最优桩距是布桩的基础，这是使桩基础设计做到经济、有效的重要一环。一般常用的桩距为(3～4) d (d 为桩的直径)。

桩距太大会增加承台的面积，从而增大承台的内力，使其体积和用料增加而不经济；桩距太小则会使摩擦桩基础承载力降低，沉降量增大，且给施工造成困难。合理的桩距可以增大群桩效应系数，充分发挥桩的承载力，减小挤土效应的不利影响。

JGJ 94—2008《建筑桩基技术规范》规定的基桩最小中心距见表 8-17。桩的中心至承台边的距离，通常称为桩的边距。桩的边距一般不小于桩的直径，也不宜小于 300mm。

表 8-17　基桩最小中心距

土类与成桩工艺		排数不少于 3 排且桩数不少于 9 根的摩擦型桩基础	其他情况
非挤土灌注桩		3.0 d	3.0 d
部分挤土桩(非饱和土)		3.5 d	3.0 d
挤土桩	非饱和土	4.0 d	3.5 d
	饱和黏性土	4.5 d	4.0 d
钻(挖)孔扩底桩		2 D 或 D +2.0m(当 D >2m)	1.5 D 或 D +1.5m(当 D >2m)
沉管夯扩、钻孔挤扩桩	非饱和土	2.2 D 且 4.0 d	2.0 D 且 3.5 d
	饱和黏性土	2.5 D 且 4.5 d	2.2 D 且 4.0 d

注：1. d 为圆桩直径或方桩边长，D 为扩大端设计直径。

2. 当纵横向桩距不相等时，其最小中心距应满足“其他情况”一栏的规定。

3. 确定桩的平面布置

桩的平面布置通常有如图 8.10 所示几种排列方式。

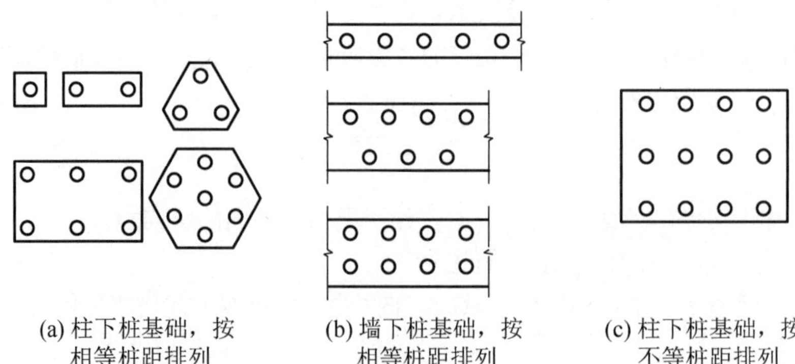

(a) 柱下桩基础，按相等桩距排列　(b) 墙下桩基础，按相等桩距排列　(c) 柱下桩基础，按不等桩距排列

图 8.10　桩的平面布置示例

桩的平面布置对群桩工作性能的影响较大，基桩布置是桩基础概念设计的主要内容，也是对群桩性能进行优化的主要步骤。上部结构荷载传递给桩基础，桩基础将荷载传递给地基土，这是荷载传递的基本过程。桩的平面布置首先应遵循荷载最优传递原则。上部结构荷载传递给基桩(应保证传递距离最短)，再由基桩传递到地基土中，应尽量使地基土所受的附加应力均匀。具体来说，应把握下述原则。

(1) 基桩受力尽量均匀。

力求使桩基础中各基桩受力比较均匀，减少偏心，以便充分发挥各基桩的承载力，减少不均匀沉降。具体措施如下。

① 群桩承载力合力作用点最好与群桩横截面的重心重合或接近。

② 当上部结构的荷载有几种不同的可能组合时，荷载合力作用点将发生变化，可使群桩承载力合力作用点位于荷载合力作用点变化范围之内，并尽量接近最不利的合力作用点位置。

③ 梁式承台(即承台梁)下布桩，应按各段的荷载情况调整桩距，使各桩的承载力能充分发挥。如梁式承台纵横相交处同时承受两个方向传来的荷载，有可能负荷过重，因此，交接处的桩距应按最小间距考虑。可在梁式承台交接处下布桩，与其相邻桩的距离取最小桩距，如图 8.11(a)所示；必要时交接处下的桩应进行处理，如沉管灌注桩可以复打，扩底灌注桩可增大扩底等；或者在梁式承台交接处下四方布桩，将桩对称地分布在两轴线交点的四周，如图 8.11(b)所示。

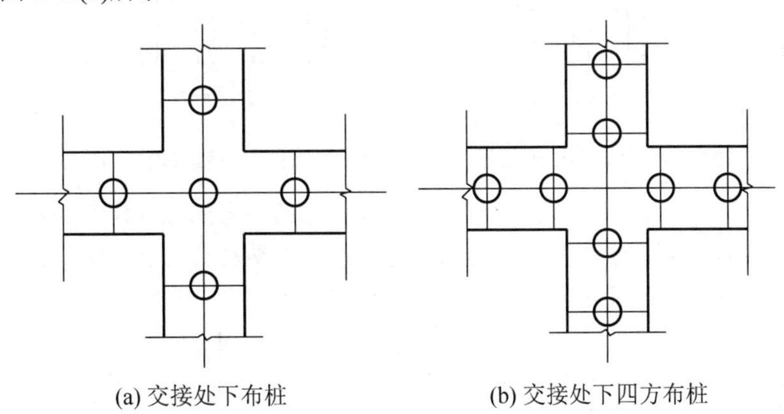

(a) 交接处下布桩　　(b) 交接处下四方布桩

图 8.11　交接处布桩方式

(2) 桩基础有较大的抗弯抵抗矩。

对弯矩较大且无法消除的桩基础，应使桩基础在弯矩方向有较大的抗弯截面模量，可产生较大的抵抗矩，以增强桩基础的抗弯能力。具体措施如下。

① 对于柱下单独桩基础可采用外密内疏的布置方式，即桩承台外围布桩间距较小，而内部布桩间距较大。这种布桩方式不适于大型群桩基础，如桩筏、桩箱等基础。

② 对于梁式承台桩基础，则可考虑在外纵墙之外布置 1～2 根探头桩，横墙下的承台梁也同时挑出。

(3) 荷载直接传递。

为保证荷载能直接传递，应尽量遵循最短距离传递原则。具体措施如下。

① 在梁式或板式承台下布桩时，应使梁、板中的弯矩尽量减小。可采用多在墙、柱下布桩，以减少梁或板跨中的桩数。

② 桩箱基础、剪力墙结构桩筏(含平板和梁板式承台)基础，宜直接将桩布置于墙下。

③ 桩下尽可能采用高承载力桩，减少桩的数量，这样可以减小承台面积，降低其内力。

(4) 变刚度调平概念设计。

对整体的桩筏、桩箱基础，当上部结构为框剪、框筒或主群楼结构时，由于上部结构刚度对基础不均匀变形的约束力较差，并且由于桩土的共同作用，在常规的均匀布桩方案下，易出现筏形或箱形基础的碟形沉降，即形成中间沉降大、周围沉降小的碗碟形状，而基础底面反力呈马鞍形分布，这时不但沉降差异大，而且承台内力大，如图 8.12 所示。为了避免出现这种情况，可采用变刚度调平概念设计。

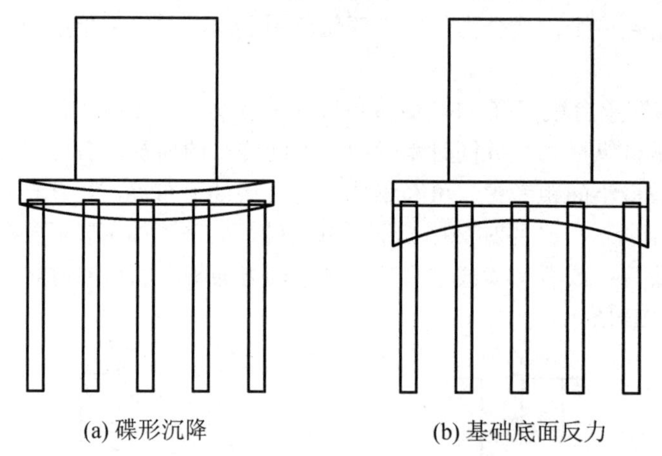

图 8.12　均匀布桩的桩筏、桩箱基础碟形沉降和基础底面反力示意

变刚度调平概念设计系考虑上部结构、基础和地基三者的相互作用关系，通过调整基桩的长度、直径和间距，形成不均匀的布桩方案，以调整基桩支承刚度分布，从而达到较小的建筑整体差异沉降，实现降低承台内力的目的，如图 8.13 所示。

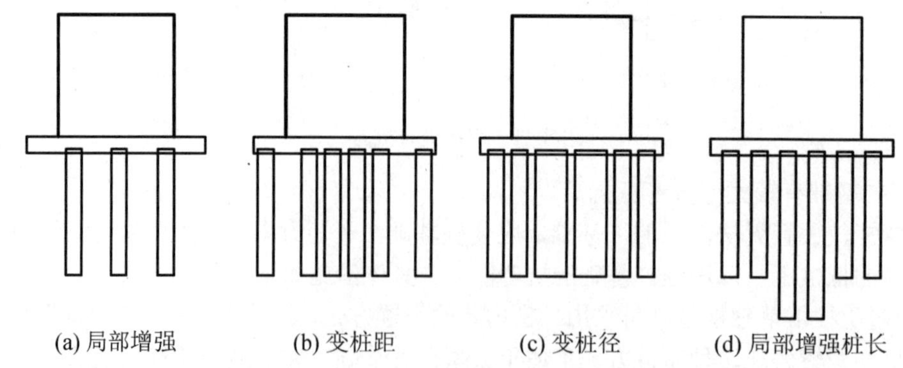

图 8.13　变刚度调平概念设计方案

比如对框筒结构，可对核心筒区域的基桩增加桩长或调整桩径、桩距，强化该区域基桩的刚度，使荷载扩散范围增大，以降低桩端土的受荷水平；而对外围框架区，采取少布桩、布短桩的措施，使桩端土的附加应力水平趋于均匀，从而使建筑整体沉降均匀，并相互协调一致。此方案可同时改变筏板反力分布，有利于减小筏板内力，使其厚度减薄成为柔性薄板。

在确定桩数、桩距和边距后，根据布桩的原则，选用合理的排列方式即可定出桩基础的平面尺寸。

8.6.4 桩基础的验算

1. 桩顶作用效应计算

对一般的建筑物和受水平荷载较小的高层建筑群桩基础，可按下面的方法确定基桩或复合基桩的桩顶作用效应，如图 8.14 所示。

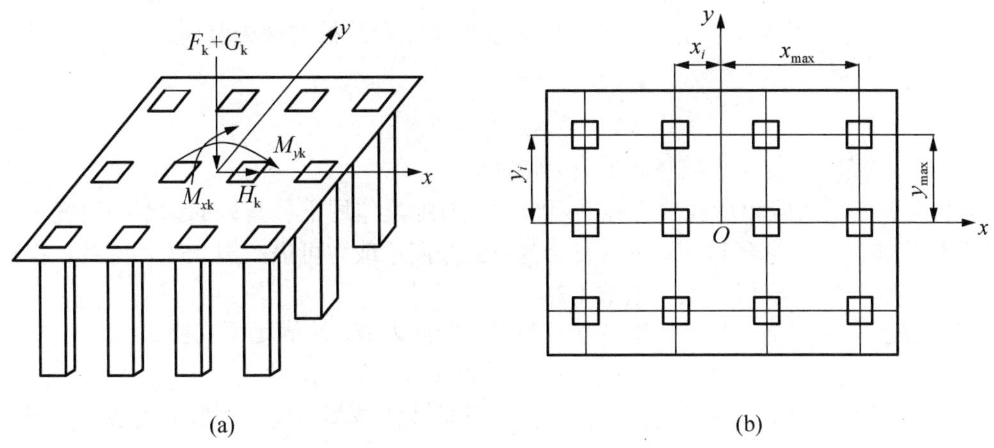

图 8.14 桩顶作用效应计算简图

(1) 竖向力。

对轴心受压的基桩为

$$N_k = \frac{F_k + G_k}{n} \tag{8-32}$$

对偏心受压的基桩为

$$N_{ik} = \frac{F_k + G_k}{n} \pm \frac{M_{xk} y_i}{\sum y_j^2} \pm \frac{M_{yk} x_i}{\sum x_j^2} \tag{8-33}$$

(2) 水平力。计算公式为

$$H_{ik} = \frac{H_k}{n} \tag{8-34}$$

式中 F_k——荷载效应标准组合下，作用于承台顶面的竖向荷载；

G_k——桩基础承台及承台上土的自重标准值，对稳定的地下水位以下部分应扣除水的浮力；

N_k——荷载效应标准组合轴心竖向力作用下，基桩或复合基桩的平均竖向力；

N_{ik}——荷载效应标准组合偏心竖向力作用下，第 i 根基桩或复合基桩的竖向力；

M_{xk}、M_{yk}——荷载效应标准组合下，作用于承台底面的外力，绕通过桩群形心的 x、y 主轴的力矩；

x_i、x_j、y_i、y_j——第 i、j 根基桩或复合基桩至 y、x 轴的距离；

H_k——荷载效应标准组合下，作用于桩基础承台底面的水平力；

H_{ik}——荷载效应标准组合下，作用于第 i 根基桩或复合基桩的水平力；

n——群桩基础中的桩数。

2. 桩基础竖向承载力验算

桩基础竖向承载力验算应符合下列要求。

(1) 荷载效应标准组合时。在轴心竖向力作用下，基桩或复合基桩的平均竖向力 N_k 应满足下式要求。

$$N_k \leqslant R \tag{8-35}$$

偏心竖向力作用下除满足上式外，同时基桩或复合基桩的最大竖向力 $N_{k,max}$ 应满足下式要求。

$$N_{k,max} \leqslant 1.2R \tag{8-36}$$

式中　R——基桩或复合基桩竖向承载力特征值。

(2) 地震作用效应和荷载效应标准组合时。对地震作用下桩基础的调查和研究表明，有地震作用参与荷载组合时，基桩或复合基桩的竖向承载力可提高约 25%。因此，在对基桩进行抗震验算时，应将 R 乘以系数 1.25。

轴心竖向力作用下，基桩或复合基桩的平均竖向力 N_{Ek} 应满足下式要求。

$$N_{Ek} \leqslant 1.25R \tag{8-37}$$

偏心竖向力作用下，除满足上式外，同时基桩或复合基桩的最大竖向力 $N_{Ek,max}$ 应满足下式要求。

$$N_{Ek,max} \leqslant 1.5R \tag{8-38}$$

3. 桩基础软弱下卧层验算

桩基础持力层以下存在软弱下卧层是实际工程中的常见现象，如果荷载和土层引起的压力超出软弱下卧层承载力过多时，将引起软弱下卧层侧向挤出，使桩基础偏斜甚至整体失稳。一般来说，只有软弱下卧层强度低于持力层的 1/3 时才有必要验算，如图 8.15 所示。

对单桩基础或桩距大于 6 倍桩径的群桩基础，一般不会出现软弱下卧层，设计也会尽量避免。对于桩距小于 6 倍桩径的群桩基础，可将其视为一个整体深基础，考虑侧摩阻力的有利作用，按下列公式验算软弱下卧层的承载力。

$$\sigma_z + \gamma_m z \leqslant f_{az}$$

$$\sigma_z = \frac{(F_k + G_k) - \frac{3}{2}(A_0 + B_0)\sum q_{sik} l_i}{(A_0 + 2t\tan\theta)(B_0 + 2t\tan\theta)} \tag{8-39}$$

式中　σ_z——作用于软弱下卧层顶面的附加应力。

γ_m——软弱下卧层顶面以上各土层的加权平均重度，地下水位以下取浮重度。

t——桩端以下持力层厚度。

f_{az}——软弱下卧层经深度修正的地基承载力特征值；修正深度从承台底面到软弱下卧层顶面，深度修正系数取 1.0。

A_0、B_0——群桩外缘矩形底面的长、短边边长。

q_{sik}——桩周第 i 层土的极限侧摩阻力标准值。

θ——桩端硬持力层的压力扩散角，按第 7 章取值。

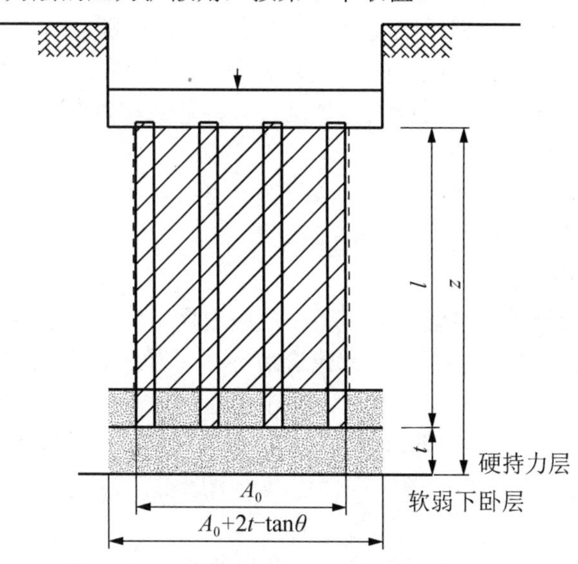

图 8.15 桩基础软弱下卧层承载力验算简图

4. 桩基础沉降验算

对设计等级为甲级的非嵌岩桩和非深厚坚硬持力层的建筑桩基础，以及设计等级为乙级的体型复杂、荷载分布显著不均匀或桩端平面以下存在软弱下卧层的建筑桩基础，均应进行沉降验算。计算荷载作用下的桩基础沉降时，应采用荷载效应准永久组合。这里简单介绍一下控制桩基础变形的概念设计方法。

对大多数桩基础而言，变形的主要部分是桩端平面以下一定范围内土层的变形，差异沉降是由于这些土层的受荷水平差异或土层性质差异造成的，在一定条件下还需考虑桩身压缩，因此，控制桩基础变形的最有效的方法，是降低桩基础影响范围内土的附加应力水平，具体可采用以下方法。

(1) 增加桩长。增加桩长可以将荷载传递范围增大，在相同荷载作用下，桩越长，桩端土层受荷水平越低，这是降低附加应力的最好办法，也是减小桩基础沉降量的最直接、有效的方法。

(2) 加大承台面积。对复合桩基础，当承台与土接触良好且承台下的土性质较好时，增加承台的面积可以减小最终沉降量。但应注意，当增加承台面积可能引起承台内力增加，且承台与其下的土有可能脱空时，此方法无效。

(3) 增加上部结构和承台的刚度。当上部结构和承台的刚度大时，由于共同作用，可限制不均匀沉降，比如剪力墙结构，基础出现差异沉降较小。仅仅增加承台刚度，达到的效果有限而材料耗费较多，应慎用。

(4) 采用变刚度调平概念设计。变刚度调平概念设计能有效地减小桩基础的差异沉降，其基本思路是以调整桩土支承刚度分布为主线，根据荷载、地质特征和上部结构布局，考虑相互作用效应，采取增强与弱化结合，减沉与增沉结合，刚柔并济，局部平衡，整体协调，实现差异沉降、承台(基础)内力和资源消耗的最小化，具体做法如下。

① 根据建筑物体型、结构、荷载和地质条件，选择桩基础、复合桩基础、刚性桩复合地基，合理布局，调整桩土支承刚度分布，使之与荷载匹配。

② 为减小各区位应力场相互重叠对核心区有效刚度的削弱，桩土支承体布局宜做到竖向错位或水平向拉开距离，采取长短桩结合、桩基础与复合桩基础结合、复合地基与天然地基结合，以减小相互影响。

③ 对于主裙连体建筑，应按增强主体、弱化裙房的原则进行设计，裙房宜优先采用天然地基、疏短桩基础。

5. 桩基础负摩阻力验算

当桩周土沉降可能引起桩侧负摩阻力时，应根据工程具体情况考虑负摩阻力对桩基础沉降和承载力的影响。当土层不均匀或建筑物对不均匀沉降较敏感时，将负摩阻力引起的下拉荷载计入附加荷载验算桩基础沉降。由于中性点以上的桩身无法发挥承载力，故进行承载力验算时，基桩竖向承载力特征值 R_a 只计中性点以下部分侧摩阻力值及端阻力值。

对于摩擦型基桩，取桩身计算时中性点以上侧摩阻力为零，再按下式验算基桩承载力。

$$N_k \leqslant R_a \tag{8-40}$$

对于端承型基桩，还应考虑负摩阻力引起的基桩下拉荷载 Q_g^n，并按下式验算基桩承载力。

$$N_k + Q_g^n \leqslant R_a \tag{8-41}$$

8.6.5 承台设计

【承台的施工步骤】

承台是群桩基础的重要组成部分，上部结构与各基桩通过承台连接在一起，上部结构的荷载通过承台传递分配给各基桩，使各基桩协调受力、共同工作。承台可以分为板式和梁式两种类型。

板式承台如卧置在基桩上的双向板，柱下独立桩基础承台、柱下(墙下)筏形承台、箱形承台都属于板式承台；梁式承台如卧置在基桩上的连续梁，柱下(墙下)条形承台、两桩承台都属于梁式承台。

本节主要介绍柱下独立多桩承台的设计方法。桩基础承台的设计包括确定承台的材料、地面标高、平面形状及尺寸、剖面形状及尺寸，以及进行受弯、受剪、受冲切和局部受压承载力计算，并应符合构造要求。

1. 构造要求

柱下独立桩基础承台的最小宽度不应小于 500mm，边桩中心至承台边缘的距离不应小于桩的直径或边长，且桩的外边缘至承台边缘的距离不应小于 150mm。对于墙下条形承台梁，考虑到墙体与承台梁共同工作，结构整体刚度较好，桩的外边缘至承台边缘的距离可适当放宽，不应小于 75mm。

为了满足承台的基本刚度、桩与承台的连接锚固等要求，承台必须有一定的厚度，承台的最小厚度为300mm。高层建筑平板式和梁板式筏形承台的最小厚度不应小于400mm。承台可分为阶梯形承台和锥形承台，其边缘厚度不宜小于300mm，阶梯形承台台阶高度一般为300～500mm，锥形承台的坡度不宜大于1∶3。

承台混凝土的强度应根据建筑环境类别，按GB 50010—2010《混凝土结构设计规范》(2015年版)的规定选用，同时应考虑抗渗性要求。

柱下独立桩基础承台纵向受力钢筋应通长配置，根据承台的形状和受力特点，按双向均匀布置[图8.16(a)]或三向板带均匀布置[图8.16(b)]，最里面的三根钢筋围成的三角形应进入柱截面范围内。受力钢筋锚固长度从边桩内侧算起，不应小于35倍受力钢筋直径，承台纵向受力钢筋的直径不应小于12mm，间距不应大于200mm。柱下独立桩基础承台的最小配筋率不应小于0.15%。柱下独立两桩承台，应按GB 50010—2010《混凝土结构设计规范》(2015年版)中的深受弯构件配置纵向受拉钢筋和分布钢筋。梁式承台的主筋直径与柱下独立桩基础承台相同，当需要配置箍筋时，箍筋直径不应小于6mm[图8.16(c)]。承台底面钢筋的混凝土保护层厚度，当有混凝土垫层时不应小于50mm，无垫层时不应小于70mm，此外尚不应小于桩头嵌入承台内的长度。

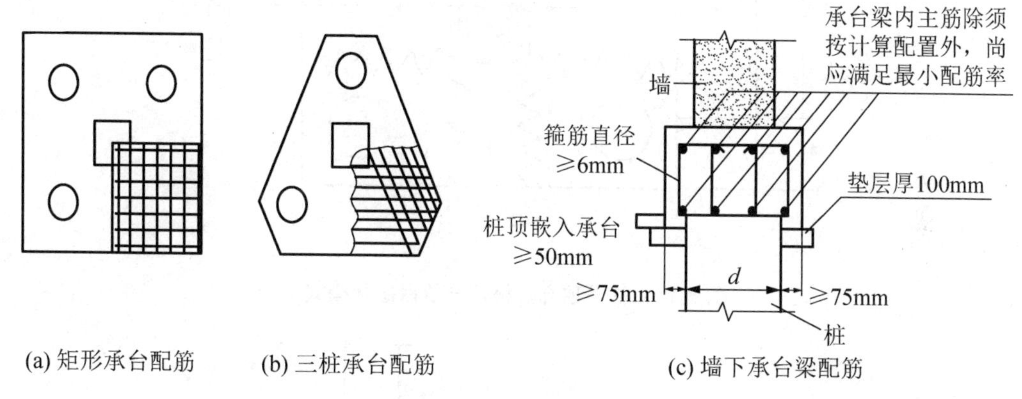

(a) 矩形承台配筋　(b) 三桩承台配筋　(c) 墙下承台梁配筋

图8.16　承台配筋图

桩顶嵌入承台内长度对大直径桩不宜小于100mm，对中等直径桩不宜小于50mm。混凝土桩的桩顶纵向主筋应锚入承台内，其锚固长度不宜小于35倍纵向主筋直径。预应力混凝土桩可将承台钢筋与桩头钢板焊接，在桩与承台连接处应采取可靠的防水措施。柱纵向主筋锚入桩身内长度不应小于35倍纵向主筋直径；当承台高度不满足锚固要求时，竖向锚固长度不应小于20倍纵向主筋直径，并应向柱轴线方向呈90°弯折。

为了保证桩基础的整体刚度，有抗震设防要求的柱下桩基础承台，宜沿承台两个主轴方向设置双向连系梁。两桩桩基础的承台，应在其短向设置连系梁。连系梁顶面与承台顶面齐平，宽度不宜小于250mm，高度可取承台中心距的1/15～1/10，且不宜小于400mm。连系梁上下部配筋不宜少于2根直径12mm的钢筋，位于同一轴线上的连系梁纵筋宜通长配置。

2. 承台的计算

承台的受力比较复杂，其计算内容包括受弯、受剪、受冲切、局部受压，通常根据受

弯计算结果进行纵向钢筋配置，根据受剪和受冲切承载力确定承台的厚度，不同类型的承台在计算项目和方法上也有所区别。当承台的混凝土强度等级低于柱子的强度等级时，还需要验算柱底部位承台的局部受压承载力。在计算承台结构承载力、确定尺寸和配筋时，应采用传至承台顶面的荷载效应基本组合；当进行承台裂缝控制验算时，应采用荷载效应标准组合。

(1) 承台的正截面抗弯强度计算。

① 柱下独立多桩矩形承台。模型试验表明，承台的弯曲裂缝在平行于柱边两个方向交替出现，如图 8.17 所示，承台在两个方向像梁一样承担荷载，这种弯曲破坏称为“梁式破坏”。最大弯矩产生在平行于柱边两个方向的屈服线处，柱边为控制截面，如果承台分台阶，台阶处也是需要计算的控制截面，如图 8.18 所示。

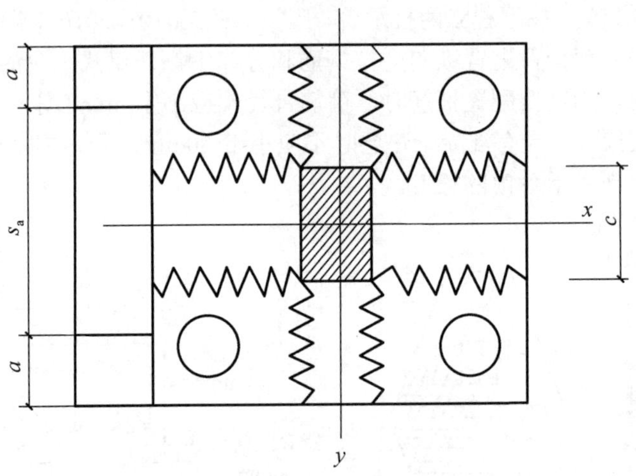

图 8.17　柱下独立多桩矩形承台破坏模式

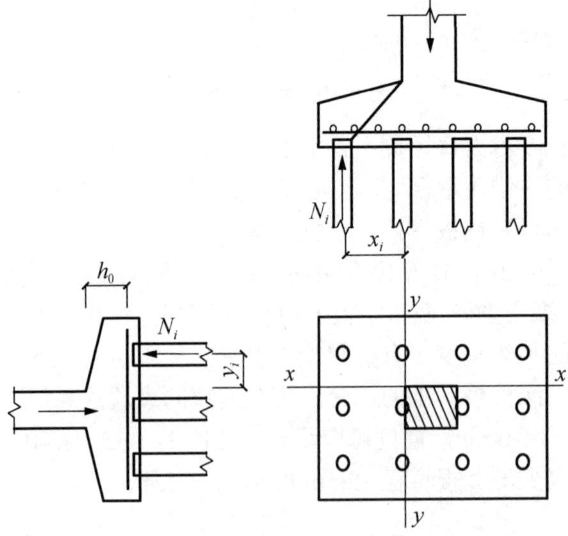

图 8.18　柱下独立多桩矩形承台受弯计算剖面

利用极限平衡原理，可以推导出柱下多桩矩形承台两个方向的承台正截面弯矩为

$$M_x = \sum N_i y_i \tag{8-42}$$

$$M_y = \sum N_i x_i \tag{8-43}$$

式中 M_x、M_y——垂直于 x、y 轴方向计算截面处的弯矩设计值；

x_i、y_i——垂直于 y、x 轴方向自桩轴线到相应计算截面的距离；

N_i——不计承台及其上土重，在荷载效应基本组合下的第 i 根基桩或复合基桩竖向反力设计值。

按式(8-42)、式(8-43)算得柱边截面和变阶处控制截面的弯矩之后，分别计算同一方向各控制截面的配筋，取各方向最大配筋量按双向均匀配置。

② 柱下三桩三角形承台。柱下三桩三角形承台的破坏模式也为“梁式破坏”。对于等边三桩三角形承台，其屈服线如图 8.19(a)、(b)所示，图 8.19(a)的屈服线产生在柱边，过于理想化，图 8.19(b)的屈服线未考虑柱的约束作用，其弯矩偏于安全。根据试件破坏的多数情况，一般采用两种模式的平均值，按式(8-42)计算弯矩，再按计算结果采用三向均匀配筋。

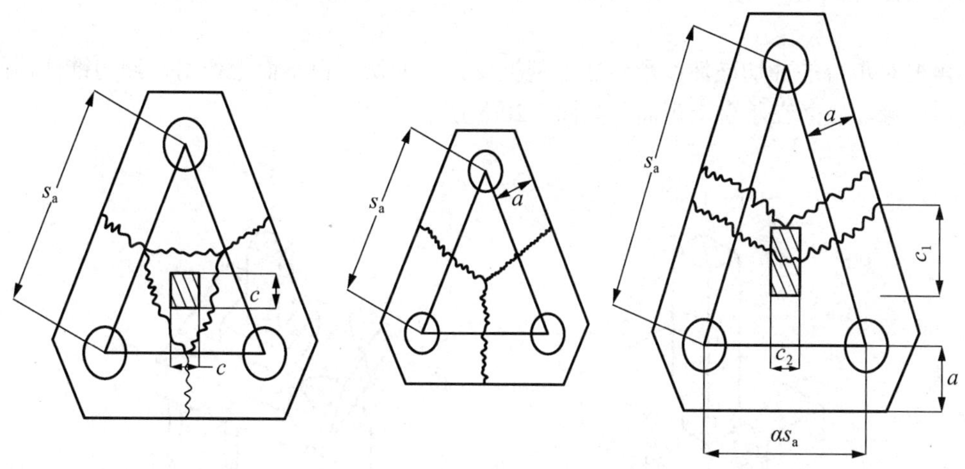

(a) 等边三桩三角形承台一　(b) 等边三桩三角形承台二　(c) 等腰三桩三角形承台

图 8.19　柱下三桩三角形承台的受弯破坏

对等边三桩三角形承台，弯矩按下式计算。

$$M = \frac{N_{\max}}{3}\left(s_a - \frac{\sqrt{3}}{4}c\right) \tag{8-44}$$

式中 M——通过承台形心至各边边缘正交截面范围内板带的弯矩设计值；

$N_{\max}$——不计承台及其上土重，三桩中相应于荷载效应基本组合的最大基桩或复合基桩竖向反力设计值；

s_a——桩中心距；

c——方桩边长，圆桩时 $c = 0.8d$ (d 为圆桩直径)。

对于等腰三桩三角形承台，应分别计算从承台形心到两腰和底边的两处截面弯矩，如图 8.19(c)所示，其计算公式为

$$M_1 = \frac{N_{\max}}{3}\left(s_a - \frac{0.75}{\sqrt{4-\alpha^2}}c_1\right) \tag{8-45}$$

$$M_2 = \frac{N_{\max}}{3}\left(\alpha s_a - \frac{0.75}{\sqrt{4-\alpha^2}}c_2\right) \tag{8-46}$$

式中 M_1、M_2——由承台形心至两腰边缘、底边边缘正交截面范围内板带的弯矩设计值；

s_a——长向桩中心距；

α——短向桩中心距与长向桩中心距之比，$\alpha \geqslant 0.5$；

c_1、c_2——垂直于、平行于承台底边的柱截面边长。

(2) 承台板的冲切计算。

当板式承台的有效高度不足时，承台将产生冲切破坏。承台的冲切破坏分为以下两种类型。

柱对承台的冲切破坏：承台顶部竖向力的冲切，自上而下作业，冲切锥体的顶面位于柱与承台交界处或承台变阶处，破坏面沿大于或等于 45°线到达相应柱顶平面，如图 8.20(a)所示。

角桩对承台的冲切破坏：承台底部基桩反力的冲切，自下而上作用，冲切锥体顶面在角桩内边缘，底面在承台上表面，如图 8.20(b)所示。

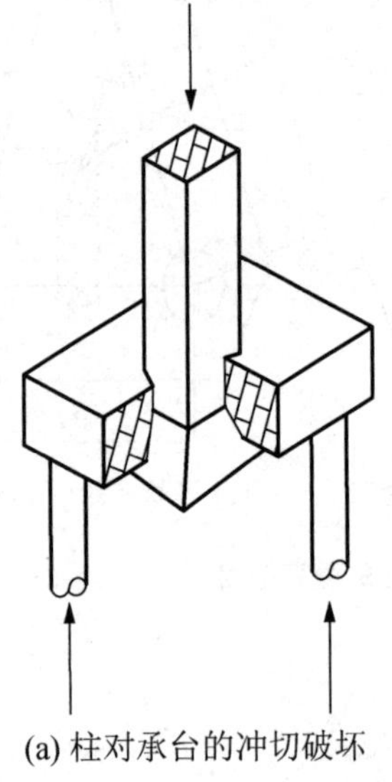

(a) 柱对承台的冲切破坏

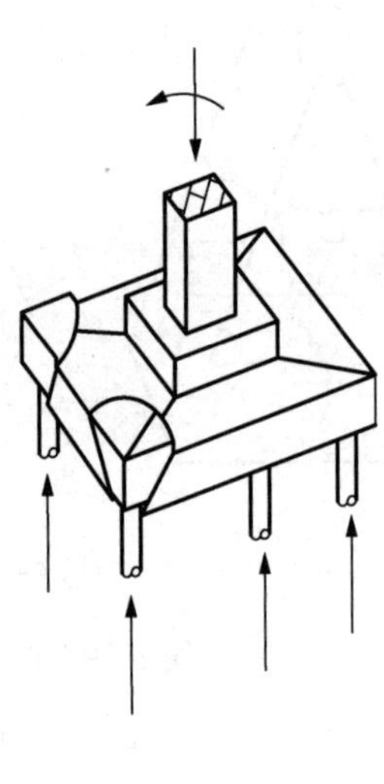

(b) 角桩对承台的冲切破坏

图 8.20　柱下承台的冲切破坏

① 柱对承台的冲切破坏。可以按下式计算冲切力(图 8.21)。

$$F_l \leqslant \beta_{hp}\beta_0 u_m f_t h_0 \tag{8-47}$$

$$F_l = F - \sum Q_i \tag{8-48}$$

$$\beta = \frac{0.84}{\lambda + 0.2} \tag{8-49}$$

式中 F_l——不计承台及其上土重，在荷载效应基本组合下作用于冲切破坏锥体上的冲切力设计值。

f_t——承台混凝土抗拉强度设计值。

β_{hp}——承台受冲切承载力截面高度影响系数。当 $h \leqslant 800$mm 时，β_{hp} 取 1.0；当 $h \geqslant 2000$mm 时，β_{hp} 取 0.9；其间按线性内插法取值。

u_m——承台冲切破坏锥体一半有效高度处的周长。

h_0——承台冲切破坏锥体的有效高度。

β_0——冲切系数。

λ——冲跨比，$\lambda = \alpha_0 / h_0$，其中 α_0 为冲跨，即柱边或承台变阶处到桩边的水平距离。当 $\lambda < 0.25$ 时，取 $\lambda = 0.25$；当 $\lambda > 1.0$ 时，取 $\lambda = 1.0$。

F——不计承台及其上土重，在荷载效应基本组合作用下柱底的竖向荷载设计值。

$\sum Q_i$——不计承台及其上土重，在荷载效应基本组合下冲切破坏锥体内各基桩或复合基桩的反力设计值之和。

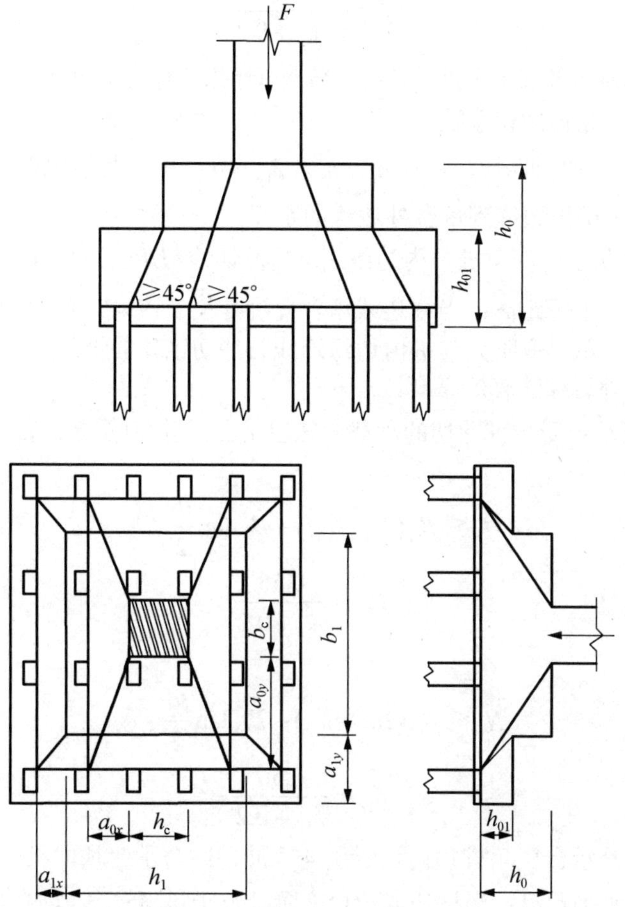

图 8.21　柱对承台的冲切计算简图

对于柱下矩形独立承台，纵横两个方向的柱截面边长和冲切系数不一样，式(8-47)可以具体化为下式。

$$F_l \leqslant 2[\beta_{0x}(b_c + a_{0y}) + \beta_{0y}(h_c + a_{0x})]\beta_{hp} f_t h_0 \tag{8-50}$$

式中　β_{0x}、β_{0y}——由式(8-49)求得的冲切系数，计算时相应的 $\lambda_{0x} = a_{0x}/h_0$，$\lambda_{0y} = a_{0y}/h_0$；$\lambda_{0x}$、$\lambda_{0y}$ 均应满足 0.25～1.0 的要求。

h_c、b_c——x、y 方向的柱截面边长。

a_{0x}、a_{0y}——x、y 方向柱边离最近桩边的水平距离。

② 角桩对承台的冲切破坏。位于柱冲切破坏锥体以外的角桩，可能对承台有向上的冲切破坏作用。可按下列规定计算角桩对承台的冲切。

a. 多桩矩形承台(四桩及以上)受角桩冲切的承载力按下式验算(图 8.22)。

$$N_l \leqslant [\beta_{1x}(c_2 + a_{1y}/2) + \beta_{1y}(c_1 + a_{1x}/2)]\beta_{hp} f_t h_0 \tag{8-51}$$

$$\beta_{1x} = \frac{0.56}{\lambda_{1x} + 0.2} \tag{8-52}$$

$$\beta_{1y} = \frac{0.56}{\lambda_{1y} + 0.2} \tag{8-53}$$

式中　N_l——扣除承台及其上土重，在荷载效应基本组合作用下角桩桩顶的竖向力设计值。

β_{1x}、β_{1y}——角桩冲切系数。

λ_{1x}、λ_{1y}——角桩冲跨比，$\lambda_{1x} = a_{1x}/h_0$，$\lambda_{1y} = a_{1y}/h_0$，其值均应满足 0.25～1.0 的要求。

c_1、c_2——角桩内边缘到承台外边缘的距离。

a_{1x}、a_{1y}——从承台底角桩顶内边缘引 45° 冲切线与承台顶面相交点至角桩内边缘的水平距离；当柱边或承台变阶处位于该 45° 线以内时，则取由柱边或承台变阶处与桩内边缘连线为冲切锥体的锥线，如图 8.22 所示。

h_0——承台外边缘的有效高度。

b. 三桩三角形承台受角桩冲切的承载力按以下公式验算(图 8.23)。

底部角桩为

$$N_l \leqslant \beta_{11}(2c_1 + a_{11}) + \beta_{hp} \tan\frac{\theta_1}{2} f_t h_0 \tag{8-54}$$

$$\beta_{11} = \frac{0.56}{\lambda_{11} + 0.2} \tag{8-55}$$

顶部角桩为

$$N_l \leqslant \beta_{12}(2c_2 + a_{12}) + \beta_{hp} \tan\frac{\theta_2}{2} f_t h_0 \tag{8-56}$$

$$\beta_{12} = \frac{0.56}{\lambda_{12} + 0.2} \tag{8-57}$$

式中　a_{11}、a_{12}——从承台底角桩顶内边缘引 45° 冲切线与承台顶面相交点至角桩内边缘的水平距离；当柱边或承台变阶处位于该 45° 线以内时，则取由柱边或承台变阶处与桩内边缘连线为冲切锥体的锥线。

λ_{11}、λ_{12}——角桩冲跨比，$\lambda_{11} = a_{11}/h_0$、$\lambda_{12} = a_{12}/h_0$，其值均应满足 0.25～1.0 的要求。

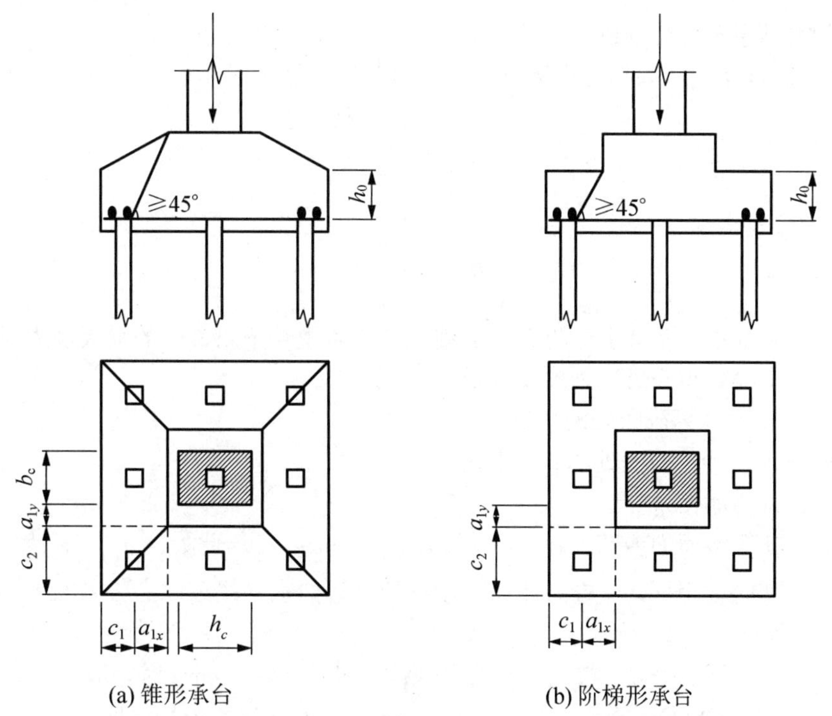

(a) 锥形承台　　(b) 阶梯形承台

图 8.22　四桩及以上承台角桩冲切计算简图

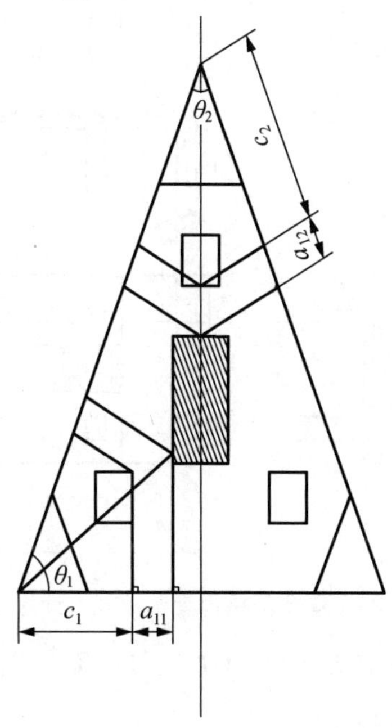

图 8.23　三桩三角形承台角桩冲切计算简图

(3) 承台板的剪切计算。

柱下独立桩基承台，可能在柱边与柱边连线或者变阶处与桩边连线处形成贯通承台的斜裂缝，因此应进行受剪承载力验算。当柱边以外有多排基桩形成多个斜截面时，应对每个斜截面的受剪承载力分别进行验算。

① 承台斜截面受剪承载力可按下列公式验算(图 8.24)。

$$V \leqslant \alpha\beta_{hs} f_t b_0 h_0 \tag{8-58}$$

$$\alpha = \frac{1.75}{\lambda + 1} \tag{8-59}$$

$$\beta_{hs} = \left(\frac{800}{h_0}\right)^{\frac{1}{4}} \tag{8-60}$$

式中 V——扣除承台及其上土重，在荷载效应基本组合下斜截面的最大剪力设计值。

f_t——混凝土轴心抗拉强度设计值。

b_0——承台计算截面处的计算宽度。

h_0——承台计算截面处的有效高度。

α——承台剪切系数。

λ——计算截面的剪跨比，$\lambda_x = a_x / h_0$，$\lambda_y = a_y / h_0$。此处，a_x、a_y 为柱边或承台变阶处至 y、x 方向计算一排桩的桩边的水平距离。当 λ＜0.25 时，取 λ＝0.25；当 λ＞3 时，取 $\lambda = 3$。

β_{hs}——受剪切承载力截面高度影响系数。当 h_0＜800mm 时，取 h_0＝800mm；当 h_0＞2000mm 时，取 h_0＝2000mm；其间按线性内插法取值。

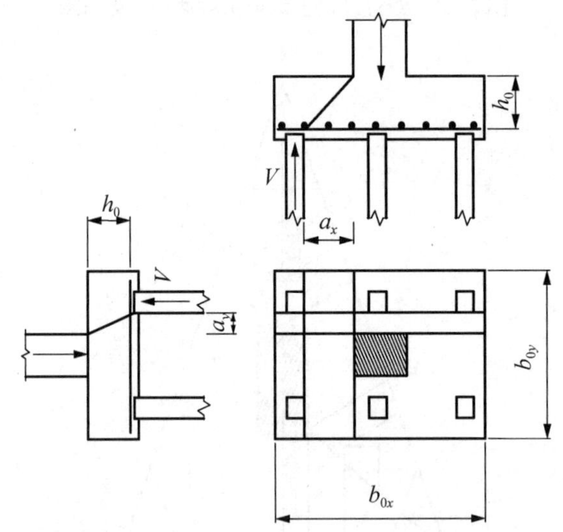

图 8.24 承台斜截面受剪承载力计算简图

② 对于阶梯形承台，应分别验算变阶处($A_1 — A_1$，$B_1 — B_1$)和柱边处($A_2 — A_2$，$B_2 — B_2$)的斜截面受剪承载力，如图 8.25 所示。

验算变阶处截面($A_1 — A_1$，$B_1 — B_1$)的斜截面受剪承载力时，其截面有效高度均为 h_{10}，截面计算宽度分别为 b_{y1} 和 b_{x1}。验算柱边截面($A_2 — A_2$，$B_2 — B_2$)的斜截面受剪承载力时，其截面有效高度均为 $h_{10} + h_{20}$，截面计算宽度分别如下。

对 $A_2 — A_2$ 为

$$b_{y0}=\frac{b_{y1}h_{10}+b_{y2}h_{20}}{h_{10}+h_{20}} \tag{8-61}$$

对 B_2 — B_2 为

$$b_{x0}=\frac{b_{x1}h_{10}+b_{x2}h_{20}}{h_{10}+h_{20}} \tag{8-62}$$

③ 对于锥形承台，应对变阶处和柱边处(A—A 及 B—B)的两个截面分别进行受剪承载力验算，如图 8.26 所示。截面有效高度均为 h_0，截面的计算宽度分别如下。

对 A—A 为

$$b_{y0}=\left[1-0.5\frac{h_{20}}{h_{10}}\left(1-\frac{b_{y2}}{b_{y1}}\right)\right]b_{y1} \tag{8-63}$$

对 B—B 为

$$b_{x0}=\left[1-0.5\frac{h_{20}}{h_{10}}\left(1-\frac{b_{x2}}{b_{x1}}\right)\right]b_{x1} \tag{8-64}$$

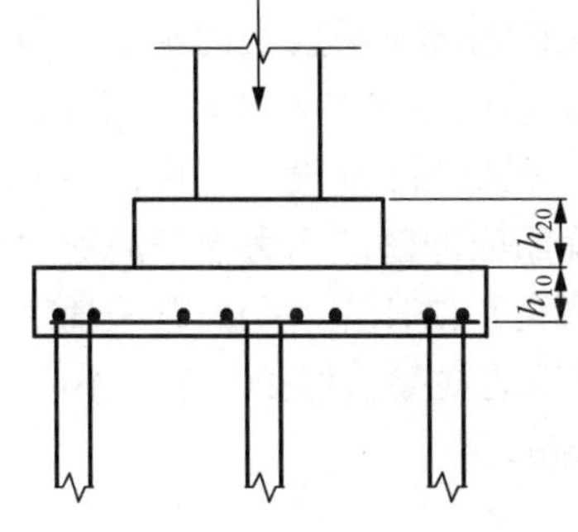

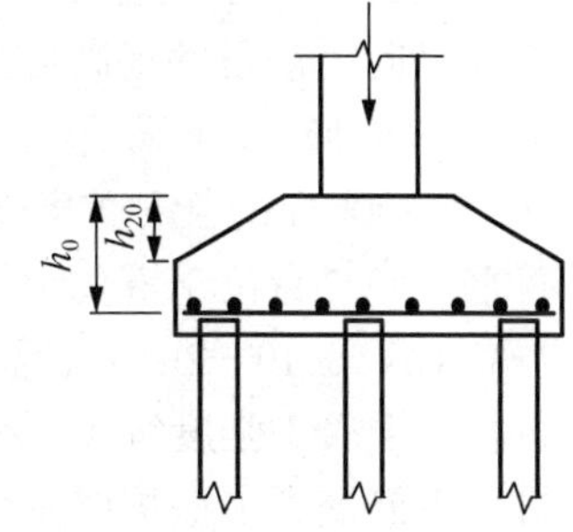

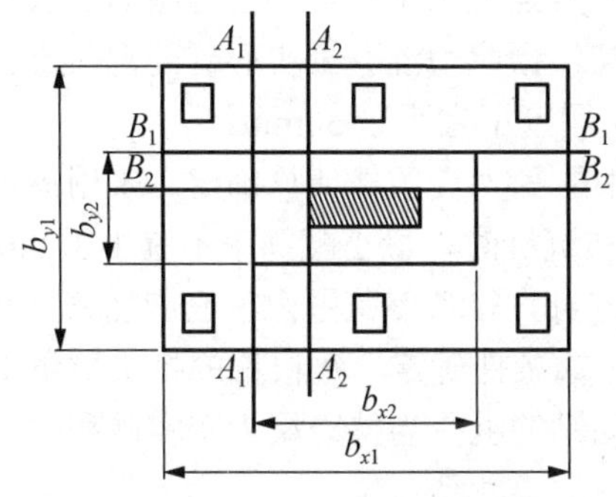

图 8.25 阶梯形承台斜截面受剪承载力计算简图

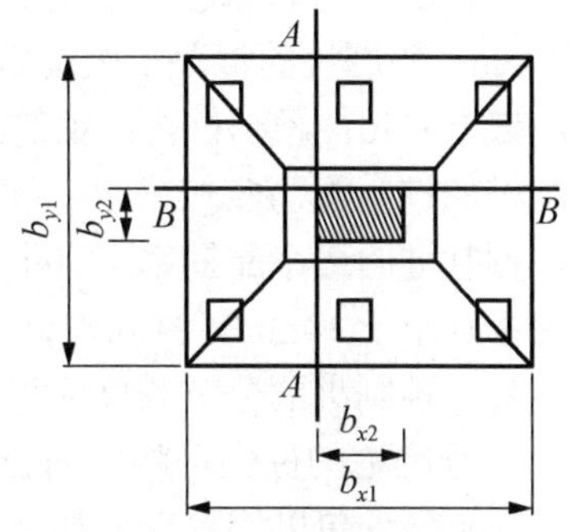

图 8.26 锥形承台斜截面受剪承载力计算简图

以上所有对冲切和剪切的计算都以方柱和方桩为基准。对于圆柱及圆桩，计算时应按等周长原则将其截面换算成方柱及方桩，即将圆柱和圆桩的直径乘以 0.8，得到等效方柱或方桩的边长。

(4) 承台板的局部受压验算。

对于柱下桩基承台，当混凝土强度等级低于柱或桩的强度等级时，应按 GB 50010—2010

《混凝土结构设计规范》(2015 年版)的要求验算承台的局部受压承载力。

8.6.6 桩身结构设计

1. 灌注桩构造

大多数灌注桩由于桩身直径大，配筋多按构造选用，配筋率的高低对经济性影响较大。当桩身直径为 300～2000mm 时，灌注桩正截面配筋率可取 0.2%～0.65%(小直径桩取高值)，同时应满足计算要求。

承受竖向荷载为主的摩擦型桩由于桩下部的受力较小，配筋长度可适当减短，但不应小于 2/3 桩长，其他情况的配筋长度如下。

(1) 端承型桩和位于坡地岸边的基桩，应沿桩身等截面或变截面通长配筋。

(2) 对于受地震作用的基桩，桩身配筋长度应穿过可液化土层和软弱土层，并进入稳定土层一定深度。

(3) 受负摩阻力的桩及因先成桩后开挖基坑而随地基土回弹的桩，其配筋长度应穿过软弱土层并进入稳定土层，进入的深度不应小于 2～3 倍桩身直径。

如果考虑纵向主筋帮助提高桩身受压承载力或桩基础承受较大的水平作用，桩顶以下 $5d$ 范围内的箍筋应加密，间距不应大于 100mm；箍筋应采用螺旋式，直径不应小于 6mm，间距宜为 200～300mm；当钢筋笼长度超过 4m 时，应每隔 2m 设一道直径不小于 12mm 的焊接加劲箍筋。当桩身位于液化土层范围内时，箍筋应加密；当考虑箍筋受力作用时，箍筋配置应符合 GB 50010—2010《混凝土结构设计规范》(2015 年版)的有关规定。

灌注桩桩身混凝土强度等级不得低于 C25，主筋的混凝土保护层厚度不应小于 35mm。水下灌注桩的主筋混凝土保护层厚度不得小于 50mm。

2. 预制桩构造

混凝土预制桩的截面边长不应小于 200mm，预应力混凝土预制实心桩的截面边长不宜小于 350mm；预制桩的混凝土强度等级不宜低于 C30，预应力混凝土实心桩的混凝土强度等级不应低于 C40；预制桩纵向钢筋的混凝土保护层厚度不宜小于 30mm。

预制桩的桩身配筋应按吊运、打桩及桩在使用中的受力等条件计算确定。采用锤击法沉桩时，预制桩的最小配筋率不宜小于 0.8%；静压法沉桩时，最小配筋率不宜小于 0.6%，主筋直径不宜小于 14mm，打入桩桩顶以下 4～5 倍桩身直径长度范围内箍筋应加密，并设置钢筋网片。预制桩的分节长度应根据施工条件及运输条件确定，每根桩的接头数量不宜超过 3 个。预制桩的桩尖可将主筋合拢焊在桩尖辅助钢筋上，当持力层为密实砂和碎石类土时，宜在桩尖处包以钢桩靴，加强桩尖。

3. 钢筋混凝土轴心受压桩正截面受压承载力计算

如果桩顶以下 $5d$ 范围内的箍筋加密，可考虑主筋作用，否则只考虑混凝土作用。

考虑纵向主筋作用时，验算要求为

$$N \leqslant \phi_c f_c A_{ps} + 0.9 f_y' A_s' \tag{8-65}$$

不考虑纵向主筋作用时，验算要求为

$$N \leqslant \phi_c f_c A_{ps} \tag{8-66}$$

式中 N——荷载效应基本组合下的桩顶轴向压力设计值；

ϕ_c——基桩成桩工艺系数；

f_c——混凝土轴心抗压强度设计值；

A_{ps}——桩身截面积；

f_y'——纵向主筋抗压强度设计值；

A_s'——纵向主筋截面积。

不同的桩型，基桩成桩工艺系数 ϕ_c 不同。混凝土预制桩和预应力混凝土空心桩 ϕ_c=0.85，干作业非挤土灌注桩 $\phi_c=0.9$，泥浆护壁和套管护壁非挤土灌注桩、部分挤土灌注桩和挤土灌注桩 $\phi_c=0.7$～0.8，软土地区挤土灌注桩 $\phi_c=0.6$。

本 章 小 结

(1) 桩基础主要按照承载形式、成桩方式和桩径大小进行分类。桩基础按照桩数，分为单桩基础、群桩基础；按承载性质，分为摩擦型桩、端承型桩；按施工方法，分为预制桩、灌注桩；按成桩方法，分为非挤土桩、部分挤土桩和挤土桩。

(2) 单桩竖向承载力的计算内容，包括明确单桩竖向承载力的概念，用土对桩的支承力、静载荷试验、经验公式等方法计算单桩的竖向承载力特征值。

(3) 桩基础设计内容，包括选择桩的类型、桩长及截面尺寸，桩的数量和平面布置，承台的设计与计算，桩身结构的设计，以及进行桩基础的验算。

(4) 承台的设计，主要包括构造设计和强度设计两部分。承台的构造设计内容，包括确定承台的平面尺寸与厚度、承台配筋构造、桩与承台的连接、承台与承台的连接等；承台的强度设计内容，包括承台抗弯、抗冲切、抗剪切、局部受压等的验算。

思考题与习题

1. 什么是桩侧负摩阻力？其产生条件是什么？
2. 试述桩的分类。
3. 什么是单桩？
4. 单桩的破坏模式有哪几种？
5. 桩基础的设计原则和设计的主要步骤是什么？
6. 什么是复合桩基？什么是复合地基？两者有什么不同？
7. 某柱下桩基础如图8.27所示，采用五根相同的基桩，桩径 $d=800$mm，在地震作用效应和荷载效应标准组合下，柱作用在承台顶面处的竖向力 $F_k=10000$kN，弯矩设计值 $M_{yk}=480$kN·m，承台与土的自重标准值 $G_k=500$kN，若按JGJ 94—2008《建筑桩基技术规范》计算，基桩竖向承载力特征值至少要达到多少，该柱下桩基础才能满足承载力要求？
8. 如图8.28所示，某五桩承台桩基础，桩径0.5m，采用混凝土预制桩，桩长12m，承台埋置深度1.2m。土层分布如下：0～3m新填土，$q_{sik}=24\text{kPa}$，$f_{ak}=100\text{kPa}$；3～7m可塑黏土，$q_{sik}=66\text{kPa}$；7m以下为中砂，$q_{sik}=64\text{kPa}$，$q_{pk}=5700\text{kPa}$。作用于承台顶的轴心竖向荷载标准组合值$F_k=5400\text{kN}$，$M_k=1200\text{kN}\cdot\text{m}$。试验算复合基桩竖向承载力。

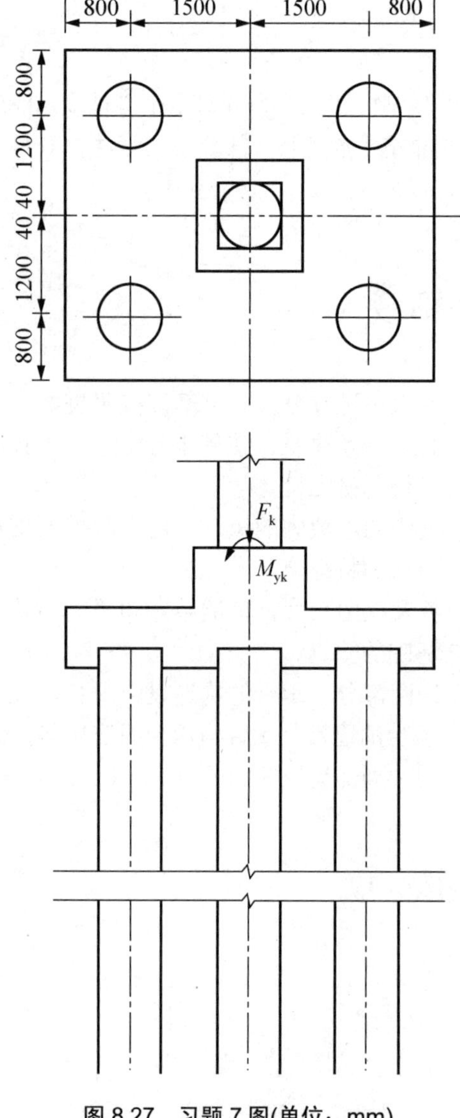

图 8.27　习题 7 图(单位：mm)

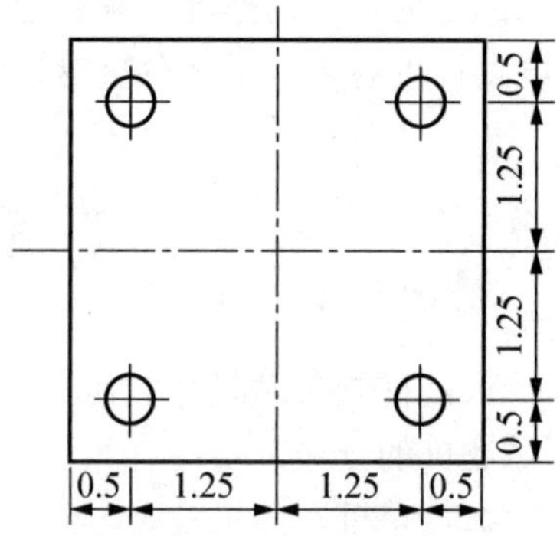

图 8.28　习题 8 图(单位：m)

9．某甲类建筑物拟采用干作业钻孔桩基础，桩径0.8m，桩长50.0m，拟建场地土层如图8.29所示，其中土层②、③层为湿陷性黄土状粉土，这两层土自重湿陷量$\Delta_{zs}=440\text{mm}$；④层为粉质黏土，无湿陷性。桩基础设计参数见表8-18。试问根据JGJ 94—2008《建筑桩基技术规范》和GB 50025—2018《湿陷性黄土地区建筑标准》的规定，单桩所能承受的竖向力N_k最大值为多少？(注：湿陷性黄土粉状土的中性点深度比$l_n/l_0=0.5$。)

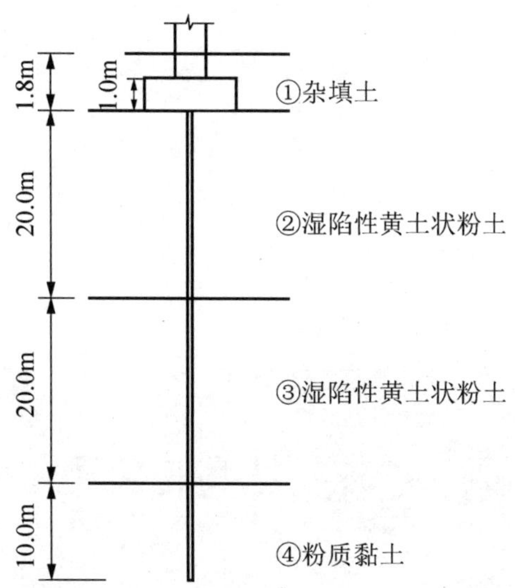

图 8.29 习题 9 图

表 8-18 桩基础设计参数

地层编号	地层名称	天然重度 /(kN/m³)	干作业钻孔灌注桩	
			桩的极限侧摩阻力标准值 q_{sik} / kPa	桩的极限端阻力标准值 q_{pk} / kPa
②	湿陷性黄土状粉土	18.7	31	—
③	湿陷性黄土状粉土	19.2	42	—
④	粉质黏土	19.3	100	2200

第9章 地 基 处 理

内容提要

对于地质条件良好的地基，可直接在其上修建建筑物。在工程建设中，有时不可避免地会遇到地质条件不良的或者软弱的地基，这时就需要进行地基处理。本章讲述复合地基理论及几种地基处理方法，主要包括换填垫层法、排水固结法、强夯法、砂石桩法、水泥土搅拌法、高压喷射注浆法和深层搅拌法。

能力要求

掌握几种常用地基处理方法的基本理论、作用原理、适用范围、设计要点，了解其施工质量要求。

9.1 概 述

9.1.1 地基处理的目的

建筑物的地基面临的问题主要涉及以下五个方面：①强度及稳定性问题。当地基的抗剪强度不足以承受上部结构的自重及附加荷载时，地基就会产生局部或整体破坏。②压缩及不均匀沉降问题。当地基在上部结构的自重及附加荷载作用下产生过大的变形时，会影响建筑物的正常使用；当超过建筑物所能允许的不均匀沉降时，结构可能产生开裂；湿陷性黄土遇水湿陷、膨胀土遇水膨胀及失水收缩也属于这类问题。③渗漏问题。渗漏是由地下水在运动中产生的动水压力而引起的，当地基的渗漏或水力坡降超过允许值时，会导致流砂(土)和管涌事故。④液化问题。在地震、机器及车辆的振动、波浪作用和爆破等动力荷载作用下，会引起饱和松散粉细砂(包括部分粉土)产生液化，使土体类似于液体而失去抗剪强度，造成地基失稳和震陷。⑤特殊土问题。当建筑物的天然地基存在上述一个或多个问题时，就需采用地基处理措施，以保证建筑物的安全和正常使用。

地基处理的目的是利用换填、夯实、挤密、排水、胶结、加筋和热处理等方法对地基土进行加固，以改善地基土的工程特性，具体包括以下方面。

(1) 提高地基的抗剪强度。地基的剪切破坏表现在：建筑物的地基承载力不够，由于偏心荷载及侧向土压力的作用使结构物失稳，由于填土或建筑物荷载使邻近地基产生隆起，土方开挖时边坡失稳，基坑开挖时基础底面隆起等。地基的剪切破坏反映了地基土的抗剪强度不够，故需采取一定措施增加地基土的抗剪强度。

(2) 降低地基的压缩性。地基的压缩性表现在：建筑物的沉降量和沉降差大；由于有填土或建筑物荷载，地基产生固结沉降；作用于建筑物基础上的负摩擦力引起建筑物的沉降；大范围地基产生沉降或不均匀沉降；基坑开挖引起邻近地面沉降；由于降水，地基产生固结沉降。地基的压缩性反映了地基土的压缩模量指标的大小，因此需要采取措施提高地基土的压缩模量，以减少地基的沉降或不均匀沉降。

(3) 改善地基的透水特性。地基的透水性表现在：堤坝等基础产生的地基渗漏；基坑开挖工程中，因土层内夹薄层粉砂或粉土而产生流砂(土)和管涌。这些都是在地下水的运动过程中出现的问题，为此必须采取措施，使地基土降低透水性或减小其水压力。

(4) 改善地基的动力特性。地基的动力特性表现在：地震时饱和松散粉细砂(包括部分粉土)将产生液化；由于交通荷载或打桩等原因，使邻近地基产生振动下沉。为此需要采取措施防止地基液化并改善其动力特性，以提高地基的抗震(振)性能。

(5) 改善特殊土的不良地基特性。主要是消除或减少黄土的湿陷性和膨胀土的胀缩性等。

地基处理的对象是软弱地基和特殊土地基。GB 50007—2011《建筑地基基础设计规范》中定义:“软弱地基系指主要由淤泥、淤泥质土、冲填土、杂填土或其他高压缩性土层构成的地基。”而特殊土地基大部分带有地区特点，包括软土、湿陷性黄土、膨胀土、红黏土、冻土和岩溶等。

9.1.2 地基处理方法分类及应用范围

地基处理的基本方法包括换填、夯实、挤密、排水、胶结、加筋和热处理等，这些方法始终有效。值得注意的是，很多地基处理方法具有多种处理效果。如碎石桩具有换填、挤密、排水和加筋等多重作用；石灰桩又挤密又吸水，吸水后还能进一步挤密等。

9.2 复合地基理论

9.2.1 复合地基的概念

【高压旋喷桩施工】

【CFG 桩施工】

【刚性桩复合地基】

复合地基是指天然地基在地基处理过程中部分土体得到增强或被置换，或在天然地基中设置了加筋材料，加固区是由基体(天然地基土体)和增强体两部分组成的人工地基。复合地基与天然地基同属于地基范畴。

复合地基根据地基中增强体的方向，可分为水平向增强体复合地基和竖向增强体复合地基。

(1) 桩体按成桩所采用的材料可分为以下几种。

① 散体土类桩——如碎石桩、砂桩等。

② 水泥土类桩——如水泥土搅拌桩、旋喷桩等。

③ 混凝土类桩——如树根桩、CFG 桩等。

(2) 桩体按成桩后桩体的强度(或刚度)可分为以下几种。

① 柔性桩——如散体土类桩。

② 半刚性桩——如水泥土类桩。

③ 刚性桩——如混凝土类桩。

9.2.2 复合地基的特性

1. 作用机理

(1) 桩体作用：由于复合地基是桩体与桩间土共同作用，并且桩体的刚度比周围土体大，在刚性基础下等量变形时，地基中的应力将重新分配，桩体产生应力集中而桩间土产生应力降低，这样复合地基的承载力和整体刚度高于原地基，沉降量有所减小。

(2) 加速固结作用：碎石桩、砂桩具有良好的透水性，可以加速地基的固结，水泥土类桩和混凝土类桩在一定程度上也可以加速地基固结。

(3) 挤密作用：砂桩、土桩、石灰桩、碎石桩等在施工过程中，由于振动、挤压、排土等效应，可对桩间土起到一定的挤密作用。石灰桩具有吸水、发热和膨胀特性，对桩间土同样可起到挤密作用。

(4) 加筋作用：复合地基可提高土体的抗剪强度，增加土坡的抗滑能力。

2. 破坏模式

(1) 水平向增强体复合地基通常的破坏模式是整体破坏，具体有以下三种破坏模式，如图 9.1 所示。

① 土体剪切破坏：加筋体以上土体剪切破坏。

② 加筋体滑移：加筋体在剪切过程中被拉出或与土体产生过大的相对滑动而破坏。

③ 加筋体拉断：加筋体在剪切过程中被拉断而产生剪切破坏。

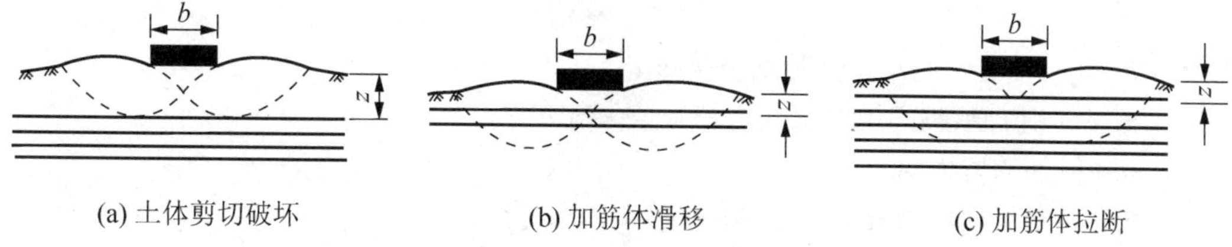

图 9.1 水平向增强体复合地基破坏模式

(2) 竖向增强体复合地基的破坏首先可以分成两种情况，一种是桩间土首先破坏进而发生复合地基全面破坏，另一种是桩体首先破坏进而发生复合地基全面破坏。在实际工程中，桩间土和桩体一般不可能同时达到破坏，多数情况下都是桩体先破坏，继而引起复合地基全面破坏。在竖向增强体复合地基中，桩体存在以下四种可能的破坏模式(图 9.2)：①刺入破坏；②鼓胀破坏；③整体剪切破坏；④滑动破坏。

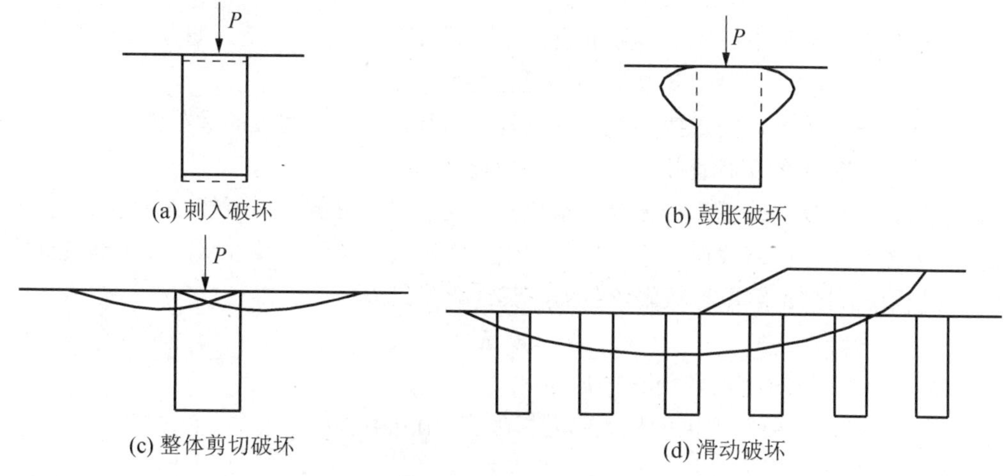

图 9.2 竖向增强体复合地基破坏模式

3. 桩土应力比

桩土应力比是竖向增强体复合地基的一个重要计算参数，关系到复合地基承载力和变形的计算，并与荷载水平、桩土模量比、桩土面积置换率、原地基土强度、桩长、固结时间和垫层情况等因素有关。

9.2.3 复合地基承载力与沉降计算

1. 复合地基承载力计算

(1) 竖向增强体复合地基承载力计算。

竖向增强体复合地基的极限承载力可用下式表示。

$$f_{spk}=k_p\lambda_p m\frac{R_a}{A_p}+k_s\lambda_s(1-m)f_{sk} \tag{9-1}$$

$$m=\frac{d^2}{d_e^{\ 2}} \tag{9-2}$$

式中 f_{spk}——复合地基承载力特征值(kPa)；

f_{sk}——处理后桩间土的承载力特征值(kPa)；

m——面积置换率；

R_a——单桩竖向承载力特征值(kN)；

A_p——单桩截面积(m^2)；

d——桩身直径(m)；

d_e——单根桩分担的地基处理面积的等效圆直径(m)；

k_p——复合地基中桩体实际竖向抗压承载力的修正系数，与施工工艺、复合地基置换率、桩间土的工程性质、桩体类型等因素有关，宜按地区经验取值；

λ_p——桩体竖向抗压承载力发挥系数，反映复合地基破坏时桩体竖向抗压承载力发挥度，宜按地区经验取值；

k_s——复合地基中桩间土实际承载力的修正系数，与施工工艺、桩间土的工程性质、桩体类型等因素有关，宜按地区经验取值；

λ_s——桩间土承载力发挥系数，反映复合地基破坏时桩间土的承载力发挥度，宜按桩间土的工程性质、地区经验取值。

对散体材料桩复合地基，桩体极限承载力主要取决于桩侧土体所能提供的最大侧向极限应力。散体材料桩在荷载作用下，桩体发生鼓胀，桩周土进入塑性状态，可通过计算桩间土侧向极限应力来计算单桩极限承载力，其计算公式为

$$R_a=\sigma_{ru}K_pA_p \tag{9-3}$$

式中 R_a——单桩竖向承载力特征值(kN)；

σ_{ru}——桩周土所能提供的最大侧向极限应力(kPa)；

K_p——被动土压力系数；

A_p——单桩截面积(m^2)。

(2)水平向增强体复合地基承载力计算。

水平向增强体复合地基，主要包括在地基中铺设各种加筋材料如土工织物、土工格栅等形成的复合地基，复合地基工作性状与加筋体长度、强度、加筋层数，以及加筋体与土体间的黏聚力和摩擦系数等因素有关。水平向增强体复合地基破坏具有多种形式，影响因素众多，到目前为止，许多问题尚待研究，相应的计算理论尚不成熟。

2. 复合地基沉降计算

在各类复合地基沉降量的实用计算方法中，通常把沉降量 s 分为两部分，即

$$s = s_1 + s_2 \tag{9-4}$$

式中 s_1——复合地基加固区复合土层沉降量(mm)；

s_2——加固区下卧土层沉降量(mm)。

s_1 的计算方法一般有以下三种：①复合模量法；②应力修正法；③桩身沉降量法。

s_2 的计算方法一般有以下三种：①应力扩散法；②等效实体法；③Mindlin-Geddes 法。

9.2.4 复合地基质量检验

对地基处理的效果，应在地基处理施工结束经过一定时间的休止恢复后再进行检验，因为地基加固后有一个时效作用，复合地基的强度和模量的提高往往需要一定的时间。效果检验的方法，有钻孔取样、静力触探试验、轻便触探试验、标准贯入试验、载荷试验、取芯试验等，有时需要采用多种手段进行检验，以综合评价地基处理效果。

9.3 换填垫层法

9.3.1 概述

当软弱土地基的承载力和变形满足不了建筑物的要求，而软弱土层的厚度又不是很大时，可将基础底面以下处理范围内的软弱土层或不良土层部分或全部挖去，然后分层换填强度较大的砂、碎石、素土、灰土、高炉干渣、粉煤灰或其他性能稳定、无侵蚀性的材料，分层碾压并压(夯、振)实至要求的密实度为止，这种地基处理方法称为换填垫层法。它还包括低洼地域筑高(平整场地)或堆填筑高(道路路基)。

【换土垫层法】

机械碾压、重锤夯实、平板振动可作为压(夯、振)实垫层的不同机具和方法，这些施工方法不但可处理分层回填土，还可加固地基表层土。

换填垫层法可提高持力层的承载力，减小沉降量，消除或部分消除土的湿陷性和胀缩性，防止土的冻胀作用及改善土的抗液化性能，常用于基坑面积宽大和开挖土方量较大的回填土方工程，一般适用于处理浅层软弱土层(淤泥质土、松散素填土、杂填土、浜填土及已完成自重固结的冲填土等)与低洼区域的填筑作业，一般处理深度为 2～3m。JGJ 79—2012

《建筑地基处理技术规范》中规定：换填垫层法适用于浅层软弱土层及不均匀土层的处理。

9.3.2 垫层

垫层按回填的材料，可分为砂(或砂石)垫层、碎石垫层、粉煤灰垫层、干渣垫层、土(灰土、二灰)垫层等。其中干渣分为分级干渣、混合干渣和原状干渣，粉煤灰分为湿排灰和调湿灰。下面主要介绍砂垫层、土垫层和粉煤灰垫层。

1. 砂垫层

对砂垫层的设计，既要求有足够的厚度，以置换可能被剪切破坏的软弱土层，又要求有足够的宽度，以防止砂垫层向两侧挤出。

(1) 垫层厚度的确定。

垫层厚度 z 应根据需置换的软弱土层的深度或垫层底部软弱下卧土层的承载力确定，并符合下式要求。

$$p_z + p_{cz} \leqslant f_{az} \tag{9-5}$$

式中 p_z——相应于作用的标准组合时，垫层底面处土的附加压力值(kPa)；

p_{cz}——垫层底面处土的自重压力值(kPa)；

f_{az}——垫层底面处软弱土层经深度修正后的地基承载力特征值(kPa)。

垫层底面处的附加压力值 p_z 可按压力扩散角 θ 进行简化计算，相关公式如下。

条形基础为

$$p_z = \frac{b\left(p_k - p_c\right)}{b + 2z\tan\theta} \tag{9-6}$$

矩形基础为

$$p_z = \frac{bl\left(p_k - p_c\right)}{\left(b + 2z\tan\theta\right)\left(l + 2z\tan\theta\right)} \tag{9-7}$$

式中 b——矩形基础或条形基础底面的宽度(m)；

l——矩形基础底面的长度(m)；

p_k——基础底面处的平均压力值(kPa)；

p_c——垫层底面处土的自重压力值(kPa)；

z——基础底面下垫层的厚度(m)；

θ——垫层的压力扩散角(°)，按表 9-1 取值。

表 9-1 垫层的压力扩散角 θ

垫层厚度与基础底面宽度之比 z/b	换填材料		
	中砂、粗砂、砾砂、圆砾、角砾、石屑、卵石、碎石、矿渣	粉质黏土、粉煤灰	灰土
z/b=0.25	20°	6°	28°
z/b≥0.50	30°	23°	28°

注：1. 当 z/b<0.25 时，除灰土仍取 $\theta = 28°$ 外，其余材料均取 $\theta = 0°$，必要时宜由试验确定。

2. 当 0.25< z/b <0.50 时，θ 值可内插求得。

具体计算时，一般可根据垫层的承载力确定基础宽度，再根据软弱下卧土层的承载力确定垫层的厚度。可先假设一个垫层的厚度，然后按式(9-5)进行验算，直至满足要求为止。

(2) 垫层底面宽度的确定。

垫层的底面宽度应以满足基础底面应力扩散和防止垫层向两侧挤出为原则进行设计。关于宽度计算，目前还缺乏可靠的方法，一般可按下式验算或根据当地经验确定。

$$b' \geqslant b + 2z\tan\theta \tag{9-8}$$

式中 b'——垫层底面宽度(m)；

θ——垫层的压力扩散角(°)，按表9-1取值；当 $z/b<0.25$ 时，按表9-1中 $z/b=0.25$ 取值。

垫层顶面每边超出基础底面边缘不应小于0.3m，且从垫层底面两侧向上按当地开挖基坑经验的要求放坡，整片垫层底面的宽度可根据施工的要求适当加宽。

(3) 垫层承载力的确定。

垫层的承载力宜通过现场试验确定，当无试验资料时，可按经验取值，并应验算软弱下卧土层的承载力。

(4) 沉降计算。

对于重要的建筑物或垫层下存在软弱下卧土层的建筑物，还应进行地基沉降计算。建筑物基础沉降量等于垫层自身的变形量 s_1 与软弱下卧土层的变形量 s_2 之和。

2. 土垫层

素土、灰土、二灰垫层总称土垫层，适用于处理1～4m厚的软弱土层。灰土垫层材料即通常所说的2∶8或3∶7灰土，垫层强度随灰土量的增加而提高。二灰垫层是将石灰和粉煤灰两种材料按2∶8或3∶7的体积比加适当水拌和均匀后分层夯实所形成的垫层，其强度比灰土垫层高得多，常用于处理湿陷性黄土。

(1) 垫层厚度的确定。

软土地基上垫层厚度的确定与砂垫层相同。

① 对非自重湿陷性黄土地基，垫层厚度应保证天然黄土层所受的压力小于其湿陷起始压力值。

② 对自重湿陷性黄土地基，垫层厚度应大于非自重湿陷性黄土地基上垫层的厚度，或控制剩余湿陷量不大于20cm才能取得好的效果。

(2) 垫层宽度的确定。

灰土垫层的宽度可取为

$$b' = b + 2.5z \tag{9-9}$$

各符号含义同前。

(3) 平面处理范围。

素土垫层或灰土垫层可分为局部垫层和整片垫层。

3. 粉煤灰垫层

(1) 化学性质。

粉煤灰和天然土中的化学成分具有很大的相似性，其具有火山灰的特性，在潮湿条件下具有凝硬性，与二氧化硅、三氧化二铝等物质进行水化反应后生成水化产物，使碾压密

实的粉煤灰颗粒胶结固化成块状结构，可提高粉煤灰的强度，降低压缩变形，增强抗渗性和水稳定性。

(2) 物理性质。

粉煤灰的压实曲线与黏性土相似，具有相对较宽的最优含水率区间，其干密度对含水率的敏感性比黏性土小，最优含水率易于控制。

9.3.3 垫层的作用

垫层的作用主要包括：①提高地基承载力；②减小沉降量；③加速软弱土层的排水固结；④防止冻胀；⑤消除膨胀土的胀缩作用。

9.3.4 垫层施工

垫层施工有机械碾压法、重锤夯实法和平板振动法三种方法。

1. 机械碾压法

机械碾压法是采用压路机、推土机、羊足碾、振动碾或其他压实机械来压实软弱地基土或分层填土垫层。施工步骤是将拟建范围内一定深度的软弱土体挖出至设计要求，再将底部土体碾压加固，然后分层填筑，逐层加密。此法常用于基坑面积宽大和开挖土方量较大的工程。

2. 重锤夯实法

重锤夯实法是用起重机械将夯锤提升到一定高度，然后自由落锤，不断重复夯击以加固地基。重锤夯实，宜一夯挨一夯顺序进行；在独立柱基基坑内，宜按先外后里的顺序夯击；同一基坑底面标高不同时，应按先深后浅的顺序逐层夯实。

3. 平板振动法

平板振动法是利用各种振动压实机，将松散土振压密实，适用于处理无黏性土或黏粒含量少、透水性较好的松散杂填土地基。振动压实的效果与填土成分、振动时间等因素有关，一般振动时间越长，效果越好，但振动时间超过某一值后，振动引起的下沉基本稳定，再继续振动就不能起到进一步压实的作用了。

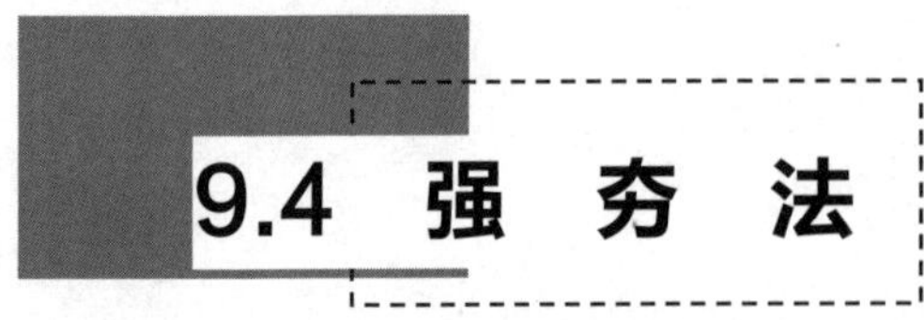

9.4 强 夯 法

9.4.1 概述

强夯法是通过 10～40t 的重锤以 10～40m 的落距，对地基土施加强大的冲击能(一般能量为 500～8000kN・m)，在地基土中形成冲击波和动应力，以提高地基土的强度，降低土的压缩性，改善砂土的抗液化条件，消除湿陷性黄土的湿陷性等；此外，还可提高土层的均匀程度，减少将来可能出现的不均匀沉降。

【SDDC(孔内深层超强夯)工程施工】

工程实践表明，强夯法具有施工简单、加固效果好、使用经济等优点，因而被世界各国工程界所重视，对各类土的强夯处理都取得了良好的技术效果和经济效果。但对饱和软土的强夯加固，必须给予排水的出路，为此，强夯法加袋装砂井(或塑料排水带)是一个在软黏土地基上进行综合处理的途径。

【强夯法地基处理施工示意图】

目前，强夯法加固地基有三种不同的加固机理，即动力密实、动力固结和动力置换，具体取决于地基土的类别和强夯施工工艺。

9.4.2 设计计算

1. 有效加固深度

有效加固深度既是选择地基处理方法的重要依据，又是反映处理效果的重要参数，应根据现场试夯或当地经验确定。在缺少试验资料或经验时，可按表 9-2 进行预估。

表 9-2　强夯法的有效加固深度　　单位：m

单击夯击能 E/(kN·m)	碎石土、砂土等粗颗粒土	粉土、粉质黏土、湿陷性黄土等细颗粒土
1000	4.0～5.0	3.0～4.0
2000	5.0～6.0	4.0～5.0
3000	6.0～7.0	5.0～6.0
4000	7.0～8.0	6.0～7.0
5000	8.0～8.5	7.0～7.5
6000	8.5～9.0	7.5～8.0
8000	9.0～9.5	8.0～8.5
10000	9.5～10.0	8.5～9.0
12000	10.0～11.0	9.0～10.0

注：强夯法的有效加固深度，应从最初起夯面算起；当单击夯击能大于 12000kN·m 时，强夯的有效加固深度应通过试验确定。

2. 锤重和落距

在设计中，根据需要加固的深度初步确定采用的单击夯击能，然后再根据机具条件因地制宜地确定锤重和落距。

3. 夯击点布置及间距

(1) 夯击点布置：夯击点布置一般为三角形或正方形。强夯处理范围应大于建筑物基础范围，具体的放大范围可根据建筑物类型和重要性等因素考虑决定。对一般建筑物，每边超出基础外缘的宽度宜为设计处理深度的 1/2～2/3，并不宜小于 3m。

(2) 夯击点间距(夯距)：夯击点间距一般根据地基土的性质和要求处理的深度来确定。

第一遍夯击点间距可取夯锤直径的 2.5～3.5 倍，第二遍夯击点位于第一遍夯击点之间，以后各遍夯击点间距可适当减小。一般以保证使夯击能量传递到深处和保护夯坑周围所产生的辐射向裂隙为基本原则。

4. 夯击次数与遍数

(1) 夯击次数应按现场试夯得到的夯击次数和夯沉量的关系曲线确定，并应同时满足下列条件。

① 最后两击的平均夯沉量不宜大于下列数值：当单击夯击能小于 4000kN·m 时为 50mm，当单击夯击能为 4000～6000kN·m 时为 100mm，当单击夯击能为 6000～8000kN·m 时为 150mm，当单击夯击能为 8000～12000kN·m 时为 200mm。

② 夯坑周围地面不应发生过大的隆起。

③ 不因夯坑过深而发生提锤困难。

(2) 夯击遍数应根据地基土的性质确定，可采用点夯 2～4 遍；对于渗透性较差的细颗粒土，必要时可适当增加夯击遍数。最后再以低能量满夯 2 遍，满夯可采用轻锤或低落距锤多次夯击，锤印搭接。

5. 垫层铺设

强夯前要求拟加固的场地必须具有一层稍硬的表层，使其能支承起重设备并便于所施工的“夯击能”得到扩散；也可加大地下水位与地表的距离，因此有时必须铺设垫层，垫层厚度一般为 0.5～2.0m。铺设的垫层不能含有黏土。

6. 间歇时间

各遍间的间歇时间取决于加固土层中孔隙水压力消散所需要的时间。对砂性土，孔隙水压力的峰值出现在夯完后的瞬间，可连续夯击；对黏性土，其间歇时间取决于孔隙水压力的消散情况，一般为 3～4 周。

9.4.3 施工方法

起重设备宜为大吨位的履带式起重机，其稳定性好，行走方便。我国绝大多数强夯工程只具备小吨位起重机的施工条件，所以只能使用滑轮组起吊夯锤，并利用自动脱钩装置。夯锤一般选用圆形气孔状钢质锤，锤底静接地压力可取 25～40kPa。

当地下水位较高，夯坑底积水影响施工时，宜采用人工降低地下水位或铺设一定厚度的松散材料。夯坑或场地内的积水应及时排除。

当强夯施工所产生的振动对邻近建筑物或设备产生有害影响时，应设置监测点，并采取挖隔振沟等隔振或防振措施。

9.4.4 质量检验

强夯施工结束后，须间隔一定时间方能对地基加固质量进行检验。对碎石土和砂土地基，其间隔时间可取 1～2 周；对粉土和黏性土地基可取 2～4 周。强夯置换地基间隔时间可取 4 周。质量检验可采用以下方法：①室内试验；②十字板试验；③动力触探试验；④静力触探试验；⑤旁压仪试验；⑥载荷试验；⑦波速试验。

9.5 排水固结法

9.5.1 概述

排水固结法针对天然地基，可先在地基中设置普通砂井、袋装砂井或塑料排水带等竖向排水体，然后利用建筑物自重分级逐渐加载；或在建筑物建造前在场地上先行加载预压，使土体中的孔隙水排出，逐渐固结，地基发生沉降同时强度逐步提高。该法常用于解决软黏土地基的沉降和稳定问题，可使地基的沉降在加载预压期间基本完成或大部分完成，使建筑物在使用期间不致产生过大的沉降量和沉降差；同时可增加地基土的抗剪强度，从而提高地基的承载力和稳定性。

实际上，排水固结法是由排水系统和加压系统两部分共同组合形成的。根据排水系统和加压系统的不同，排水固结法可分为堆载预压法、砂井(包括普通砂井、袋装砂井、塑料排水带等)法、真空预压法、降低地下水位法和电渗法。

堆载预压法适用于处理各类淤泥、淤泥质土及冲填土等饱和黏性土地基。砂井法特别适用于存在连续薄砂层的地基。但砂井法只能加速主固结而不能减少次固结，对有机质土和泥炭土等次固结土不宜仅仅采用砂井法，而应利用超载的方法克服次固结。真空预压法适用于能在加固区形成(包括采取措施后形成)稳定负压边界条件的软土地基。真空预压法、降低地下水位法和电渗法由于不增加剪应力，地基不会产生剪切破坏，因此适用于很软弱的黏土地基。

9.5.2 加固机理

排水固结法包括的方法很多，下面主要介绍堆载预压法和真空预压法。

1. 堆载预压法加固机理

堆载预压法是在建筑物建造以前，在建筑场地上进行加载预压，使地基的固结沉降基本完成并提高地基土强度的方法。

在饱和软土地基上施加荷载后，孔隙水被缓慢排出，孔隙体积随之逐渐减小，地基发生固结沉降。同时随着超静孔隙水压力(简称孔隙水压力)逐渐消散，有效应力逐渐增加，地基土强度逐渐增长。

在荷载作用下，土层的固结过程就是孔隙水压力消散和有效应力增加的过程。如地基内某点的总应力增量为$\Delta\sigma$，有效应力增量为$\Delta\sigma'$，孔隙水压力增量为Δu，则三者满足以下关系。

$$\Delta\sigma' = \Delta\sigma - \Delta u \tag{9-10}$$

用填土等外加荷载对地基进行预压，是通过增加总应力增量$\Delta\sigma$并使孔隙水压力增量Δu消散而增加有效应力增量$\Delta\sigma'$的方法。堆载预压法是在地基中形成孔隙水压力的条件下排水固结，称为正压固结。

地基土层的排水固结效果与它的排水边界有关。根据固结理论，在达到同一固结度时，固结所需的时间与排水距离的平方成正比。软黏土层越厚，一维固结所需的时间越长，如果淤泥质土层厚度大于 20m，要达到 80%以上的固结度，所需的时间要几年甚至几十年。为了加速固结，最有效的方法是在天然土层中增加排水途径，缩短排水距离，在天然地基中设置竖向排水体。这时土层中的孔隙水主要从水平向通过砂井(包括普通砂井、袋装砂井、塑料排水带)排出(部分从竖向排出)，即砂井的作用就是增加排水条件。为此可缩短预压工程的预压期，在短期内达到较好的固结效果，使沉降提前完成；可加速地基土强度的增长，使地基承载力提高的速率始终大于施工荷载的速率，以保证地基的稳定性。

2. 真空预压法加固机理

真空预压法是在需要加固的软土地基表面先铺设砂垫层，然后埋设竖向排水通道，再用不透气的封闭膜使其与大气隔绝，薄膜四周埋入土中，通过砂垫层内埋设的竖向排水通道用真空装置抽气，使其形成真空，以增加地基的有效应力。

抽真空时，先后在地表砂垫层及竖向排水通道内逐步形成负压，使土体内部与竖向排水通道、垫层之间形成压差。在此压差作用下，土体中的孔隙水不断由竖向排水通道排出，从而使土体固结。

真空预压法的加固机理主要反映在以下几方面。

(1) 薄膜上面承受着等于薄膜内外压差的荷载。

(2) 地下水位降低，相应增加了附加应力。

(3) 封闭气泡排出，土的渗透性加大。

真空预压法是通过在覆盖于地面的密封膜下抽真空，使膜内外形成压差，从而使黏土层产生固结压力，即在总应力不变的情况下，通过减小孔隙水压力来增加有效应力的方法。

9.5.3 设计与计算

排水固结法的设计，实质上就是进行排水系统和加压系统的设计，使地基在受压过程中排水固结、强度相应增加，以满足逐渐加荷条件下地基稳定性的要求，并加速地基的固结沉降，缩短预压的时间。

1. 计算理论

(1) 瞬时加荷条件下固结度的计算。不同条件下平均固结度计算公式见表 9-3。

(2) 逐渐加荷条件下地基固结度的计算。以上计算固结度的理论公式都是假设荷载是一次瞬间加足的，但在实际工程中，荷载总是分级逐渐施加的，因此，根据上述理论方法求得的固结时间关系或沉降时间关系都必须加以修正。修正的方法有改进的太沙基法和改进的高木俊介法。

① 改进的太沙基法。对于分级加荷的情况，太沙基的修正方法包含以下假定。

a. 每一级荷载增量所引起的固结过程是单独进行的，与上一级荷载增量所引起的固结度完全无关。

b. 总固结度等于各级荷载增量作用下固结度的叠加。

c. 每一级荷载增量 p_i 在等速加荷经过时间 t 的固结度与在 $t/2$ 时的瞬时加荷的固结度相同，也即计算固结的时间为 $t/2$。

d. 在加荷停止以后，在恒载作用期间的固结度，即时间 $t > T_i$(此处 T_i 为 p_i 的加载期)时的固结度，和在 $\frac{T_i}{2}$ 时瞬时加荷 p_i 后经过时间($t-\frac{T_i}{2}$)的固结度相同。

e. 所算得的固结度仅是对本级荷载而言，对总荷载还要按荷载的比例进行修正。

② 改进的高木俊介法。该法是根据巴伦理论考虑变速加荷，使砂井地基在辐射向和垂直向排水条件下推导出砂井地基的平均固结度，其特点是不需要求得瞬时加荷条件下地基的固结度，而是可直接求得修正后的平均固结度。修正后 t 时刻地基的平均固结度 $\bar{U}_t'$ 为

$$\bar{U}_t' = \sum_{i=1}^{n} \frac{\dot{q}_i}{\sum \Delta p}\left[\left(T_i - T_{i-1}\right) - \frac{\alpha}{\beta} e^{\beta t}\left(e^{\beta T_i} - e^{\beta T_{i-1}}\right)\right] \tag{9-11}$$

式中 $\dot{q}_i$ ——第 i 级荷载的加荷速率(kPa/d)；

$\sum \Delta p$ ——各级荷载的累加值(kPa)；

T_{i-1}，T_i ——分别为第 i 级荷载的起始和终止时间(从零点起算)(d)，当计算第 i 级荷载加载过程中某时刻 t 的固结度时，T_i 改为 t；

α，β ——参数，根据排水固结条件按表 9-3 采用(对竖井地基，表中所列 β 为不考虑涂抹和井阻影响的参数值)。

表 9-3 不同条件下平均固结度计算公式

序号	条件	平均固结度计算公式(通式为 $\bar{U}=1-\alpha e^{\beta t}$)	α	β	备 注
1	竖向排水固结($\bar{U}_z$ >30%)	$\bar{U}_z = 1-\frac{8}{\pi^2}e^{-\frac{\pi^2 C_v t}{4H^2}}$	$\frac{8}{\pi^2}$	$\frac{\pi^2 C_v}{4H^2}$	太沙基解
2	向内径向排水固结	$\bar{U}_r = 1-e^{-\frac{8C_h t}{F(n)d_e^2}}$	1	$\frac{8C_h}{F(n)d_e^2}$	巴伦解 $F(n)=\frac{n^2}{n^2-1}\ln(n)-\frac{3n^2-1}{4n^2}$ $n=\frac{d_e}{d_w}$
3	竖向和内径向排水固结(砂井地基平均固结度)	$\bar{U}_{rz} = 1-\left(1-\bar{U}_r\right)\left(1-\bar{U}_z\right) = 1-\frac{8}{\pi^2}e^{-\left[\frac{8C_h}{F(n)d_e^2}+\frac{\pi^2 C_v}{4H^2}\right]t}$	$\frac{8}{\pi^2}$	$\frac{8C_h}{F(n)d_e^2}+\frac{\pi^2 C_v}{4H^2}$	
4	砂井未贯穿受压土层的平均固结度	$\bar{U} = Q\bar{U}_{rz}+\left(1-Q\right)\bar{U}_z \approx 1-\frac{8Q}{\pi^2}e^{\frac{-8C_h t}{F(n)d_e^2}}$	$\frac{8Q}{\pi^2}$	$\frac{8C_h}{F(n)d_e^2}$	$Q=\frac{H_1}{H_1+H_2}$ H_1—砂井长度； H_2—砂井以下压缩土层厚度
5	向外径向排水固结($\bar{U}_r$ > 60%)	$U_r = 1-0.692e^{-\frac{5.78C_h t}{R^2}}$	0.692	$\frac{5.78C_h}{R^2}$	R—土柱半径

注：式中 C_h 为水平固结系数 (cm^2/s)，$C_h=\frac{K_h(1+e)}{\gamma_w a}$；$K_h$ 为水平渗透系数 (cm/s)；d_e 为砂井有效排水范围等效直径(mm)；d_w 为砂井直径(mm)。

2. 堆载预压法设计

堆载预压法设计包括加压系统和排水系统的设计。加压系统设计主要涉及堆载预压计划及堆载材料的选用；排水系统设计包括竖向排水体材料的选用，排水体长度、断面、平面布置的确定。

(1) 加压系统设计。

堆载预压，根据土质情况，分为单级加荷和多级加荷；根据堆载材料，分为自重预压、加荷预压和加水预压。

堆载一般用填土、砂石等散粒材料；油罐建筑通常利用罐体充水对地基进行预压；对堤坝等按稳定性控制的工程，则以其自重有控制地分级逐渐加载，直至设计标高。

由于软黏土地基抗剪强度低，无论直接建造建筑物还是进行堆载预压往往都不可能允许快速加荷，而必须分级逐渐加荷，待前期荷载下地基强度增加到足以承担时方可加入下一级荷载。其计算步骤是，首先用简便的方法确定一个初步的加荷计划，然后校核这一加荷计划下的地基的稳定性和沉降量，具体如下。

① 利用地基的天然地基土抗剪强度计算第一级允许施加的荷载 p_1。

② 计算第一级荷载下地基强度增长值。

③ 计算 p_1 作用下达到确定的固结度所需要的时间。

④ 根据第②步所得到的地基强度计算第二级所施加的荷载 p_2。

⑤ 按以上步骤确定的加荷计划进行每一级荷载下地基的稳定性验算，如不满足要求，则调整加荷计划。

⑥ 计算预压荷载下地基的最终沉降量和预压期间的沉降量。

(2) 排水系统设计。

① 竖向排水体材料选择：可采用普通砂井、袋装砂井或塑料排水带。

② 竖向排水体长度设计：主要根据土层的分布、地基中附加应力的大小、施工期限、施工条件及地基稳定性等因素确定。

a. 当软弱土层不厚、底部有透水层时，排水体应尽可能穿透软弱土层。

b. 当深厚的高压缩性土层间有砂层或砂透镜体时，排水体应尽可能打至砂层或砂透镜体，而采用真空预压时则应尽量避免排水体与砂层相连接，以免影响真空效果。

c. 对于无砂层的深厚地基，可根据其稳定性及建筑物在地基中造成的附加应力与自重应力之比(一般为 0.1～0.2)确定该厚度。

d. 按稳定性控制的工程，如路基、堤坝、岸坡、堆料等，排水体深度应通过稳定性分析确定，排水体长度应大于最危险滑动面的深度。

e. 按沉降控制的工程，排水体长度可从加载后的沉降量满足上部建筑物允许的沉降量来确定。

f. 竖向排水体长度一般为 10～25m。

③ 竖向排水体平面布置设计：普通砂井直径一般为 300～500mm；袋装砂井直径一般为 70～120mm。

塑料排水带规格常用当量直径表示，设塑料排水带宽度为b，厚度为δ，则当量直径d_p可按下式换算。

$$d_p = \frac{2(b+\delta)}{\pi} \tag{9-12}$$

排水竖井的间距可根据地基土的固结特征和预定时间内所要求达到的固结度确定。设计时，竖井的间距可按井径比n选用。袋装砂井或塑料排水带的间距可按n=15～22选用，普通砂井的间距可按n=6～8选用。

竖向排水体的布置范围一般比建筑物基础范围稍大为好，扩大的范围可由基础的轮廓线向外增大2～4m。

④ 砂料设计：制作砂井的砂宜用中粗砂，砂的粒度必须能保证砂井具有良好的透水性且不被黏土颗粒堵塞。砂应是洁净的，不应有草根等杂物，其黏粒含量不应大于3%。

⑤ 地表排水砂垫层设计：为了使砂井排水有良好的通道，砂井顶部必须铺设砂垫层，以连通各砂井将水排到工程场地以外。砂垫层采用中粗砂，含泥量应小于3%。

砂垫层应形成一个连续的、有一定厚度的排水层，以免地基沉降时被切断而使排水通道堵塞。陆地上施工时，砂垫层厚度不应小于0.5m；水下施工时，砂垫层厚度一般为1.0m。砂垫层的宽度应大于堆载宽度或建筑物底宽，并伸出砂井区外边线2倍砂井直径。在砂料贫乏地区，可采用连通砂井的纵横砂沟代替整片砂垫层。

(3) 现场监测设计。

堆载预压法现场监测项目，一般包括地面沉降观测、水平位移观测和孔隙水压力观测，如有条件还可进行地基中的深层沉降和水平位移观测。

3. 超载预压法设计

当预压荷载超过工作荷载时，称为超载预压。对沉降有严格限制的建筑物应采用超载预压法处理地基。超载预压法的排水系统设计方法、加压系统设计方法、现场监测设计方法基本上与堆载预压法相同，不同的是如何确定超载预压荷载。

对有机质黏土、泥炭土等，其次固结沉降是非常重要的。采用超载预压法对减少永久荷载下的次固结沉降有一定效果。计算原则是把极限荷载p_f作用下的总沉降看成主固结沉降和次固结沉降之和。

4. 真空预压法设计

真空预压法的设计内容，主要包括确定密封膜内的真空度、加固土层要求达到的平均固结度、竖向排水体的尺寸、加固后的沉降和工艺设计等。

9.5.4 施工方法

1. 堆载预压法施工方法

从施工角度分析，要保证堆载预压法的加固效果，应主要做好以下三个环节：铺设水平排水垫层、设置竖向排水体和施加预压荷载。

(1) 铺设水平排水垫层。

水平排水垫层的作用是使在预压过程中，从土体进入垫层的渗流水能迅速地排出，使土层的固结正常进行，防止土粒堵塞排水系统，因而垫层的质量直接关系到加固效果和预压时间的长短。

① 垫层材料。垫层材料应采用透水性好的砂料，其渗透系数一般不低于 10^{-3}cm/s，同时能起到一定的反滤作用。通常采用级配良好的中粗砂，含泥量不大于 3%，一般不宜采用粉细砂；也可采用连通砂井的砂沟来代替整片砂垫层。排水盲沟的材料一般采用粒径为 3～5cm 的碎石或砾石，且满足下式要求。

$$\frac{d_{15}\,(\text{盲沟})}{d_{85}(\text{排水层})} < 4\sim5 < \frac{d_{15}(\text{盲沟})}{d_{15}(\text{排水层})} \tag{9-13}$$

式中 d_{15}——小于某粒径土的质量占土总质量 15%的粒径；

d_{85}——小于某粒径土的质量占土总质量 85%的粒径。

② 垫层尺寸。

a. 一般情况下，陆上排水垫层厚度为 0.5m 左右，水下排水垫层厚度为 1.0m 左右。对新吹填不久或无硬壳层的软黏土及水下施工的特殊条件，应采用厚的或混合料的排水垫层。

b. 若排水垫层兼作持力层，则还应满足承载力要求。对于天然地面承载力较低而不能满足正常施工的地基，可适当加大排水垫层的厚度。

c. 排水垫层宽度等于铺设场地宽度，砂料不足时，可用砂沟代替砂垫层。

d. 砂沟的宽度为 2～3 倍砂井直径，一般深度为 40～60cm。

e. 盲沟的尺寸与其布置形式和数量有关，设计时可采用达西定律。

$$q = \frac{kAi}{5} \tag{9-14}$$

式中 q——盲沟单位时间的排水量(cm^3/s)，对于饱和土等于其负担面积单位时间土体的压缩体积；

i ——水力坡降，一般为 0.01～0.05；

k ——材料渗透系数，取值 2.5cm/s；

A ——断面积(cm^2)。

③ 垫层施工。排水砂垫层目前有以下四种施工方法。

a. 当地基表层有一定厚度的硬壳层，其承载力较好，能上一般运输机械时，一般采用机械分堆摊铺法，即先堆成若干砂堆，然后用机械摊平。

b. 当硬壳层承载力不足时，一般采用顺序推进摊铺法。

c. 当软土地基表面很软时，如新沉积或新吹填不久的超软地基，首先要改善地基表面的持力条件，使其能上施工人员或轻型运输工具。

d. 尽管对超软地基表面采取了加强措施，但持力条件仍然很差，一般轻型机械上不去，在这种情况下，通常要用人工或轻便机械顺序推进铺设。

不论采用何种施工方法，都应避免对软土表层的过大扰动，以免造成砂和淤泥混合，影响垫层的排水效果。另外，在铺设砂垫层前，应清除干净砂井顶面的淤泥和其他杂物，以利砂井排水。水平排水垫层的施工与铺设方法见表 9-4。

表 9-4　水平排水垫层的施工与铺设方法

<table>
<tr><th rowspan="2">施工要求</th><th colspan="2">砂垫层铺设方法</th></tr>
<tr><th>按砂源供应情况采用</th><th>按场地情况采用</th></tr>
<tr><td>(1) 垫层平面尺寸和厚度符合设计要求，厚度误差为±h/10(h 为垫层设计厚度)，每 100m^2 挖坑检验。
(2) 与竖向排水通道连接好，不允许杂物堵塞或隔断连接处。
(3) 不得扰动天然地基。
(4) 不得将泥土或其他杂物混入垫层。
(5) 真空预压垫层，其面层 4cm 厚度范围内不得有带棱角的硬物</td><td>(1) 一次铺设：砂源丰富时，可一次铺设砂层至设计厚度。
(2) 分层铺设：砂源供应不足时，可分层铺设，每次铺设厚度为设计厚度的 1/2，铺完第一层后，进行垂直排水通道施工，再铺第二层</td><td>(1) 机械施工法：地基能承受施工机械运行时，可用机械铺砂。
(2) 人工铺设法：地基较软不能承受机械碾压时，可用人力车或轻型传递带由外向里(或由一边向另一边)铺设；当地基很软施工人员无法上去施工时，可采用铺设荆笆或其他透水性好的编织物的办法</td></tr>
</table>

(2) 设置竖向排水体。

竖向排水体在工程中的应用，有普通砂井、袋装砂井和塑料排水带。

① 普通砂井施工。

普通砂井施工要求：保持砂井连续和密实，并且不出现颈缩现象；尽量减小对周围土体的扰动；砂井的长度、直径和间距满足设计要求。

砂井施工时一般先在地基中成孔，再在孔内灌砂形成砂井。表 9-5 为砂井成孔和灌砂方法，选用时应尽量选择对周围土体扰动小且施工效率高的方法。

表 9-5　砂井成孔和灌砂方法

<table>
<tr><th>类型</th><th colspan="2">成孔方法</th><th colspan="2">灌砂方法</th></tr>
<tr><td rowspan="5">使用套管</td><td rowspan="3">管端封闭</td><td>冲击打入</td><td rowspan="2">用压缩空气</td><td>静力提拔套管</td></tr>
<tr><td>振动打入</td><td>振动提拔套管</td></tr>
<tr><td>静力压入</td><td>用饱和砂</td><td>静力提拔套管</td></tr>
<tr><td rowspan="2">管端敞开</td><td>射水排土</td><td rowspan="2">浸水自然下沉</td><td rowspan="2">静力提拔套管</td></tr>
<tr><td>螺旋钻排土</td></tr>
<tr><td rowspan="2">不使用套管</td><td colspan="2">旋转、射水</td><td colspan="2" rowspan="2">用饱和砂</td></tr>
<tr><td colspan="2">冲击、射水</td></tr>
</table>

砂井成孔的典型方法，有套管法、射水法、螺旋钻成孔法和爆破法。

a. 套管法：该法是将带活瓣管尖或套有混凝土端靴的套管沉到预定深度，然后在管内灌砂、拔出套管而形成砂井。根据沉管工艺的不同，又分为静压沉管法、锤击静压联合沉管法和振动沉管法。

b. 射水法：该法是利用高压水通过射水管形成高速水流的冲击，结合环刀的机械切削使土体破坏，形成一定直径和深度的砂井孔，然后灌砂而形成砂井。射水法成井的设备比较简单，对土的扰动较小，但在泥浆排放、塌孔、颈缩、串孔、灌砂等方面都还存在一定的问题。

c. 螺旋钻成孔法：该法以动力螺旋钻钻孔，属于干钻法施工，提钻后孔内灌砂成形，适用于陆上工程、砂井长度在 10m 以内、土质较好且不会产生颈缩和塌孔现象的软弱地基。该法所用设备简单而机动，成孔比较规整，但灌砂质量较难把握，对很软弱的地基也不太适用。

d. 爆破法：该法是先用直径 73cm 的螺旋钻钻成一个达到砂井设计深度的孔，在孔中放置由引爆线和炸药组成的条形药包，爆破后将孔扩大，然后往孔内灌砂而形成砂井。这种方法施工简易，不需要复杂的机具，适用于深度 6～7m 的浅砂井。

以上各种成孔方法，都必须保证砂井的施工质量，以防产生颈缩、断颈或错位现象。

砂井的灌砂量，应按砂在中密状态时的干重度和井管外径所形成的体积计算，其实际灌砂量按质量控制要求不得小于计算值的 95%。

为了避免产生砂井颈缩或断颈现象，可用灌砂的密实度来控制灌砂量。灌砂时可适当灌水，以利于密实。

砂井位置的允许偏差为该井的直径，垂直度的允许偏差为 1.5%。

② 袋装砂井施工。

普通砂井是常采用的竖向排水体，其施工方法的缺点是：套管法在打设套管时必将扰动其周围土体，使透水性减弱(即产生涂抹作用)；射水法对含水率高的软土地基施工质量难以保证，砂井中容易混入较多的泥沙；螺旋钻成孔法在含水率高的软土地基中也难做到孔壁直立，施工过程中需要排除废土，而处理废土需要人力、场地和时间，因此其适用范围也受到一定的限制。应当注意，对含水率很高的软土，应用砂井容易产生颈缩、断颈或错位现象。普通砂井即使在施工时能形成完整的砂井，但当地面荷载较大时，软土层便容易产生侧向变形，也有可能使砂井错位。

袋装砂井则是用具有一定伸缩性和抗拉强度很高的聚丙烯或聚乙烯编织袋装满砂子，基本上解决了大直径砂井中存在的问题，使砂井的设计和施工更加科学化。其保证了砂井的连续性，施工设备实现了轻型化，比较适宜于在软弱地基上施工，且用砂量大为减少，施工速度加快、工程造价降低，是一种比较理想的竖向排水体。

a. 施工机具和工效：袋装砂井成孔的方法有锤击打入法、水冲法、静力压入法、钻孔法和振动贯入法五种。交通部第二航务工程局(现名中交第二航务工程勘察设计院有限公司)研制的 EH.Z-8 型袋装砂井打设机，一次能打设两根砂井，该机的主要施工技术性能见表 9-6。

表 9-6　EH.Z-8 型袋装砂井打设机的主要施工技术性能

项　目	性　能
起重机型号	W-501
直接接地压力/kPa	94
间接接地压力/kPa	30
振动锤激振力/kN	86
激振频率/(r/min)	960

续表

项　目	性　能
外形尺寸(长/cm×宽/cm×高/cm)	640×285×1850
每次打设根数/根	2
最大打设深度/m	12
打设砂井间距/cm	120，140，160，180，200
成孔直径/cm	12.5
置入砂袋直径/cm	7
施工效率/(根/台班)	66～80
适用土质	淤泥、粉质黏土、黏土、砂土、回填土

b. 砂袋材料的选择：砂袋材料必须选用抗拉力强、抗腐蚀和抗紫外线能力强、透水性好、韧性和柔性好、透气并且在水中能起滤网作用和不外露砂料的材料制作。国内采用过的砂袋材料有麻布袋和聚丙烯编织袋，其力学性能见表9-7。

表9-7　砂袋材料的力学性能

材料名称	拉伸试验		弯曲180°试验			渗透性/(cm/s)
	抗拉强度/MPa	伸长率/%	弯心直径/cm	伸长率/%	破坏情况	
麻布袋	1.92	5.5	7.5	4	完整	—
聚丙烯编织袋	1.70	25	7.5	23	完整	＞0.01

c. 施工要求：灌入砂袋的砂宜用干砂，并应灌制密实。砂袋长度应较砂井孔的长度多出0.5m，使其放入井孔内后能露出地面，以便埋入排水砂垫层中。袋装砂井施工时，所用钢管的内径宜略大于砂井直径，但也不宜过大，以减小施工过程中对地基土的扰动。另外，拔管后带出砂袋的长度不宜超过0.5m。

③ 塑料排水带施工。

塑料排水带根据结构形式，可分为多孔质单一结构型和复合结构型。

插带机械式塑料排水带的施工质量，在很大程度上取决于施工机械的性能，有时施工机械的性能会成为制约施工的重要因素。由于插带机大多在软弱地基上施工，因此要求行走装置具有机械移位迅速、对位准确、整机稳定性好、施工安全、对地基土扰动小、接地压力小等性能。从机型分，插带机有轨道式、滚动式、履带浮箱式、履带式和步履式等多种。

一般打设塑料排水带的导管靴有圆形和矩形两种。由于导管靴断面不同，所用桩尖各异，并且一般都与导管分离。桩尖主要作用是在打设塑料排水带过程中防止淤泥进入导管内，并且对塑料排水带起锚定作用，防止提管时将塑料排水带提出。

塑料排水带打设顺序包括：定位；将塑料排水带通过导管从管靴穿出；将塑料排水带与桩尖连接贴紧管靴并对准桩位；插入塑料排水带；拔管剪断塑料排水带等。

在施工中应注意以下几点：塑料排水带滤水膜在转盘和打设过程中应避免损坏；防止淤泥进入带芯堵塞输水孔，影响塑料排水带的排水效果；塑料排水带与桩尖连接要牢固，避免提管时脱开而将塑料排水带拔出；桩尖平端与导管靴配合要适当，避免错缝，防止淤泥在打设过程中进入导管，增大对塑料排水带的阻力，甚至将塑料排水带拔出；严格控制间距和深度，如塑料排水带拔起 2m 以上者应补打；塑料排水带需接长时，为减小塑料排水带与导管的阻力，应采用滤水膜内平搭接的连接方法，为保证输水畅通并有足够的搭接强度，搭接长度需在 200mm 以上。

(3) 施加预压荷载。

① 利用建筑物自重加压。利用建筑物自重对地基加压，是一种经济有效的方法。此法一般应用于以地基的稳定性为控制条件，能适应较大变形的建筑物，如路堤、土坝、贮矿场、油罐、水池等。特别是对油罐或水池等建筑物，先进行充水加压，一方面可检验罐壁或池壁本身有无渗漏现象，同时利用分级逐渐充水预压，可使地基土强度得以提高，满足稳定性要求。对路堤、土坝等建筑物，由于填土高、荷载大，地基的强度不能满足快速填筑的要求，工程上都采用严格控制加荷速率、逐层填筑的方法，以确保地基的稳定性。

利用建筑物自重预压处理地基，应考虑给建筑物预留沉降高度，保证建筑物预压后，其标高满足设计要求。

在处理油罐容器地基时，应保证地基沉降的均匀度，保证罐基中心和四周的沉降差异在设计许可范围内；否则应分析原因，在沉降的同时采取措施进行纠偏。

② 堆载预压。堆载预压的材料一般以散料为主，如石料、砂、砖等。大面积施工时，通常采用自卸汽车与推土机联合作业。对超软地基的堆载预压，第一级荷载宜用轻型机械或人工作业。

施工时应注意以下几点。

a. 堆载面积要足够大。堆载的顶面积不小于建筑物底面积；堆载的底面积也应适当扩大，以保证建筑物范围内的地基得到均匀加固。

b. 严格控制加荷速度，以保证在各级荷载下地基的稳定性，同时要避免部分堆载过高而引起地基的局部破坏。

c. 对超软黏性土地基，荷载的大小、施工工艺更要精心设计，以避免对土的扰动和破坏。

2. 真空预压法施工方法

(1) 真空预压。

① 加固区划分。

加固区划分是真空预压施工的重要环节，理论计算结果和实际加固效果均表明，每块真空预压加固场地的面积宜大不宜小。目前国内单块真空预压面积已达 30000m^2。但如果受施工能力或场地条件限制，需要把场地划分为几个加固区域分期加固，划分区域时应考虑以下因素。

a. 按建筑物分布情况，确保每个建筑物位于一块加固区域之内，建筑边线距加固区有效边线根据地基加固厚度可取 2～4m 或更大些。应避免两块加固区的分界线横过建筑物，否则将会由于两块加固区分界区域的加固效果差异而导致建筑物发生不均匀沉降。

b. 应考虑竖向排水体的打设能力、加工大面积密封膜的能力、大面积铺膜的能力和经验，以及射流装置和滤管的数量等方面的因素。

c. 应以满足建筑工期要求为依据，一般加固面积以 6000～10000m^2 为宜。

d. 在风力很大地区施工时，应在可能情况下适当减小加固区面积。

e. 加固区之间的距离应尽量减小，或者共用一条密封沟。

② 抽真空工艺设备。

抽真空工艺设备包括真空源和一套膜内、膜外管路。

a. 真空源目前国内大多采用射流真空装置，射流真空装置一般由射流箱和离心泵组成，如图 9.3 所示。抽真空装置的布置视加固面积和射流装置的能力而定，一套高质量的抽真空装置在施工初期可负担 1000～1200m^2 的加固面积，后期可负担 1500～2000m^2 的加固面积。抽真空装置设置数量，应以始终保持密封膜内高真空度为原则。膜下真空值一般要求大于 80kPa。

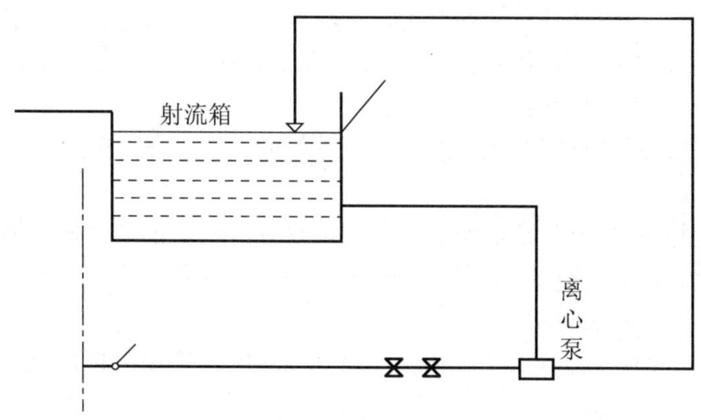

图 9.3 射流真空装置结构示意

b. 膜外管路连接着射流装置的回阀、截水阀、管路。过水断面应能满足排水量且能承受 100kPa 径向力而不变形破坏。

c. 膜内水平排水滤管，目前常用直径为 60～70mm 的铁管或硬质塑料管。为了使水平排水滤管标准化并能适应地基沉降变形，滤水管一般加工成 5m 长一根，滤水部分钻有直径为 8～10mm 的滤水孔，孔距 5cm，呈三角形排列；滤水管外绕直径 3mm 的铅丝(圈距 5cm)，外包一层尼龙窗纱布，再包滤水材料构成滤水层。

d. 滤水管的平面布置一般采用条形或鱼刺形排列，遇到不规则场地时，应因地制宜地进行滤水管排列设计，保证真空负压快速而均匀地传至场地各个部位。滤水管的排距一般为 6～10m，最外层滤水管距场地边的距离为 2～5m。滤水管之间的连接采用软连接，以适应场地沉降。

滤水管埋设在水平排水砂垫层的中部，其上应有 0.1～0.2m 砂覆盖层，防止滤水管上尖利物体刺破密封膜。

③ 密封系统。

密封系统由密封膜、密封沟和辅助密封措施组成。

加工好的密封膜面积要大于加固场地面积，一般要求每边应大于加固区相应边 2～4m。为了保证整个预压过程中的密封性，塑料膜一般宜铺设 2～3 层，每层膜铺好后应检查和粘补漏处。膜周边的密封可采用挖沟折铺膜，如图 9.4 所示；在地基土颗粒细密、含水率较大、地下水位浅的地区则采用平铺膜，如图 9.5 所示。

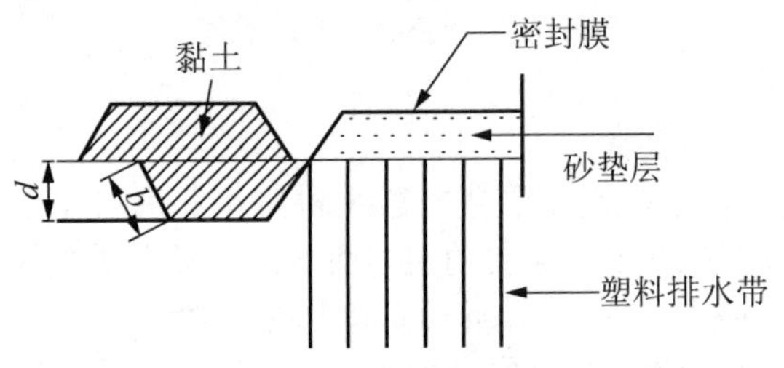

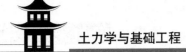

图 9.4　挖沟折铺膜示意

图 9.5　平铺膜示意

密封沟的截面尺寸应视具体情况而定，密封膜与密封沟内密封性好的黏土充分接触，其长度一般为 1.3～1.5m；密封沟的密封长度应大于 0.8m，深度也应大于 0.8m，以保证周边密封膜上有足够的覆土厚度和压力。

如果密封沟底或两侧有碎石或砂层等渗透性好的夹层存在，应将该夹层挖除干净，回填 40cm 厚的软土。

由于某种原因，密封膜和密封沟发生漏气现象时，施工中必须采用辅助密封措施，如在密封膜上和密封沟内同时覆水，或采用封闭式板桩墙，或采用封闭式板桩墙加沟内覆水等。

④ 抽气阶段施工要求与质量要求。

a. 膜上覆水一般应在抽气后，膜内真空度达 80kPa，确保密封系统不存在问题方可进行，这段时间一般为 7～10d。

b. 保持射流箱内满水和低温，射流装置空载情况下均应超过 96kPa。

c. 经常检查各项记录，若发现异常现象，如膜内真空度值小于 80kPa 等，应尽快分析原因并采取补救措施。

d. 冬季抽气，应避免过长时间停泵，否则膜内外管路会发生冰冻而堵塞，导致抽气很难进行。

e. 下料时应根据不同季节预留塑料膜伸缩量；热合时，每幅塑料膜的拉力应基本相同，防止密封膜形状不符合设计要求。

f. 在气温高的季节，加工完毕的密封膜应堆放在阴凉通风处；堆放时应在塑料膜之间适当撒放滑石粉；堆放的时间不能过长，以防止互相粘连。

g. 在铺设滤水管时，滤水管之间要连接牢固，选用合适的滤水层且包裹严实，避免抽气后进入射流装置。

h. 铺膜前应用砂料把砂井填充密实；密封膜破裂后，可用砂料把井孔填充密实至砂垫层顶面，然后分层把密封膜粘牢，以防止砂井孔处下沉导致密封膜破裂。

i. 抽气阶段，要求达到膜内真空度大于 80kPa；停止预压时，地基固结度要求大于 80%；预压的沉降稳定标准为连续 5d，实测沉降速率不大于 2mm/d。

⑤ 施工经验。

在真空预压法的施工中，根据实测资料获得了以下经验。

a. 在大面积软土地基加固工程中，每块预压区面积应尽可能大，因为这样可加快工程进度和消除更多的沉降量。目前采用最大的是 30000m^2。

b. 两个预压区的间隔不宜过大，需根据工程要求和土质决定，一般以 2～6m 较好。

c. 膜下管道在不降低真空度的条件下应尽可能少，为减少费用可取消主管，全部采用滤管，由鱼刺形排列改为环形排列。

d. 砂井间距应根据土质情况和工期要求来定。当砂井间距从 1.3m 增至 1.8m 时，达到相同固结度所需时间增率与堆载预压法相同。

e. 当冬季的气温降至−17℃时，如对薄膜、管道、水泵、阀门及真空表等采取常规保温措施，则可照常作业。

f. 为了保证真空设备正常安全运行，便于操作管理和控制间歇抽气以节约能源，现已研制出微机检测和自动控制系统。

g. 直径 7cm 的袋装砂井和塑料排水带都有较好的透水性能。实测表明，在同等条件下，两者达到相同固结度所需的时间接近。采用何种排水通道，主要由它的单价和施工条件而定。

(2) 真空预压联合堆载。

当地基预压荷载大于 80kPa 时，应在真空预压抽真空的同时再施加定量的堆载，这种方法称为真空预压联合堆载法。真空预压与堆载预压联合加固，其效果可以叠加，这是由于它们符合有效应力原理，并已经过工程实践证明。真空预压是逐渐降低土体的孔隙水压力，不增加总应力；而堆载预压是增加土体总应力，同时使孔隙水压力增大，然后逐渐消散。

开始时抽真空，使土中孔隙水压力降低，有效应力增大，经过不长时间(7～10d)在土体保持稳定的情况下堆载，使土体产生正孔隙水压力，并与抽真空产生的负孔隙水压力叠加。正、负孔隙水压力叠加，转化的有效应力为消散的正、负孔隙水压力绝对值之和。现以瞬间加荷为例，对土中任一点 *m* 的应力转换加以说明。设 *m* 点的深度为地面下 h_m，地下水位与地面齐平，堆载量为 $\Delta\delta_1$，土的有效重度为 γ'，水的重度为 γ_{w}，大气压力为 p_{a}，抽真空时 *m* 点的大气压力逐渐降至 p_{n}，*t* 时刻的固结度为 U_t，则土中任一点 *m* 的应力与时间的转换关系见表 9-8。

表 9-8 土中任一点 *m* 的应力与时间的转换关系

情况	总应力	有效压力	孔隙水压力
$t=0$ (未抽真空未堆载)	σ_0	$\sigma_0'=\gamma' h_m$	$u_0=\gamma_{\mathrm{w}} h_m+p_{\mathrm{a}}$
$0\leqslant t\leqslant\infty$ (既抽真空又堆载)	$\sigma_t=\sigma_0+\Delta\sigma_1$	$\sigma_t'=\gamma' h_m+$ $\left[(p_{\mathrm{a}}-p_{\mathrm{n}})+\Delta\sigma_1\right]U_t$	$u_t=\gamma_{\mathrm{w}}' h_m+p_{\mathrm{a}}+$ $\left[(p_{\mathrm{a}}-p_{\mathrm{n}})+\Delta\sigma_1\right](1-U_t)$
$t\to\infty$ (既抽真空又堆载)	$\sigma=\sigma_0+\Delta\sigma_1$	$\sigma'=\gamma' h_m+(p_{\mathrm{a}}-p_{\mathrm{n}})+\Delta\sigma_1$	$u=\gamma_{\mathrm{w}}' h_m+p_{\mathrm{a}}$

对一般软黏土，当膜下真空度稳定地达到 80kPa 后，抽真空 10d 左右可进行上部堆载施工，即边抽真空边连续施加堆载。对高含水率的淤泥类土，当膜下真空度稳定地达到 80kPa 后，一般抽真空 20～30d 可进行堆载施工，荷载大时可分级施加，分级数通过稳定计算确定。

在进行上部堆载之前，必须在密封膜上铺设防护层，保护密封膜的气密性。防护层可采用编织布或无纺布等，其上铺设 100～300mm 厚的砂垫层，然后再进行堆载。堆载时宜

采用轻型运输工具，并不得损坏密封膜。在进行上部堆载施工时，应密切观察膜下真空度的变化，发现漏气应及时处理。

采用真空预压联合堆载法，既能加固软土地基，又能较大地提高地基承载力，其工艺流程为铺砂垫层→打设竖向排水通道→铺膜→抽气→堆载→结束。施工时，除了要按真空预压和堆载预压的要求进行以外，还应注意以下几点。

① 堆载前要采取可靠措施保护密封膜，防止堆载预压时刺破密封膜。

② 堆载底层部分应先采用颗粒较细且不含硬块的堆载物，如砂料等。

③ 选择合适的堆载时间和荷重。

9.5.5 质量检验

以稳定性控制的重要工程，应在预压区内选择有代表性地点预留孔位，对堆载预压法在堆载不同阶段及对真空预压法在抽真空结束后，进行不同深度的十字板抗剪强度试验，并取土进行室内试验，以验算地基的抗滑稳定性，并检验地基的处理效果。

在预压期间，应及时整理变形与时间、孔隙水压力与时间等的关系曲线，推算地基的最终固结沉降量、不同时间的固结度和相应的沉降量，以分析处理效果，并为确定卸载时间提供依据。

真空预压处理地基，除应进行地基沉降和孔隙水压力观测外，尚应量测膜下真空度和砂井不同深度的真空度，真空度应满足设计要求。

9.6 碎(砂)石桩法

9.6.1 概述

【振冲碎石桩施工 1】

【振冲碎石桩施工 2】

碎石桩和砂桩总称碎(砂)石桩，又称粗颗粒土桩，是指用振动、冲击或水冲等方式在软弱地基中成孔后，再将碎石或砂挤压入已成的孔中，形成由大直径的碎(砂)石所构成的密实桩体。

1. 碎石桩

目前国内外碎石桩的种类很多，按其制桩工艺分为振冲(湿法)碎石桩和干法碎石桩两大类。采用振动水冲法施工的碎石桩称为振冲碎石桩或湿法碎石桩，采用各种无水水冲工艺(干振、振挤、锤击)施工的碎石桩称为干法碎石桩。

JGJ 79—2012《建筑地基处理技术规范》中规定：振冲碎石桩适用于处理砂土、粉土、粉质黏土、素填土和杂填土等地基。对不排水抗剪强度小于 20kPa 的饱和黏性土和饱和黄土地基，应通过试验确定其适用性。

2. 砂桩

早期砂桩主要用于加固松散砂土和人工填土地基，如今在软黏土中，国内外也有使用成功的丰富经验。但国内也有失败的教训，对砂桩用来处理饱和软土地基持有不同观点的学者和工程技术人员认为，黏性土的渗透性较小，灵敏度又大，在成桩过程中土内产生的孔隙水压力不能迅速消散，故挤密效果较差，此外，它还破坏了地基土的天然结构，使土的抗剪强度降低。如果不预压，砂桩施工后的地基仍会有较大的沉降，因而对沉降要求严格的建筑物而言，最好通过现场试验后再确定是否采用。

9.6.2 加固机理

碎(砂)石桩挤密法加固砂性土地基的主要目的是提高地基承载力、减小变形和增加抗液化性。碎(砂)石桩加固砂土地基抗液化的机理主要涉及三方面作用：①挤密作用；②排水减压作用；③砂基预震效应。

对黏性土(特别是饱和软土)地基，碎(砂)石桩的作用并不是使地基挤密，而是置换，在地基中形成密实度高、直径大的桩体，与原黏性土构成复合地基而共同工作。由于碎 (砂)石桩的刚度比桩周黏性土的刚度大，地基中的应力会按材料变形模量进行重新分配，因此大部分荷载将由碎(砂)石桩承担。另外，碎(砂)石桩是黏性土地基中一个良好的排水通道，能起到排水砂井的作用，且大大缩短了孔隙水的水平渗透途径，加速软土的排水固结，使沉降稳定加快。

如果软弱土层较厚，则桩体可不贯穿整个软弱土层，此时加固的复合土层起垫层的作用，垫层将荷载扩散，使应力分布趋于均匀。

9.6.3 设计计算

1. 一般设计原则

(1) 加固范围。加固范围应根据建筑物的重要性和场地条件及基础形式而定，通常都大于基础底面面积。对一般地基，在基础外缘应扩大 1～2 排；对可液化地基，在基础外缘扩大宽度不应小于可液化土层厚度的 1/2，且不应小于 5m。

(2) 桩位布置。对大面积满堂基础，桩位宜用等边三角形布置；对独立或条形基础，桩位宜用正方形、矩形或等腰三角形布置；对于圆形或环形基础(如油罐基础)，桩位宜用放射形布置。

(3) 加固深度。加固深度应根据软弱土层的性能、厚度或工程要求按下列原则确定。

① 当相对硬层的埋藏深度不大时，应按相对硬层埋藏深度确定；

② 当相对硬层的埋藏深度较大时，对按变形控制的工程，加固深度应满足碎(砂)石桩复合地基变形不超过建筑物地基允许变形值；

③ 对按稳定性控制的工程，加固深度应不小于最危险滑动面以下 2m；

④ 在可液化地基中，加固深度应按要求的抗震处理深度确定；

⑤ 桩长不宜小于 4m。

(4) 桩径。碎(砂)石桩的直径应根据地基土质情况和成桩设备等因素确定。采用 30kW 振冲器成桩时，碎(砂)石桩的桩径一般为 0.80～1.2m；采用沉管法成桩时，碎(砂)石桩的直径一般为 0.30～0.70m。对饱和黏性土地基宜选用较大的直径。

(5) 桩体材料。桩体材料可以就地取材，一般使用中、粗混合砂，碎石、卵石、砾砂等，含泥量不大于 5%。碎(砂)石桩桩体材料的允许最大粒径与振冲器的外径和功率有关，一般不大于 8cm，碎石常用的粒径为 2～5cm。

(6) 垫层。碎(砂)石桩施工完毕后，基础底面应铺设 30～50cm 厚的碎(砂)石垫层，垫层应分层铺设，用平板振动器振实。在不能保证施工机械正常行驶和操作的软弱土层上，应铺设施工用临时性垫层。

2. 用于砂性土的设计计算

对于砂性土地基，主要是从挤密的观点出发考虑地基加固中的设计问题。首先根据工程对地基加固的要求(如提高地基承载力、减少变形或抗地震液化等)，确定要求达到的密实度和孔隙比，再考虑桩位布置形式和桩径大小，计算桩的间距。

等边三角形布桩时：

$$s = 0.95\xi d\sqrt{\frac{1+e_0}{e_0-e_1}} \tag{9-15}$$

正方形布桩时：

$$s = 0.89\xi d\sqrt{\frac{1+e_0}{e_0-e_1}} \tag{9-16}$$

$$e_1 = e_{\max} - D_{\mathrm{r}}\left(e_{\max} - e_{\min}\right) \tag{9-17}$$

式中 s——碎(砂)石桩间距(m)；

d——碎(砂)石桩直径(m)；

ξ——修正系数，当考虑振动下沉密实作用时可取 1.1～1.2，不考虑振动下沉密实作用时可取 1.0；

e_0——天然孔隙比；

e_1——要求达到的孔隙比；

$e_{\max}$——最松散状态下的孔隙比；

$e_{\min}$——最密实状态下的孔隙比；

D_{r}——要求砂土达到的相对密实度，一般取 0.70～0.85。

3. 用于黏性土的设计计算

(1) 单桩承载力计算。作用于桩顶的荷载如果足够大，桩体发生破坏，可能出现的桩体破坏形式有三种：鼓出破坏、刺入破坏和剪切破坏。由于碎(砂)石桩桩体均由散体土粒组成，其桩体的承载力主要取决于桩间土的侧向约束能力，绝大多数的破坏形式为桩体的鼓出破坏。

单桩极限承载力为

$$[p]_{\max} = \tan^2\delta_{\mathrm{p}}\frac{2c_{\mathrm{u}}}{\sin 2\delta}\left(\frac{\tan\delta_{\mathrm{p}}}{\tan\delta}+1\right) \tag{9-18}$$

其中 δ 可按下式计算求出。

$$\tan\delta_{\mathrm{p}} = \frac{1}{2}\tan\delta\left(\tan^2\delta - 1\right) \tag{9-19}$$

(2) 复合地基承载力计算。在黏性土和碎(砂)石桩所构成的复合地基上，当作用荷载为

p 时，设作用于桩上的应力为 p_p，作用于黏性土上的应力为 p_s，假定在桩和土各自(截)面积 A_p 和 $A-A_p$ 范围内作用的应力不变，则可求得

$$pA = p_p A_p + p_s(A - A_p) \tag{9-20}$$

式中 A——一根桩所分担的承载面积。

将桩土应力比 $n=\dfrac{p_p}{p_s}$ 及面积置换率 $m=\dfrac{A_p}{A}$ 代入上式，则公式可改写为

$$p = \frac{p_p A_p + p_s(A - A_p)}{A} = [m(n-1)+1]p_s \tag{9-21}$$

(3) 沉降计算。碎(砂)石桩的沉降计算主要涉及复合地基加固区的沉降和加固区下卧土层的沉降。而复合土层的压缩模量 E_{sp} 可按下式计算。

$$E_{sp} = [1+m(n-1)]E_s \tag{9-22}$$

(4) 稳定性分析。当碎(砂)石桩用于改善天然地基的整体稳定性时，可利用复合地基的抗剪特性，再使用圆弧滑动法来进行计算。

9.6.4 施工方法

目前碎(砂)石桩施工方法多种多样，主要有两种施工方法，即振冲法和沉管法。

1. 振冲法

振冲法具体可根据“振冲挤密”和“振冲置换”的不同要求施工，操作要求也有所不同。

(1) 振冲挤密法一般在中粗砂地基中使用时可不另外加料，而利用振冲器的振动力使原地基的松散砂振挤密实；在粉细砂、黏质粉土中制桩，最好是边振动边填料，以防振冲器提出地面时孔内塌方。施工操作的关键是水量的大小和留振时间的长短。

(2) 振冲置换法在黏性土层中制桩，若孔中的泥浆水太稠，碎石料在孔内下降的速度将减慢且影响施工速度，所以在成孔后要留有一定时间清孔，使回水把稠泥浆带出地面、降低泥浆的密度。

(3) 施工时质量控制的关键是填料量、密实电流和留振时间，这三者实际上是相互联系和保证的。只有在一定的填料量的情况下，才能把填料挤密振密。一般来说，在粉性较重的地基中制桩，密实电流容易达到规定值，这时要注意掌握好留振时间和填料量；而在软黏土地基中制桩，填料量和留振时间容易达到规定值，这时则要注意掌握好密实电流。

2. 沉管法

沉管法以前主要用于制作砂桩，近年来已开始用于制作碎石桩，是一种干法施工作业。沉管法包括振动成桩法和冲击成桩法两种。振动成桩法又分为一次拔管法、逐步拔管法和重复压拔管法；冲击成桩法又分为单管法和双管法。

9.6.5 质量检验

碎(砂)石桩施工结束后，除砂土地基外，应间隔一定时间方可进行质量检验。对黏性土地基间隔时间可取3～4周，对粉土地基可取2～3周。

关于施工质量检验，常用的方法有单桩载荷试验和动力触探试验；关于加固效果检验，常用的方法有单桩复合地基和多桩复合地基大型载荷试验。

9.7 水泥土搅拌法

9.7.1 概述

水泥土搅拌法是用于加固饱和黏性土地基的一种新方法。它是利用水泥(或石灰)等材料作为固化剂，通过特制的搅拌机械，在地基深处就地将软土和固化剂(浆液或粉体)强制搅拌，由固化剂和软土间所产生的一系列物理-化学反应，使软土硬结成具有整体性、水稳定性和一定强度的水泥加固土，从而提高地基强度和增大变形模量。根据施工方法的不同，水泥土搅拌法分为水泥浆搅拌法(常称湿法)和粉体喷射搅拌法(常称干法)两种，前者是用水泥浆和地基土搅拌，后者是用水泥粉或石灰粉和地基土搅拌。

【搅拌桩钻头】

国外使用水泥土搅拌法加固的土质有新吹填的超软土、泥炭土和淤泥质土等饱和软土，加固场所从陆地软土到海底软土，加固深度达 60m。国内目前采用水泥土搅拌法加固的土质有正常固结的淤泥与淤泥质土、粉土、饱和黄土、素填土、黏性土以及无流动地下水的饱和松散砂土等。当用于处理泥炭土或具有侵蚀性地下水的土时，应通过试验确定其适用性。加固局限于陆上，加固深度可达 20m。当地基土的天然含水率小于 30%(黄土含水率小于 25%)、大于 70%或地下水的 pH<4 时不宜采用干法。

9.7.2 加固机理

水泥土搅拌法的加固机理涉及以下方面。

(1) 水泥的水解和水化反应。通过此类效应减少了软土中的含水率，增加了土粒间的黏结。水泥与土拌和后，水泥中的硅酸二钙、硅酸三钙、铝酸三钙及铁铝四钙等矿物与土中水发生水解反应，在水中形成各种硅、铁、铝质的水溶胶，土中的 $CaSO_4$ 大量吸水，水解后形成针状结晶体。

(2) 土粒与水泥水化物的作用。

① 离子交换和团粒化作用。水泥水解后，溶液中的 Ca^{2+}含量增加，与土粒发生阳离子交换作用，等大量置换出 K^+、Na^+后形成较大的土团粒和水泥土的团粒结构，使水泥土的强度大大提高。

② 硬凝反应。阳离子交换后，过剩的 Ca^{2+}在碱性环境中与 SIO^-、Al_2O_3 发生化学反应，形成水稳性的结晶水化物，增大了水泥土的强度。

③ 碳酸化作用。水泥土中的 $Ca(OH)_2$ 与土或水中的 CO_2 反应，生成不溶于水的 $CaCO_3$，增加了水泥的强度。

水泥与地基土拌和后，经上述的化学反应形成坚硬桩体，同时桩间土也有少量的改善，从而构成桩与土的复合地基，提高了地基承载力，减少了地基沉降。

9.7.3 水泥土搅拌桩的计算

1. 柱状加固地基

(1) 单桩竖向承载力的设计计算。

单桩竖向承载力特征值应通过现场单桩载荷试验确定，也可按以下两式进行计算，取其中的较小值。

$$R_a = \eta f_{cu} A_p \tag{9-23}$$

或

$$R_a = u_p \sum_{i=1}^{n} q_{si} l_i + \alpha q_p A_p \tag{9-24}$$

式中 R_a——单桩竖向承载力特征值(kN)；

f_{cu}——与搅拌桩桩身水泥土配比相同的室内加固土试块在标准养护条件下90d龄期的立方体抗压强度平均值(kPa)；

η——桩身强度折减系数，干法可取0.20～0.30，湿法可取0.25～0.33；

u_p——桩的周长(m)；

A_p——桩身截面积(m^2)；

n——桩长范围内所划分的土层数；

q_{si}——桩周第i层土的侧阻力特征值(对淤泥可取4～7kPa，对淤泥质土可取6～12kPa，对软塑状态的黏性土可取10～15kPa，对可塑状态的黏性土可取12～18kPa)；

l_i——桩长范围内第i层土的厚度(m)；

q_p——桩端地基土未经修正的承载力特征值(kPa)；

α——桩端天然地基土的承载力折减系数，可取0.4～0.6，承载力高时取低值。

在单桩设计时，承受垂直荷载的水泥土搅拌桩一般应使土对桩的支承力与桩身强度所确定的承载力相近，并使后者略大于前者最为经济。因此，水泥土搅拌桩的设计主要是确定桩长和选择水泥掺入比。

(2) 复合地基承载力的设计计算。

加固后搅拌桩复合地基承载力特征值应通过现场复合地基载荷试验确定，也可按下式计算。

$$f_{spk} = m \cdot \frac{R_a}{A_p} + \beta(1-m) f_{sk} \tag{9-25}$$

式中 f_{spk}——复合地基的承载力特征值。

f_{sk}——桩间土天然地基承载力标准值。

m——面积置换率。

β——桩间土承载力折减系数。当桩间土为软土时，可取 0.5～1.0；当桩间土为硬土时，可取0.1～0.4；当不考虑桩间软土作用时，可取零。

其他符号含义同前。

其实，桩身强度对β也有影响，例如，桩端是硬土，但桩身强度很低，桩身压缩变形很大，这时桩间土可承受较大荷重，β 也可取大值，这样较为经济。总之，桩间土承载力折减系数的确定是各种复合地基所遇到的一个复杂问题，上述规范提出的经验数据，在实际工程中通过原型试验或大吨位桩基载荷试验来测定是切合实际的，在重要的或规模很大的工程中应进行桩土分担比测试。

上述公式中天然地基承载力标准值的取值概念较模糊，从经济和安全角度综合考虑，建议如下取值：一般而言，任何复合地基的桩间土的承载力不低于天然地基土的承载力，从安全储备上考虑，水泥土搅拌桩的土的承载力用天然地基土的承载力代替是适宜的，如主要加固区在基础底面，可取该层土的承载力标准值；如主要加固区在基础底面一定深度以下，则取加固区内该层土以上承载力的加权平均值。

(3) 水泥土搅拌桩沉降计算。

水泥土搅拌桩复合地基沉降量 s，为水泥土搅拌桩复合土层的沉降量 s_1 和桩端下未加固土层的沉降量 s_2 之和。

(4) 复合地基设计。

软土地区的建筑物，都是在满足强度要求的条件下以沉降进行控制的，应采用以下设计思路。

① 根据地层结构采用适当的方法进行沉降计算，由建筑物对变形的要求确定加固深度，即选择施工桩长；

② 根据土质条件、固化剂掺量、室内配比试验资料和现场工程经验，选择桩身强度、水泥掺入量及有关施工参数；

③ 根据桩身强度的大小及桩的断面尺寸，由式(9-23)计算单桩竖向承载力；

④ 根据单桩竖向承载力及土质条件，由式(9-24)计算有效桩长；

⑤ 根据单桩竖向承载力、有效桩长和上部结构要求达到的复合地基承载力，由式(9-25)计算桩土面积置换率；

⑥ 根据桩土面积置换率和基础形式进行布桩，桩可只在基础平面范围内布置。

2. 壁状加固地基

壁状加固地基基本施工方法是采用深层搅拌机，将相邻桩连续搭接施工，一般布置数排搅拌桩在平面上组成格栅形，原则上按重力式挡土墙设计，并要进行抗滑、抗倾覆、抗渗、抗隆起和整体滑动计算。根据上海地区经验，墙宽 B 可等于(0.6～0.8)倍开挖深度，桩插入基坑底深度 h 可等于(0.8～1.2)倍开挖深度。

9.7.4 施工工艺

1. 湿法

(1) 施工设备。

水泥浆液搅拌机国内已有多家工厂生产，其结构大同小异，大体包括下列部分。

① 制浆部分：包括一台灰浆搅拌机和一个集料斗，后者容量应和搅拌头的施工速度相配合，如 SJB 型搅拌机用两台 200L 灰浆搅拌机，集料斗不小于 0.4m^3。拌浆时应按水灰比定量加水和早强剂等外掺剂。集料斗斗口应加滤网，滤除大小结块。

② 输浆部分：包括一台压浆泵、一个流量计和一条输浆管。压浆泵的泵压约 1.0MPa，

泵送量应满足施工搅拌速度的要求，如 SJB 型搅拌机为 $3m^3/h$。由于采用二次搅拌，搅拌时的提升速度又受限制，因此对泵送量的要求不高，一般往复式、挤压胶管式压浆泵都可使用，以选用泵送量能调节的压浆泵为佳，可以使压浆量沿加固深度分布均匀，如 SYB50-1 型液压注浆机等。

输浆管以不超过 50m 长度为宜，否则易产生灰浆沉淀和堵塞导管的现象。当施工现场太大时，应合理布置搅拌站或设立流动灰浆制备站。

③ 机架和行走系统：SJB 型搅拌机拥有塔架式机架、轨轮式行走系统，施工方便，其缺点是拆卸和轨道转向比较困难。近年来，一些厂家生产的大都是桅杆式或积木拆卸桁架式机架，用斜撑控制和调节垂直度，行走系统为滚动式，使用更为方便。由于钻杆的接卸会影响工效和质量，通常不接钻杆，因此机架的高度也就决定了加固深度。太高的机架不但会使造价剧增，而且往往会影响稳定性能，而积木拆卸桁架式机架可以随施工的需要而接高机架，拆卸也很方便。

④ 搅拌动力头：和磨盘式钻机不同，喷浆搅拌动力头通常设在钻杆顶部，借助其自重辅助搅拌头钻进。SJB 型搅拌机是双轴的，搅拌动力头内有两台潜水电动机，采用循环水冷却，SJB-30 型是两台 30kW 电动机，SJB3-40 型是两台 40kW 电动机。搅拌头是二叶式的，直径 700mm，加固体截面是“8”字形的。两根搅拌轴中间是一根输浆管，管口有一个球阀，向下钻时球阀会堵住管口；向上提时压浆会使球阀离开管口，浆液压入土体进行搅拌。搅拌机总是在上提时压浆搅拌。

单轴搅拌动力头由电动机、变速器、钻杆和搅拌头组成，电动机的功率通常在 30kW 左右，搅拌头直径一般为 500mm，可扩大到 650～700mm。压浆出口可布置在转轴上或转叶的中间部位，转叶通常是上下两组二叶式的，出浆口在两组之间的转轴上或在下转叶的中间部位，为防止出浆口堵塞，通常在下钻和上提时都压浆。

无论是双轴或单轴动力搅拌头，压浆搅拌时搅拌头的提升(或下钻)速度都是受限制的，搅拌头每转一圈，提升(或下钻)的垂直距离不宜超过 1cm，以保证搅拌均匀。

近年来生产的搅拌机是喷粉和压浆兼用的，用喷粉设备代替制浆设备，增加计量称重系统，搅拌头基本上无须改动，就可用作喷粉设备。为防止不喷浆(粉)时出浆口堵塞，国外有的产品在出浆口设一扇门，正转时门开，反转时门闭。

(2) 工艺流程。

水泥浆搅拌法施工工艺流程如下。

① 就位对中：深层搅拌桩机移动到指定桩位、对中。

② 预搅下沉：启动搅拌机，放松起吊钢丝绳，使搅拌机沿导向架搅拌下沉，下沉速度由电气控制装置的电流检测表控制，工作电流不应大于额定值。

③ 制备固化剂浆液：搅拌机下沉的同时，后台拌制固化剂浆液，待压浆前将浆液倒入集料斗中。

④ 喷浆搅拌提升：搅拌机下沉到达设计深度后，开启压浆泵，待浆液送达喷浆口，再按设计确定的提升速度边喷浆边提升搅拌机。

2. 干法

(1) 施工设备。

粉喷桩施工设备国外以日本的 DJM 施工设备为代表，日本的粉喷机主要有五种型号，最大施工深度可达 33m。国内的粉喷机以上海探矿机械厂及中铁工程机械研究设计院(原铁道部武汉工程机械研究所)生产的 GPP 型和 PH 型施工设备为代表。

我国的粉喷桩机比较轻便，整机质量为 10～15t，功率小，桩径多为 500mm，最大施工深度为 22m。这些粉喷桩机基本上均采用步履式，移位灵活；均采用转盘式，重心低，较稳定；减速机用载重汽车的变速箱，产品定型，便于更换。

(2) 工艺流程。

干法的基本施工工艺流程为：首先确认粉喷桩机主体的位置和搅拌轴的垂直性，然后边旋转搅拌轴，边钻进至加固深度；此过程中不喷射加固材料，但为了不使喷口堵塞，需连续不断喷出压缩空气，待钻进到预定加固深度后，再边提升边喷射加固材料。

9.7.5 施工技术要求

1. 湿法的施工技术要求

(1) 严格按设计图纸要求施工，注意桩顶、桩间高程控制，保证制桩质量和长度。

(2) 施工时应注意机械传动部位，高压部位、油路、电路应经常检查，保证正常工作状态。

(3) 固化剂应严格按设计的配比拌制，制备的浆液不得离析、不得停置时间过长，超过 3h 的应降低强度等级使用。

(4) 浆液倒入集料斗时应加筛过滤，避免浆液内结块，损坏泵体。

(5) 泵送浆液前管路应保持潮湿，以利输浆，拌制的浆液量、泵送量和搅拌机的搅拌、提升、复搅时间应有专人记录。

(6) 搅拌机预搅下沉应尽量不采用冲水下沉，当遇到较硬土层时，可适量冲水，但喷浆前必须将管内水排净，同时考虑冲水对桩身的影响。

(7) 机械操作与供浆人员应密切配合，搅拌机提升的次数和速度必须符合施工工艺，供浆必须连续。因故停浆时，再喷应下沉停浆点以下 0.5m 喷浆，超过 3h 宜清洗管路。

2. 干法的施工技术要求

(1) 水泥应符合国家规定，对受潮变质、不符合设计要求、过期的水泥一律不准使用。

(2) 做好工艺桩，为工程桩提供可靠的参数。

(3) 控制好制桩偏差(垂直度、桩顶高程、桩长等)。

(4) 对漏喷、断喷的桩必须进行补喷和复喷，补喷和复喷的重叠部分必须达到要求。

(5) 严格控制制桩时粉喷桩机的关闭时间，保证桩顶至桩尖的质量，从而确保成桩质量。

(6) 做好施工记录，交接班应做好交换工作，防止脱节。

(7) 做好投料记录，以便计算出每根桩的制桩水泥用量。

(8) 经常检查施工记录和水泥用量的情况，以及粉喷桩的制桩质量。

(9) 粉喷桩施工期间随时做好自检工作：各机组定期挖出一定数量的桩头，以检验水泥凝固情况，发现问题现场及时解决；根据开挖情况对一定数量的桩做动力触探试验，检验桩头强度；现场随时对喷灰量、桩长、桩径、复搅情况、施工记录抽检交流，发现异常有针对性地解决。

(10) 工程桩全部完工后进行桩的质量及复合地基承载力测试，以便确定加固效果，经检测合格后才能开槽进行下一道工序的施工。

9.8 高压喷射注浆法

9.8.1 概述

高压喷射注浆法是将注浆管放入(或转入)预定深度后，通过底面的高压设备，使装设在注浆管上的喷嘴喷出 20～40MPa 的高压射流冲击切割地基土体，与此同时注入浆液，使之与冲下的土强制混合，凝结后在土中形成具有一定强度的固结体，以达到改良土体的目的。

高压喷射注浆法的主要特点：①基本不存在挤土效应，对周围地基的扰动小；②可根据不同土质和工程设计要求，合理选择固化剂及配方，应用较为灵活；③施工无振动、无噪声，污染小，可在市区和建筑物密集地带施工；④土体加固后，重度基本不变，软弱下卧层不致产生较大的附加沉降；⑤结构形式灵活多样，可根据工程需要，选用块状、柱状、壁状或格栅状结构。

高压喷射注浆法所形成的固结体形状与喷射流移动方向有关，一般分为旋转喷射(简称旋喷)、定向喷射(简称定喷)和摆动喷射(简称摆喷)三种形式。

当前，高压喷射注浆法的基本工艺类型有单管法、二重管法、三重管法和多重管法，如图 9.6～图 9.9 所示。高压喷射注浆法主要适用于处理淤泥、淤泥质土，流塑、软塑或可塑黏性土，粉土、黄土、砂土、人工填土和碎石土等地基。

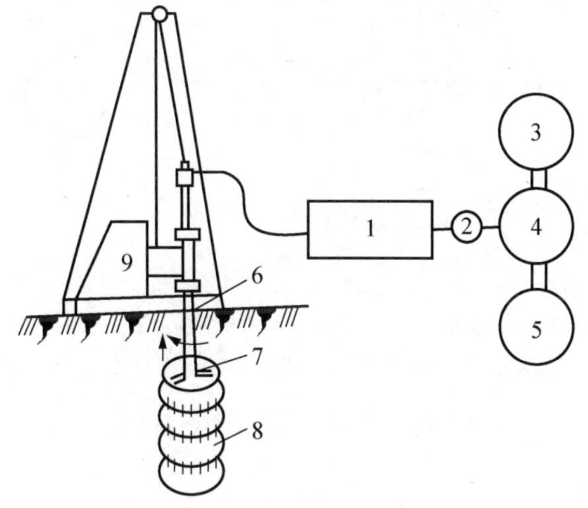

1—高压泥浆泵；2—浆桶；3—水桶；4—搅拌机；
5—水泥仓；6—注浆管；7—喷头；8—旋喷体；9—钻机

图 9.6 单管法高压喷射注浆示意

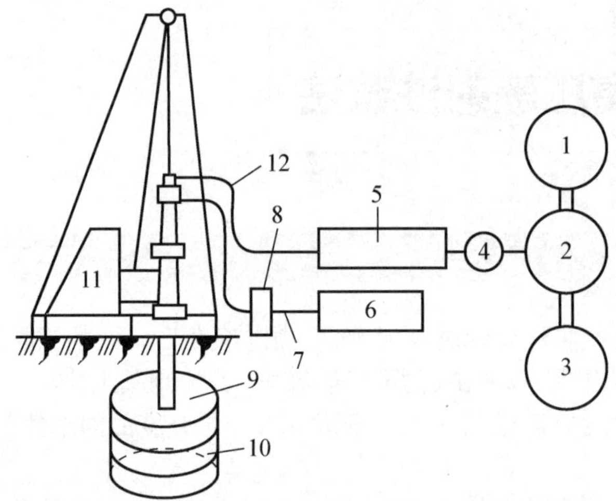

1—水箱；2—搅拌机；3—水泥仓；4—浆桶；5—高压泥浆泵；6—空压机；
7—二重管；8—气量计；9—喷头；10—固结体；11—钻机；12—高压胶管

图 9.7　二重管法高压喷射注浆示意

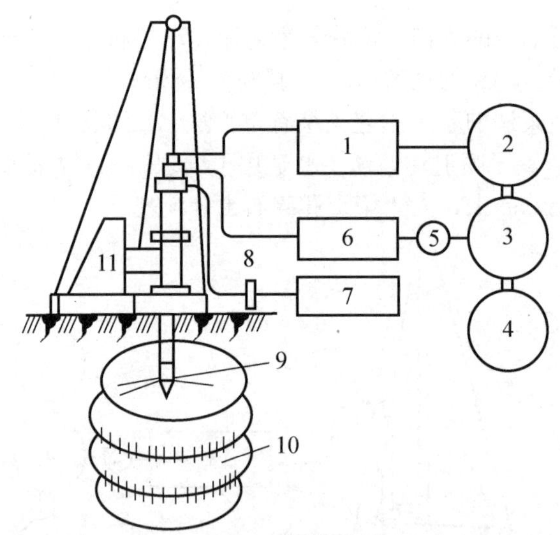

1—高压水泵；2—水箱；3—搅拌机；4—水泥仓；5—浆桶；6—泥浆泵；
7—空压机；8—气量计；9—喷头；10—固结体；11—钻机

图 9.8　三重管法高压喷射注浆示意

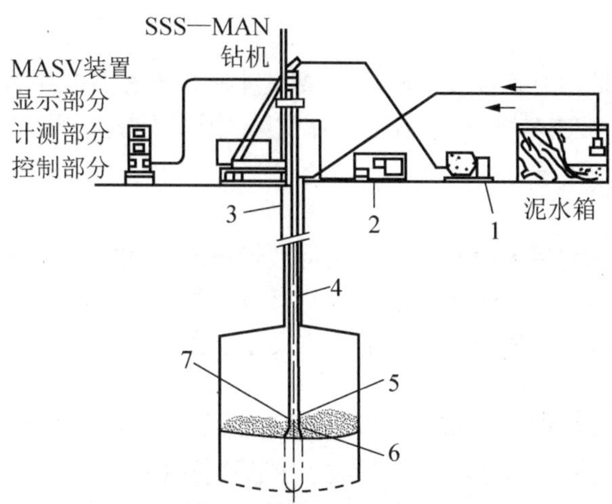

1—真空泵；2—高压水泵；3—孔口管；4—多重钻杆；
5—超声波传感器；6—泥钻头；7—高压射水喷嘴

图 9.9　多重管法高压喷射注浆示意

9.8.2 加固机理

1. 高压喷射流对土体的破坏作用

高压喷射流对土体的破坏作用主要表现为以下方面。

(1) 喷射流动压。

在高压喷射流作用于土体时，由冲击产生的能量集中地作用在一个很小的范围，当这个范围内的土体结构受到超过土临界破坏压力作用时，土体便发生破坏。破坏土体结构强度的最主要因素即是喷射流动压。只有通过加大浆液的平均流速，才能得到更大的冲击破坏力。在工程施工中一般以压力为 20MPa 以上为佳，在这种情况下的浆液喷射流才能像刚体一样对土体造成破坏，使浆液与土粒混合搅拌，最终形成具有一定强度的固结体。

(2) 喷射流的脉动负荷。

喷射流对土体的破坏形式是脉冲式冲击，当土体受到喷射流连续不断的脉冲时，土粒表面受其影响会产生残余变形并发生破坏。

(3) 水的冲击力。

水在喷射流脉冲作用下的冲击力，使土体进一步发生破坏。

(4) 空穴现象。

当土体没有被射出孔洞时，喷射流冲击土体以冲击面承受的大气压力为基础，产生压力变动，在压力差比较大的部位产生空洞，呈现出类似空穴的现象。在冲击面上的土体被气泡的破坏力所侵蚀，使冲击面破坏。此外，空穴中由于喷射流的激烈紊流，也同样可以把较软的土体掏空，形成空穴现象，使更多土粒发生破坏。

(5) 水楔效应。

当土层中充满喷射流时，喷射流的反作用力将冲击背面的土体，并射入土体裂隙和土层的薄弱部分。这种使喷射流由动压变为静压并且使土体发生脱落和裂缝加宽的现象，称为水楔效应。

(6) 挤压力。

喷射流在终期区域内时，能量大幅度衰减，对于有效射程以外的土体起不到冲击破坏作用。但喷射流能够进入有效射程边缘的土体空隙当中，使其与周围土体紧密黏结在一起，防止发生土粒脱落现象。

(7) 气流搅动。

地基土进行水、气同轴喷射时，空气流将被毁掉的土体颗粒迅速吹开，这样能使水和浆液更有效地冲击破坏远处的土体。这种方法有效改善了喷射流破坏土体的条件，大大降低了水和浆液自身的阻力，使形成的固结体的尺寸较大。

2. 旋喷成桩机理

(1) 旋喷时，通过注浆管缓慢旋转提升，对周围土体进行切割破坏，被破坏的土体一部分随浆液被置换出地面，另一部分按照质量的大小重新进行排列，形成水泥-土网格的新结构。

(2) 定(摆)喷施工时，喷嘴在逐渐提升的同时，不旋转或按一定角度摆动，便在土体中形成一条沟槽；被削割破坏的土粒一部分随浆液携带出地表面，另一部分与土粒混合搅拌，最终形成符合设计需求形状的固结体。

3. 水泥与土的固化机理

水泥是高压喷射注浆法最主要的硬化剂，除此之外，还增加了防止沉淀和加速固结的外加剂。由于旋喷固结体是一种新型水泥-土网格结构，因此水泥土水化反应的复杂程度要比纯水大得多。在高压喷射注浆过程中，水泥浆液充满土粒周围，通过搅拌混合在一起。水泥在水化过程中生成了各种各样的水化物结晶体，这些结晶体在生长过程中交织在一起，形成了空间网格结构。随着土粒被包裹并被挤压，自由水也逐渐减少、消失，由此形成了一种新型的特殊水泥土骨架结构。

9.8.3 设计计算

此处讨论地基加固工程旋喷桩设计计算。

(1) 单桩竖向承载力。该值可按下列公式计算，取其中小者。

$$R_{\mathrm{k}}^{\mathrm{d}}=\eta f_{\mathrm{sp,k}}A_{\mathrm{p}} \tag{9-26}$$

$$R_{\mathrm{k}}^{\mathrm{d}}=\pi D\sum_{i=1}^{n}h_i q_{\mathrm{s}i}+A_{\mathrm{p}}q_{\mathrm{p}} \tag{9-27}$$

(2) 复合地基承载力。计算公式为

$$f_{\mathrm{spk}}=\frac{1}{A_{\mathrm{e}}}\left[R_{\mathrm{k}}^{\mathrm{d}}+\beta f_{\mathrm{sk}}\left(A_{\mathrm{e}}-A_{\mathrm{p}}\right)\right] \tag{9-28}$$

(3) 复合地基变形。计算公式为

$$E_{\mathrm{ps}}=\frac{E_{\mathrm{s}}\left(A_{\mathrm{s}}-A_{\mathrm{p}}\right)+E_{\mathrm{p}}A_{\mathrm{p}}}{A_{\mathrm{e}}} \tag{9-29}$$

式中 E_{ps}——旋喷桩复合土层压缩模量；

E_{s}——桩间土的压缩模量，可用天然地基土的压缩模量代替；

E_{p}——桩体的压缩模量，可采用测定混凝土割线弹性模量的方法确定。

(4) 孔距及布置。旋喷桩的孔距 L 应根据工程需要经计算确定，一般情况下取 $L=(2\sim3)d$(d 为孔径)；布孔方式可采用正方形、矩形或三角形。

(5) 喷浆材料与配方。

① 对浆液材料的要求为：有良好的可喷性，有足够的稳定性，气泡少，有良好的力学性能及耐久性，结石率高。

② 常用的水泥浆液类型有普通型、速凝早强型、高强型、填充剂型、抗冻型、抗渗型、抗蚀型。

③ 浆液配方中的水灰比：对单重管和双重管应取 1∶1～1.5∶1，对三重管取 1∶1 或更小。

(6) 浆液量计算。计算时，取体积法和喷量法中值较大者。

体积法计算公式为

$$Q=\frac{\pi}{4}D^2k_1h_1(1+\beta)+\frac{\pi}{4}d_0^2h_2 \tag{9-30}$$

喷量法计算公式为

$$Q=\frac{H}{v}q(1+\beta) \tag{9-31}$$

水泥用量为

$$M_c=Q\frac{d_c\rho_w}{\rho_w d_c\alpha+1} \tag{9-32}$$

水的用量为

$$M_w=M_c\alpha \tag{9-33}$$

承载力计算公式为

$$f_{spk}=m\cdot\frac{R_a}{A_p}+\beta(1-m)f_{sk} \tag{9-34}$$

(7) 地基变形计算。旋喷桩的沉降量应为桩长范围内复合土层及下卧土层地基变形值之和。

(8) 防渗堵水设计。做防渗堵水工程设计时，最好按双排或三排布孔形成帷幕，孔距为 1.73R(R 为旋喷设计半径)、排距为 1.5R 时最经济。

9.8.4 质量检验

1. 检验点布置

检验点布置位置如下。

(1) 建筑物荷载大的部位。

(2) 防渗帷幕中心线上。

(3) 施工中出现异常情况的部位。

(4) 地质情况复杂，可能对高压喷射注浆质量产生影响的部位。

2. 检验方法

基本方法如下。

(1) 开挖检验。

(2) 室内试验。

(3) 钻孔检验：①钻孔取样；②渗透试验；③标准贯入试验。

(4) 载荷试验：①平板载荷试验；②孔内载荷试验。

(5) 其他试验：电阻率法、同位素法和弹性波法等。

9.9 深层搅拌法

9.9.1 概述

【操作设备】

深层搅拌法是通过特制的深层搅拌机械，在地基中就地将软黏土(含水率超过液限、无侧限抗压强度低于 0.005MPa)和固化剂(多数用水泥浆)强制拌和，使软黏土硬结成具有整体性、水稳性和足够强度的地基土。根据上部结构的要求，可对软土地基进行柱状、壁状和块状等不同形式的加固。所谓“深层”搅拌法，是相对于“浅层”搅拌法而言的。20 世纪 20 年代，美国及西欧国家在软土地区修筑公路和堤坝时，经常采用一种“水泥土(或石灰土)”来作为路基或堤基，这种水泥土(或石灰土)是按地基加固需要的范围，从地表挖取 0.6～1.0m 厚的软土，在附近用机械或人工拌入水泥或石灰，然后填回原处压实，此即软土的浅层搅拌加固法。该方法的深度大多小于 1m，一般不超过 3m。

深层搅拌机一般由双层管组成，外管下端带叶片，由管上端的电动机带动旋转，内管则输送水泥或生石灰。我国制造的 SJB-1 型深层搅拌机系采用三管并列，两侧管各带二叶式搅拌头，中央管除支承两侧管外还兼作输浆管用，一次加固面积为 0.7～0.8m^2，加固深度可达 10m(改型后，加固深度超过 15m)。深层搅拌法施工时，除深层搅拌机外，尚需起吊设备、固化剂制备泵送系统(灰浆搅拌机、灰浆泵、冷却水泵、管道等)及控制操纵台等设备。

9.9.2 设计计算

(1) 估算单桩承载力特征值。深层搅拌法复合地基初步设计时，其单桩竖向承载力特征值由桩身材料强度确定的单桩竖向承载力及桩周土和桩端土的抗力所提供的单桩竖向承载力共同确定，两者中取小值。

由桩身材料强度确定的单桩竖向承载力为

$$R_a = \eta f_{cu,k} A_p \tag{9-35}$$

式中 $f_{cu,k}$——与桩身加固土配比相同的室内加固试块无侧限抗压强度平均值(kPa)；

η——强度折减系数，0.20～0.30；

A_p——桩身截面积(m^2)。

由桩周土和桩端土的抗力所提供的单桩承载力为

$$R_a = u_p \sum_{i=1}^{n} q_{si} l_i + \alpha A_p q_p \tag{9-36}$$

式中 u_p——桩的周长(m)；

A_p——桩身截面积(m^2)；

n——桩长范围内所划分的土层数；

q_{si}——桩周第 i 层土的侧阻力特征值(对淤泥可取4～7kPa，对淤泥质土可取6～12kPa，对软塑状态的黏性土可取10～15kPa，对可塑状态的黏性土可取12～18kPa)；

l_i——桩长范围内第 i 层土的厚度(m)；

q_p——桩端地基土未经修正的承载力特征值(kPa)；

α——桩端天然地基土的承载力折减系数，可取0.4～0.6，承载力高时取低值。

(2) 计算置换率。深层搅拌法复合地基置换率可按下式估算。

$$m = \frac{f_{spk} - \beta f_{sk}}{\dfrac{R_a}{A_p} - \beta f_{sk}} \tag{9-37}$$

式中 f_{spk}——深层搅拌法复合地基承载力特征值(kPa)；

m——搅拌桩的面积置换率(%)；

f_{sk}——桩间天然地基土承载力特征值(kPa)；

β——桩间土承载力折减系数；

其他符号含义同前。

(3) 复合地基压缩模量估算。复合地基压缩模量按下式进行估算。

$$E_{sp} = mE_p + (1-m)E_s \tag{9-38}$$

式中 E_{sp}——搅拌桩复合土层压缩模量(MPa)；

E_p——搅拌桩的压缩模量(MPa)；

E_s——桩间土的压缩模量(MPa)；

其他符号含义同前。

本章小结

(1) 在选择地基处理方法时，应综合考虑场地工程地质和水文地质条件、建筑物对地基要求、建筑结构类型和基础形式、周围环境条件、材料供应情况、施工条件等因素，经过技术经济指标比较分析后择优采用。

(2) 地基处理设计时，应考虑上部结构、基础和地基的共同作用。对已选定的地基处理方法，宜按建筑物地基基础设计等级，选择代表性场地进行相应的现场试验，进行必要的测试，以检验设计参数和加固效果，同时为施工质量检验提供相关依据。

(3) 地基处理后，建筑物的地基变形应满足有关现行规范的要求，并在施工期间进行

沉降观测，必要时尚应在使用期间继续观测，用以评价地基加固效果和作为使用维护依据。复合地基设计应满足建筑物承载力和变形的共同要求。

(4) 地基土为欠固结土、膨胀土、湿陷性黄土、可液化土等特殊土时，设计要综合考虑土体的特殊性质，选用适当的增强体和施工工艺。复合地基承载力特征值应通过现场复合地基载荷试验确定，或采用增强体的载荷试验结果和其周边土的承载力特征值结合经验来确定。

思考题与习题

1. 试述真空预压法和堆载预压法的原理。

2. 试比较水泥土搅拌桩采用湿法施工和干法施工的优缺点。

3. 哪些地基处理方法在布桩或布点时，必须处理到基础以外一定范围？为什么这样做。

4. 试述强夯法的加固机理。

5. 简述灌浆方案选择应遵循的原则。

6. 地基处理所面临的问题有哪些方面？

7. 简述石灰桩的成桩方法。

8. 某柱下钢筋混凝土矩形基础，底面边长为 $b\times l$=1.8m×2.4m，埋置深度 d=1m，所受轴心荷载标准值 F_k=800kN。地表为厚 0.7m 的粉质黏土层，重度γ=17.0kN/m^3；其下为淤泥质土，重度γ =16.5kN/m^3，淤泥质土地基的承载力特征值 f_{ak}=90kPa。若在基础下用粗砂做厚度 1m 的砂垫层，已知砂垫层重度γ=20.0kN/m^3，试验算基础底面尺寸和砂垫层厚度是否满足要求，并确定砂垫层的底面尺寸。

9. 某工程采用换填垫层法进行地基处理，基础底面宽度为 10m，基础底面下铺厚度 2m 的灰土垫层，为了满足基础底面应力扩散的要求，试求垫层地面宽度。

参 考 文 献

曹志军，孙宏伟. 基础工程[M]. 成都：西南交通大学出版社，2017.

陈希哲，叶菁. 土力学地基基础[M]. 5 版. 北京：清华大学出版社，2013.

都焱. 土力学与基础工程[M]. 北京：清华大学出版社，2016.

李飞，王贵君. 土力学与基础工程[M]. 2 版. 武汉：武汉理工大学出版社，2014.

李建林. 边坡工程[M]. 重庆：重庆大学出版社，2013.

李利，韩玮. 基础工程[M]. 武汉：武汉大学出版社，2014.

刘兴远，雷用，康景文. 边坡工程——设计・监测・鉴定与加固[M]. 北京：中国建筑工业出版社，2007.

莫海鸿，杨小平. 基础工程[M]. 3 版. 北京：中国建筑工业出版社，2014.

南京水利科学研究院土工研究所. 土工试验技术手册[M]. 北京：人民交通出版社，2003.

孙世国. 土力学地基基础[M]. 北京：中国电力出版社，2011.

唐大雄，刘佑荣，张文殊，等. 工程岩土学[M]. 2 版. 北京：地质出版社，1999.

同济大学. 注册岩土工程师基础考试复习教程[M]. 北京：中国建筑工业出版社，2017.

王常明. 土力学[M]. 2 版. 长春：吉林大学出版社，2015.

王贵君，隋红军，李顺群，等. 基础工程[M]. 北京：清华大学出版社，2016.

王玉珏. 土力学与地基基础[M]. 郑州：黄河水利出版社，2016.

袁聚云，钱建固，张宏鸣，等. 土力学与土质学[M]. 4 版. 北京：人民交通出版社，2014.

张克恭，刘松玉. 土力学[M]. 3 版. 北京：中国建筑工业出版社，2010.

赵明华. 土力学与基础工程[M]. 4 版. 武汉：武汉理工大学出版社，2014.

赵树德，廖红建. 土力学[M]. 2 版. 北京：高等教育出版社，2002.

仲崇梅，刘丽华. 土力学[M]. 北京：中国电力出版社，2011.

周景星，李广信，张建红，等. 基础工程[M]. 3 版. 北京：清华大学出版社，2015.

朱大勇，姚兆明. 边坡工程[M]. 武汉：武汉大学出版社，2014.